fit fürs

abi

Oberstufenwissen

Physik

Schroedel

fit fürs **abi**

Oberstufenwissen

Physik

für Schülerinnen und Schüler zur Vorbereitung auf das Abitur

Dr.-Ing. Dipl.-Phys. Dirk Kähler hat 1991 sein Abitur mit den Schwerpunkten Mathematik und Physik als Jahrgangsbester abgeschlossen. Aus den Abiturvorbereitungen ging dann die erste Auflage für **Fit fürs Abi – Wissen: Physik** hervor. Es folgten ein Physikstudium mit sehr gutem Abschluss und eine Promotion mit Auszeichnung über Quantenbauelemente in der Elektrotechnik. Heute arbeitet der Autor als Wissenschaftler bei der Fraunhofer Gesellschaft. Über die Jahre entstand so ein umfangreiches Lehr- und Nachschlagewerk zur Experimentalphysik, dass sich hervorragend zur Abiturvorbeitung und zum Einstieg ins natur- oder ingenieurwissenschafliche Studium eignet.

Druck [5] / Jahr 2017

Redaktion & Satz: imprint, Zusmarshausen
Kontakt: lernhilfen@schroedel.de
Herstellung: Sandra Grünberg
Umschlaggestaltung und Innenlayout: Janssen Kahlert Design & Kommunikation, Hannover
Umschlagfoto: stockphoto / Andrey Prokhorov
Druck und Bindung: Westermann Druck Zwickau GmbH

ISBN 978-3-507-**23049**-1

Vorwort

Fit fürs Abi Oberstufenwissen Physik ist ...

- **mehr als eine Abiturhilfe:** Durch die Vielfalt der deutschen Lehrpläne deckt der Inhalt nahezu die gesamte Experimentalphysik ab. Das Buch wird dadurch zu einem praktischen Wegbegleiter durch die Oberstufe/S II bis zum Studium.
- **verständlich:** Der Inhalt baut logisch aufeinander auf. Wann immer dies einfach möglich ist, werden Formeln hergeleitet, um ein tieferes Verständnis zu ermöglichen. **Beispiele** zeigen die Anwendung des Gelernten.
- **übersichtlich:** Die Kernaussagen jedes Abschnitts sind in **Wissen-Kästen** zusammengefasst. Am Ende jedes Kapitels folgt eine **Zusammenfassung**. Kästen mit **Vorsicht Falle** weisen auf typische Fallstricke hin.
- **praktisch:** Ein **Anhang** mit mathematischen Grundlagen, ein sehr ausführliches **Glossar** zum Nachschlagen und Lernen sowie ein umfangreiches **Stichwortverzeichnis** helfen Fragen schnell zu beantworten. Fürs Nachschlagen und Lernen unterwegs gibt es das **Glossar auch als App für Ihr Smartphone**.
- **vollständig**: Die einzelnen Themen behandeln alle wichtigen Aspekte, unabhängig davon, in welcher Jahrgangsstufe sie auf dem Lehrplan stehen.
- **Zusatz-Wissen:** Inhalte mit dieser Überschrift gehen über den Lehrplan hinaus und runden den Inhalt zu einem vollständigen Bild ab.

Einfach im Apple App Store oder im Google Play Store „Fit fürs Abi“eingeben und kostenlos herunterladen. Die App erklärt wichtige Fachbegriffe nicht nur für das Fach Physik, sondern auch für sieben weitere Abiturfächer. Digitale „Karteikarten“ erleichtern das Lernen.

„Abitur, na klar! ... Aber wie?“

Eine effektive Prüfungsvorbereitung gliedert sich in vier Phasen:

1. Lesen sie unterrichtsbegleitend in Ihrem **Fit fürs Abi Oberstufenwissen Physik**, so können sie offene Fragen im Unterricht klären.
2. Prüfen sie vor jeder Klausur, ob das Buch alle behandelten Themen enthält, markieren sie sich die relevanten Seiten und ergänzen sie evtl. fehlende Informationen. Lesen Sie die Texte aufmerksam durch – klären sie offene Fragen im Unterricht oder mithilfe Ihres Physikbuches.
3. Nutzen sie Ihr **Fit fürs Abi Oberstufenwissen Physik**, um alle Themen so lange zu wiederholen, bis sie den Inhalt vollständig verstanden und behalten haben. Denn gute Noten kann nur erzielen, wer den Inhalt verstanden hat. Schauen Sie zum Schluss auch ein wenig über den Tellerrand – gibt es verwandte Themen die in der Klausur drankommen könnten?
4. Übung schadet nicht: Das Ausrechnen von Formeln bringt zur Klausurvorbereitung nur wenig, da es kein Verständnis schafft und viel Zeit kostet. In der Klausur müssen sie es dennoch beherrschen. Zum Abschluss sollten sie daher noch einige Aufgaben, z. B. aus **Fit für Abi Physik Klausur Training**, rechnen oder zumindest den Lösungsweg im Kopf durchgehen.

Ihre Vorbereitungen sind nun abgeschlossen – Sie sind **Fit fürs Abi**.

Abschließend noch einige allgemeine Tipps und Tricks

- Achten Sie auf deutlich geschriebene Buchstaben und Zahlen. Wurzeln sollten am Ende abgeschlossen (√‾) werden. Maximalwerte (Scheitelwerte) kennzeichnen sie zeitsparend durch ein Dach (^) über dem Symbol.
- Wenn es erlaubt ist, verwenden Sie einen Bleistift: Radieren ist übersichtlicher als durchstreichen.
- Skizzen und Versuchsbeschreibungen sollten nur zwingend notwendige Informationen enthalten. I. d. R. ist es überflüssig, Stative zu zeichnen oder das Einschalten der Geräte zu beschreiben. Schwierigkeiten bei der Messung, die evtl. zu einem schlechten Messergebnis führen, sind zu vermerken. Es folgen Messergebnisse in Tabellenform. Für die Fehlerrechnung vermerken Sie unbedingt auch die jeweilige Messunsicherheit.

Nun wünsche ich Ihnen viel Erfolg für Ihre Prüfungen!

Dirk Kähler

1 Mechanik

Die Mechanik wird oft als die „Mutter der Physik“ bezeichnet – doch sie war auch eine radikale Revolutionärin: Zahlreiche mythologisch geprägte Weltbilder wurden durch ihren aufklärerischen Geist zerstört. So brauchte es Jahrhunderte, um aus ihren philosophischen Ansätzen eine konsistente, dem heutigen Begriff entsprechende naturwissenschaftliche Lehre, die klassische Mechanik, zu entwickeln.

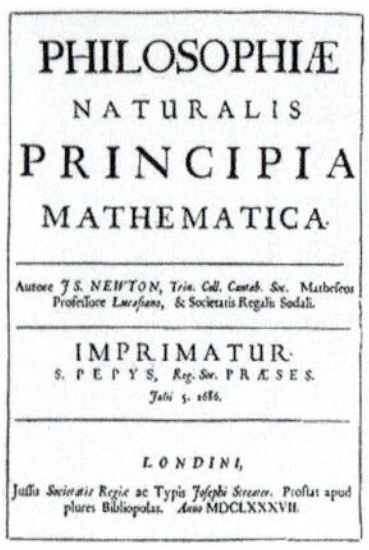
PHILOSOPHIÆ
NATURALIS
PRINCIPIA
MATHEMATICA.

Autore J S. NEWTON, Trin. Coll. Cantab. Soc. Matheseos Professore Lucasiano, & Societatis Regalis Sodali.

IMPRIMATUR.
S. PEPYS, Reg. Soc. PRÆSES.
Julii 5. 1686.

LONDINI,
Jussu Societatis Regiæ ac Typis Josephi Streater. Prostat apud plures Bibliopolas. Anno MDCLXXXVII.

Quelle: www.wikipedia.de

Abgeschlossenes System

GALILEO GALILEI
1564–1642
SIR ISAAC NEWTON
1643–1727
JOHANNES KEPLER
1571–1630

Für seinen provokativen *„Dialog über die zwei wichtigsten Weltsysteme, das Ptolemäische und das Kopernikanische“* (1632, Bild rechts oben) wurde GALILEO von der Inquisition inhaftiert. Nur 70 Jahre später dagegen wurde ISAAC NEWTON als Verfasser der Schrift *„Mathematische Prinzipien der Naturphilosophie“* (1687, Bild unten) für sein Lebenswerk geadelt. Vor allem ISAAC NEWTON ist zu verdanken, dass die **klassische Mechanik** sowohl die auf der Erde stattfindenden Vorgänge als auch die Beobachtungen der Astronomen, wie z. B. von JOHANNES KEPLER, erklären konnte. Für uns sind Begriffe wie „Erdanziehungskraft“ und „Umlaufbahn“ heute so selbstverständlich geworden, dass wir NEWTONS Leistung kaum noch genug würdigen können.

1.1 Bewegungsgleichungen

Durch die Gesetze der **Kinematik** können Voraussagen über Bewegungen getroffen werden. In einer ersten, groben Näherung werden Körper als Massepunkte betrachtet, die sich ohne jegliche Reibung wie z. B. Luftwiderstand fortbewegen. Die Zusammenhänge von Ort, Geschwindigkeit und Beschleunigung können dann nach meist einfachen mathematischen Regeln beschrieben werden. Dabei werden die Differential- und die Integralrechnung eingesetzt.

Differential-Schreibweise

Ableitungen nach der Zeit werden in der Physik vereinfacht durch Punkte über der Variablen gekennzeichnet:

Ortskurve:	$\vec{r}\,(t)$	[m]
Bahnkurve:	$\vec{s}\,(t) = \vec{r}\,(t) - \vec{r}_0$	[m]
Geschwindigkeit:	$\vec{v}\,(t) = \frac{d\vec{s}\,(t)}{dt} = \dot{\vec{s}} = \frac{d\vec{r}\,(t)}{dt} = \dot{\vec{r}}$	$\left[\frac{m}{s}\right]$
Beschleunigung:	$\vec{a}\,(t) = \frac{d\vec{v}\,(t)}{dt} = \ddot{\vec{s}} = \ddot{\vec{r}}$	$\left[\frac{m}{s^2}\right]$

Ort → Geschwindigkeit → Beschleunigung

Die Position eines Körpers wird durch den zeitabhängigen **Ortsvektor** $\vec{r}(t)$ beschrieben, den zeitlichen Verlauf nennt man die **Ortskurve**. Wird die Bewegung auf einen Startpunkt $\vec{r}_0 = \vec{r}(t_0)$ bezogen, spricht man von der **Bahnkurve** $\vec{s}(t) = \vec{r}(t) - \vec{r}_0$. Die Ableitung nach der Zeit (→ Ableitungsregeln, Anhang Seite 246) gibt in beiden Fällen die **Geschwindigkeit**:

$$\vec{v}(t) = \frac{d\vec{s}(t)}{dt} = \dot{\vec{s}}(t) = \frac{d\vec{r}(t)}{dt} = \dot{\vec{r}}(t)$$

Geschwindigkeit

Die Ableitung der Geschwindigkeit nach der Zeit heißt **Beschleunigung**:

$$\vec{a}(t) = \frac{d\vec{v}(t)}{dt} = \dot{\vec{v}}(t) = \ddot{\vec{s}}(t) = \ddot{\vec{r}}(t)$$

Beschleunigung

Bei einer **gleichförmigen Bewegung** ist $a = 0$ und damit $v = \frac{\Delta s}{\Delta t} = \text{konst.}$
Bei einer gleichmäßig beschleunigten Bewegung gilt hingegen: $\vec{a} = \text{konst.}$

Beschleunigung → Geschwindigkeit → Ort

Die zeitliche Integration der Beschleunigung (→ Integrationsregeln, Anhang Seite 247) liefert eine Geschwindigkeitsänderung: $\Delta\vec{v}(t) = \int_{t_0}^{t} \vec{a}(t)\,dt$.

Die tatsächliche Geschwindigkeit ergibt sich erst durch Addition der Geschwindigkeit $\vec{v}_0$ zu Beginn des betrachteten Vorgangs (Integrationskonstante): $\vec{v}(t) = \vec{v}_0 + \Delta\vec{v}$

In gleicher Weise lässt sich aus dem Geschwindigkeitsverlauf die zurückgelegte Wegstrecke $\Delta\vec{s}(t)$ und die Ortskurve $\vec{r}(t)$ ermitteln:

$$\Delta\vec{s}(t) = \int_{t_0}^{t} \vec{v}(t')\,dt' \quad \text{bzw.} \quad \vec{r}(t) = \int_{t_0}^{t} \vec{v}(t')\,dt' + \vec{r}(t_0)$$

Der Verlauf des Ortsvektors bei beliebig beschleunigten Vorgängen ist

$$\vec{r}(t) = \vec{r}_0 + \vec{v}_0 \cdot t + \int_{t_0}^{t} \left(\int_{t_0}^{t'} \vec{a}(t'')\,dt'' \right) dt'.$$

Ortsvektor

Bewegungsgleichungen

Gleichförmige Bewegung:

$\vec{a}(t) = 0;\ \vec{v}(t) = \vec{v}_0;\ \vec{s}(t) = \vec{v}_0 \cdot t$

$\vec{r}(t) = \vec{r}_0 + \vec{s}(t) = \vec{r}_0 + \vec{v}_0 \cdot t$

Gleichmäßig beschleunigte Bewegung:

$\vec{a}(t) = \vec{a}_0$

$\vec{v}(t) = \vec{v}_0 + \vec{a}_0 \cdot t$

$\vec{s}(t) = \vec{v}_0 \cdot t + \frac{1}{2}\vec{a}_0 \cdot t^2$

$\vec{r}(t) = \vec{r}_0 + \vec{s}(t) = \vec{r}_0 + \vec{v}_0 \cdot t + \frac{1}{2}\vec{a}_0 \cdot t^2$

1.2 Die drei Axiome NEWTONS

Das Trägheitsprinzip (1. Axiom)

Jeder Körper verharrt in seinem Zustand der Ruhe oder der gleichförmigen geradlinigen Bewegung, solange die Summe aller auf ihn einwirkenden Kräfte null ist:

$$\sum \vec{F} = 0 \quad \Rightarrow \quad \vec{v} = \text{konst.}$$

Dieser Zustand der gleichförmigen geradlinigen Bewegung wird durch den **Impuls** p beschrieben:

$$\vec{p} = m \cdot \vec{v}$$

Die Proportionalitätskonstante m zur Geschwindigkeit v wird als **„träge" Masse** bezeichnet. Mit dieser Definition lässt sich das **Trägheitsprinzip** auch so formulieren:

Impulserhaltungssatz

Der Impuls eines Körpers bleibt konstant, solange die Summe aller Kräfte null ist.

$$\Sigma \vec{F} = 0 \quad \Rightarrow \quad \Sigma \vec{p} = \text{konst.}$$

Das Aktionsprinzip (2. Axiom)

Eine Bewegungsänderung (**Beschleunigung**, $\vec{a}$) findet proportional zur einwirkenden Kraft $\vec{F}$ und in dieselbe Richtung statt:

$$\vec{F} = m \cdot \vec{a}$$

Mit $\vec{a} = \frac{d\vec{v}}{dt}$ und $\vec{p} = m \cdot \vec{v}$ folgt hieraus der Trägheitssatz:

$$\frac{d}{dt}\vec{p} = \dot{\vec{p}} = F$$

Die Kraft F kann also als eine Ableitung des Impulses p nach der Zeit betrachtet werden.

Das Reaktionsprinzip (3. Axiom)

Zu jeder Kraft existiert eine gleich starke, ihr entgegen wirkende Kraft – „Actio gleich Reactio": $\vec{F}_{A \to B} = -\vec{F}_{B \to A}$

NEWTONS Axiome

Im Inertialsystem gelten nach NEWTONS Axiomen der klassischen Mechanik folgende Zusammenhänge:

Impuls:	$\vec{p} = m \cdot \vec{v}$
Kraft:	$\vec{F} = m \cdot \vec{a} = \frac{d}{dt}\vec{p}$
Gleichgewicht der Kräfte:	$\vec{F}_{A \to B} = -\vec{F}_{B \to A}$
Trägheitssatz:	$\Sigma \vec{F} = 0 \Leftrightarrow \vec{p} = \text{konstant}$

1.3 Erhaltungssätze der Mechanik

Die Erfahrung zeigt, dass in einem abgeschlossenen System bestimmte physikalische Größen grundsätzlich erhalten bleiben, unabhängig davon, was innerhalb des Systems passiert.

Erhaltung der Energie

Energie kann weder erzeugt noch verbraucht werden. Es ist lediglich möglich, verschiedene Energieformen ineinander umzuwandeln. In der Mechanik gilt der Energieerhaltungssatz in der vereinfachten Form: Die Summe aus **potentieller Energie** (→ Seite 10 f.) und **kinetischer Energie** (→ Seite 11) ist in abgeschlossenen Systemen konstant. !

$$\Sigma W_{\text{kin}} + \Sigma W_{\text{pot}} = \text{konstant}$$

Allerdings kann man nur selten ein wirklich abgeschlossenes System betrachten: So geht den meisten mechanischen Systemen (z. B. durch Reibung) Energie verloren, die durch Wärme oder auch Schall an die Umgebung abgegeben wird.

Erhaltung der Masse

In der Mechanik gilt das Gesetz der Erhaltung der Ruhemasse: $\Sigma m = \text{konstant}$. Der Begriff der **Ruhemasse** wird im Kapitel über die spezielle Relativitätstheorie (→ Seite 152 f.) eingeführt. Für Geschwindigkeiten, die gegenüber der Lichtgeschwindigkeit klein sind (klassische Mechanik), entspricht die Ruhemasse dem bisher verwendeten Begriff der trägen Masse. Darüber hinaus gibt es Prozesse, bei denen Masse in Energie (**Zerstrahlung**, → Seite 167) oder Energie in Masse (**Paarbildung**, → Seite 167) umgewandelt wird. Die Massenerhaltung ist daher ein Spezialfall der **Energieerhaltung**, der jedoch im Rahmen der klassischen Mechanik stets erfüllt ist.

Ladungserhaltung

In einem abgeschlossenen System ist die Summe aller Ladungen konstant: $\Sigma q = \text{konstant}$.

Impulserhaltung

Der Gesamtimpuls (Vektorsumme der Einzelimpulse) eines abgeschlossenen Systems ist konstant, auch wenn sich die Einzelimpulse der beteiligten Massen ändern: $\Sigma \vec{p} = \text{konstant}$.

Drehimpulserhaltung

Der Drehimpuls (→ Seite 22 f.) eines abgeschlossenen Systems ist konstant, auch wenn sich die Einzeldrehimpulse ändern: $\Sigma \vec{L} = \text{konstant}$.

1.4 Arbeit, Leistung und Energie

In der Physik bezeichnet die **Arbeit** W (von engl. *work*) den Energieumsatz bei einer mechanischen Bewegung. Zur Berechnung dient das Skalarprodukt aus Kraft und Weg.

Arbeit

$$W(\vec{r}) = \int_{\vec{r}_0}^{\vec{r}} \vec{F}(\vec{s}) \cdot d\vec{s} \quad \text{mit Skalarprodukt } \vec{F}(\vec{s}) \cdot d\vec{s}$$

Vorsicht: Falle

Bei der Integration des Weges wird das Skalarprodukt aus Kraft und Weg gebildet (vektorielles Kurvenintegral, → Anhang Seite 247). Mit anderen Worten: Es trägt nur die Kraft in Richtung des Weges zur Arbeit bei. Die senkrecht zur Bewegungsrichtung stehende Zentripetalkraft bei einer Rotation verrichtet also keine Arbeit.

Ist die Kraft konstant und wirkt in der Bewegungsrichtung, dann gilt die Formel „Arbeit = Kraft mal Weg“:

$$W = F \cdot s$$

Für den Betrag der umgesetzten **Energie** ist es nicht entscheidend, wie schnell ein Vorgang stattfindet – erst mit der Definition der **Leistung** P (engl. *power*) bekommt die Zeit für die Energieumsetzung eine Bedeutung:

Leistung

$$P(t) = \frac{d}{dt} W \quad \Leftrightarrow \quad W = \int P(t)\, dt$$

Bei wiederum konstanter Kraft vereinfacht sich das Integral der Leistung zu der bekannten Formel „Kraft mal Weg pro Zeit“:

$$P = \frac{F \cdot s}{t}$$

Das Wort **„Energie“** ist heute einer der am häufigsten verwendeten Begriffe in unserem täglichen Leben und beschreibt eines der Grundkonzepte der Physik – und doch wurde dieser Begriff erst lange nach NEWTON eingeführt.

Vorsicht: Falle

Im Alltag wird das Wort „Energie” häufig ungenau oder falsch verwendet: „Energieverbraucher“ oder ähnliche Dinge existieren aus physikalischer Sicht nicht. Ein Gerät nimmt lediglich elektrische Energie auf und wandelt sie in mechanische Arbeit und Wärme um.

Energie kommt in zahlreichen Formen wie z. B. als Bewegungsenergie, Wärme (Thermodynamik, → Seite 179 ff.), Feldenergie (Felder, → Seite 40 und 62), Ruheenergie (Spezielle Relativitätstheorie, → Seite 144 f.) oder Nullpunktsenergie (Quantenmechanik, → Seite 131) vor. Die Mechanik unterscheidet nur zwischen zwei Energieformen: **potentieller Energie** und **kinetischer Energie**.

Die **potentielle Energie** wird häufig auch als **Lageenergie** bezeichnet. Sie beschreibt die Energie eines Körpers aufgrund seiner Position. Eine Masse, die gegen die **Gravitation** (→ Abschnitt 1.7, Seite 15) auf eine Höhe h angehoben wurde, hat beispielsweise die potentielle Energie $W_{pot} = m \cdot g \cdot h$. Die potentielle Energie entspricht somit der Arbeit, die aufgewendet werden muss, um den Körper in diese Position zu bringen. Die potentielle Energie hängt nur vom Ort ab, nicht von dem Verlauf des zurückgelegten Weges!

$$W_{pot}(\vec{r}) = -\int_{\vec{r}_0}^{\vec{r}} \vec{F}(\vec{s}) \cdot d\vec{s}$$

potentielle Energie

Eine Funktion, die die Ortsabhängigkeit der potentiellen Energie beschreibt, wird als **Potential** bezeichnet. Ebenso wie die potentielle Energie bezieht sich ein Potential immer auf einen Referenzpunkt.

Die zweite Energieform, mit der sich die Mechanik beschäftigt, ist die **kinetische Energie (Bewegungsenergie)**. Ihre Größe hängt von der Geschwindigkeit und der Masse des bewegten Körpers ab. Zur Herleitung führen wir folgendes Gedankenexperiment durch: Eine Masse m wird auf die Höhe h angehoben. Ihre potentielle Energie beträgt somit $W_{pot} = m \cdot g \cdot h$. Nun lassen wir die Masse wieder herunterfallen. Vernachlässigen wir die Luftreibung, so wird die potentielle Energie vollständig in kinetische Energie umgewandelt. Wir verwenden die Bewegungsgleichungen für eine konstante **Beschleunigung** g, um ihre Geschwindigkeit bei $h = 0$ zu berechnen:

$$v(t) = \int g \, dt \quad \Rightarrow \quad v(t) = g \cdot t \quad \text{und} \quad s(t) = \int v(t) \, dt \quad \Rightarrow \quad s(t) = \tfrac{1}{2} g \cdot t^2$$

Mit $s(t) = h$ ergibt sich:

$$h = \tfrac{1}{2} g \cdot t^2 \ \text{bzw.}\ t = \sqrt{\frac{2h}{g}} \quad \Rightarrow \quad v = \sqrt{2gh} \quad \Leftrightarrow \quad g \cdot h = \tfrac{1}{2} v^2$$

freier Fall

Die Geschwindigkeit beim **freien Fall** ist also unabhängig von der Masse. Die kinetische Energie bei dieser Geschwindigkeit entspricht der potentiellen Energie $W_{pot} = m \cdot g \cdot h$. Setzt man für $g \cdot h$ den aus dem obigen Ergebnis errechneten Ausdruck $g \cdot h = \tfrac{1}{2} v^2$ ein, so kommt man zu

$$W_{kin} = \tfrac{1}{2} m v^2 \ \text{bzw.}\ W_{kin} = \frac{p^2}{2m} \ \text{mit}\ p = m \cdot v.$$

kinetische Energie

Diese beiden Formeln gelten unabhängig von diesem Beispiel für alle Arten der Bewegung. Für Geschwindigkeiten nahe der Lichtgeschwindigkeit ergeben sich Abweichungen von diesen Formeln, die durch die spezielle Relativitätstheorie (→ Seite 152 ff.) beschrieben werden.

Energie und Leistung

Kinetische Energie: $W_{kin} = \tfrac{1}{2} m v^2 = \frac{p^2}{2m}$ mit $p = m \cdot v$

Potentielle Energie: $W_{pot}(\vec{r}) = -\int_{\vec{r}_0}^{\vec{r}} \vec{F}(\vec{s}) \cdot d\vec{s}$

Leistung: $P(t) = \frac{d}{dt} W \quad \Leftrightarrow \quad W = \int P(t) \, dt$

1.5 Stoßvorgänge

Elastische Stöße -> ~~Ener~~ Energie bleibt komplett erhalten

Unelastische Stöße -> Energie wird umgewandelt

Bleibt während eines Stoßes die kinetische Energie vollkommen erhalten, so wird der Stoß als vollkommen **elastisch** bezeichnet. Wird die kinetische Energie ganz in Deformationsarbeit, Schall usw. umgewandelt, so wird von einem vollkommen **unelastischen Stoß** gesprochen. Im Normalfall hat man es mit gemischten Vorgängen zu tun, doch oft kann eine Komponente auch vernachlässigt werden.

Stöße werden am zweckmäßigsten im **Schwerpunktsystem** der beteiligten Stoßpartner beschrieben: In diesem **Bezugssystem** ist der Gesamtimpuls gleich null, sodass die Gleichungen besonders einfach werden.

Seien m_1 und m_2 die Massen der beiden Stoßpartner mit den Geschwindigkeiten $\vec{v}_1$ und $\vec{v}_2$ vor dem Stoß sowie den Geschwindigkeiten $\vec{u}_1$ und $\vec{u}_2$ nach dem Stoß. Sei W_{kin} die gesamte kinetische Energie des Stoßvorganges und sei ε die Energiemenge, die beim Stoß in Deformationsarbeit, Schall usw. umgewandelt wird. Dann gilt:

Energieerhaltungssatz: $\frac{1}{2}m_1\vec{v}_1^{\,2} + \frac{1}{2}m_2\vec{v}_2^{\,2} = \frac{1}{2}m_1\vec{u}_1^{\,2} + \frac{1}{2}m_2\vec{u}_2^{\,2} + \varepsilon$ bzw.

$$m_1\vec{v}_1^{\,2} + m_2\vec{v}_2^{\,2} = m_1\vec{u}_1^{\,2} + m_2\vec{u}_2^{\,2} + 2\varepsilon$$

Impulserhaltungssatz: $m_1\vec{v}_1 + m_2\vec{v}_2 = 0$ und $m_1\vec{u}_1 + m_2\vec{u}_2 = 0$

Aus dem Impulserhaltungssatz folgt durch Umstellen und Quadrieren:

$$(m_2\vec{v}_2)^2 = (-m_1\vec{v}_1)^2 \Rightarrow m_2\vec{v}_2^{\,2} = \frac{m_1^2}{m_2}\cdot\vec{v}_1^{\,2}$$

In gleicher Weise stellen wir die nach dem Stoß geltende Impulsgleichung um:

$$m_2\vec{u}_2^{\,2} = \frac{m_1^2}{m_2}\cdot\vec{u}_1^{\,2}$$

Diese beiden Ausdrücke lassen sich nun leicht in den Energiesatz einsetzen, sodass vom zweiten Stoßpartner nur noch die Masse, nicht mehr die Geschwindigkeit erscheint:

$$m_1\vec{v}_1^{\,2} + \frac{m_1^2}{m_2}\cdot\vec{v}_1^{\,2} = m_1\vec{u}_1^{\,2} + \frac{m_1^2}{m_2}\cdot u_1^2 + 2\varepsilon,$$

bzw. nach Division der Gleichung durch m_1:

$$\vec{v}_1^{\,2}\cdot\left(1 + \frac{m_1}{m_2}\right) = \vec{u}_1^{\,2}\cdot\left(1 + \frac{m_1}{m_2}\right) + \frac{2\varepsilon}{m_1}$$

Auflösen nach u_1 ergibt so die Geschwindigkeit des ersten Stoßpartners nach dem Stoß:

$$|u_1| = \sqrt{\vec{v}_1^{\,2} - \frac{2\varepsilon}{m_1 + \frac{m_1^2}{m_2}}}$$

Wir wollen die Gleichung nun noch so umstellen, dass die Deformationsenergie und die gesamte kinetische Energie des Stoßes miteinander in Bezug stehen.

Für W_{kin} gilt: $2 \cdot W_{kin} = m_1 \vec{v}_1^{\,2} + m_2 \vec{v}_2^{\,2}$, bzw. mit der bereits oben aus der Impulsgleichung erhaltenen Beziehung:

$$2 \cdot W_{kin} = m_1 \vec{v}_1^{\,2} + \frac{m_1^2}{m_2} \cdot \vec{v}_1^{\,2}.$$

Somit beträgt der in der Geschwindigkeitsgleichung von u_1 rechts im Nenner stehende Ausdruck $m_1 + \frac{m_1^2}{m_2} = \frac{2 \cdot W_{kin}}{\vec{v}_1^{\,2}}$.

Es kann also die Geschwindigkeit nach dem Stoß folgendermaßen ausgedrückt werden:

$$|\vec{u}_1| = |\vec{v}_1| \cdot \sqrt{1 - \frac{\varepsilon}{W_{kin}}}$$

Beim vollkommen unelastischen Fall ist $\varepsilon = W_{kin}$ und somit die Geschwindigkeit (im Schwerpunktsystem) beider Stoßpartner nach dem Stoß gleich null.

Der Übergang zu einem anderen Bezugssystem geschieht durch vektorielle Addition der Geschwindigkeit des Schwerpunkts in Bezug auf das neue System zu den Geschwindigkeiten $\vec{v}_1$ und $\vec{v}_2$ vor bzw. $\vec{u}_1$ und $\vec{u}_2$ nach dem Stoß (**Galilei-Transformation,** → Seite 143).

Vorsicht: Falle

Über die Richtung der Geschwindigkeiten nach dem Stoß sagen diese Gleichungen nichts aus. Darüber hinaus gelten sie nur für den **zentralen Stoß**. Weicht die Betrachtung hiervon ab, so müssen Effekte wie die Reibung (→ nächster Abschnitt) zwischen Oberflächen einbezogen werden. Insbesondere muss im allgemeinen Fall auch der Drehimpulserhaltungssatz (→ Seite 9) erfüllt werden, wodurch sich Abweichungen von den hier betrachteten Gleichungen ergeben.

Kugelstoßpendel

Anhand einer Reihe von fünf bifilar (d. h. an zwei Fäden) aufgehängten Stahlkugeln gleicher Masse m wird die **Impulserhaltung** im elastischen Stoßvorgang demonstriert: Hebt man auf der rechten Seite $n_R = 2$ Kugeln an und lässt sie auf die ruhenden Kugeln prallen, so entfernen sich links ebenso $n_L = 2$ Kugeln mit derselben Geschwindigkeit. Versetzt man rechts $n_R = 3$ Kugeln in Bewegung, so werden sich auch $n_L = 3$ Kugeln links entfernen. Nach der Impulserhaltung gilt: $n_R \cdot m\vec{v} = n_L \cdot m\vec{u}$; $\vec{u} = \vec{v} \cdot \frac{n_R}{n_L}$

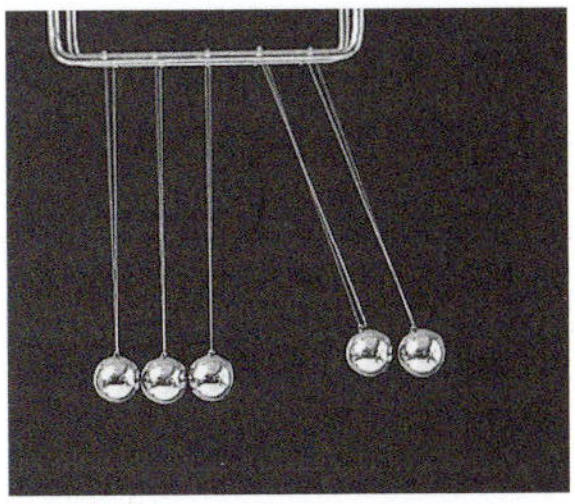

Abb. 1.1: Stoß von Metallkugeln

Der Energieerhaltungssatz dagegen besagt für den vollkommen elastischen Stoß: $n_R \cdot \frac{1}{2} m\vec{v}^{\,2} = n_L \cdot \frac{1}{2} m\vec{u}^{\,2}$; $u = v \cdot \sqrt{\frac{n_R}{n_L}}$

Es können nur dann beide Bedingungen erfüllt sein, wenn der Quotient n_R / n_L gleich eins, d. h. $n_R = n_L$ ist. Daraus folgt automatisch $u = v$.

Tipp: Unelastische Stöße können mit Bleikugeln untersucht werden. Die Deformationsenergie ε ist dann zu berücksichtigen.

1.6 Reibung

Liegen zwei Flächen bewegungslos aufeinander, so haften die Oberflächen durch atomare Wechselwirkungen und mikroskopischen Verzahnungen aufeinander. Um die Flächen gegeneinander zu bewegen, muss die **Haftreibung** F_H überwunden werden, die nur von der Anpresskraft $F_\perp$ und den Materialien, nicht jedoch von der Kontaktfläche abhängt. Dasselbe gilt für die etwas kleinere **Gleitreibung** F_G, die auftritt, sobald die Oberflächen sich bewegen. Nochmals wesentlich kleiner ist die vom Radius r abhängige **Rollreibung** F_R, die durch Deformation und Haftung der Oberflächen verursacht wird.

COULOMB-Reibung

$$F_H = \mu_H \cdot F_\perp \quad \text{und} \quad F_G = \mu_G \cdot F_\perp \quad \text{und} \quad F_R = \frac{\mu_R}{r} \cdot F_\perp$$

CHARLES AUGUSTIN DE COULOMB 1736–1806

Unabhängig von ihrer Ursache werden alle diese Reibungsphänomene, die von der Geschwindigkeit unabhängig sind, als **COULOMB-Reibung** bezeichnet. Bewegt sich ein Körper langsam durch ein Gas oder eine Flüssigkeit, so entsteht eine **laminare Strömung**, deren Geschwindigkeitsverteilung nur von der Geschwindigkeit v und der **Viskosität** η des Mediums abhängt.

viskose Reibung

$$F_V = \mu_V \cdot v \quad \text{mit } \mu_V = \mu_{\text{Geometrie}} \cdot \eta$$

STOKES'sches Reibungsgesetz

$$F_{ST} = 6\pi \cdot \eta \cdot r \cdot v \quad \text{für eine Kugel mit Radius } r$$

SIR GEORG GABRIEL STOKES 1819–1903

Bei höheren Strömungsgeschwindigkeiten v bilden sich Wirbel und es entsteht eine turbulente Strömung. Der Strömungswiderstand ist proportional zur Strömungsfläche A und der Dichte des Mediums ρ:

NEWTON-Reibung

$$F_N = \frac{1}{2} c_W \rho A v^2$$

Der Widerstandsbeiwert c_W beschreibt den Unterschied zwischen einem umströmten Objekt und einer vollständigen Abbremsung des Mediums.

$$c_W = \frac{F_N}{F_{\text{Stau}}} \quad \text{mit Staukraft } F_{\text{Stau}} = \frac{1}{2}\rho A v^2 = p_{\text{Stau}} \cdot A \quad \text{und Staudruck } p_{\text{Stau}} = \frac{1}{2}\rho v^2$$

Eine Kugel hat den c_W-Wert 0,35, ein Fallschirm 1,4 und ein Pkw 0,25.
Ob eine Strömung laminar oder turbulent ist lässt sich mit der REYNOLDS-Zahl abschätzen, in die eine charakteristische Länge l des Objekts eingeht.

REYNOLDS-Zahl

$$\text{Re} = \frac{\rho \cdot v \cdot l}{\eta}$$

OSBORNE REYNOLDS 1842–1912

Je höher ihr Wert ist, umso wahrscheinlicher ist eine turbulente Strömung. Bei einer fallenden starren Kugel erfolgt der Übergang bei $2 \cdot 10^5$ bis $6 \cdot 10^5$, bei einem Regentropfen hingegen schon bei $\text{Re} \approx 300$ und für die Strömung in Rohren bei rund 2300. Im Windkanal nutzt man die REYNOLDS-Zahl, um an kleinen Modellen bei hohen Strömungsgeschwindigkeiten, die Strömung an großen Objekten zu simulieren und den c_W-Wert zu messen.

1.7 Gravitation und Himmelsmechanik

KEPLER'sche Gesetze

Die Bewegung der Planeten um die Sonne bzw. des Mondes um die Erde wurde erstmals von JOHANNES KEPLER im Jahr 1609 mathematisch korrekt beschrieben. Die von ihm aufgestellten **KEPLER'schen Gesetze** beschreiben die Bewegung eines einzelnen Planeten oder eines einzelnen Mondes (allgemein eines Trabanten) um ein wesentlich massereicheres Zentralgestirn (Zwei-Körper-Problem).

JOHANNES KEPLER 1571–1630

1. Ellipsensatz (Erstes KEPLER'sches Gesetz)

Die **Umlaufbahn** eines Trabanten ist eine Ellipse, deren einer Brennpunkt im Schwerezentrum des Systems liegt.

2. Flächensatz (Zweites KEPLER'sches Gesetz)

In gleichen Zeiten überstreicht der Fahrstrahl zwischen umlaufendem Objekt und Gravizentrum des Systems gleiche Flächen.

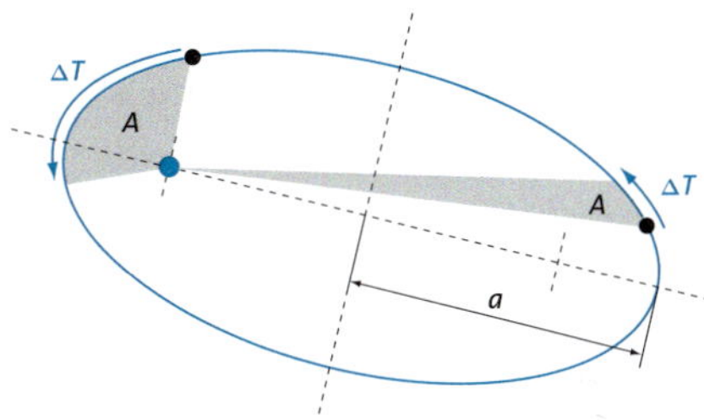

Abb. 1.2: Umlaufbahn und Geschwindigkeit eines Planeten nach KEPLERS Gesetzen; a markiert die große Halbachse der Ellipse.

Tipp: Der Flächensatz gilt auch für einmalig passierende Himmelskörper: Ihre Bahnkurve ist eine Hyperbel, die wie die Ellipse den Rand einer Kegelschnittfläche darstellt.

Im **Dritten KEPLER'schen Gesetz** wird ein Zusammenhang der Bahnbewegungen zweier Planeten um dasselbe Zentralgestirn hergestellt: Demnach sind die Quadrate der Umlaufzeiten T der beiden Planeten proportional zu den dritten Potenzen ihrer großen Halbachsen a:

$$\left(\frac{T_1}{T_2}\right)^2 \propto \left(\frac{a_1}{a_2}\right)^3$$

$\propto$ bedeutet: proportional zu (oft auch: $\sim$)

Erde und Mars

Der Abstand zwischen Erde und Sonne schwankt im Jahresverlauf (T = 365,26 Tage) zwischen 147,1 Mio. km und 152,1 Mio. km.
Die große Halbachse der Bahnellipse ist damit 149,6 Mio. km und wird als eine **Astronomische Einheit** (AE) definiert.
Der Mars benötigt für einen Sonnenumlauf 686,98 Tage. Sein Sonnenabstand entspricht einer Halbachse von 1,524 AE. Das 3. KEPLER'sche Gesetz wird damit bestätigt:

$$\left(\frac{686{,}98}{365{,}26}\right)^2 \approx \left(\frac{1{,}524}{1}\right)^3 \approx 3{,}54$$

NEWTONS Gravitationsgesetz

NEWTON suchte nach einer weitergehenden Erklärung für die von KEPLER beschriebenen Planetenbewegungen. Er fand einen Zusammenhang mit den Massen der Himmelskörper und nahm eine zwischen den Körpern wirkende Kraft an, die mit zunehmender Entfernung r schwächer wird.

Gravitationsgesetz

$$F_G = G \cdot \frac{m_1 \cdot m_2}{r^2} \quad \text{mit } G = 6{,}672 \cdot 10^{-11} \frac{m^3}{kg \cdot s^2}$$

HENRY CAVENDISH 1731–1810

Der Wert der **universellen Gravitationskonstanten** G wurde erst viel später, im Jahr 1798, von HENRY CAVENDISH gemessen.

„Träge" und „schwere" Masse

In NEWTONS Aktionsprinzip (→ Seite 8) wird die **„träge" Masse** als Proportionalitätsfaktor zwischen Beschleunigung und Kraft eingeführt. Im Gegensatz hierzu steht die Definition der Masse als Ursache der Gravitation (**„schwere" Masse**). Beide sind gleich groß, doch dauerte es lange, um dies zu beweisen. Heute kennt man die Übereinstimmung mit einer Genauigkeit von 10^{-10} (1 : 10 Mrd.).

Gravitationsfeld der Erde

Das globale **Gravitationsfeld** der Erde wird durch das NEWTON'sche **Gravitationsgesetz** beschrieben. Solange der Abstand zum Erdmittelpunkt wesentlich größer als der Erdradius ist, kann die Erde als punktförmig angenommen werden (**Astronomische Näherung**). Um die Gravitationswirkung der Erde in der Höhe h über der Erdoberfläche auf eine im Verhältnis kleine Masse m zu beschreiben, wird die **Schwerebeschleunigung** (**Gravitationsbeschleunigung**) g verwendet. Die Gewichtskraft F_G vereinfacht sich damit zu

Gewichtskraft

$$F_G = m \cdot g.$$

Die Schwerebeschleunigung g ist stets zum Erdmittelpunkt gerichtet. Ein annähernder Wert von g lässt sich aus NEWTONS Gravitationsgesetz ermitteln:

$$F_G = m \cdot G \cdot \frac{m_{Erde}}{(r_{Erde} + h)^2} =: m \cdot g(h) \quad \Rightarrow \quad g(h) = G \cdot \frac{m_{Erde}}{(r_{Erde} + h)^2}$$

Bei Einsetzen der entsprechenden Werte ergibt sich *rechnerisch* die Erdbeschleunigung auf der Erdoberfläche ($h = 0$; $r_{Erde} = 6368\,km$):

$$g = 6{,}67 \cdot 10^{-11} \frac{m^3}{kg \cdot s^2} \cdot \frac{5{,}974 \cdot 10^{24}\,kg}{(6{,}368 \cdot 10^6\,m)^2} = 9{,}826 \frac{m}{s^2}$$

Dieser Wert weicht von der tatsächlich gemessenen Schwerebeschleunigung geringfügig ab, da weder die Abplattung der Erde noch die von der Erdrotation verursachte **Zentrifugalkraft** (→ Seite 28) berücksichtigt werden. Letztere führt zu einer Abnahme der Schwerebeschleunigung von 9,83 m/s² am Pol auf 9,78 m/s² am Äquator.

Selbst innerhalb von Deutschland ist dieser Effekt deutlich messbar, wie ein Vergleich der gemessenen Schwerebeschleunigung in Hamburg (9,8137 m/s²) und München (9,8074 m/s²) zeigt.

Die beste Näherung zur Berechnung der Schwerebeschleunigung g in Abhängigkeit vom Breitengrad φ und der Höhe h über dem Meeresspiegel wird von der Physikalisch-Technischen Bundesanstalt (PTB) angegeben als:

$$g(h, \varphi) = 9{,}780\,327 \cdot [1 + 0{,}005\,302\,4 \cdot \sin^2(\varphi) - 0{,}000\,005\,8 \cdot \sin^2(2\varphi)] - 3{,}086 \cdot 10^{-6} \cdot h$$

mit g in $\frac{\text{m}}{\text{s}^2}$ und h in m.

Tipp: Auch die ungleichmäßige Verteilung der Masse im Innern der Erde führt zu einer als **Schwereanomalie** bezeichneten lokalen Schwankung von g in der Größenordnung von $\Delta g/g \approx 10^{-4}$.

Schwerebeschleunigung

Die Schwerebeschleunigung g nimmt, durch die von der Erdrotation hervorgerufene Fliehkraft, von den Polen zum Äquator von 9,83 m/s² auf 9,78 m/s² ab.

Für Deutschland gilt ein mittlerer Wert von 9,81 m/s².

potentielle Energie: $W_{pot} = m \cdot g \cdot h$ (→ Seite 11)

Geostationäre Umlaufbahn

Viele Haushalte verfügen über eine Parabolantenne, mit der Fernsehübertragungen von einem Satelliten empfangen werden. Dieser befindet sich auf einer geostationären Umlaufbahn, d. h. er steht scheinbar über einem festen Punkt am Äquator. Auf einer solchen Umlaufbahn entspricht die Gravitationskraft genau der erforderlichen Zentripetalkraft (→ Seite 28): $F_g = F_z$. Wir wollen die Höhe des Satelliten über der Erde bestimmten, sodass seine Umlaufzeit genau 24 Stunden beträgt.

Gravitationsgesetz: $F_G = G \cdot \frac{m_{sat} \cdot m_{Erde}}{r^2}$

Zentripetalkraft: $F_Z = m_{Sat} \cdot r \cdot \omega^2$

$$m_{Sat} \cdot G \cdot \frac{m_{Erde}}{r^2} = m_{Sat} \cdot r \cdot \omega^2 \quad \text{mit } r = r_{Erde} + h$$

$$r^3 = \frac{G \cdot m_{Erde}}{\omega^2}; \quad \omega = \frac{2\pi}{T} \quad \text{mit } T = 24\,\text{h} = 86\,400\,\text{s}$$

$$h = \left(\frac{T}{2\pi}\right)^{\frac{2}{3}} \cdot \sqrt[3]{G \cdot m_{Erde}} - r_{Erde}$$

Mit den bekannten Werten $G = 6{,}67 \cdot 10^{-11} \frac{\text{m}^3}{\text{kg} \cdot \text{s}^2}$, $m_{Erde} = 5{,}974 \cdot 10^{24}\,\text{kg}$; $r_{Erde} = 6{,}368 \cdot 10^6\,\text{m}$ folgt für die Höhe der geostationären Umlaufbahn über der Erdoberfläche:

$h = 35\,868\,\text{km}$

Der schiefe Wurf

Als **schiefer Wurf** wird die Bewegung einer Masse m im Gravitationsfeld der Erde bezeichnet, die unter einem Startwinkel φ mit einer Anfangsgeschwindigkeit v_0 startet:

$$\vec{v}_0 = \begin{pmatrix} v_x \\ v_y \end{pmatrix} = v_0 \begin{pmatrix} \cos\varphi \\ \sin\varphi \end{pmatrix}$$

In y-Richtung ist sie der konstanten Erdbeschleunigung ausgesetzt, während im Idealfall keine weitere **Beschleunigung** in x-Richtung auftritt (der Luftwiderstand wird hier nicht berücksichtigt: Vakuum oder sehr kleine Reibung).

$$\vec{g} = \begin{pmatrix} 0 \\ -g \end{pmatrix}$$

Die Bahnkurve folgt unmittelbar aus den Bewegungsgleichungen auf → Seite 7.

Wurfweite (x-Richtung) zum Zeitpunkt t

Gleichförmige Bewegung:

$$x(t) = v_0 \cdot t \cdot \cos\varphi$$

Wurfhöhe (y-Richtung) zum Zeitpunkt t

Gleichmäßig beschleunigte Bewegung:

$$y(t) = v_0 \cdot t \cdot \sin\varphi - \frac{1}{2} g t^2$$

Die vertikale Position der Masse zum Zeitpunkt t ist

$$r_y(t) = r_{0,y} + y(t).$$

Wurfparabel

Wird die Wurfweite nach t aufgelöst und in die Wurfhöhe eingesetzt, erhält man die sogenannte Wurfparabel:

$$t = \frac{x}{v_0 \cdot \cos\varphi}$$

$$\Rightarrow y(x) = \tan(\varphi) \cdot x - \frac{g}{2 \cdot v_0^2 \cdot \cos^2\varphi} \cdot x^2$$

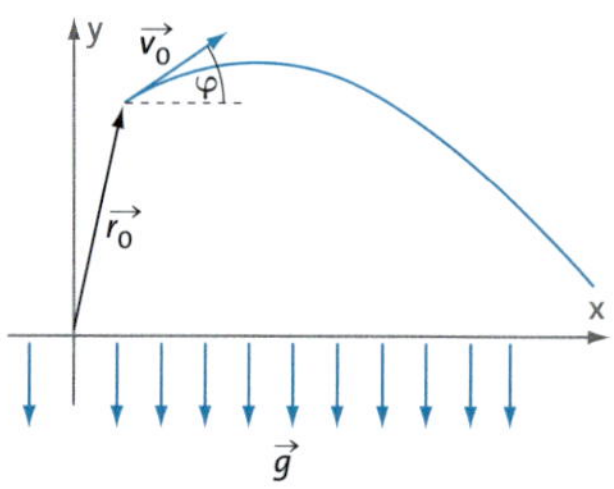

Abb. 1.3: Wurfparabel

Anstelle der hier verwendeten Winkelfunktionen können auch direkt die Geschwindigkeitskomponenten zum Startzeitpunkt eingesetzt werden.

Daraus ergibt sich:

$$y(x) = r_{0,y} + \frac{v_{0,y}}{v_{0,x}} \cdot x - \frac{g}{2 \cdot v_{0,x}^2} \cdot x^2$$

1.8 Rotation in der Ebene

Bewegungsgleichungen

Drehbewegungen werden am Einfachsten in einem polaren Koordinatensystem beschrieben, dessen Ursprung auf der Drehachse liegt. Die Position wird dann durch den Abstand r von der Drehachse und den **Drehwinkel** φ angegeben. Verändert sich der Winkel mit der Zeit, so hat er eine **Winkelgeschwindigkeit** ω. Ist diese ebenfalls veränderlich, dann nennt man dies die **Winkel-** oder **Drehbeschleunigung**.

φ: Drehwinkel
$\dot{\varphi} = \omega$: Winkelgeschwindigkeit
$\ddot{\varphi} = \dot{\omega}$: Winkelbeschleunigung

Wird eine Kreisbewegung auf eine der kartesischen Achsen projiziert, so wird aus der gleichmäßigen Rotation mit der Winkelgeschwindigkeit ω eine harmonische Schwingung (→ Seite 73 ff.) mit der **Kreisfrequenz** ω.

Grad- und Bogenmaß

Im Gegensatz zu den Ingenieurwissenschaften ist es in der Physik und Mathematik üblich, Winkel in der natürlichen Einheit **Radian** anzugeben, da sich die Berechnung von Integralen, die trigonometrische Funktionen enthalten, hierdurch wesentlich vereinfacht. Ein Vollkreis von 360° entspricht hier dem Wert 2π und die Länge eines Kreisbogens $r \cdot \varphi_{RAD}$.

$$\varphi_{DEG} = \varphi_{RAD} \cdot \left(\frac{360°}{2\pi}\right)$$

Bei der Verwendung von trigonometrischen Funktionen muss der Taschenrechner auf den richtigen Modus eingestellt werden:
DEG = Grad (engl. *degree*), RAD = Bogenmaß (engl. *radian*).

Bewegungsgleichungen

In Analogie zur Translation ergeben sich folgenden Bewegungsgleichungen für die Rotation:

Gleichförmige Rotation: $\dot{\omega} = 0;\ \omega = \frac{\Delta\varphi}{\Delta t};\ \varphi(t) = \varphi_0 + \omega_0 t$

Gleichmäßig beschleunigte Rotation: $\dot{\omega} = \frac{\Delta\omega}{\Delta t}$

$$\omega(t) = \omega_0 + \dot{\omega} t$$

$$\varphi(t) = \varphi_0 + \omega_0 t + \frac{1}{2}\dot{\omega} t^2$$

Vom Hebelgesetz zum Drehmoment

Mittels eines Hebels kann eine geringe Kraft in eine große Kraft umgewandelt werden – sie muss jedoch über eine lange Strecke wirken, um die hohe Kraft nur über ein kurzes Stück aufzubringen. Nach dem **Hebelgesetz** ist das Produkt aus tangentialer Kraft und radialem Hebelarm für jeden Punkt auf dem Hebel gleich:

Hebelgesetz

$$F_1 \cdot l_1 = F_2 \cdot l_2$$

Zur Erklärung betrachten wir die **Arbeit** (= Kraft mal Weg), die bei einer Drehung um den Winkel φ verrichtet wird. Wir erhalten:

$$W_1 = F_1 \cdot s_1 = F_1 \cdot (l_1 \cdot \varphi_{RAD}) = F_2 \cdot (l_2 \cdot \varphi_{RAD}) = F_2 \cdot s_2 = W_2.$$

Auf beiden Seiten des Hebels wird die gleiche Arbeit verrichtet: Mit einem Hebel lässt sich also keine Energie gewinnen. Ähnlich wie bei einem Seilzug können wir jedoch kleine Kräfte über einen langen Weg in hohe Kräfte über einen kurzen Weg transformieren. Ausschlaggebend ist nicht die Form des Hebels, sondern der radiale Abstand der Kräfte vom Drehpunkt – bei allen drei in Abb. 1.4 gezeigten Fällen sind die Hebelarme im Gleichgewicht.

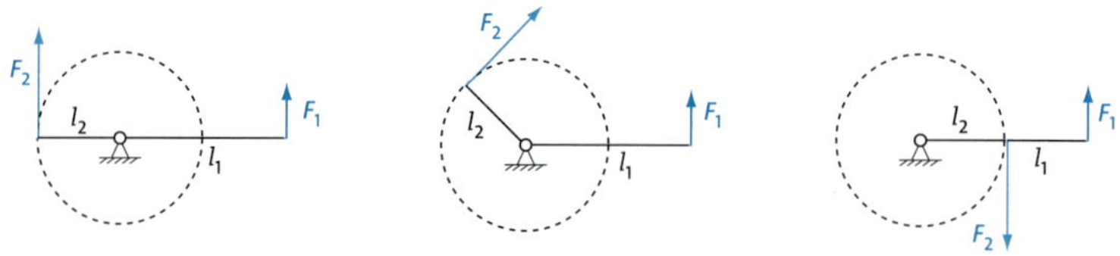

Abb. 1.4: Drei Fälle des Kräftegleichgewichts am Hebelarm

Das im Hebelgesetz beschriebene Produkt aus einer tangential wirkenden Kraft F und ihrem radialen Abstand r zur Drehachse nennt man auch das **Drehmoment** M. In der Ebene lautet die verallgemeinerte Definition des Drehmoments:

Drehmoment

$M = r \cdot F \cdot \sin\alpha$ mit Winkel α zwischen r und F.

Im Raum wird das Drehmoment durch ein Vektorprodukt (Kreuzprodukt) beschrieben (→ „1.9 Rotation in vektorieller Darstellung“ auf Seite 24).

Das Hebelgesetz veranschaulicht die Wirkung eines Drehmoments auf einen Körper: Der Körper verharrt in Ruhe, solange die Summe aller auf ihn einwirkenden Drehmomente null ist. Existiert hingegen ein effektives Drehmoment (Summe ungleich null), so wird der Körper in Rotation versetzt. Bei der Rotation spielt das Drehmoment eine äquivalente Rolle zur Kraft bei der Translation → Seite 8 und Seite 23).

Rotationsenergie und Trägheitsmoment

Bei einer Translationsbewegung beträgt die kinetische Energie $W_{kin} = \frac{1}{2} m v^2$. Betrachten wir nun einen Körper der Masse m, der um seinen Schwerpunkt rotiert. Um seine kinetische Energie auszurechnen, müssen wir die Geschwindigkeit v_i jedes einzelnen Massepunktes m_i berechnen und anschließend die kinetische Energie der einzelnen Punkte aufaddieren:

$$W_{kin} = \frac{1}{2} \sum_i m_i v_i^2$$

Da sich die Punkte auf einer Kreisbahn um die Rotationsachse bewegen, beträgt ihre Geschwindigkeit $v_i = r_i \dot{\varphi}_{RAD} = r_i \omega$. Somit folgt:

$$W_{rot} = \frac{1}{2} \sum_i m_i (r_i \omega)^2 = \frac{1}{2} \underbrace{\sum_i m_i r_i^2}_{=J} \cdot \omega^2 = \frac{1}{2} J \omega^2.$$

Rotationsenergie

Die hier mit J bezeichnete Summe wird als **Trägheitsmoment** bezeichnet. Bei der Rotation spielt sie eine äquivalente Rolle zur Masse bei der Translation.

→ Seite 8 und Seite 23)

Vorsicht: Falle

Das Trägheitsmoment hängt von der Lage der Rotationsachse ab.
Bei der Berechnung gibt r_i den radialen Abstand des Massepunktes m_i zur Rotationsachse an.

Das Trägheitsmoment muss für jeden Körper durch Integration über sein Volumen unter Berücksichtigung seiner Dichteverteilung errechnet werden. Für viele homogene geometrische Körper können jedoch Berechnungsformeln in Tabellen nachgeschlagen werden. Normalerweise beziehen sie sich auf eine durch den Schwerpunkt verlaufende Rotationsachse und werden deshalb mit J_S bezeichnet.

Zylindermantel	massiver Zylinder	Hohlkugel	massive Kugel
$J_S = m r^2$	$J_S = \frac{1}{2} m r^2$	$J_S = \frac{2}{3} m r^2$	$J_S = \frac{2}{5} m r^2$

Tab. 1.1: Trägheitsmomente einiger geometrischer Grundfiguren mit Radius r bezogen auf eine Rotation um ihre Symmetrieachse.

Soll die Rotationsachse aus dem Schwerpunkt verschoben werden, dann findet eine Umrechnung von J_S in das Trägheitsmoment J nach dem **Satz von Steiner** (nächste Seite) statt.

Abb. 1.5: Einseitig aufgehängter Kreisel

Beispiel

Hängt ein Kreisel an einem Band, das durch einen Motor gedreht wird, so rotiert er nach einiger Zeit um seine Achse mit dem größten Trägheitsmoment, da dies die Rotationsenergie maximiert (→ Abb. 1.5):
$W_{rot} = \frac{1}{2} J \omega^2$

Satz von Steiner

Jakob Steiner 1796–1863

Ist das Trägheitsmoment J_S bezüglich einer durch den Schwerpunkt verlaufenden Achse bekannt, so ermöglicht es der **Satz von Steiner**, die Rotationsachse in jeden beliebigen Abstand l_S vom Schwerpunkt zu legen:

Satz von Steiner

$$J = J_S + m \cdot l_S^2$$

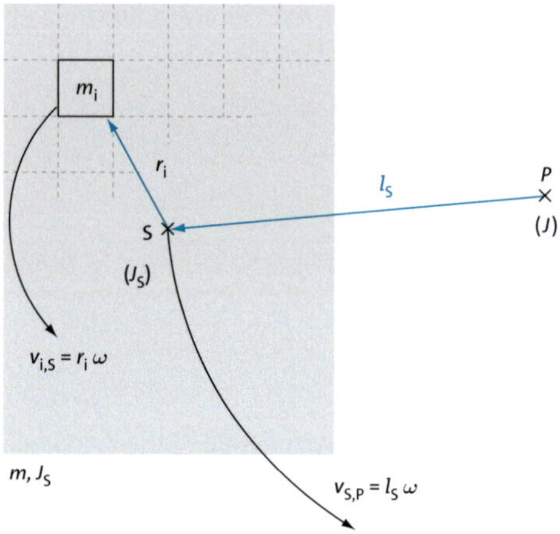

Abb. 1.6: Verschiebung des Trägheitsmoments aus dem Schwerpunkt S zu einem beliebigen Punkt P: Aus J_S wird J.

Zur Herleitung betrachten wir das auf den Schwerpunkt bezogene Trägheitsmoment J_S wieder in Form der Summierung diskreter Massenelemente:

$$J_S = \sum_i \left(m_i \cdot r_i^2\right)$$

Zu dem auf den Schwerpunkt bezogenen Ortsvektor $\vec{r}_i$ wird der Abstandsvektor $\vec{l}_S$ zur neuen Rotationsachse addiert.

$$J = \sum_i \left(m_i \cdot \left(\vec{r}_i + \vec{l}_S\right)^2\right) = \sum_i m_i \cdot \left(\vec{r}_i^{\,2} + 2 \cdot \vec{r}_i \cdot \vec{l}_S + \vec{l}_S^{\,2}\right)$$
$$= \sum_i \left(m_i \cdot r_i^2\right) + \sum_i \left(m_i \cdot \vec{r}_i\right) \cdot 2 \cdot \vec{l}_S + \sum_i m_i \cdot l_S^2$$

Da J_S auf den Schwerpunkt bezogen ist, wird die Summe über $m_i \cdot r_i$ zu Null und es folgt der Steiner'sche Satz:

$$J = \sum_i \left(m_i \cdot r_i^2\right) + m \cdot l_S^2 = J_S + m \cdot l_S^2$$

Der Drehimpuls

Betrachten wir einen mit konstanter Geschwindigkeit rotierenden Körper, so bewegt sich jedes Masseelement mit einer konstanten Geschwindigkeit auf einer Kreisbahn mit Radius r_i. Der **Impuls** p_i dieses Masseelements hat dabei stets den gleichen Betrag, die Richtung des Impulsvektors ändert sich hingegen kontinuierlich. Wir definieren daher einen Drehimpulsvektor $\vec{L}$, der in Richtung der Drehachse zeigt:

Drehimpuls

$$L = \sum_i r_i p_i = \sum_i r_i m_i v_i = \sum_i m_i r_i^2 \omega = J \cdot \omega$$

Bei Translationsbewegungen ist der Impuls eine **Erhaltungsgröße**, er ändert sich nur, wenn äußere Kräfte im Spiel sind:

$\frac{d}{dt}\vec{p} = \vec{F}$ (NEWTON)

Für die Rotation gilt analog der Drehimpulserhaltungssatz:

$$\frac{d}{dt}L = \frac{d}{dt}\sum_i r_i p_i = \sum_i r_i \frac{d}{dt} p_i = \sum_i r_i F_i = M$$

Drehimpuls-erhaltungs-satz

Der **Drehimpuls** ändert sich nur, wenn ein äußeres **Drehmoment** auf den Körper einwirkt.

Folglich ist der Drehimpuls eine Erhaltungsgröße. Auch in diesem Fall handelt es sich wie beim Drehmoment um eine vektorielle Größe (→ Seite 24).

Rotation und Translation im Vergleich

Bei vielen Eigenschaften der Rotation haben wir auf Analogien bei der Translation hingewiesen. In → Tab. 1.2 werden diese Gemeinsamkeiten nochmals zusammengefasst.

Translation	Rotation
Ort: x	Winkel: φ_{RAD}
Geschwindigkeit $v = \dot{x}$	Winkelgeschwindigkeit $\omega = \dot{\varphi}$
Beschleunigung $a = \dot{v} = \ddot{x}$	Winkelbeschleunigung $\dot{\omega} = \ddot{\varphi}$
Masse $m = \sum_i m_i$	Trägheitsmoment $J = \sum_i m_i r_i^2$
Impuls $p = m \cdot v = m \cdot \dot{x}$	Drehimpuls $L = J \cdot \omega = J \cdot \dot{\varphi}$
Kraft $F = m \cdot a = m \cdot \ddot{x} = \dot{p}$	Drehmoment $M = J \cdot \dot{\omega} = J \cdot \ddot{\varphi} = \dot{L}$
kinetische Energie $W_{kin} = \frac{1}{2} m v^2 = \frac{p^2}{2m}$	Rotationsenergie $W_{rot} = \frac{1}{2} J \omega^2 = \frac{L^2}{2J}$
gleichförmige Bewegung $\vec{a}(t) = 0$ $\vec{v}(t) = \vec{v}_0$ $\vec{r}(t) = \vec{r}_0 + \vec{v}_0 \cdot t$	gleichförmige Rotation $\dot{\omega} = 0$ $\omega = \frac{\Delta\varphi}{\Delta t}$ $\varphi(t) = \varphi_0 + \omega_0 t$
gleichmäßig beschleunigte Bewegung $\vec{a}(t) = \vec{a}_0 = \dot{\vec{v}}_0$ $\vec{v}(t) = \vec{v}_0 + \vec{a}_0 \cdot t$ $\vec{r}(t) = \vec{r}_0 + \vec{v}_0 \cdot t + \frac{1}{2}\vec{a}_0 \cdot t^2$	gleichmäßig beschleunigte Rotation $\dot{\omega} = \frac{\Delta\omega}{\Delta t}$ $\omega(t) = \omega_0 + \dot{\omega}\, t$ $\varphi(t) = \varphi_0 + \omega_0 t + \frac{1}{2}\dot{\omega}\, t^2$

Tab. 1.2: Translation und Rotation im Vergleich

1.9 Rotation in vektorieller Darstellung

Abb. 1.7: Rechte-Hand-Regel Rotation

Die Drehachse als Vektor

Bei dreidimensionalen Berechnungen ist es üblich, für den **Drehwinkel** und die **Winkelgeschwindigkeit** Vektoren in Richtung der Rotationsachse zu verwenden. Die Orientierung ergibt sich aus der **„Rechte-Hand-Regel"** (→ Abb. 1.7).

Das Drehmoment ist ein Vektorprodukt

Wirken Kräfte auf dreidimensionale Körper, so wird das **Drehmoment** durch ein Vektorprodukt (Kreuzprodukt, → Anhang Seite 248) berechnet:

Drehmoment

$$\vec{M} = \vec{r} \times \vec{F}$$

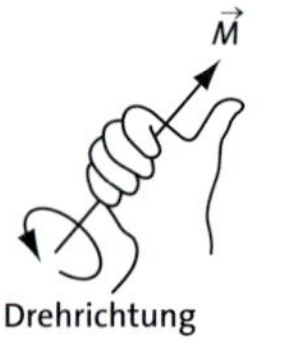

Abb. 1.8: Rechte-Hand-Regel Drehmoment

Zur Verdeutlichung betrachten wir den Spezialfall von zwei gleich großen entgegengesetzten Kräften $\vec{F}_1 = -\vec{F}_2$, mit den Angriffspunkten $\vec{r}_1$ und $\vec{r}_2$ im Abstand $\vec{r}$ zueinander:

$$\vec{M} = \vec{r}_1 \times \vec{F}_1 + \vec{r}_2 \times \vec{F}_2 = (\vec{r}_1 - \vec{r}_2) \times \vec{F}_1 = \vec{r} \times \vec{F}_1$$

Die Orientierung des Drehmoments ergibt sich wiederum aus der „Rechte-Hand-Regel" (→ Abb. 1.8).

Der Drehimpuls als Vektor

Analog zum Drehmoment wird der **Drehimpuls** als Vektorprodukt (Kreuzprodukt, → Anhang Seite 248) definiert:

Drehimpuls

$$\vec{L} = \sum_i \vec{r}_1 \times \vec{p}_i = J_M \vec{\omega}$$

In der vektoriellen Darstellung wird aus dem Trägheitsmoment J die Matrix J_M, (→ „Zusatzwissen" auf Seite 25 und „Die Trägheitsmatrix" auf Seite 26)

Den Drehimpulserhaltungssatz weisen wir wiederum durch Ableitung des Drehimpulses nach der Zeit nach:

$$\frac{\mathrm{d}}{\mathrm{d}t}\vec{L} = \frac{\mathrm{d}}{\mathrm{d}t}\sum_i \vec{r}_1 \times \vec{p}_i = \sum_i \left(\frac{\mathrm{d}}{\mathrm{d}t}\vec{r}_i \times \vec{p}_i + \vec{r}_i \times \frac{\mathrm{d}}{\mathrm{d}t}\vec{p}_i \right)$$

Der erste Summand verschwindet:

$$\frac{\mathrm{d}}{\mathrm{d}t}\vec{r}_i \times \vec{p}_i = \vec{v}_i \times m_i \vec{v}_i = m_i(\vec{v}_i \times \vec{v}_i) = 0$$

Beim zweiten Summanden erinnern wir uns an NEWTON $\dot{\vec{p}} = \vec{F}$ und erhalten:

Drehimpulserhaltungssatz

$$\dot{\vec{L}} = \sum_i \vec{r}_i \times \vec{F}_i = \vec{M}$$

Der Drehimpuls $\vec{L}$ ändert sich also nur, wenn ein äußeres Drehmoment $\vec{M}$ vorhanden ist.

Präzession eines Kreisels

Zusatzwissen

Bei einem normalen Kinderkreisel, der auf seiner Spitze rotiert, bewirkt die **Gravitation** ein Drehmoment. Entsprechend der Definition des Drehmoments als Vektorprodukt verläuft der Drehmomentvektor horizontal, und zwar senkrecht zum Drehimpuls. Die hieraus resultierende Drehimpulsänderung $\dot{\vec{L}} = \vec{M}$ führt damit zu einer Richtungsänderung von $\vec{L}$. Der Drehimpulsvektor rotiert dadurch um die Spitze des Kreisels, was als **Präzession** bezeichnet wird.

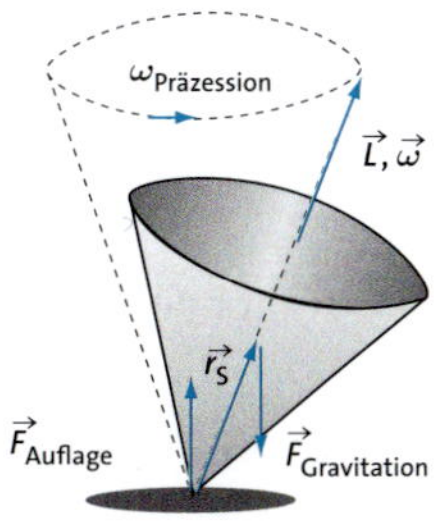

Abb. 1.9: Bei einem Kinderkreisel verursacht die Gravitation eine Präzessionsbewegung

Die Präzessionsfrequenz lässt sich für dieses Beispiel einfach herleiten: Bei einem Neigungswinkel α des Drehimpulses gegenüber der Vertikalen beschreibt die Spitze des Drehimpulsvektors einen Kreis mit dem Radius $R = L \cdot \sin\alpha$.

Eine tangentiale Änderung des Drehimpulses um ΔL entspricht daher einem Winkel $\Delta\varphi = \Delta L / R$. Aus $\dot{\vec{L}} = \vec{M}$ folgt nun:

$$\Delta L = M \cdot \Delta t$$

Damit erhalten wir als Präzessionsfrequenz:

$$\omega_{\text{Präzession}} = \frac{\Delta\varphi}{\Delta t} = \frac{\Delta L}{R \cdot \Delta t} = \frac{M \cdot \Delta t}{R \cdot \Delta t} = \frac{M}{L \cdot \sin\alpha} = \frac{M}{J\omega \cdot \sin\alpha}$$

Berücksichtigen wir nun noch das durch die Gravitation verursachte Drehmoment, so folgt:

$$M_{\text{Gravitation}} = \vec{r}_S \times \vec{F}_{\text{Gravitation}} = r_S \cdot (m \cdot g) \cdot \sin\alpha \quad \Rightarrow \quad \omega_{\text{Präzession}} = \frac{m \cdot g \cdot r_S}{J\omega}$$

Dabei bezeichnet r_S den Abstand des Schwerpunkts von der Spitze des Kreisels.

Vom Drehimpuls zur Trägheitsmatrix (kompliziert)

Zusatzwissen

Die Geschwindigkeit der einzelnen Masseelemente können wir ebenso wie den Drehimpuls als Vektorprodukt definieren: $\vec{v} = \vec{\omega} \times \vec{r}$

Setzen wir dieses Ergebnis in die Definition des Drehimpulses ein, so ergibt sich ein doppeltes Vektorprodukt, das wir im nächsten Rechenschritt weiter umformen (keine Schulmathematik!):

$$\vec{L} = \sum_i \vec{r}_i \times \vec{p}_i = \sum_i m_i \cdot \vec{r}_i \times \vec{v}_i = \sum_i m_i \cdot \vec{r}_i \cdot (\vec{\omega} \times \vec{r}_i)$$

$$= \sum_i m_i \left(r_i^2 \vec{\omega} - (\vec{r}_i \cdot \vec{\omega}) \vec{r}_i \right) =: J_M \vec{\omega}$$

Stehen $\vec{r}_i$ und $\vec{\omega}$ senkrecht aufeinander, wie es z. B. bei einer rotierenden Scheibe der Fall ist, so erhalten wir die bekannte Form $\vec{L} = \sum_i m_i r_i^2 \vec{\omega}$.

Im allgemeinen Fall wird die Summe, die wir als J_M zusammengefasst haben, zu einer Matrix.

Die Trägheitsmatrix

Betrachten wir die Rotationsachsen eines Körpers, die durch dessen Schwerpunkt verlaufen, so finden wir in jedem Fall eine Achse mit einem maximalen Trägheitsmoment, eine dazu senkrecht stehende Achse mit einem minimalen Trägheitsmoment sowie eine zu beiden senkrechte dritte Achse.

Diese Achsen werden als die **Hauptträgheitsachsen** des Körpers bezeichnet. Die dazugehörigen Trägheitsmomente nennt man **Hauptträgheitsmomente**. Bei symmetrischen Körpern fallen die Hauptträgheitsachsen mit den Symmetrieachsen des Körpers zusammen.
Bei komplizierteren Geometrien bedient man sich der **Hauptachsentransformation**, um die Hauptträgheitsachsen mit den dazugehörigen Trägheitsmomenten zu berechnen.

Zusatzwissen

Allgemeiner Kreisel

Kennen wir die Hauptträgheitsachsen des Körpers nicht, so können wir die Trägheitsmatrix durch Summation über die Massenelemente m_i für ein beliebiges kartesisches Koordinatensystem berechnen, wobei wir den Ursprung weiterhin in den Schwerpunkt des Körpers legen:

$$J_M = \begin{pmatrix} y_i^2 + z_i^2 & -x_i y_i & -x_i z_i \\ -x_i y_i & x_i^2 + z_i^2 & -x_i z_i \\ -y_i z_i & -y_i z_i & x_i^2 + y_i^2 \end{pmatrix}$$

Fall 1: Rotation um eine Hauptträgheitsachse

Wählen wir die vom Rotationskörper vorgegebenen Hauptträgheitsachsen als Koordinatensystem, so hat die Trägheitsmatrix die Form

$$J_M = \begin{pmatrix} J_1 & 0 & 0 \\ 0 & J_2 & 0 \\ 0 & 0 & J_3 \end{pmatrix}.$$

Dabei entsprechen J_1, J_2 und J_3 den drei Hauptträgheitsmomenten. Für eine Rotation um eine der drei als Koordinatenachsen gewählten Hauptträgheitsachsen erhalten wir die aus der Rotation in der Ebene (→ Seite 19 ff.) bekannten Beziehungen, wie man an folgendem Beispiel sieht:

$$\vec{L} = J_M \cdot \vec{\omega}$$

$$\vec{\omega} = \begin{pmatrix} \omega \\ 0 \\ 0 \end{pmatrix}$$

$$\Rightarrow \quad \vec{L} = \begin{pmatrix} J_1 & 0 & 0 \\ 0 & J_2 & 0 \\ 0 & 0 & J_3 \end{pmatrix} \cdot \begin{pmatrix} \omega \\ 0 \\ 0 \end{pmatrix} = \begin{pmatrix} J_1 \omega \\ 0 \\ 0 \end{pmatrix} \quad \Rightarrow \quad L = J_1 \omega$$

Analog:

$$\vec{M} = J_M \cdot \dot{\vec{\omega}} \quad \Rightarrow \quad M = J_1 \cdot \dot{\omega}$$

Fall 2: Rotation um eine beliebige Achse

Wir wählen das Koordinatensystem wie in Fall 1 und betrachten eine zu den Hauptträgheitsachsen geneigte Drehachse:

$$\vec{L} = J_M \cdot \vec{\omega} \text{ und } \vec{\omega} = \begin{pmatrix} \omega_1 \\ \omega_2 \\ 0 \end{pmatrix}$$

$$\Rightarrow \quad \vec{L} = \begin{pmatrix} J_1 & 0 & 0 \\ 0 & J_2 & 0 \\ 0 & 0 & J_3 \end{pmatrix} \cdot \begin{pmatrix} \omega_1 \\ \omega_2 \\ 0 \end{pmatrix} = \begin{pmatrix} J_1\omega_1 \\ J_2\omega_2 \\ 0 \end{pmatrix}$$

Sind die Trägheitsmomente J_1 und J_2 verschieden, so weist $\vec{L}$ in eine andere Richtung als $\vec{\omega}$! Als Resultat beobachten wir zwei Drehungen: Zum einen rotiert der Kreisel mit der Winkelgeschwindigkeit ω_1 um seine Symmetrieachse x_1, zum anderen umkreist diese Achse den ortsfesten Drehimpulsvektor. Dieses Verhalten wird als **Nutation** bezeichnet und sollte nicht mit der durch ein äußeres **Drehmoment** ausgelösten **Präzession** verwechselt werden → Abb. 1.10.

Abb. 1.11 zeigt, wie sich die momentane Drehachse und der raumfeste Drehimpuls in eine Rotation um die Figurenachse und die dazu senkrecht verlaufende Achse mit dem kleinsten Drehmoment aufteilen lassen. Für den Öffnungswinkel α des Nutationskegels folgt aus der Abbildung die Beziehung:

$$\tan\frac{\alpha}{2} = \frac{L_2}{L_1} = \frac{J_2\omega_2}{J_1\omega_1}$$

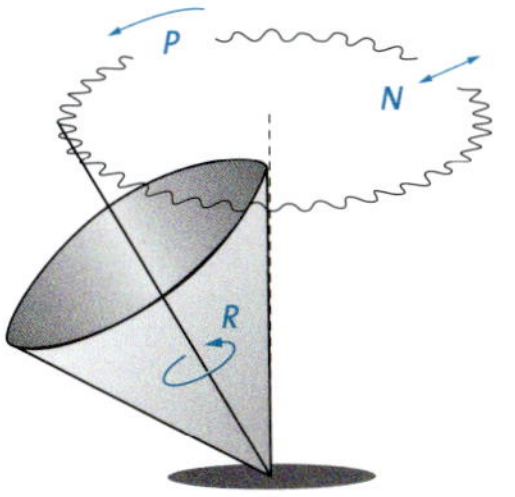

Abb. 1.10: Präzession und Nutation bei einem Kreisel. *R*: Rotation um die Figurenachse, *P*: Präzessions-, *N* Nutationsbewegung der Figurenachse.

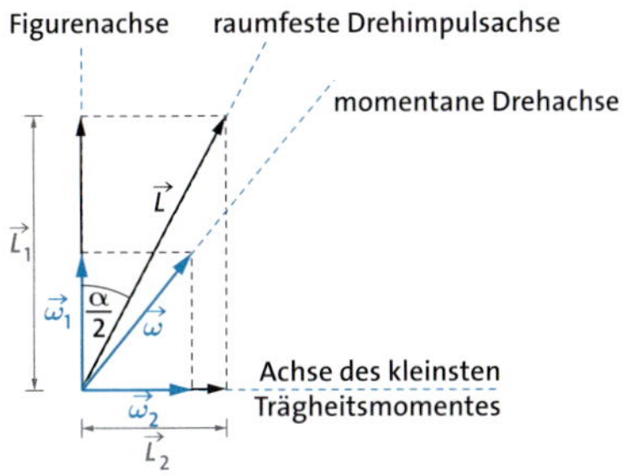

Abb. 1.11: Projektion der raumfesten Drehimpulsachse und der momentanen Drehachse auf die Hauptträgheitsachsen (Symmetrieachsen) des Kreisels.
Hinweis: $\vec{\omega}$, $\vec{\omega}_1$, $\vec{\omega}_2$, $\vec{L}$, $\vec{L}_1$ und $\vec{L}_2$ liegen alle in einer Ebene.

Rotation

Drehmoment: $\vec{M} = \vec{r} \times \vec{F}$

Drehimpuls: $\vec{L} = \sum_i \vec{r}_i \times \vec{p}_i = J_M\vec{\omega} = J_M\dot{\varphi}$

$$J_M = \sum_i m_i \begin{pmatrix} y_i^2 + z_i^2 & -x_iy_i & -x_iz_i \\ -x_iy_i & x_i^2 + z_i^2 & -x_iz_i \\ -y_iz_i & -y_iz_i & x_i^2 + y_i^2 \end{pmatrix}$$

Durch eine Hauptachsentransformation ergeben sich aus der allgemeinen Trägheitsmatrix die Hauptträgheitsachsen und die dazugehörigen Trägheitsmomente.

1.10 Kräfte im rotierenden System

Zentripetal- und Zentrifugalkraft

Körper, auf die keine äußeren Kräfte wirken, bewegen sich in **Inertialsystemen** (→ Seite 143) gradlinig. Gemäß NEWTONS Axiom „Actio gleich Reactio“ (→ Seite 8) wird eine Kraft benötigt, um einen Körper auf eine Kreisbahn zu zwingen.

Wissen

Kreisbahn: $\vec{r}(t) = r \cdot (\sin \omega t, \cos \omega t)$

Bahngeschwindigkeit: $\vec{v}(t) = \frac{d\vec{r}(t)}{dt} = \omega \cdot r \cdot (\cos \omega t, -\sin \omega t)$

Zentripetalbeschleunigung: $\vec{a_Z}(t) = \frac{d\vec{v}(t)}{dt} = -\omega^2 \cdot r \cdot (\sin \omega t, \cos \omega t) = -\omega^2 \cdot \vec{r}(t)$

Zentripetalkraft: $\vec{F_Z} = m \cdot \vec{a_Z} = -m \cdot \omega^2 \cdot \vec{r}(t)$ bzw.

$F_Z = m \cdot \vec{a_Z} = -m \cdot \omega^2 \cdot r = -\frac{m \cdot v^2}{r}$ mit $v = \omega \cdot r$

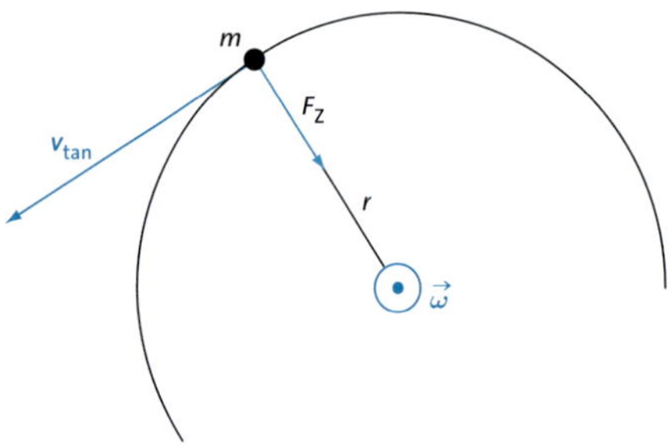

Abb. 1.12: Zentripetalkraft im rotierenden Bezugssystem

Die **Zentripetalkraft** F_Z ist stets zum Mittelpunkt der Kreisbewegung gerichtet und wirkt somit immer im rechten Winkel zur Bewegungsrichtung. Daher wird durch sie auch keine Arbeit verrichtet (das Produkt aus Kraft und Weg ist stets Null). Vom rotierenden System aus betrachtet, wirkt auf den Körper eine durch die Massenträgheit hervorgerufene nach außen gerichtete Kraft, die als **Zentrifugalkraft** oder umgangssprachlich **Fliehkraft** bezeichnet wird.

Trägheitskraft

Solche Kräfte, für die das Axiom „Actio gleich Reactio“ nicht gilt, treten in allen beschleunigten Bezugssystemen auf und werden ganz allgemein als **Trägheitskräfte** bezeichnet.

CORIOLIS-Effekt

GASPARD GUSTAVE DE CORIOLIS 1792–1843

Bewegt sich ein Körper vom Zentrum eines rotierenden Bezugssystems kräftefrei nach außen, so beobachtet man von einem Inertialsystem aus eine gradlinige Bewegung (Massenträgheit). Vom rotierenden System aus gesehen beschreibt der Körper hingegen eine Kurve, da sich das Bezugssystem während dieser Zeit dreht. Die Herleitung erfolgt analog zur Berechnung der Zentripetalkraft wobei sich nun auch der radiale Abstand r ändert.

Wissen

Kreisbahn: $\vec{r}(t) = r(t) \cdot (\sin \omega t, \cos \omega t)$

Geschwindigkeit: $\vec{v}(t) = \frac{d\vec{r}(t)}{dt}$

$= \dot{r}(t) \cdot (\sin \omega t, \cos \omega t) + \omega \cdot r(t) \cdot (\cos \omega t, -\sin \omega t)$

Beschleunigung: $\vec{a}(t) = \frac{d\vec{v}(t)}{dt} = \ddot{r}(t) \cdot (\sin \omega t, \cos \omega t)$ (radial)

$+ 2\omega \cdot \dot{r}(t) \cdot (\cos \omega t, -\sin \omega t)$ (tangential)

$- \omega^2 \cdot r(t) \cdot (\sin \omega t, \cos \omega t)$ (radial)

FOUCAULT'sches Pendel

Ein entlang einer Linie schwingendes Pendel behält aufgrund des Drehimpulserhaltungssatzes (→ Seite 24) grundsätzlich seine Schwingungsrichtung bei. Im Jahr 1851 demonstrierte J. B. L. FOUCAULT der Öffentlichkeit anhand dieses Effektes, dass sich die Erde unter dem Pendel dreht: Bei jeder Schwingung zeichnete ein 28 kg schweres Gewicht an einem Seil von 67 m Länge eine Spur in ein Sandbett. Aus vielen stets leicht gegeneinander verdrehten Spuren ergab sich schließlich, nach knapp 32 Stunden, eine geschlossene Rosette: Die Zeit D für einen Umlauf beträgt nur an den Polen 24 h. An allen anderen Orten führt nur die Projektion der Erdrotation auf die Richtung der Gravitationswirkung zu einer Drehung des Pendels. Die Zeit für einen Umlauf ergibt sich daher aus der Dauer eines Sterntags und dem Breitengrad φ: $D = 23{,}93\,\text{h}/\sin\varphi$.

JEAN BERNARD LÉON FOUCAULT 1819–1868

Zusatzwissen

Trägheitskräfte in 3D

Wird die oben beschriebene Herleitung mit dreidimensionalen Vektoren durchgeführt, so erhält man folgendes allgemein gültiges Ergebnis, wobei sich die Größen mit dem Strich auf das rotierende Koordinatensystem beziehen:

$$\vec{a} = \vec{a}' + 2\vec{\omega} \times \vec{v}' + \vec{\omega} \times (\vec{\omega} \times \vec{r}') + \frac{d\vec{\omega}}{dt} \times r'$$

Berücksichtigt man nun, dass die die Vektoren $\vec{r}$ und $\vec{r'}$ denselben Ort bezeichnen, so folgt für die Kräfte aus Sicht des rotierenden Koordinatensystems:

$$F' = m\vec{a}' = \underbrace{\underbrace{m\vec{a}}_{\vec{F}}}_{\text{„Echte" Kraft}} \underbrace{\underbrace{- 2m\vec{\omega} \times \vec{v}'}_{\text{Corioliskraft}} \underbrace{- m\vec{\omega} \times (\vec{\omega} \times \vec{r}')}_{\text{Zentripetalkraft}} \underbrace{- m\frac{d\vec{\omega}}{dt} \times \vec{r}'}_{\text{Eulerkraft}}}_{\text{Trägheitskräfte}}$$

Überblick

- **NEWTONS Axiome** beschreiben den Zusammenhang zwischen Ort r, Geschwindigkeit v, Beschleunigung a und Kraft F in Inertialsystemen:

Impuls: $\vec{p} = m \cdot \vec{v} = m \cdot \frac{d}{dt}\vec{r} = m \cdot \dot{\vec{r}}$

Impulserhaltung: $\frac{d}{dt}\vec{p} = m \cdot \ddot{\vec{r}} = m \cdot \dot{\vec{v}} = m \cdot \frac{d}{dt}\vec{v} = m \cdot \vec{a} = \vec{F}$

Gleichgewicht der Kräfte: $\vec{F}_{A \to B} = -\vec{F}_{B \to A}$

Trägheitssatz: $\Sigma \vec{F} = 0 \Leftrightarrow \vec{p} =$ konstant

- Darüberhinaus beschäftigt sich die klassische Mechanik mit **Energie:**

Arbeit: $W(\vec{r}) = \int_{\vec{r}_0}^{\vec{r}} \vec{F}(\vec{s}) \cdot d\vec{s}$ mit Skalarprodukt $\vec{F}(\vec{s}) \cdot d\vec{s}$

Leistung: $P(t) = \frac{d}{dt}W \Leftrightarrow W = \int P(t)\,dt$

Potentielle Energie: $W_{pot}(\vec{r}) = -\int_{\vec{r}_0}^{\vec{r}} F(\vec{s}) \cdot d\vec{s}$

Kinetische Energie: $W_{kin} = \frac{1}{2} m v^2 = \frac{p^2}{2m}$ mit $p = m \cdot v$

- **NEWTONS Gravitationsgesetz** beschreibt die Anziehung zwischen Massen:

Gravitationsgesetz: $F = G \cdot \frac{m_1 \cdot m_2}{r^2}$ mit $G = 6{,}672 \cdot 10^{-11} \frac{m^3}{kg \cdot s^2}$

Gewichtskraft: $F_G = m \cdot g$ mit $g(h) = G \cdot \frac{m_{Erde}}{(r_{Erde} + h)^2} \approx 9{,}81 \frac{m}{s^2}$ für Deutschland

→ Tab. 1.2 auf Seite 23

- Die Gleichungen der **Rotation** zeigen viele Analogien zur **Translation.** Es müssen jedoch zusätzliche **Trägheitskräfte** berücksichtigt werden.

Rotationsgeschwindigkeit: $\vec{v} = \vec{\omega} \times \vec{r}$ bzw. $v = \omega \cdot r$ mit $\vec{\omega} = \dot{\vec{\varphi}}$ bzw. $\omega = \dot{\varphi}$

Drehmoment: $\vec{M} = \vec{r} \times \vec{F}$ bzw. $M = r \cdot F \cdot \sin\alpha$ mit Winkel α zwischen r und F

Hebelgesetz: $F_1 \cdot l_1 = F_2 \cdot l_2$ (Gleichgewicht der Drehmomente)

Rotationsenergie $W_{rot} = \frac{1}{2} \underbrace{\sum_i m_i r_i^2}_{J} \cdot \omega^2 = \frac{1}{2} J \omega^2$ mit Trägheitsmoment J

Satz von STEINER $J = J_S + m \cdot l_S^2$

Drehimpuls $\vec{L} = \sum_i \vec{r}_i \times \vec{p}_i = J_M \vec{\omega}$ bzw.

$L = \sum_i r_i p_i = \sum_i m_i r_i^2 \omega = J \cdot \omega$

Drehimpulserhaltung: $\frac{d}{dt}\vec{L} = \sum_i \vec{r}_i \times \vec{F}_i = \vec{M}$ bzw. $\frac{d}{dt}L = \sum_i \vec{r}_i F_i = M$

Zentripetalbeschleunigung: $\vec{a}_Z(t) = -\omega^2 \cdot \vec{r}(t)$

Zentripetalkraft: $\vec{F}_Z = m \cdot \vec{a}_Z = -m \cdot \omega^2 \cdot \vec{r}(t)$ bzw.

$F_Z = m \cdot a_Z = -m \cdot \omega^2 \cdot r = -\frac{m \cdot v^2}{r}$

CORIOLIS-Beschleunigung: $\vec{a}_C = -2\vec{\omega} \times \vec{v}'$ bzw. $a_C = 2\omega \cdot \dot{r}$

Elektrisches und magnetisches Feld

2

Elektrische und magnetische Felder sind physikalisch eng miteinander verbunden:
- *Ein zeitlich veränderliches Magnetfeld erzeugt ein elektrisches Wirbelfeld.*
- *Ein zeitlich veränderliches elektrisches Feld erzeugt ein magnetisches Wirbelfeld.*
- *Bewegte Ladungen generieren Magnetfelder und treten ihrerseits mit ihnen in Wechselwirkung. Der Magnetismus wird daher als Teilgebiet der Elektrizitätslehre betrachtet.*

Zeichnerisch werden Felder durch **Feldlinien** dargestellt, welche die Richtung der Feldkräfte anzeigen. Folglich können sich Feldlinien niemals kreuzen. Die Dichte der Feldlinien ist proportional zur Feldstärke (→ Seite 35 und Seite 48) und damit ein Maß für die Stärke der Kraft.
Verlaufen die Feldlinien senkrecht zur Zeichenebene, so verwendet man die Symbole ⊙ (Pfeilspitze) für solche, die aus der Zeichenebene herauskommen, und ⊗ (Pfeilende) für solche, die hineingehen.
In einem **homogenen Feld** verlaufen die Feldlinien parallel, sodass die Feldstärke überall gleich groß ist. Ein **radiales Feld** zeigt sternförmig von einem Punkt ausgehende radial nach außen, die Feldlinien sind somit **divergent**.

2.1 Elektrostatisches Feld

Grundlegende Begriffe

Es gibt positive und negative elektrische Ladungen, jeweils mit einem ganzzahligen Vielfachen der **Elementarladung** *e* des Elektrons (Millikan-Versuch, → Seite 42). Gleichnamige Ladungen stoßen sich ab, entgegengesetzte ziehen sich an. Der Raum, in dem diese Kräfte wirken, heißt **elektrisches Feld**.
Die physikalische Einheit für die elektrische Ladung ist das Coulomb, es entspricht der Ladungsmenge, die bei einer Stromstärke von einem Ampere innerhalb von einer Sekunde durch einen Leiter fließt:

Charles Augustin de Coulomb 1736–1806
André-Marie Ampère 1775–1836

Coulomb

$$1\,\text{Coulomb} = 1\,\text{C} = 1\,\text{A}\cdot\text{s} = 1\,\text{Amperesekunde}$$

Bei einer Elementarladung von $e = 1{,}6021773\cdot10^{-19}\,\text{C}$ entspricht dies

$$\frac{1}{1{,}6\cdot10^{-19}} \approx 6\cdot10^{18}\ \text{Elektronen.}$$

Elektroskop, Elektrometer

Bei einem **Elektroskop** bzw. **Elektrometer** führt die Abstoßung gleichartiger Ladungen zu einem Ausschlag des Zeigers. Die Ladung kann entweder auf das Gerät übertragen oder per Influenz erzeugt werden.

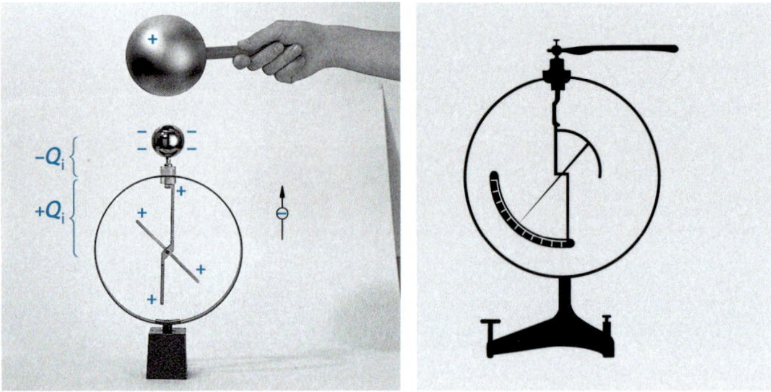

Abb. 2.1: Das Elektroskop (links) dient zum Nachweis elektrischer Ladung, die Skala am BRAUN'schen Elektrometer (rechts) erlaubt eine quantitative Bestimmung der Ladungsmenge.

Erhaltung der Ladung

Die Summe der positiven und negativen Ladungen in einem geschlossenen System bleibt stets konstant: $\sum q = \text{konstant}$.

Elektrische Feldlinien beginnen und enden immer an entgegengesetzten Ladungen und verlaufen per Definition von der positiven zur negativen Ladung. Sie zeigen also in die Richtung der Kraft, die auf eine positive Probeladung wirkt. Auf der Oberfläche eines Leiters stehen Feldlinien stets senkrecht, da die Ladungen sonst durch Feldkräfte (→ Abb. 2.2) entsprechend verschoben würden.

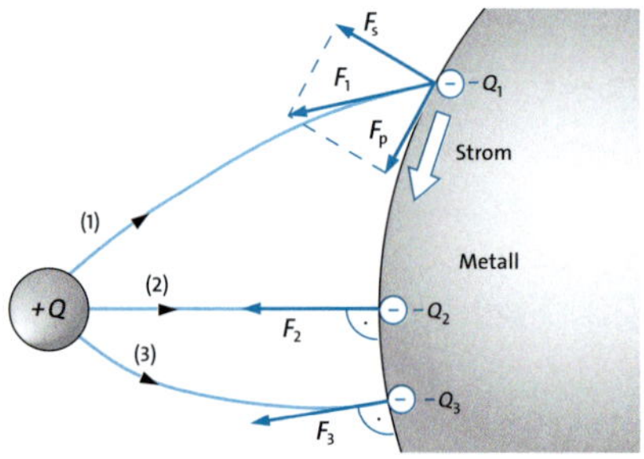

Abb. 2.2: Eine positive Probeladung nähert sich einer Oberfläche (Feldlinie 1 oder 3). Die korrespondierende negative Ladung verschiebt sich so lange, bis die Feldlinie senkrecht auf der Leiteroberfläche endet (2).

Nachweis elektrischer Feldlinien

Im Experiment lassen sich Feldlinienbilder z. B. durch Grieß in Öl erzeugen: Die Körner werden durch **Influenz** zu **Dipolen**, sodass sich die entgegengesetzten Ladungen benachbarter Körner anziehen.

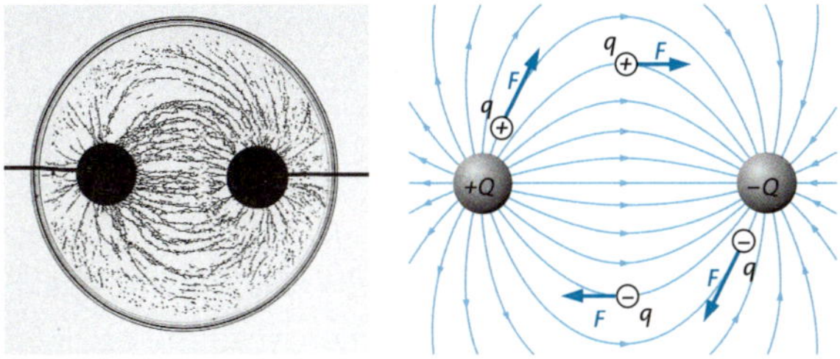

Abb. 2.3: Elektrische Feld zwischen zwei entgegengesetzt geladenen Kugeln: links: sichtbar gemacht durch Grieß in Öl, rechts: Verlauf der Feldlinien.

Influenz und Polarisation

Metalle bestehen aus einem Gitter positiv geladener Atomrümpfe, in dem sich ein Elektron je Atom frei bewegen kann. Da sich die Elektronen untereinander abstoßen, verteilen sie sich gleichmäßig im gesamten Metall. Durch ein äußeres elektrisches Feld verschiebt sich dieses Gleichgewicht, bis jede von außen ankommende Feldlinie eine passende Ladung auf der Oberfläche findet. Durch die Verschiebung der Elektronen wird das Metall zu einem **Dipol** mit positiven Ladungen auf der einen Seite und negativen Ladungen auf der anderen Seite. Das Feld zwischen diesen Ladungen ist dem äußeren Feld entgegengerichtet und kompensiert dieses vollständig. Durch diesen als **Influenz** bezeichneten Effekt ist das Innere eines elektrischen Leiters immer völlig feldfrei. Da an der Influenz nur die Oberfläche des Metalls beteiligt ist, ist auch das Innere eines metallischen Hohlkörpers (**Faraday-Käfig**) feldfrei (→ Abb. 2.4).

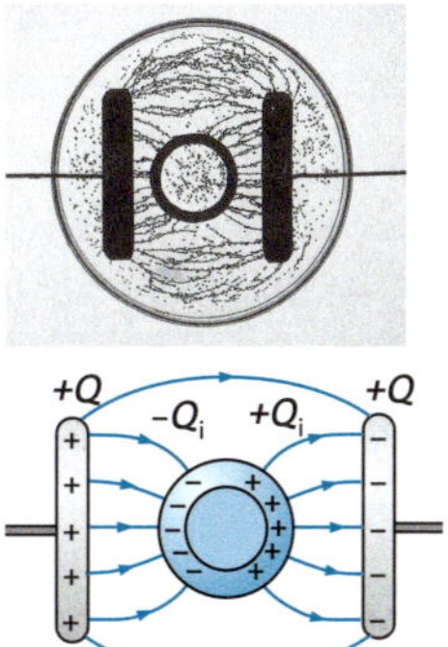

Abb. 2.4: Das Innere eines Faraday-Käfigs, hier ein Metallring, bleibt feldfrei.

Michael Faraday 1791–1867

In **Isolatoren** können sich die Elektronen nicht frei bewegen, sodass keine Abschirmung durch Influenz möglich ist. Das äußere Feld führt jedoch zu einer Verschiebung der Elektronen gegenüber den Atomrümpfen (**Verschiebungspolarisation**) oder zur Ausrichtung bereits vorhandener Dipolmomente, wie z. B. bei Wasser (**Orientierungspolarisation**). Analog zur Influenz entsteht auch hierdurch ein elektrisches Feld, das dem äußeren Feld entgegengerichtet ist. Die elektrische Feldstärke im Innern eines Dielektrikums (→ Seite 37 f.) ist dadurch geringer als außerhalb.

Influenz und Polarisation

- **Influenz:** Vollständige Kompensation des Feldes im Inneren eines elektrischen Leiters durch Verschiebung der Elektronen auf dessen Oberfläche.
- **Verschiebungspolarisation:** Verschiebung der Elektronen im gesamten Volumen eines Isolators gegenüber den Atomkernen. Dadurch wird jedes Atom dieses Dielektrikums zu einem Dipol.
- **Orientierungspolarisation:** Ausrichtung vorhandener Dipole eines Dielektrikums, z. B. bei Wasser.
- Die Abschwächung eines äußeren Feldes im Inneren eines Dielektrikums durch Verschiebungs- oder Orientierungspolarisation ist stets wesentlich geringer als durch Influenz bei Metallen.

„Klebende" Luftballons

Wird ein Luftballon an Haaren oder Kunstfasern gerieben, so lädt er sich auf, da durch die Reibung Elektronen von einem Isolator auf den anderen übertragen werden. Hält man ihn nun an die Zimmerdecke, so verursachen die Ladungen auf dem Luftballon eine Verschiebungspolarisation in der Oberfläche der Zimmerdecke. Zwischen den so entstandenen Dipolen und den Ladungen auf dem Luftballon wirkt eine elektrostatisch anziehende Kraft, wodurch der Luftballon an der Decke kleben bleibt. Da weder die Oberfläche der Zimmerdecke noch die umgebende Luft perfekte Isolatoren sind, entlädt sich der Luftballon mit der Zeit und fällt von der Decke wieder herab.

Elektrische Dipole im elektrischen Feld

Ein Objekt, das auf einer Seite positiv und auf der anderen Seite negativ geladen ist, wird als elektrischer Dipol bezeichnet. Ein typisches Beispiel ist das Wassermolekül. In einem homogenen elektrischen Feld wirken auf die positive und die negative Ladung gleich große Kräfte mit einer entgegengesetzten Richtung. Auf den Dipol wirkt damit effektiv ein **Drehmoment** (→ Seite 20). Beim Wasser ist dies die Ursache für die **Orientierungspolarisation** (→ Seite 33). In einem Mikrowellenherd führt die periodische Ausrichtung der Wassermoleküle zur Erwärmung der Speisen.
In einem inhomogenen Feld unterscheidet sich die Feldstärke am Ort der beiden Dipolladungen. Dadurch wirkt neben dem Drehmoment noch eine Kraft in Richtung der höheren Feldstärke. Beispielsweise wird ein Wasserstrahl von einem aufgeladenen Stab angezogen.

Elektrische Feldstärke und elektrisches Potential

In einem elektrischen Feld wirkt auf eine Ladung q, die zur Anzahl der Elementarladungen proportionale Kraft $\vec{F}$. Den Quotienten bezeichnet man als elektrische Feldstärke $\vec{E}$ $\quad \vec{F}_E = q \cdot \vec{E} \Leftrightarrow \vec{E} = \frac{\vec{F}_E}{q}$.

Bewegt sich die Ladung in dem elektrischen Feld, so ist dies mit einer Änderung ihrer potentiellen Energie (→ Seite 10 f.) verbunden:

$$W_{pot}(\vec{r}) = -\int_{\infty}^{\vec{r}} \vec{F}_E(\vec{s}) \cdot d\vec{s} = -q \int_{\infty}^{\vec{r}} \vec{E}(\vec{s}) \cdot d\vec{s} =: q\,\varphi(\vec{r})$$

Kurvenintegral, Anhang → Seite 247

Die Größe $\varphi(\vec{r}) = -\int_{\infty}^{\vec{r}} \vec{E}(\vec{s}) \cdot d\vec{s}$ nennt man das elektrische **Potential**, es entspricht der Energie die aufgewendet werden muss, um eine Probeladung von 1 Coulomb von weit außerhalb des Feldes an den Ort $\vec{r}$ zu bringen. Die physikalische Einheit des elektrischen Potentials ist das Volt (V):

ALESSANDRO GIUSEPPE ANTONIO ANASTASIO GRAF VON VOLTA 1745–1827

Volt

$$\text{Volt} = \frac{\text{Joule}}{\text{Coulomb}} = \frac{\text{Newton} \cdot \text{Meter}}{\text{Coulomb}} \Leftrightarrow 1\,\text{V} = 1\frac{\text{J}}{\text{C}} = 1\frac{\text{Nm}}{\text{C}} = 1\frac{\text{Nm}}{\text{As}}$$

Die **Potentialdifferenz** zwischen zwei Orten $\vec{r}_1$ und $\vec{r}_2$ wird als **Spannung** U bezeichnet:

$$U_{\vec{r}_1\vec{r}_2} = \varphi(\vec{r}_1) - \varphi(\vec{r}_2) = \int_{\vec{r}_1}^{\vec{r}_2} \vec{E}(\vec{s})\, d\vec{s}$$

Messung mit Pendel

Ein kleines Metallplättchen wird als Pendelmasse an zwei isolierenden Nylonfäden aufgehängt. Wird das Plättchen z. B. durch Berühren einer Kondensatorplatte aufgeladen, so erfährt es in einem horizontalen elektrischen Feld E eine Kraft $F_E = q \cdot E$, die das Pendel (→ Seite 84 f.) auslenkt. Da die Feldkraft mit der Gravitationskraft im Gleichgewicht steht, folgt aus dem Kräfteparallelogramm (→ Abb. 2.5):

$$\frac{F_E}{F_G} = \frac{s}{h} \approx \frac{s}{l} \Rightarrow F_E = F_G \cdot \frac{s}{h} \approx F_G \cdot \frac{s}{l} \Leftrightarrow q \cdot E \approx m \cdot g \cdot \frac{s}{l}$$

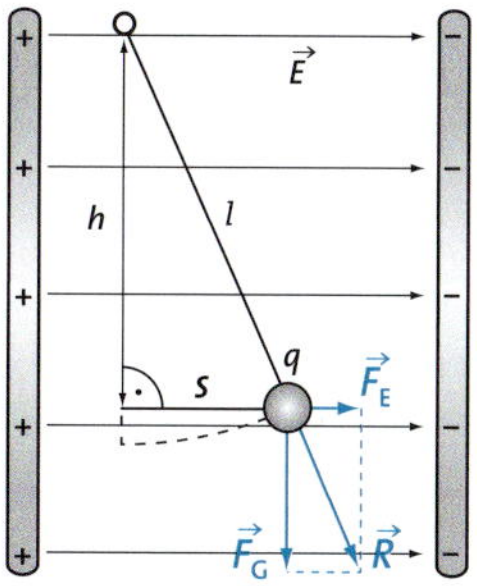

Abb. 2.5: Bestimmung der elektrischen Feldstärke mit einem Pendel

Elektrisches Feld

elektrische Feldstärke: $\vec{E} = \frac{\vec{F}_E}{q} = -\text{grad}\,\varphi(\vec{r}) = -\left(\frac{d\varphi(\vec{r})}{dx}, \frac{d\varphi(\vec{r})}{dy}, \frac{d\varphi(\vec{r})}{dz}\right)$ $\left[\frac{\text{V}}{\text{m}}\right]$

potenzielle Energie: $W_{pot}(\vec{r}) = -\int_{\infty}^{\vec{r}} \vec{F}(\vec{s}) \cdot d\vec{s} = -q \int_{\infty}^{\vec{r}} \vec{E}(\vec{s}) \cdot d\vec{s} =: q\,\varphi(\vec{r})$ [J]

elektrisches Potential: $\varphi(\vec{r}) = -\int_{\infty}^{\vec{r}} \vec{E}(\vec{s}) \cdot d\vec{s}$ $\left[\text{V} = \frac{\text{J}}{\text{C}}\right]$

Spannung: $U_{\vec{r}_1\vec{r}_2} = \varphi(\vec{r}_1) - \varphi(\vec{r}_2) = \int_{\vec{r}_1}^{\vec{r}_2} \vec{E}(\vec{s})\, d\vec{s}$ [V]

Der Plattenkondensator (homogenes Feld)

Das Feld im Innern eines **Plattenkondensators** ist praktisch homogen, solange der Plattendurchmesser groß gegenüber dem Plattenabstand d ist. Die Ladung Q auf den Kondensatorplatten ist im Bereich des homogenen Feldes gleichmäßig mit der **Flächendichte** ϱ_A über die Fläche A der Kondensatorplatten verteilt:

Flächendichte $$\varrho_A = \frac{Q}{A}$$

Um die Flächendichte zu bestimmen, kann die Ladung mit einem Metallplättchen bekannter Größe abgehoben (→ Abb. 2.6) und mit einem Elektrometer gemessen werden (→ Abb. 2.1). Es zeigt sich, dass die gemessene Flächendichte proportional zur angelegten Spannung U ist. Folglich gilt dies auch für die gesamte Ladung des Kondensators Q. Den Quotienten nennt man die **Kapazität** des Kondensators:

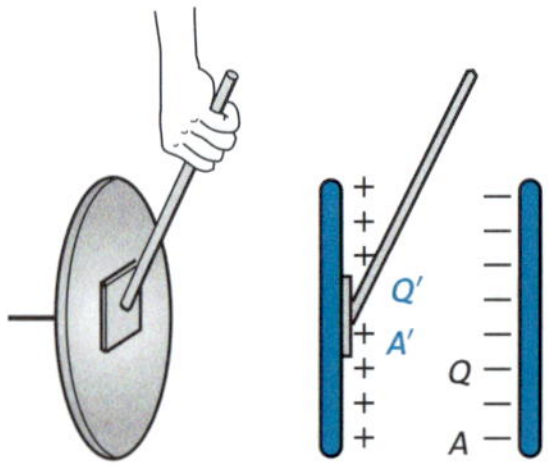

Abb. 2.6: Messung der Flächendichte

$$C = \frac{Q}{U}$$

Die physikalische Einheit der Kapazität ist das Farad (F):

$$1\,\text{F} = 1\,\frac{\text{C}}{\text{V}} = 1\,\frac{\text{As}}{\text{V}}$$

Die **Spannung** (→ Seite 35) zwischen den Kondensatorplatten ist ein Maß für die elektrische Feldstärke zwischen den Platten. Da das Feld homogen ist und somit nicht vom Ort abhängt, gilt:

$$U_{r_1 r_2} = \int_{r_1}^{r_2} E\,ds = E\cdot(r_2 - r_1) = E\cdot d$$

Diese Proportionalität zwischen der Kondensatorspannung und dem Plattenabstand lässt sich experimentell leicht nachweisen, indem der Plattenabstand eines geladenen Kondensators verändert und dabei die Spannung gemessen wird. Für die Kapazität eines Plattenkondensators folgt hieraus:

$$U = E\cdot d \;\Rightarrow\; C = \frac{Q}{U} = \frac{Q}{E\cdot d} = \frac{\varrho_A}{E}\cdot\frac{A}{d}$$

Da sowohl die Flächendichte ϱ_A als auch die elektrische Feldstärke E proportional zur Ladung sind, ist ihr Quotient eine Konstante, die von den Eigenschaften des Dielektrikums (siehe unten) zwischen den Kondensatorplatten abhängt: $\varrho_A = \varepsilon_0\cdot\varepsilon_r\cdot E$.

Mit dieser Definition für die Flächendichte folgt für die Kapazität des Plattenkondensators:

Kapazität $$C = \frac{Q}{U} = \varepsilon_0\cdot\varepsilon_r\cdot\frac{A}{d}$$

Durch das Einfügen eines Dielektrikums zwischen den Kondensatorplatten lässt sich somit die Kapazität wesentlich erhöhen!

Ladung:	$Q = C \cdot U$	$[\mathrm{C} = \mathrm{A} \cdot \mathrm{s}]$	**Plattenkondensator**
Kapazität:	$C = \frac{Q}{U} = \varepsilon_0 \cdot \varepsilon_r \cdot \frac{A}{d}$	$\left[\mathrm{F} = \frac{\mathrm{C}}{\mathrm{V}}\right]$	
Spannung:	$U = E \cdot d$	$\left[\mathrm{V} = \frac{\mathrm{J}}{\mathrm{C}}\right]$	
Flächendichte:	$\varrho_A = \frac{Q}{A} = \varepsilon_0 \cdot \varepsilon_r \cdot E$	$\left[\frac{\mathrm{C}}{\mathrm{m}^2}\right]$	
Elektrische Feldkonstante:	$\varepsilon_0 = 8{,}85419 \cdot 10^{-12} \frac{\mathrm{C}}{\mathrm{V} \cdot \mathrm{m}}$		
Dielektrizitätszahl:	$\varepsilon_r = 1$ in Vakuum, $\varepsilon_r \approx 1$ in Luft, sonst $\varepsilon_r > 1$		

Dielektrika

Befindet sich ein Isolator in einem elektrischen Feld, z. B. in einem Plattenkondensator, so wird er als **Dielektrikum** bezeichnet. Mit einem geladenen Plattenkondensator (→ Seite 36) lässt sich zeigen, dass die Flächendichte ϱ_A proportional zur elektrischen Feldstärke E ist: $\varrho_A = \varepsilon_0 \cdot \varepsilon_r \cdot E$

Der Proportionalitätsfaktor ε_0 ist die **elektrische Feldkonstante**. Ihr Wert ist eine Folge der in unserem Einheitensystem (MKSA-System, → Seite 64) gewählten Definition der Stromstärke. ε_r heißt **Dielektrizitätszahl** oder **Permittivitätszahl** und gibt eine für das jeweilige Medium (Dielektrikum) zwischen den Kondensatorplatten spezifische Abweichung gegenüber dem Vakuum an ($\varepsilon_{r,\,\mathrm{Vakuum}} = 1$). Die Dielektrizitätszahl ist umso größer, je stärker das Gegenfeld ist, das sich infolge von Verschiebungs- oder Orientierungspolarisation (→ Seite 33) bildet. In Luft ist $\varepsilon_r \approx 1$. Zur Vereinfachung werden ε_0 und ε_r in der Literatur häufig zur **Permittivität** ε zusammengefasst: $\varepsilon = \varepsilon_0 \cdot \varepsilon_r$

Das Produkt aus elektrischer Feldkonstante, Dielektrizitätszahl und elektrischer Feldstärke wird **Verschiebungsdichte** oder **elektrische Flussdichte** $\vec{D}$ genannt: $\vec{D} = \varepsilon_0 \cdot \varepsilon_r \cdot \vec{E}$.

An der Oberfläche von Metallen entspricht die Verschiebungsdichte D der Flächendichte ϱ_A. Hängt die Polarisation des Dielektrikums von der Kristallrichtung ab, so muss die Dielektrizitätszahl durch eine Matrix beschrieben werden. Dadurch kann es vorkommen, dass die Verschiebungsdichte $\vec{D}$ eine etwas andere Richtung aufweist als die elektrische Feldstärke $\vec{E}$.

An der Grenzfläche zwischen zwei Dielektrika ändert sich die elektrische Feldstärke aufgrund der unterschiedlichen Dielektrizitätszahl. Ähnlich wie beim Brechungsgesetz für Wellen (→ Seite 94 f.) führt dies zu einer Richtungsänderung des elektrischen Feldes. Die neue Richtung ergibt sich aus den folgenden beiden Stetigkeitsbedingungen:

① Die zur Oberfläche senkrechte Komponente der Verschiebungsdichte ist konstant:

$D_{\perp,1} = D_{\perp,2}$ bzw. $\varepsilon_1 E_{\perp,1} = \varepsilon_2 E_{\perp,2}$

② Die zur Oberfläche tangentiale Komponente der elektrischen Feldstärke ist konstant:

$E_{\parallel,1} = E_{\parallel,2}$ bzw. $\frac{D_{\parallel,1}}{\varepsilon_1} = \frac{D_{\parallel,2}}{\varepsilon_2}$

Material	Vakuum	Luft (0 °C, 1 bar)	Eis (−20 °C)	Wasser (0 °C)	Wasser (18 °C)	Wasser (40 °C)	Wasserdampf (110 °C, 1 bar)
Dielektrizitätszahl	exakt 1	1,000 576	16	88	81,1	73,4	1,026

Material	Petroleum (18 °C)	Ethanol (20 °C)	Papier	Glas	Porzellan	Plexiglas	Diamant
Dielektrizitätszahl	2,1	25,8	3,7	5 bis 10	7	3,4	16,5

Tab. 2.1: Statische Dielektrizitätszahl ε_r einiger Materialien. Bei sehr hohen Frequenzen (GHz) nimmt die Dielektrizitätszahl langsam ab.

Verschiebungsdichte

Die Verschiebungsdichte (elektrische Flussdichte) berücksichtigt den Einfluss von Materie auf das elektrische Feld:

$\vec{D} = \varepsilon_0 \cdot \varepsilon_r \cdot \vec{E}$

An der Oberfläche von Metallen entspricht die Verschiebungsdichte der Flächendichte:

$\varrho_A = \varepsilon_0 \cdot \varepsilon_r \cdot E = D$

Ladungstrennung durch Influenz

Werden zwei deckungsgleiche Metallplättchen in das homogene Feld eines Plattenkondensators gebracht, so führt Influenz (→ Seite 33) zu einer Verschiebung der Ladungen. Werden die Plättchen nun getrennt, sind sie elektrisch geladen:

$Q = \varrho_A \cdot A = D \cdot A = \varepsilon_0 \cdot \varepsilon_r \cdot E \cdot A$

$= \varepsilon_0 \cdot \varepsilon_r \cdot \frac{U}{d} \cdot A$ mit $\varepsilon_r \approx 1$ (Luft)

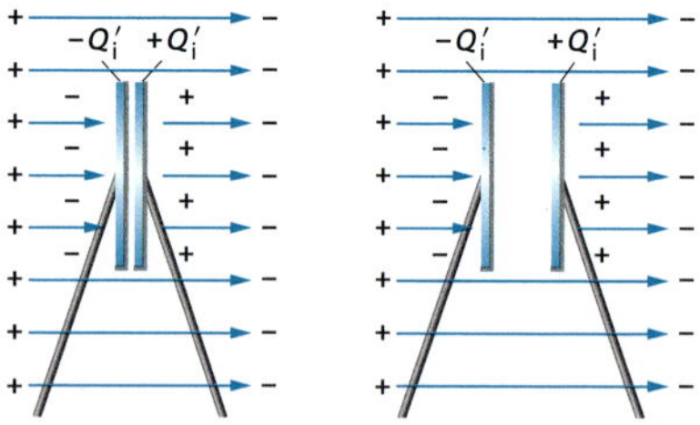

Abb. 2.7: Ladungstrennung durch Influenz

Der GAUSS'sche Satz

Im Beispiel „Ladungstrennung durch Influenz" haben wir die Gleichung $Q = D \cdot A$ hergeleitet. Da das elektrische Feld zwischen den Plättchen null ist, können wir das Produkt durch ein Oberflächenintegral (Anhang, → Seite 248) ersetzen:

$$Q = \oiint_{O} \vec{D} \cdot d\vec{A}$$

GAUSS'scher Satz

Diese Gleichung gilt allgemein und wird als **GAUSS'scher Satz** (→ Seite 63) bezeichnet: „Der elektrische Fluss durch eine geschlossene Oberfläche O entspricht der eingeschlossenen Ladung Q."

Der Zylinderkondensator

Rollt man einen Plattenkondensator zu einem Zylinder auf, so wird aus den parallelen Feldlinien des homogenen Feldes ein radialsymmetrisches Feld.
Die Flächendichte auf den Zylindern beträgt:

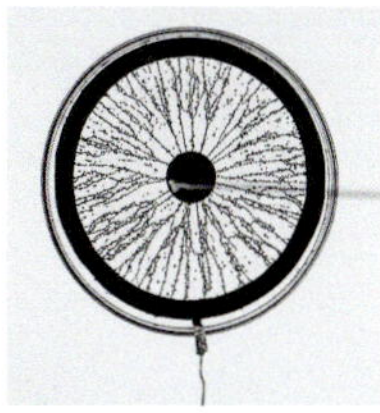
Abb. 2.8: Feld eines Zylinderkondensators, sichtbar gemacht durch Grieß

$$\varrho_A = \frac{Q}{A} = \varepsilon_0 \cdot \varepsilon_r \cdot E \text{ mit } A = 2\pi r \cdot l \;\Rightarrow\; E = \frac{Q}{\varepsilon_0 \cdot \varepsilon_r \cdot 2\pi \cdot r \cdot l}$$

Die elektrische Feldstärke nimmt also radial mit $1/r$ ab. Hieraus folgt für die Spannung:

$$U_{r_1 r_2} = \int_{r_1}^{r_2} E(r)\,\mathrm{d}r = \frac{Q}{2\varepsilon_0\varepsilon_r \pi \cdot l} \int_{r_1}^{r_2} \frac{1}{r}\mathrm{d}r = \frac{Q}{2\varepsilon_0\varepsilon_r\pi \cdot l}[\ln r]_{r_1}^{r_2} = \frac{Q}{2\varepsilon_0\varepsilon_r\pi \cdot l}\ln\frac{r_2}{r_1}$$

Die Kapazität ist somit proportional zur Länge des Zylinders und beträgt:

$$C = \frac{Q}{U} = 2\varepsilon_0\varepsilon_r\pi \cdot \frac{l}{\ln\frac{r_2}{r_1}} \text{ mit } r_2 > r_1$$

Der Kugelkondensator

Analog zu einem Zylinderkondensator bilden auch zwei ineinander geschachtelte Kugeln einen Kondensator. Aus der Flächendichte folgt wiederum die elektrische Feldstärke:

$$\varrho_A = \frac{Q}{A} = \varepsilon_0 \cdot \varepsilon_r \cdot E \text{ mit } A = 4\pi r^2 \;\Rightarrow\; E = \frac{Q}{4\pi \cdot \varepsilon_0 \cdot \varepsilon_r \cdot r^2}$$

Die elektrische Feldstärke nimmt also radial mit $1/r^2$ ab.
Hieraus folgt für die Spannung des Kugelkondensators:

$$U_{r_1 r_2} = \int_{r_1}^{r_2} E(r)\,\mathrm{d}r = \frac{Q}{4\pi\varepsilon_0\varepsilon_r} \int_{r_1}^{r_2} \frac{1}{r^2}\mathrm{d}r = \frac{Q}{4\pi\varepsilon_0\varepsilon_r}\left[-\frac{1}{r}\right]_{r_1}^{r_2} = \frac{Q}{4\pi\varepsilon_0\varepsilon_r}\left(\frac{1}{r_1} - \frac{1}{r_2}\right)$$

Die Kapazität beträgt damit

$$C = \frac{Q}{U} = \frac{4\pi\varepsilon_0\varepsilon_r}{\frac{1}{r_1} - \frac{1}{r_2}} \text{ mit } r_2 > r_1.$$

Das radiale Coulomb-Feld

Das elektrische Feld eines Kugelkondensators ist unabhängig vom Radius der Kugelschalen und hängt nur von der Ladung Q auf der Kugeloberfläche und dem Abstand r vom Zentrum der Kugel ab.

Coulomb-Feld

$$E_Q(r) = \frac{Q}{4\pi \cdot \varepsilon_0 \cdot \varepsilon_r \cdot r^2}$$

Ein solches radialsymmetrisches Feld, das auch für eine punktförmige Ladung gilt, wird als **Coulomb-Feld** bezeichnet. Eine andere Ladung q erfährt in diesem Feld die **Coulomb-Kraft**

Coulomb-Kraft

$$F_{qQ} = q \cdot E_Q = \frac{q \cdot Q}{4\pi \cdot \varepsilon_0 \cdot \varepsilon_r \cdot r^2} \quad \text{mit } r = \text{Abstand der Kugelmitten.}$$

Charles Augustin de Coulomb 1736–1806

Dieses Kraftgesetz für zwei punktförmige oder kugelsymmetrische Ladungen wurde experimentell von Charles Augustin de Coulomb gefunden und wird daher als **Coulomb-Gesetz** bezeichnet.
Haben die Ladungen q und Q das gleiche Vorzeichen, so ist die Coulomb-Kraft positiv, was einer Abstoßung entspricht. Bei einem unterschiedlichen Vorzeichen wird die Kraft hingegen negativ, die Ladungen ziehen sich an.
Die Energie einer Probeladung im Coulomb-Feld wird durch das **Coulomb-Potential** beschrieben:

$$W_{pot}(q, r) = q\,\varphi(\vec{r}) \quad \text{mit } \varphi(r) = -\int_{\infty}^{r} E(r') \cdot dr' \Rightarrow$$

$$\varphi(r) = -\int_{\infty}^{r} \frac{Q}{4\pi \cdot \varepsilon_0 \cdot \varepsilon_r \cdot r'^2} dr' = -\frac{Q}{4\pi \cdot \varepsilon_0 \cdot \varepsilon_r}\left[-\frac{1}{r'}\right]_{\infty}^{r} = \frac{1}{4\pi \cdot \varepsilon_0 \cdot \varepsilon_r} \cdot \frac{Q}{r}$$

Das Coulomb-Potential entspricht damit der Spannung eines Kugelkondensators mit $r_2 \to \infty$:

$$U_{r_1 r_2} = \varphi(r_1) - \varphi(r_2) \xrightarrow[r_2 \to \infty]{} \varphi(r_1) = \frac{Q}{4\pi \cdot \varepsilon_0 \cdot \varepsilon_r \cdot r_1}$$

Energiedichte des elektrischen Feldes

Wird ein Kondensator aufgeladen, so steigt mit zunehmender Ladung Q auf den Kondensatorplatten auch die Spannung U. Um den Kondensator mit der zusätzlichen Ladung ΔQ aufzuladen, ist die Energie $\Delta W = \Delta Q \cdot U$ notwendig. Addieren wir diese Energieportionen beginnend bei $Q = 0$ und berücksichtigen dabei $Q = C \cdot U$, so wird hieraus das Integral:

$$W = \int U\,dQ = \int \frac{Q}{C} dQ = \frac{1}{2C} Q^2 = \frac{1}{2} C U^2 = \int Q\,dU.$$

Mit $U = E \cdot d$ und $C = \varepsilon_0 \cdot \varepsilon_r \cdot \frac{A}{d}$ folgt:

$$W_{\text{Kondensator}} = \frac{1}{2} C U^2 = \frac{1}{2} \varepsilon_0 \cdot \varepsilon_r \cdot \frac{A}{d} \cdot (E \cdot d)^2 = \frac{1}{2} \varepsilon_0 \cdot \varepsilon_r \cdot \underbrace{A \cdot d}_{= V} \cdot E^2 = \frac{1}{2} \varepsilon_0 \cdot \varepsilon_r \cdot V \cdot E^2 = W_{el}$$

Teilt man diese **elektrische Feldenergie** noch durch das Volumen V, so folgt die **elektrische Energiedichte**:

Energiedichte

$$\varrho_{el} = \frac{W_{el}}{V} = \frac{1}{2}\varepsilon_0 \cdot \varepsilon_r \cdot E^2 = \frac{1}{2}E \cdot D$$

Eine genauere Herleitung liefert das vektorielle Ergebnis: $\varrho_{el} = \frac{1}{2}\vec{E} \cdot \vec{D}$.

Kondensator als Energiespeicher

Beim Aufladen eines Kondensators steigt die Spannung proportional zur eingebrachten Ladung. Die gespeicherte Energie ist daher

$$W = \int U \,\mathrm{d}Q = \int \frac{Q}{C}\mathrm{d}Q = \frac{1}{2C}Q^2 = \frac{1}{2}CU^2 = \int Q \,\mathrm{d}U.$$

Die **Energie des elektrischen Feldes** ist von der Existenz des Kondensators unabhängig und beträgt für homogene Felder:

$$W_{el} = \frac{1}{2}\varepsilon_0 \cdot \varepsilon_r \cdot V \cdot E^2$$

Hieraus folgt die **Energiedichte**:

$$\varrho_{el} = \frac{W_{el}}{V} = \frac{1}{2}\varepsilon_0 \cdot \varepsilon_r \cdot E^2 = \frac{1}{2} \cdot \vec{E} \cdot \vec{D}$$

Kondensatoren im elektrischen Schaltkreis

Parallelschaltung: Werden zwei Kondensatoren C_1 und C_2 parallel geschaltet, so haben beide die gleiche Spannung U. Die Ladung der Kondensatoren beträgt $Q_1 = C_1 \cdot U$ und $Q_2 = C_2 \cdot U$.
Also insgesamt: $Q_{ges} = Q_1 + Q_2 = C_1 \cdot U + C_2 \cdot U = (C_1 + C_2) \cdot U = C_{ges} \cdot U$
Für die Parallelschaltung gilt somit: $C_{ges} = \sum_i C_i$

Reihenschaltung: Werden zwei Kondensatoren C_1 und C_2 in Reihe geschaltet, so erhalten beide beim Laden die gleiche Ladung Q. Für die Spannung gilt damit: $U_{ges} = U_1 + U_2 = \frac{Q}{C_1} + \frac{Q}{C_2} = Q \cdot \left(\frac{1}{C_1} + \frac{1}{C_2}\right) = \frac{Q}{C_{ges}}$
Für die Reihenschaltung folgt somit: $\frac{1}{C_{ges}} = \sum_i \frac{1}{C_i}$

Aufladen und Entladen über einen Widerstand: Wird ein Kondensator C über einen Widerstand R aufgeladen (Reihenschaltung aus R und C) so gilt: $U_{ges} = U_R + U_C$ mit $U_R = R \cdot I$. Der Strom I entspricht dabei der Ladungsänderung des Kondensators: $I = \frac{\mathrm{d}Q}{\mathrm{d}t} = C\frac{\mathrm{d}U_C}{\mathrm{d}t}$ mit $Q = C \cdot U_C \Rightarrow U_{ges} = R \cdot C \cdot \frac{\mathrm{d}U_C}{\mathrm{d}t} + U_C$
Die Lösung dieser Differentialgleichung lautet: $U_C = U_{ges}\left(1 - \exp\left(-\frac{t}{RC}\right)\right)$
Analog folgt für die Entladung des Kondensators: $U_C = U_{ges}\exp\left(-\frac{t}{RC}\right)$
Das Produkt $R \cdot C$ wird als Zeitkonstante dieses Vorgangs bezeichnet.

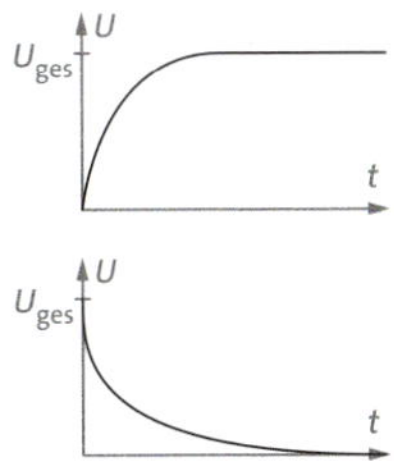

Abb. 2.9: Auf- und Entladekurve eines Kondensators

Der MILLIKAN-Versuch

ROBERT ANDREWS MILLIKAN
1868–1953
Nobelpreis 1932

Vor etwa einem Jahrhundert gelang es ROBERT ANDREWS MILLIKAN, die Ladung eines Elektrons bzw. die Elementarladung e durch folgenden Versuch experimentell zu bestimmen: Zwischen zwei waagerechten Kondensatorplatten wird Öl zerstäubt. Dabei findet bei den meisten Tröpfchen eine geringe positive oder negative Aufladung q statt, sodass sie im elektrischen Feld verschieden schnell zu Boden sinken. Durch ein Mikroskop wird eines der geladenen Tröpfchen beobachtet und die Gleichspannung U_0 am Kondensator so eingestellt, dass es genau in der Schwebe gehalten wird. Die Gewichtskraft $F_G = m \cdot g = V \cdot \varrho \cdot g = \frac{4}{3} r^3 \cdot \varrho \cdot g$ des Tröpfchens mit Radius r entspricht somit der Kraft des elektrischen Feldes: $F_G = F_E$ mit $F_E = E \cdot q = \frac{U_0}{d} \cdot q$.
Nach dem Abschalten des Feldes wird die Sinkgeschwindigkeit aus Weg und Zeit bestimmt.

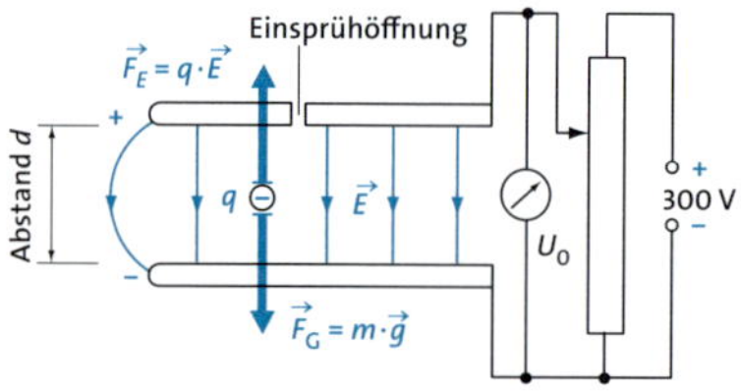

Abb. 2.10: Schwebekondensator nach Millikan; rechts das Potentiometer zum Regeln der Schwebespannung U_0

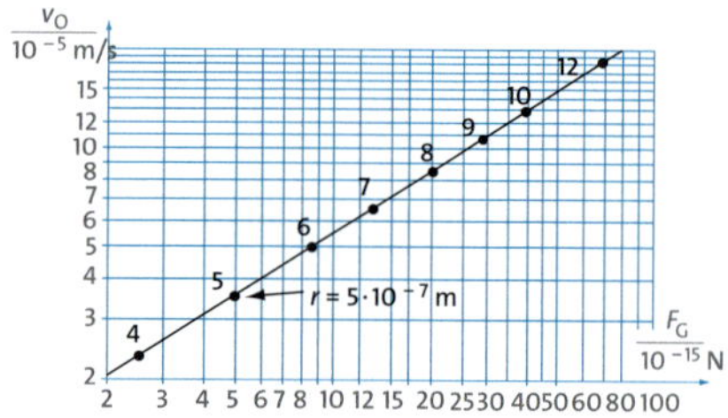

Abb. 2.11: Sinkgeschwindigkeit v_0 von Öltröpfchen in Luft als Funktion des Gewichts F_G; r ist der Tröpfchenradius

Da die beobachteten Tröpfchen sehr klein sind wird ihre Sinkgeschwindigkeit durch die **viskose Reibung** der Luft bestimmt und es gilt das **STOKES'sche Reibungsgesetz** (→ Seite 14): $F_{ST} = 6\pi \cdot \eta \cdot r \cdot v$
Da das Tröpfchen mit einer konstanten Geschwindigkeit v_0 sinkt, sind die Reibungskraft und die Gewichtskraft im Gleichgewicht und damit $F_{ST} = F_G$.

Auswertung

① Aus $F_{ST} = F_G = F_E$ folgt $F_{ST} = F_E$ und damit: $6\pi \cdot \eta \cdot r \cdot v_0 = \frac{U_0}{d} \cdot q$

$$\Rightarrow \quad r = \frac{q \cdot U_0}{6\pi \cdot \eta \cdot v_0 \cdot d}$$

② Einsetzen des Tröpfchenradius r in die Gewichtskraft:

$$F_G = \frac{4}{3} r^3 \cdot \varrho \cdot g = \frac{4}{3} \left(\frac{q \cdot U_0}{6\pi \cdot \eta \cdot v_0 \cdot d} \right)^3 \cdot \varrho \cdot g$$

③ Wegen $F_G = F_E$ kann die unbekannte Gewichtskraft ersetzt werden; somit ist die Ladung q aus den im Experiment ermittelten Größen bestimmbar:

$$F_G = F_E \quad \Leftrightarrow \quad \frac{4}{3} \cdot \frac{\varrho \cdot g}{(6\pi \cdot \eta \cdot v_0)^3} \cdot \left(\frac{q \cdot U_0}{d}\right)^3 = \frac{q \cdot U_0}{d}$$

$$\Leftrightarrow \quad \frac{q^2 \cdot U_0^2}{d^2} = \frac{3}{4} \cdot \frac{(6\pi \cdot \eta \cdot v_0)^3}{\varrho \cdot g} \quad \Leftrightarrow \quad q = \frac{d}{U_0} \sqrt{\frac{162 \cdot (\pi \cdot \eta \cdot v_0)^3}{\varrho \cdot g}}$$

Konstanten

η = Zähigkeit der Luft für T = 22 °C = $1{,}828 \cdot 10^{-5}\,\mathrm{Ns/m^2}$

ϱ = Dichte des Öls (z. B. $973\,\mathrm{kg/m^3}$)

$g = 9{,}81\,\mathrm{m/s^2}$

Ergebnis: Unabhängig von der Polarität der Kondensatorplatten zeigt sich, dass nur ganzzahlige Vielfache einer bestimmten Ladung auftreten: $q = n \cdot e$ mit $n \in \mathbb{N}_0$. Diese Ladung nennt man die Elementarladung e.

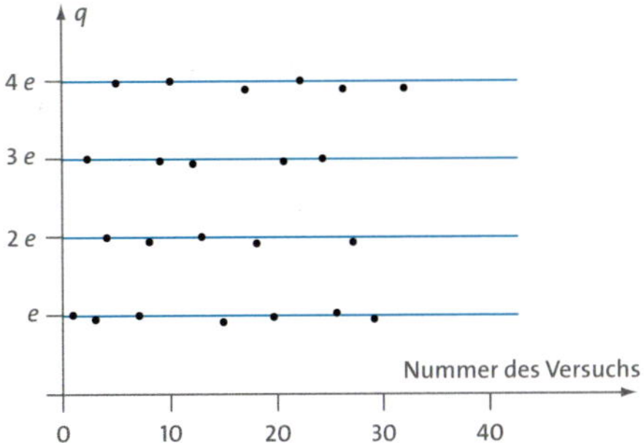

Abb. 2.12: Streuung zahlreicher Messwerte für die Tröpfchenladung q um ganzzahlige Vielfache $n \cdot e$.

Elementarladung

Alle Ladungen sind ganzzahlige Vielfache der Elementarladung
$e = 1{,}6021773 \cdot 10^{-19}\,\mathrm{C}$.
Ein Elektron hat die Ladung $q_e = -e$.

Die Braun'sche Röhre (Kathodenstrahlröhre)

Karl Ferdinand Braun 1850–1918

Trotz der zunehmenden Verbreitung von Flachbildschirmen sieht man immer noch Fernseher und Monitore, die nach dem Prinzip der Elektronenstrahlröhre arbeiten. In der zugrunde liegenden **Braun'schen Röhre** wird ein Elektronenstrahl erzeugt und abgelenkt, sodass er auf einem Leuchtschirm eine phosphoreszierende Schicht zum Leuchten anregt.

Der Elektronenstrahl entsteht durch den **glühelektrischen Effekt**: In einem evakuierten Glaskolben wird ein Draht (**Glühkathode**) mit der **Heizspannung** U_H zum Glühen gebracht, sodass er Elektronen aussendet. Diese werden mit der **Anodenspannung** U_A zur **Anode** beschleunigt.

Arthur Wehnelt 1871–1944

Der negativ geladene **Wehnelt-Zylinder** umgibt die Glühkathode und bündelt den Elektronenstrahl auf ein Loch in der Anode. Im Vergleich zur ursprünglichen Braun'schen Röhre verbessert er die Elektronenausbeute und kann zusätzlich die Helligkeit des erzeugten Bildpunktes steuern. Die von den **Ablenkplatten** generierten elektrischen Felder sorgen für eine Auslenkung in horizontaler und vertikaler Richtung.

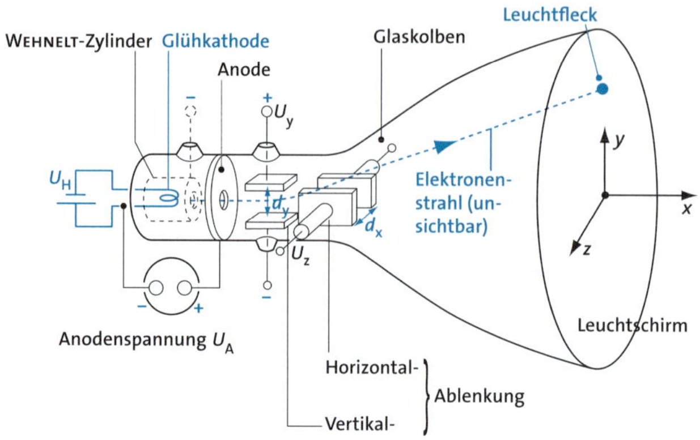

Abb. 2.13: BRAUN'sche Röhre mit Ablenkplatten und WEHNELT-Zylinder

Energie der Elektronen:

$$W = q_e \cdot U_A = \frac{1}{2} m_e \cdot v_x^2 \quad \Rightarrow \quad v_x = \sqrt{\frac{2\,U_A \cdot q_e}{m_e}}$$

Elektronenmasse: $m_e = 9{,}10938 \cdot 10^{-31}\,\text{kg}$
Elektronenladung: $q_e = -e = -1{,}6021773 \cdot 10^{-19}\,\text{C}$

Elektronenvolt

Um die Energie von geladenen Teilchen, insbesondere von Elektronen zu beschreiben, verwendet man die Energieeinheit **Elektronenvolt**. Sie entspricht der Energie eines Elektrons, das mit einer Spannung von einem Volt beschleunigt wurde: $1\,\text{eV} = 1{,}6021773 \cdot 10^{-19}\,\text{C} \cdot 1\,\text{V} = 1{,}6021773 \cdot 10^{-19}\,\text{J}$.

Bewegung in x-Richtung: $x = t \cdot v_x = t \cdot \sqrt{\frac{2\,U_A \cdot q_e}{m_e}}$ bzw. $t = x \cdot \sqrt{\frac{m_e}{2\,U_A \cdot q_e}}$

Ablenkung in y/z-Richtung: Wegen der geringen Masse der Elektronen hat die Gravitationsbeschleunigung (Schwerebeschleunigung) keine Einfluss auf den Bahnverlauf, sodass für die Ablenkung in y- und z-Richtung die gleichen Formeln gelten (→ „Bewegungsgleichungen" auf Seite 7).

Beschleunigung: $a_y = \frac{F_E}{m_e} = \frac{E_y \cdot q_e}{m_e} = \frac{U_y \cdot q_e}{d_y \cdot m_e}$

Ablenkung: $y = \frac{1}{2} a_y \cdot t^2 = \frac{U_y \cdot q_e}{2\,d_y \cdot m_e} \cdot t^2$

Die Bahnkurve $y(x)$ bzw. $z(x)$ ergibt sich durch Einsetzen der oben ermittelten Beziehung zwischen x und t. Sie ist von der Elektronenmasse und der Elektronenladung unabhängig:

$$y(x) = \frac{U_y}{4\,d_y \cdot U_A} \cdot x^2 \quad \text{bzw.} \quad z(x) = \frac{U_z}{4\,d_z U_A} \cdot x^2$$

Typisch sind Beschleunigungsspannungen um 17 kV und Ablenkspannungen um 100 V. Beschleunigungsspannen oberhalb von 20 kV erhöhen die Abbildungsqualität, es entsteht dabei jedoch Röntgenstrahlung, die z. B. durch bleihaltige Gläser abgeschirmt wird.

2.2 Magnetisches Feld

Grundlegende Begriffe

Anders als bei elektrischen Ladungen gibt es beim Magnetismus keine **magnetischen Monopole**. Magnete sind immer **Dipole** mit einem **magnetischen Nordpol** und einem **magnetischen Südpol**. Bei Permanentmagneten wird der Norpol häufig rot und der Südpol grün gefärbt. Gleichnamige Pole stoßen sich ab, entgegengesetzte ziehen sich an. Der Raum, in dem diese Kräfte wirken, heißt magnetisches Feld. In einem inhomogenen **magnetischen Feld**, z. B. an den Polen eines Magneten, werden ferromagnetische Materialien (→ Seite 46), in das Gebiet der höheren Feldstärke gezogen. In einem homogenen magnetischen Feld erfolgt hingegen nur eine Ausrichtung der Dipole, da die anziehenden Kräfte auf beide Pole gleich groß sind. Auf den Dipol wirkt damit effektiv ein **Drehmoment** (→ Seite 20), aber keine Kraft.

Abb. 2.14: Feldlinienbild eines Permanentmagneten: oben mit Kompassnadeln, unten mit Eisenspänen.

Der Verlauf magnetischer Feldlinien lässt sich mit Eisenfeilspänen sichtbar machen: In einem äußeren Magnetfeld werden die **ferromagnetischen** Späne magnetisiert (**magnetische Influenz**) und ziehen sich gegenseitig an. Die Richtung der magnetischen Feldlinien gibt an, in welche Richtung der Nordpol einer Kompassnadel zeigt. Bei einem Permanentmagneten verlaufen sie somit vom Nordpol zum Südpol. Die Dichte der Feldlinien entspricht wie beim elektrischen Feld der Stärke des Magnetfeldes.

Im Gegensatz zum elektrischen Feld sind die Feldlinien des Magnetfeldes immer geschlossen. Dies gilt auch bei einem Permanentmagneten, bei dem sie scheinbar am Nordpol beginnen und am Südpol enden: Tatsächlich verlaufen sie lediglich zu einem Teil im Innern des Magneten. Generell „bevorzugen" die magnetischen Feldlinien ein ferromagnetisches Material anstelle von Luft, da die hohe Permeabilitätszahl (→ Seite 48) eine größere Flussdichte zulässt und die Feldlinien quasi bündelt: Verbindet man die beiden Enden eines Hufeisenmagneten mit einem **Joch**, so verschwindet das Magnetfeld außerhalb des Metalls fast vollständig!

Vorsicht: Falle

Magnetische und geografische Pole der Erde

Eine Kompassnadel zeigt immer nach Norden: Als Permanentmagnet richtet sie sich nach dem Magnetfeld aus, das die Erde umgibt. Deshalb tragen die Pole aller Magneten die Bezeichnung „Nordpol" und „Südpol". **Da sich gleiche Pole abstoßen, ist der geografische Nordpol jedoch ein magnetischer Südpol.**

Die Lage der magnetischen und der geografischen Pole der Erde stimmen nicht genau überein, ferner gibt es über die Jahre hinweg Schwankungen, die z. B. in Seekarten als Korrekturwerte eingezeichnet werden.

Magnetische Eigenschaften der Materie

Die Magnetisierung der Materie beruht auf den magnetischen Eigenschaften der Atome, die ihrerseits quantenmechanisch durch bewegte Ladungen erklärt werden können. Die Stärke des **atomaren magnetischen Moments** ist für jedes chemische Element charakteristisch. Die magnetischen Eigenschaften eines Materials lassen sich hieraus allerdings noch nicht ablesen. Entscheidend ist vielmehr die Ausrichtung dieser atomaren Dipolmomente im Kristallgitter. Abhängig davon, wie sich ein Material in einem äußeren Magnetfeld verhält, unterscheidet man verschiedene Stoffgruppen:

- **Diamagnetismus** ($\mu_r < 1$): Wird ein beliebiges Material in ein Magnetfeld gebracht, so induziert dies in den Elektronenschalen der Atome Ringströme. Das dadurch entstehende Magnetfeld ist gemäß der LENZ'schen Regel (→ Seite 58) dem äußeren Magnetfeld entgegengerichtet. In einem inhomogenen Magnetfeld werden diamagnetische Substanzen in Bereiche geringer Feldstärke abgedrängt. Da der Effekt des Diamagnetismus sehr schwach ist, lässt er sich nur beobachten, wenn das Material kein atomares magnetisches Moment aufweist. Da **Supraleiter** keinen elektrischen Widerstand besitzen, treten in ihnen makroskopische Ringströme auf, durch die ein äußeres Magnetfeld vollständig abgeschirmt wird. Supraleiter sind daher perfekte Diamagnete ($\mu_r = 0$) (→ Glossar **MEISSNER-OCHSENFELD-Effekt** auf Seite 217).

WALTHER MEIßNER 1882–1974
ROBERT OCHSENFELD 1901–1993

- **Paramagnetismus** ($\mu_r > 1$): Wird ein Material mit nicht verschwindendem atomarem magnetischem Moment in ein äußeres Magnetfeld gebracht, so richten sich die atomaren Dipolmomente aus. In einem inhomogenen Magnetfeld werden paramagnetische Substanzen zur größeren Feldstärke hingezogen. Durch die thermische Bewegung der Atome verschwindet die Orientierung der atomaren Dipolmomente, sobald kein äußeres magnetisches Feld mehr vorhanden ist.
- **Ferromagnetismus** ($\mu_r \gg 1$): In ferromagnetischen Materialien ordnen sich die atomaren magnetischen Momente von sich aus zu sogenannten **WEISS'schen Bezirken**. Im unmagnetisierten Zustand ist die Ausrichtung dieser **Domänen** (**Elementarmagnete**) statistisch verteilt. In einem äußeren Magnetfeld werden nacheinander komplette WEISS'sche Bezirke ausgerichtet. Diese Orientierung bleibt auch ohne äußeres magnetisches Feld teilweise erhalten (**Remanenz**). Typische ferromagnetische Materialien sind **Eisen**, **Nickel** und **Cobalt**, sowie deren Legierungen. Für sehr starke Permanentmagnete setzt man heute die Legierung $Nd_2Fe_{14}B$ ein. Oberhalb der materialabhängigen **CURIE-Temperatur** wird die ferromagnetische Ordnung aufgebrochen und die Substanz wird paramagnetisch.

PIERIE-ERNEST WEISS 1865–1940

PIERRE CURIE 1859–1906, Nobelpreis 1903

- **Antiferromagnetismus**: Liegt vor, wenn in einem Kristall zwei Untergitter vorhanden sind, deren gleich große magnetische Momente sich antiparallel einstellen. Antiferromagnete haben trotz ihrer hohen magnetischen Ordnung kein resultierendes magnetisches Moment.
- **Ferrimagnetismus**: Liegt vor, wenn in einem Kristall zwei Untergitter vorhanden sind, deren unterschiedlich große magnetische Momente sich antiparallel einstellen. Ferrimagnete haben ein kleines effektives magnetisches Moment. Ein typischer Vertreter ist das natürlich vorkommende Mineral Magnetit (Fe_2O_3), das zur Herstellung von kleinen Permanentmagneten wie Tafelmagneten oder Kompassnadeln eingesetzt wird.
- **Ferrite**: Keramische ferrimagnetische Materialien mit einem hohen spezifischen Widerstand. Sie werden in der Elektronik häufig als Spulenkerne oder Antennen eingesetzt, da durch ihren hohen Widerstand störende Wirbelströme (→ Seite 63) stark unterdrückt werden.

Elektromagnetismus

Bewegte Ladungen erzeugen ein Magnetfeld, dessen Feldlinien als konzentrische Kreise senkrecht zur Bewegungsrichtung der Ladungen stehen. Anders als bei Permanentmagneten gibt es hier keinen ausgezeichneten Nord- oder Südpol. Man nennt ein solches Feld deshalb ein **magnetisches Wirbelfeld**. Die Feldlinien des magnetischen Wirbelfeldes verlaufen, in Richtung des Elektronenstroms gesehen, links herum, d.h. gegen den Uhrzeigersinn (**Linke-Faust-Regel**). Bei positiven Ladungsträgern (z. B. Ionenstrahl) verlaufen die Feldlinien in umgekehrter Richtung.

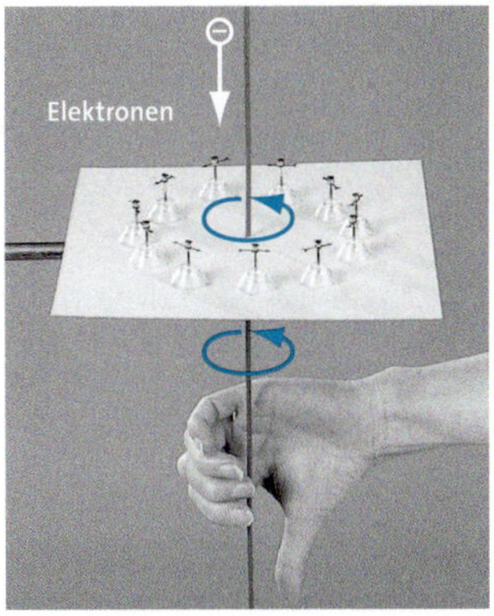

Abb. 2.15: Die Linke-Faust-Regel gibt die Richtung der magnetischen Feldlinien an.

Definition der Stromrichtung

In der Physik wird der Stromfluss häufig durch die Bewegungsrichtung der Elektronen definiert, d. h. vom Minuspol (Elektronenquelle) zum Pluspol. Als „technische Stromrichtung" oder auch „konventionelle Stromrichtung" bezeichnet man jedoch die Gegenrichtung, also die Bewegungsrichtung einer gedachten positiven Ladung.

Vorsicht: Falle

Feldstärke und Flussdichte einer Spule – Materie im Magnetfeld

Wird ein Leiter zu einer **Spule** aufgewickelt, so überlagern sich die Magnetfelder der einzelnen Windungen. Ist die Spule sehr lang im Verhältnis zu ihrem Querschnitt, so ist das Feld im Innern der Spule annähernd homogen.

Die **magnetische Feldstärke** H im Innern einer Spule ist proportional zur Stromstärke I und zum Quotienten aus der Anzahl der Wicklungen n und der Länge l: $H = I \cdot \frac{n}{l}$.

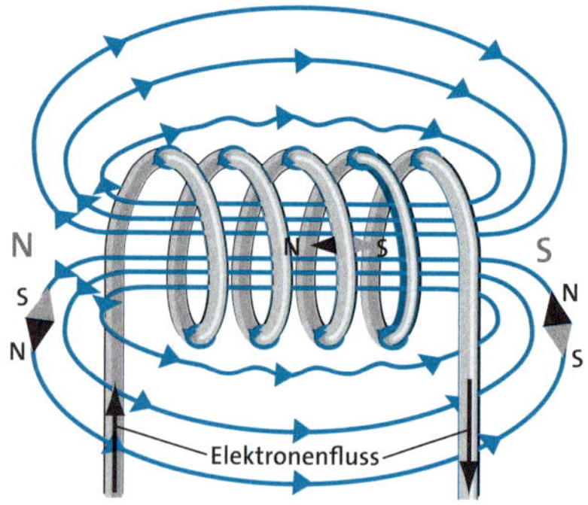

Abb. 2.16: Die Feldlinien der einzelnen Drähte überlagern sich im Innern der Spule zu einem homogenen Magnetfeld.

Zu den Enden hin nimmt das Feld in der Spule auf die Hälfte ab. Dies wird verständlich, wenn wir die Spule in Gedanken verlängern. Das vorherige Ende liegt nun im homogenen Bereich des Feldes und die Bereiche links bzw. rechts von der betrachteten Stelle tragen je zur Hälfte zum Feld bei. Außerhalb der Spule ist das Feld stark divergent, da die Feldlinien geschlossen sein müssen und somit außen die beiden Enden der Spule verbinden.

Langgestreckte Spule

Das Magnetfeld im Innern einer langgestreckten Spule der Länge l mit n Windungen ist homogen und beträgt:

$$H = I \cdot \frac{n}{l} \quad \left[\frac{\text{A}}{\text{m}}\right] \quad \text{bzw.} \quad B = \mu_0 \cdot \mu_r \cdot I \cdot \frac{n}{l} \quad \left[\text{T} = \frac{\text{N}}{\text{A} \cdot \text{m}}\right]$$

Wird die Spule mit einem ferromagnetischen Material (→ Seite 46) gefüllt, so erhöht dies die magnetische Flussdichte im Kern der Spule dramatisch. Der Unterschied gegenüber dem Vakuum wird durch die materialabhängige **Permeabilitätszahl** μ_r ausgedrückt. Bei magnetischen Materialien spielt die Permeabilitätszahl dieselbe Rolle wie die Dielektrizitätszahl bei Dielektrika (→ Seite 37f.). In Analogie zum elektrischen Feld definiert man daher die **magnetische Flussdichte** B:

$$\vec{B} = \mu_0 \mu_r \vec{H} \quad \text{mit} \quad \mu_0 = 4\pi \cdot 10^{-7} \, \frac{\text{V} \cdot \text{s}}{\text{A} \cdot \text{m}}$$

NIKOLA TESLA 1856–1943

Die **magnetische Feldkonstante** μ_0 ist eine Folge des von uns verwendeten Einheitensystems (MKSA-System, → Seite 64). Zur Vereinfachung werden μ_0 und μ_r in der Literatur häufig zur **Permeabilität** $\mu = \mu_0 \cdot \mu_r$ zusammengefasst. Die Einheit der magnetischen Flussdichte ist das Tesla:

Tesla

$$1\,\text{Tesla} = 1\,\text{T} = 1\,\frac{\text{V} \cdot \text{s}}{\text{m}^2} = 1\,\frac{\text{N}}{\text{A} \cdot \text{m}}$$

An der Grenzfläche zwischen zwei magnetischen Materialien ändert sich die magnetische Feldstärke aufgrund der unterschiedlichen Permeabilitätszahlen. Ähnlich wie beim Brechungsgesetz für Wellen (→ Seite 94f.) führt dies zu einer Richtungsänderung des magnetischen Feldes. Die neue Richtung ergibt sich aus den folgenden beiden Stetigkeitsbedingungen:

① Die zur Oberfläche senkrechte Komponente der magnetischen Flussdichte ändert ihren Wert nicht:

$$B_{\perp,1} = B_{\perp,2} \text{ bzw. } \mu_1 H_{\perp,1} = \mu_2 H_{\perp,2}$$

② Die zur Oberfläche tangentiale Komponente der magnetischen Feldstärke ändert ihren Wert nicht:

$$H_{||,1} = H_{||,2} \text{ bzw. } \frac{B_{||,1}}{\mu_1} = \frac{B_{||,2}}{\mu_2}$$

Magnetische Feldstärke

In Analogie zum elektrischen Feld definiert man die magnetische Flussdichte B und die magnetische Feldstärke H:

$\vec{B} = \mu_0 \mu_r \vec{H}$ mit Permeabilitätszahl μ_r und magnetischen Feldkonstante μ_0.

$$\mu_0 = 4\pi \cdot 10^{-7} \frac{\text{V}\cdot\text{s}}{\text{A}\cdot\text{m}} = 1{,}256\,64 \cdot 10^{-6} \frac{\text{V}\cdot\text{s}}{\text{A}\cdot\text{m}} \qquad \left[\frac{\text{V}\cdot\text{s}}{\text{A}\cdot\text{m}} = \text{T}\cdot\frac{\text{m}}{\text{A}} = \frac{\text{N}}{\text{A}^2}\right]$$

Material	Vakuum	Gold	Kupfer	Wasser	Luft
Permeabilitätszahl μ_r	exakt 1	0,999 971	0,999 990	0,999 991	1,000 000 4

Material	Eisen (96 % Fe, 4 % Si)	Cobalt	Nickel	μ-Metal
Permeabilitätszahl μ_r	400 (H = 0), 8000 (Sättigung)	250	600	30 000 bis 70 000

Tab. 2.2: Permeabilitäszahlen einiger Materialien. Bei ferromagnetischen Materialien (→ Seite 46) nimmt die Permeabilitätszahl mit steigender Feldstärke zu, bis ein Sättigungswert erreicht ist. Die genauen Werte hängen darüber hinaus von der exakten Legierung und der Vorbehandlung (Glühen ↔ Kaltverformen) ab.

MuMetall (μ-Metall)

Als MuMetall (engl. Permalloy) wird eine weichmagnetische Nickel-Eisen-Legierung mit ca. 80 % Nickel bezeichnet, die eine sehr hohe Permeabilitätszahl ($\mu_r \approx 30\,000$ bis $70\,000$) aufweist. Durch mechanische Verformung verändert MuMetall seine magnetischen Eigenschaften und die Permeabilitätszahl sinkt dramatisch ab ($\mu_r \approx 150$).

Die häufigste Anwendung von MuMetall besteht in der Abschirmung niederfrequenter elektromagnetischer Wellen im Frequenzbereich bis 10 kHz. Auch die Abschirmung von statischen Magnetfeldern ist möglich, wobei für einen Faktor 20 entweder ein 1 mm starkes Blech oder vier Lagen Folie mit 0,1 mm Dicke benötigt werden. Eine wesentlich stärkere Abschirmung ist schwierig, da die Abschirmwirkung nur mit dem Logarithmus der Dicke skaliert.

Die LORENTZ-Kraft

HENDRIK ANTOON LORENTZ 1853–1928, Nobelpreis 1902

Eine sich bewegende elektrische Ladung ist von einem magnetischen Wirbelfeld (→ Seite 47 f.) umgeben. Die Wechselwirkung mit einem äußeren Magnetfeld B resultiert in einer Kraft, die am größten ist, wenn die Bewegungsrichtung senkrecht auf den Feldlinien steht:

LORENTZ-Kraft

$$\vec{F}_L = q \cdot (\vec{v} \times \vec{B})$$

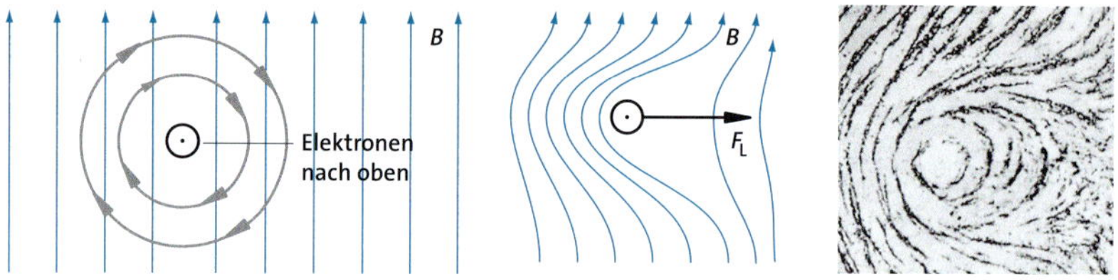

Abb. 2.17: Die LORENTZ-Kraft auf eine bewegte Ladung ist eine Folge der Wechselwirkung zwischen dem Wirbelfeld der bewegten Ladung und einem statischen Magnetfeld.

Stehen die Feldlinien nicht senkrecht auf der Bewegungsrichtung, so wird nur die senkrechte Komponente $\vec{B}_\perp$ von $\vec{B}$ wirksam; die parallel zur Elektronenrichtung verlaufende Komponente ist wirkungslos:

$$F_L = q \cdot v \cdot B_\perp \text{ bzw. } F_L = q \cdot v \cdot B \cdot \sin\varphi.$$

Vorsicht: Falle

Die Ladung eines Elektrons ist negativ! $q_e = -e$

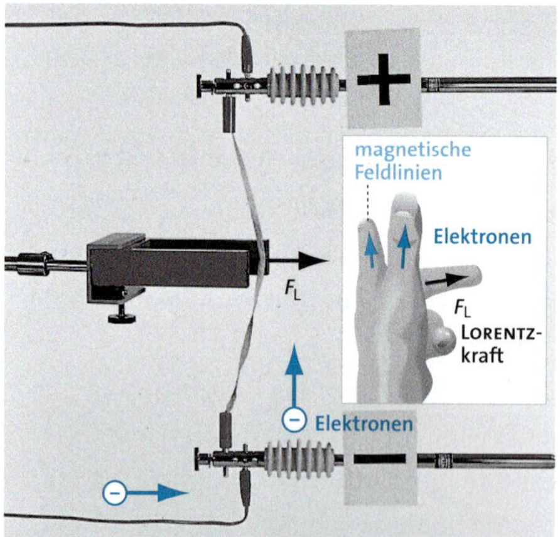

Abb. 2.18: Ein stromdurchflossener Leiter erfährt in einem Magnetfeld eine Kraft. Die Richtung dieser LORENTZ-Kraft zeigt die Drei-Finger-Regel an.

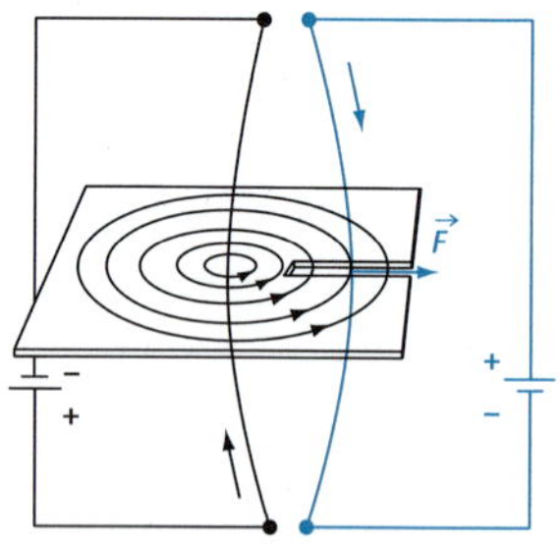

Abb. 2.19: Der rechte Leiter wird vom Magnetfeld des linken durch die LORENTZ-Kraft abgestoßen.

Die Richtung der LORENTZ-Kraft kann mit der Drei-Finger-Regel bestimmt werden: Zeigt der Daumen der linken Hand in die Bewegungsrichtung der Elektronen und der Zeigefinger in Richtung des magnetischen Feldes, dann gibt der Mittelfinger die Orientierung der LORENTZ-Kraft an.

Drei-Finger-Regel

Die LORENTZ-Kraft wirkt auch zwischen zwei Strom führenden Leitern: Antiparallele Ströme stoßen sich gegenseitig ab, parallele Ströme ziehen sich an (→ Abb. 2.19). Für einen Leiter der Länge s in einem Magnetfeld bedeutet dies bei einem Strom der Stärke I:

$$\vec{F}_L = I \cdot (\vec{s} \times \vec{B}).$$

Der Vektor $\vec{s}$ entspricht der Länge des Leiters und zeigt in die konventionelle Stromrichtung.
In der Betragsform folgt daher:

$$F_L = I \cdot s \cdot B_\perp = I \cdot s \cdot B \cdot \sin\varphi.$$

Dabei steht $B_\perp$ senkrecht zu $\vec{s}$ und φ ist der Winkel zwischen $\vec{B}$ und $\vec{s}$.

Parallele Leiter

Der HALL-Effekt, Elektronengeschwindigkeit in Leitern

Fließen durch einen n-dotierten Halbleiter Elektronen, so wirkt auf sie in einem Magnetfeld B die LORENTZ-Kraft $F_L = q_e \cdot v \cdot B_\perp$ und lenkt sie ab. Der untere Teil des Plättchens in Abb. 2.20 wird dadurch negativ geladen und es bildet sich quer zur Stromrichtung ein elektrisches Feld der Stärke E, das die LORENTZ-Kraft kompensiert. Diese Potentialtrennung im Leiter ist als Spannung U_H messbar: $U_H = E \cdot d$.

Die Spannung U_H wird nach ihrem Entdecker EDWIN HALL als **HALL-Spannung** bezeichnet. Im stationären Gleichgewicht ist die LORENTZ-Kraft $F_L = q_e \cdot v \cdot B_\perp$ genauso groß wie die Kraft des elektrischen Feldes:

$$F_E = E \cdot q_e = \frac{U_H \cdot q_e}{d} = q_e \cdot \overline{v} \cdot B_\perp = F_L$$

$$\Rightarrow \quad U_H = d \cdot \overline{v} \cdot B_\perp$$

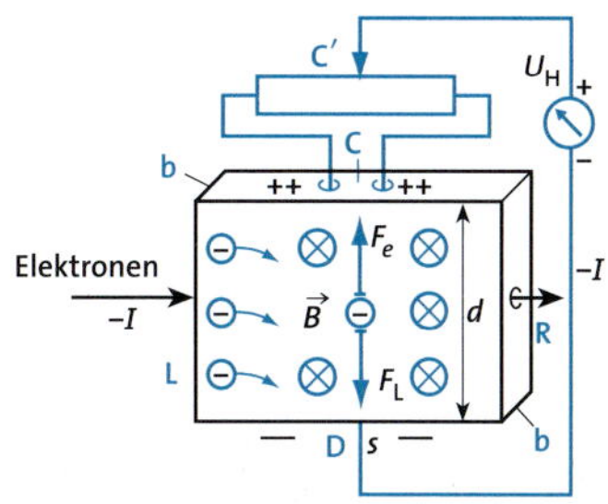

Abb. 2.20: HALL-Sensor: Durch die LORENTZ-Kraft werden die Elektronen im Magnetfeld abgelenkt und die Seiten des Halbleiterkristalls laden sich auf, bis das elektrische Feld der HALL-Spannung U_H die LORENTZ-Kraft kompensiert. Da es schwierig ist, zwei *exakt gegenüberliegende* Punkte C und D zu kontaktieren, wird ein Potentiometer verwendet um die Spannung zwischen C′ und D ohne Magnetfeld auf Null einzustellen.

EDWIN HERBERT HALL 1855–1938

Die HALL-Spannung U_H ist somit proportional zur senkrechten Komponente der magnetischen Flussdichte $B_\perp$, der Breite des Plättchens d und der mittleren Geschwindigkeit $\overline{v}$ der Elektronen, die als **Driftgeschwindigkeit** bezeichnet wird und aus der Definition des Stroms hergeleitet werden kann:
Die Ladungsträger legen in der Zeit Δt die Strecke $\Delta s = v \cdot \Delta t$ zurück. Die Anzahl der Ladungsträger, die so durch einen Querschnitt A des Leiters fließt, ergibt sich durch Multiplikation mit der Dichte der Ladungsträger n:

$$N = n \cdot A \cdot \overline{v} \cdot \Delta t \quad \Leftrightarrow \quad \Delta Q = q_e \cdot n \cdot A \cdot \overline{v} \cdot \Delta t$$

Zusammen mit der Definition des Stroms folgt:

$$I = \frac{\Delta Q}{\Delta t} = q_e \cdot n \cdot A \cdot \overline{v} \quad \text{bzw.} \quad \overline{v} = \frac{I}{q_e \cdot n \cdot A}$$

Berücksichtigen wir bei der HALL-Spannung die Querschnittsfläche $A = d \cdot b$ so folgt:

$$U_H = d \cdot \overline{v} \cdot B = \underbrace{\frac{1}{n \cdot q_e}}_{A_H} \cdot \frac{I \cdot B}{b}.$$

Die **HALL-Konstante (HALL-Faktor)** A_H setzt sich aus der Elektronenladung und der stoffspezifischen Konzentration oder **Anzahldichte** $n = N/V$ der Elektronen zusammen. Die HALL-Spannung ist dabei umso größer je geringer die Elektronendichte ist. Bei Metallen trägt typischerweise ein Elektron je Atom zum Strom bei. Die resultierende HALL-Spannung ist dadurch für eine sinnvolle Messung viel zu klein. Bei Halbleitern hingegen lässt sich die Elektronendichte durch sogenanntes Dotieren gezielt einstellen, die Ladungsträgerdichte ist dadurch wesentlich kleiner.

Die tatsächlich gemessenen HALL-Konstanten weichen von den in → Tab. 2.3 berechneten Werten ab, da die Annahme von einem Elektron je Atom für Metalle zu einfach ist. Die gemessene HALL-Konstante beträgt für Kupfer in guter Übereinstimmung mit unserer Rechnung $-5{,}3 \cdot 10^{-11}\,\mathrm{m^3/C}$.

	n-Halbleiter	Kupfer
n	10^{22} bis $10^{26}\,\mathrm{m^{-3}}$	$8{,}5 \cdot 10^{28}\,\mathrm{m^{-3}}$
A_H	$-0{,}06$ bis $-624 \cdot 10^{-6}\,\mathrm{m^3/C}$	$-73 \cdot 10^{-12}\,\mathrm{m^3/C}$
U_H	$-0{,}06$ bis $624\,\mathrm{\mu V/T}$	$-73\,\mathrm{pV/T}$
v_d	$0{,}06$ bis $624\,\mathrm{mm/s}$	$73\,\mathrm{nm/s}$

Tab. 2.3: Abschätzung des HALL-Effekt und der Driftgeschwindigkeit für einen Leiter mit quadratischem Querschnitt von 1 mm Kantenlänge bei einem Strom von 1 mA.

Für Aluminium hingegen beträgt die HALL-Konstante $+9{,}9 \cdot 10^{-11}\,\mathrm{m^3/C}$. Das positive Vorzeichen zeigt, dass hier der Ladungstransport durch Löcher erfolgt.

Elektronen auf der Kreisbahn – Spezifische Elektronenladung

Als **spezifische Ladung** eines Elektrons bezeichnet man das Verhältnis q_e/m_e seiner Ladung zu seiner Masse. Dieses kann bestimmt werden, indem man einen Elektronenstrahl mittels eines Magnetfeldes auf eine Kreisbahn lenkt. Hierzu platziert man ein **Fadenstrahlrohr** (**Wehnelt-Röhre**) in der Mitte eines **Helmholtz-Spulenpaars** (→ Abb. 2.21, rechts).

Arthur Rudolph Berthold Wehnelt 1871–1944

Hermann Ludwig Ferdinand von Helmholtz 1821–1894

Im Fadenstrahlrohr wird wie in der Braun'schen Röhre (→ Seite 43) mittels einer einstellbaren Beschleunigungsspannung U ein Elektronenstrahl erzeugt. Durch Anregung des in geringer Dichte vorhandenen Wasserstoffs hinterlassen die Elektronen eine leuchtende Spur. Dank ihrer besonderen Geometrie erzeugen die Helmholtz-Spulen im Bereich der Wehnelt-Röhre ein sehr homogenes Magnetfeld, das senkrecht zur Bewegungsrichtung der Elektronen steht. Da die **Lorentz-Kraft** (→ Seite 50) stets senkrecht auf der Bewegungsrichtung der Elektronen steht, werden die Elektronen auf eine Kreisbahn gezwungen, bei der die Lorentz-Kraft als **Zentripetalkraft** (→ Seite 28) wirkt (→ Abb. 2.21).

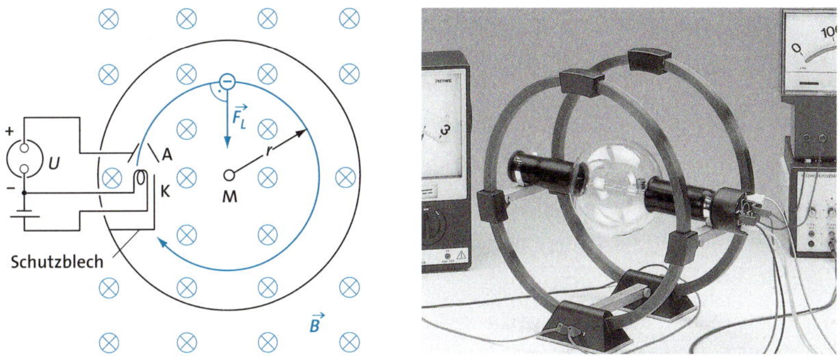

Abb. 2.21: Kreisbahn der Elektronen und Zentripetalkraft $\vec{F}_Z = \vec{F}_L$ in der Wehnelt-Röhre

① Berechnung der Elektronengeschwindigkeit v aus ihrer kinetischen Energie:

$$q_e \cdot U = W_{kin} = \frac{1}{2} m_e \cdot v^2 \quad \Leftrightarrow \quad v^2 = \frac{2 \cdot q_e \cdot U}{m_e}$$

② Gleichsetzen der Zentripetalkraft F_Z und der Lorentz-Kraft F_L:

$$F_Z = F_L \text{ mit } F_Z = m_e \cdot \frac{v^2}{r} \text{ und } F_L = B \cdot q_e \cdot v \;\Rightarrow\; v = B \cdot r \cdot \frac{q_e}{m_e} \;\Leftrightarrow\; v^2 = \left(B \cdot r \cdot \frac{q_e}{m_e}\right)^2$$

Durch Gleichsetzen mit der Beziehung aus Schritt ① eliminieren wir v^2:

$$2 \cdot U \cdot \frac{q_e}{m_e} = B^2 \cdot r^2 \cdot \left(\frac{q_e}{m_e}\right)^2 \quad \Leftrightarrow \quad \frac{q_e}{m_e} = \frac{2 \cdot U}{B^2 \cdot r^2}$$

Ist die magnetische Flussdichte B, z. B. aus einer Messung mit der HALL-Sonde (→ Seite 51) bekannt, so liefert diese Beziehung die **spezifische Elektronenladung** q_e/m_e. Da die Elementarladung aus dem MILLIKAN-Versuch bekannt ist (→ Seite 42), lässt sich so die Masse des Elektrons bestimmen.

HELMHOLTZ-Spulenpaar

Für eine kurze Spule mit n Windungen und Radius R beträgt die magnetische Flussdichte auf der Achse:

$$\vec{B}(x) = \frac{1}{2}\mu_0 \cdot \mu_r \cdot n \cdot I \cdot \frac{R^2}{(R^2 + x^2)^{\frac{3}{2}}} \cdot \vec{e}_x$$

Bei der HELMHOLTZ-Anordnung sind die Felder beider Spulen gleich orientiert, sodass ihre Überlagerung ein gleichmäßiges Feld ergibt. Sie sind im Abstand $x = R$ voneinander aufgestellt. Die Feldstärke im Zentrum der Anordnung ergibt sich durch Addition der Felder bei $x = R/2$.

$$B = \mu_0 \cdot \mu_r \cdot n \cdot I \cdot \frac{R^2}{\left(R^2 + \frac{R^2}{4}\right)^{\frac{3}{2}}} = \mu_0 \cdot \mu_r \cdot n \cdot I \cdot \frac{8}{\sqrt{125} \cdot R}.$$

③ Einsetzen der magnetischen Flussdichte eines HELMHOLTZ-Spulenpaares in die in ② berechnete Formel für die spezifische Elementarladung liefert:

$$\frac{q_e}{m_e} = \left(\frac{\sqrt{125} \cdot R}{8\,\mu_0 \mu_r \cdot n \cdot I}\right)^2 \cdot 2\frac{U}{r^2} = \left(\frac{\sqrt{250}}{8\,\mu_0 \mu_r \cdot n} \cdot \frac{R}{r}\right)^2 \cdot \frac{U}{I^2}$$

④ Mit den Formeln aus ② oder ③ lässt sich die spezifische Ladung des Elektrons aus dem beobachteten Radius der Elektronenbewegung berechnen:

$$\frac{q_e}{m_e} = 1{,}7588 \cdot 10^{11}\,\frac{\mathrm{A \cdot s}}{\mathrm{kg}}$$

Zusammen mit der im MILLIKAN-Versuch (→ Seite 42) ermittelten Elementarladung $e = 1{,}602\,177\,3 \cdot 10^{-19}\,\mathrm{C}$ folgt hieraus die Elektronenmasse:

$$m_e = 9{,}109\,38 \cdot 10^{-31}\,\mathrm{kg}$$

Der Radius der Elektonenbahn hängt nach Gleichung ② nur vom Magnetfeld und der Geschwindigkeit der Elektronen ab und wird als **Zyklotronradius** bezeichnet:

Zyklotronradius

$$r = \frac{v}{B} \cdot \frac{m}{q}$$

Durch die Proportionalität zwischen der Teilchengeschwindigkeit und dem Zyklotronradius ist die Umlauffrequenz (**Zyklotronfrequenz**) unabhängig von der Teilchenenergie:

Zyklotronfrequenz

$$f = \frac{B}{2\pi} \cdot \frac{q}{m}$$

Die beiden letzten Gleichungen gelten nicht nur für Elektronen, sondern für alle geladenen Teilchen. Sind diese positiv geladen, verläuft die Krümmung jedoch in umgekehrter Richtung.

E- und B-Feld im Verbund: Geschwindigkeitsfilter für Ionen

Sowohl in der Technik als auch in der Grundlagenforschung ist es häufig wichtig, die chemische Zusammensetzung eines Gases zu analysieren. Eine einfache physikalische Methode beruht auf der Bestimmung der spezifischen Ladung geladener Gasteilchen. Hierzu werden die Gasteilchen in einer Vakuumkammer mit Elektronen beschossen, sodass sie einige ihrer Elektronen verlieren. Sie werden dadurch zu positiv geladenen Ionen, deren Geschwindigkeit völlig statistisch verteilt ist. Durch ein elektrisches Feld werden die Ionen zum Eingang eines Geschwindigkeitsfilters beschleunigt.

Wilhelm Carl Werner Otto Fritz Franz Wien 1864–1928

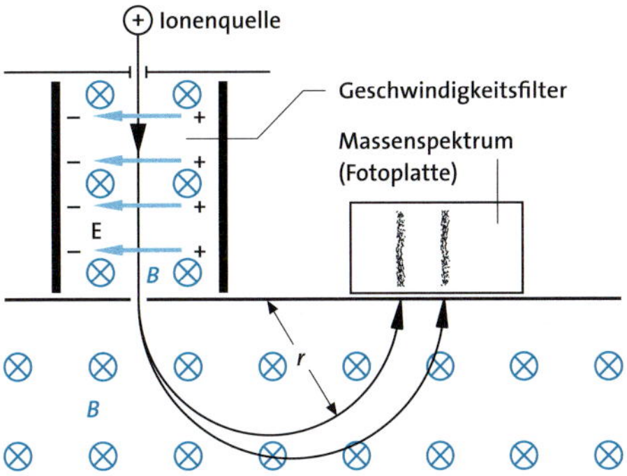

Abb. 2.22: Prinzip eines Massenspektrometers

Dieses sogenannte **Wien-filter**, genauer: **Wien'sche Geschwindigkeitsfilter**, besteht aus einem Plattenkondensator, der von einem Magnetfeld durchsetzt wird (→ Abb. 2.22). Durch die zueinander senkrechte Anordnung von *E*- und *B*-Feld, zeigt die Lorentz-Kraft genau in die entgegengesetzte Richtung der elektrischen Feldkraft. Sind beide Kräfte gleich groß, so können die Ionen das Filter passieren, ohne abgelenkt zu werden:

$$F_E = F_L \Rightarrow qE = qv_\perp B \Leftrightarrow v_\perp = \frac{E}{B}$$

Nachdem die Ionen das Geschwindigkeitsfilter verlassen haben gelangen sie in ein homogenes Magnetfeld, in dem sie sich entsprechen ihrer spezifischen Ladung (→ Seite 54) auf einer Kreisbahn mit Radius *r* bewegen: $r = \frac{v_\perp}{B} \cdot \frac{m}{q}$.

Mit einem solchen Massenspektrometer lässt sich immer nur das Verhältnis aus der Teilchenmasse zur Ladung bestimmen. Dadurch ist z.B. keine Unterscheidung des zweifach geladenen Eisens $^{56}Fe^{2+}$ vom einfach geladenen Silizium $^{28}Si^{1+}$ möglich. Meistens ist dies aber auch gar nicht notwendig, da bekannt ist, ob sich Eisen oder Silizium in der Probe befindet. Ist dies nicht bekannt, so nutzt man aus, dass jedes in der Natur vorkommende chemische Element aus verschiedenen Isotopen (→ Seite 158) mit einer unterschiedlichen Masse besteht. Eisen besteht z.B. aus 91,7 % ^{56}Fe; 5,8 % ^{54}Fe; 2,5 % ^{57}Fe und 0,3 % ^{58}Fe. Für Silizium sind es entsprechend: 92,23 % ^{28}Si; 4,67 % ^{29}Si und 3,1 % ^{30}Si.

2.3 Induktion

Die magnetische Induktion entsteht durch Wechselwirkungen zwischen magnetischen Feldern und Ladungen:

- Elektronen in einem ruhenden stromdurchflossenen Leiter werden durch die LORENTZ-Kraft abgelenkt. Dadurch entsteht senkrecht zur Stromrichtung eine in der Regel sehr kleine Induktionsspannung (HALL-Effekt, → Seite 51).
- In einem Leiter, der sich senkrecht zu den Feldlinien eines Magnetfeldes bewegt, werden die Elektronen durch die LORENTZ-Kraft beschleunigt und es entsteht eine Induktionsspannung (siehe unten).
- Durch eine zeitliche Veränderung der magnetischen Flussdichte entsteht ein elektrisches Wirbelfeld (→ Seite 63), das in einer Leiterschleife eine Induktionsspannung hervorruft.

Induktion durch LORENTZ-Kraft

Wird ein Leiter der Länge d mit der Geschwindigkeit $v_\perp$ senkrecht zu den Feldlinien eines Magnetfeldes bewegt, so wirkt auf die Elektronen in ihm die LORENTZ-Kraft $F_L = q_e \cdot v_\perp \cdot B$. Dadurch werden die Elektronen entlang des Leiters verschoben. Bei einem isolierten Leiter können die Elektronen nicht abfließen und es entsteht ein elektrisches Feld zwischen den Leiterenden:

$$E = \frac{U_{ind}}{d}$$

Hierbei ist U_{ind} die **Induktionsspannung**. Sie errechnet sich im stationären Zustand aus dem Gleichgewicht mit der Feldkraft $F_E = q_e \cdot E$:

$$F_E = F_L \;\Rightarrow\; q_e \cdot \frac{U_{ind}}{d} = q_e \cdot v_\perp \cdot B \;\Rightarrow\; U_{ind} = B \cdot d \cdot v_\perp$$

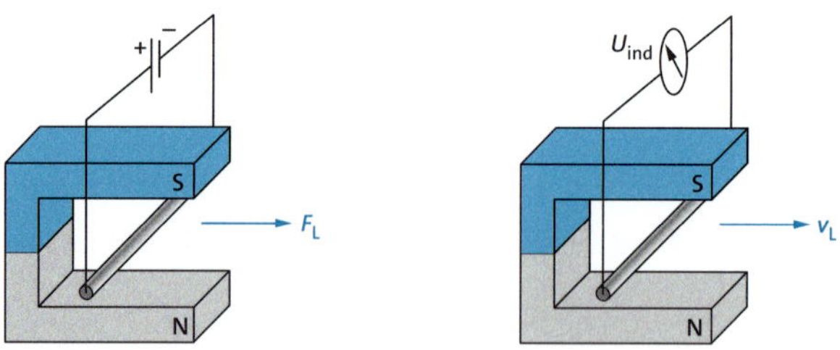

Abb. 2.23: Ein stromdurchflossener Leiter wird im homogenen Magnetfeld eines Hufeisenmagneten durch die LORENTZ-Kraft bewegt (links).
Wird hingegen der Leiter bewegt, verursacht die LORENTZ-Kraft eine Induktionsspannung an den Leiterenden (rechtes Bild).

Induktion durch Veränderung der Querschnittsfläche

Betrachten wir eine einfache Leiterschleife der Querschnittsfläche $A_\perp$ in einem homogenen Magnetfeld (→Abb. 2.24). Wird die rechte Kante der Leiterschleife mit der Geschwindigkeit $v_\perp$ nach rechts verschoben, so induziert die LORENTZ-Kraft in ihr die Spannung $U_{ind} = B \cdot d \cdot v_\perp$.
Drücken wir die Geschwindigkeit $v_\perp$ durch die Änderung der Querschnittsfläche aus, so folgt:

$$d \cdot v_\perp = \frac{d \cdot \Delta s_\perp}{\Delta t} = \frac{\Delta A_\perp}{\Delta t} = \dot{A}_\perp$$

$$\Rightarrow \quad U_{ind} = B \cdot \frac{dA_\perp}{dt} = B \cdot \dot{A}_\perp$$

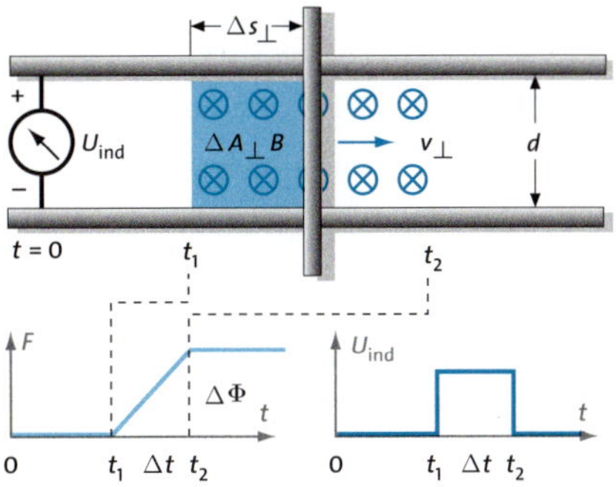

Abb. 2.24: Durch die Bewegung des Leiters verändert sich die vom Magnetfeld durchsetzte Fläche der Leiterschleife. Durch diese Änderung der Flussdichte entsteht eine Induktionsspannung.

Diese Gleichung für U_{ind} gilt unabhängig davon, auf welche Art die Querschnittsfläche verändert wird.

Einfacher Generator

Eine Leiterschleife wird von einem homogenen magnetischen Feld durchsetzt und senkrecht zu den Feldlinien mit der **Winkelgeschwindigkeit** ω rotiert. Die Querschnittsfläche ändert sich dadurch periodisch:

$$A_\perp = A \cdot \cos(\omega \cdot t) \quad \Rightarrow \quad U_{ind} = B \cdot \frac{dA_\perp}{dt} = -B \cdot A \cdot \omega \cdot \sin(\omega \cdot t)$$

Wird anstelle einer Leiterschleife eine Spule mit n Windungen rotiert, so ist die effektive Querschnittsfläche n-mal so groß:

$$U_{ind} = -B \cdot A \cdot n \cdot \omega \cdot \sin(\omega \cdot t)$$

Tipp: Wird an die Spule eine Wechselspannung angeschlossen, so wird aus dem Generator ein Motor.

Induktion durch Veränderung des magnetischen Flusses

Wird die Querschnittsfläche einer Leiterschleife verändert, so führt dies zu einer Induktionsspannung:

$$U_{ind} = B \cdot \frac{dA_\perp}{dt} = B \cdot \dot{A}$$

Solange das Magnetfeld konstant ist, lässt sich dieser Zusammenhang auch wie folgt schreiben:

$$U_{ind} = \frac{d}{dt} \underbrace{(B \cdot A_\perp)}_{= \Phi} = \frac{d}{dt} \Phi = \dot{\Phi}$$

Der **magnetische Fluss** Φ entspricht anschaulich der Anzahl der Feldlinien, die durch die Fläche $A_\perp$ hindurchtreten. Experimente zeigen, dass diese Veränderung des magnetischen Flusses Φ für die Induktionsspannung verantwortlich ist. Sie tritt daher auch auf, wenn sich die magnetische Flussdichte B anstelle der Querschnittsfläche $A_\perp$ ändert. Nach diesem Prinzip arbeitet ein Transformator (→ Seite 60). Für eine Spule mit n Windungen gilt damit ganz allgemein:

$$U_{ind} = n\frac{d}{dt}\Phi = n\frac{d}{dt}(B\cdot A_\perp) = n\cdot\left(A_\perp\frac{dB}{dt} + B\frac{dA_\perp}{dt}\right)$$

Induktion, magnetischer Fluss

Die LORENTZ-Kraft verursacht in einem Leiter der Länge d, der sich mit der Geschwindigkeit $v_\perp$ senkrecht zu den Feldlinien eines magnetischen Feldes mit Flussdichte B bewegt, die Induktionsspannung:

$$U_{ind} = B\cdot d\cdot v_\perp$$

Analog verursacht eine Änderung des magnetischen Flusses $\Phi = B\cdot A_\perp$ in einer Spule mit n Windungen die Induktionsspannung

$$U_{ind} = n\frac{d}{dt}\Phi = n\frac{d}{dt}(B\cdot A_\perp) = n\cdot\left(A_\perp\frac{dB}{dt} + B\frac{dA_\perp}{dt}\right).$$

Vorsicht: Falle

Vorzeichen der Induktionsspannung

Die Formeln der vorigen Abschnitte für die Induktionsspannung machen keine Aussage zur Richtung der Induktionsspannung.
Diese Aussage folgt erst aus der LENZ'schen Regel.

LENZ'sche Regel

Bewegt sich ein Stabmagnet auf die Öffnung einer Leiterschleife zu, so verursacht die Zunahme des magnetischen Flusses eine Induktionsspannung. Ist die Leiterschleife geschlossen, so fließt ein Induktionsstrom, der seinerseits ein Magnetfeld hervorbringt.

Aus dem Energieerhaltungssatz folgt, dass die Energie zum Aufbau des Induktionsstroms durch die Bewegung des Stabmagneten aufgebracht werden muss. Mit anderen Worten: Die Bewegung des Stabmagneten wird gebremst. Da diese Bremswirkung nur durch das induzierte Magnetfeld der Leiterschleife hervorgerufen sein kann, muss seine Richtung dem Magnetfeld des Stabmagneten entgegengerichtet sein. Dieser Zusammenhang gilt ganz allgemein und wird als **LENZ'sche Regel** bezeichnet.

HEINRICH FRIEDRICH EMIL LENZ 1804–1865

LENZ'sche Regel

Der induzierte Strom ist immer so gerichtet, dass sein Magnetfeld der Induktionsursache entgegenwirkt.

Selbstinduktion

Ändert sich die Stromstärke in einer Spule, so führt dies zu einer Änderung des magnetischen Flusses Φ. Diese Änderung verursacht nun ihrerseits in der Spule eine Induktionsspannung, die nach der LENZ'schen Regel ihrer Ursache entgegengerichtet ist:

$$I_{\text{Spule}} = \frac{U_{\text{Spule}} - U_{\text{ind}}}{R_{\text{Spule}}} = \frac{U_{\text{Spule}} - n\,\dot{\Phi}}{R_{\text{Spule}}}$$

Um der LENZ'schen Regel Rechnung zu tragen, findet man häufig die Definition:

$$U_{\text{Selbstinduktion}} = -n\,\dot{\Phi}$$

Kennen wir für eine Spule den Zusammenhang zwischen der Stromstärke und dem magnetischen Fluss $\Phi = B \cdot A$, so lässt sich diese Gleichung weiter umformen:

$$B_{\text{langgestreckte Spule}} = \mu_0 \cdot \mu_r \cdot I \cdot \frac{n}{l} \;\Rightarrow\; U_{\text{Selbstinduktion}} = -n\,\dot{\Phi} = \underbrace{\mu_0 \cdot \mu_r \cdot \frac{n}{l}}_{=:\,L} \cdot \dot{I} = -L \cdot \dot{I}$$

Die Proportionalitätskonstante L heißt **Induktivität**. ihr Wert ist für die jeweilige Spule charakteristisch und wird in der Regel experimentell ermittelt. Die Einheit der Induktivität wurde nach dem amerikanischen Physiker JOSEPH HENRY benannt:

JOSEPH HENRY
1797–1878

$$1\,\text{Henry} = 1\,\text{H} = 1\,\frac{\text{V} \cdot \text{s}}{\text{A}}$$

Henry

Durch Integration der Selbstinduktionsspannung lässt sich auch der magnetische Fluss der Spule durch die Induktivität ausdrücken:

$$U_{\text{Selbstinduktion}} = -n\,\dot{\Phi} = -L \cdot \dot{I} \;\Leftrightarrow\; \dot{\Phi} = \frac{L}{n}\dot{I} \;\Leftrightarrow\; \Phi = \frac{L}{n} I$$

Spulenstrom einschalten

Eine reale Spule lässt sich idealisieren als Reihenschaltung eines Widerstandes R und einer widerstandsfreien Induktivität L.
Verbinden wir diese Reihenschaltung mit der Betriebsspannung U_B, so entsteht eine Selbstinduktionsspannung (Gegenspannung)

$$U_{\text{Selbstinduktion}} = -L \cdot \dot{I}$$

Durch den Widerstand fließt damit der Strom

$$I = \frac{U_B}{R} - \frac{L}{R} \cdot \dot{I}.$$

Die Lösung dieser Differentialgleichung lautet:

$$I(t) = \frac{U_B}{R}\left(1 - \exp\left(-\frac{t}{\tau}\right)\right) \text{ mit } \tau = \frac{L}{R}$$

Der Stromverlauf ist völlig analog zum Anstieg der Spannung eines Kondensators, der über einen Widerstand geladen wird (→ Seite 41).

Spulenstrom ausschalten

In einer Parallelschaltung aus Spule und Widerstand hört der Strom nicht sofort auf, wenn die Spule von der Versorgungsspannung getrennt wird, da die Änderung des magnetischen Flusses einen Strom induziert:

$$I_{\text{Selbstinduktion}} = \frac{-L \cdot \dot{I}}{R}$$

Bezeichnet I_0 den Spulenstrom vor dem Abschalten, so lautet die Lösung dieser Differentialgleichung:

$$I(t) = I_0 \exp\left(-\frac{t}{\tau}\right) \text{ mit } \tau = \frac{L}{R}$$

Der Verlauf dieser Stromkurve ist völlig äquivalent zur Abnahme der Spannung an einem Kondensator, der über einen Widerstand entladen wird (→ Seite 41).

Das OHM'sche Gesetz $U = R \cdot I$ liefert uns die zu diesem Strom gehörige Induktionsspannung:

$$U_{\text{Selbstinduktion}}(t) = R \cdot I(t) = R \cdot I_0 \exp\left(-\frac{R}{L} \cdot t\right)$$

Die Induktionsspannung ist zu Beginn ($t = 0$) am größten und nimmt dann exponentiell ab. Für den Sonderfall $R \longrightarrow \infty$ wird auch die Induktionsspannung unendlich. Tatsächlich führt dies beim Öffnen eines Schalters zu einer Bogenentladung zwischen den Schalterkontakten. Um Schäden durch solche Überspannungen zu vermeiden, sollte einer Spule stets ein Widerstand, ein Kondensator oder eine Diode in Sperrrichtung (**Freilaufdiode**) parallel geschaltet werden.

Technisch ausgenutzt wird dieser Effekt hingegen zur Erzeugung von Hochspannungen für Blitzröhren oder Zündkerzen bei Autos mit Benzinmotor.

Transformator

Ein **Transformator** besteht aus zwei Spulen, die um einen gemeinsamen ringförmigen ferromagnetischen (→ Seite 46) Kern gewickelt sind. Die **Primärspule** wird an eine Wechselspannung U_1 angeschlossen (→ Abb. 2.25).

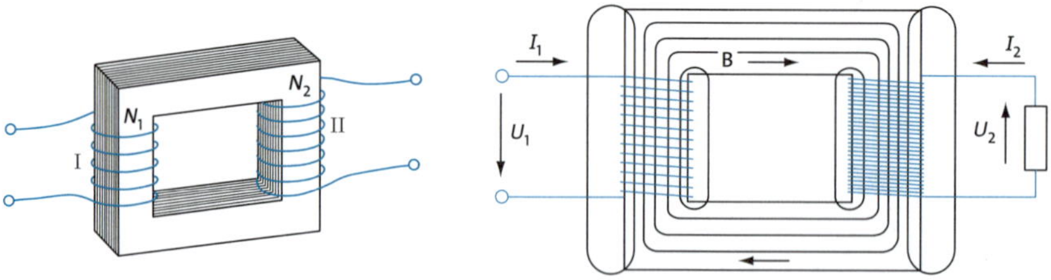

Abb. 2.25: Spannungen, Ströme und magnetischer Fluss im Transformator

Vernachlässigen wir den OHM'schen Widerstand der Wicklung, so entspricht die **Klemmenspannung** U_1 der Selbstinduktionsspannung:

$$U_1 = -U_{\text{Selbstinduktion}} = n_1 \dot{\Phi}$$

Da der magnetische Fluss vollständig innerhalb des Kerns verläuft, induziert die Flussänderung in der **Sekundärspule** die Spannung U_2:

$$U_2 = -n_2 \dot{\Phi}.$$

Die Spannungsübersetzung des Transformators ist damit

$$\frac{U_2}{U_1} = -\frac{n_2}{n_1}.$$

Da sich diese Beziehung unmittelbar aus dem Induktionsgesetz ergibt, ist sie unabhängig von einer Belastung der Sekundärseite durch einen Widerstand.

Leerlauf: $U_1 = \hat{U}_1 \cos \omega t = -L_1 \dot{I}_{1,\text{Leerlauf}} \quad \Rightarrow \quad I_{1,\text{Leerlauf}} = \frac{\hat{U}_1}{\omega L_1} \sin \omega t$

Die aufgenommene Leistung beträgt damit:

$$P_{1,\text{Leerlauf}} = U_1 \cdot I_{1,\text{Leerlauf}} = \frac{\hat{U}_1^2}{\omega L_1} \cos(\omega t) \cdot \sin(\omega t) = \frac{\hat{U}_1^2}{2\omega L_2} \sin(2\omega t)$$

Im zeitlichen Mittel wird keine Leistung aufgenommen, da Strom und Spannung um $\pi/2$ gegeneinander versetzt sind. Man spricht daher auch von einem **Blindstrom**.

Ein realer Transformator nimmt auch im Leerlauf eine geringe Leistung auf, die er in Wärme umwandelt. Die Ursache hierfür sind der OHM'sche Widerstand der Wicklung sowie Verluste durch Wirbelströme (→ Seite 63) im Kern.

Betrieb: Die zeitliche Änderung des magnetischen Flusses im Kern wird unabhängig von der Belastung der Sekundärseite durch die Betriebsspannung U_1 bestimmt: $\dot{\Phi} = U_1/n_1$.

Wird die Sekundärseite des Transformators mit einem OHM'schen Widerstand belastet, so fließt hier der Strom $I_{2,\text{Last}} = U_2/R$. Dieser induziert seinerseits einen magnetischen Fluss $\Phi_{2,\text{Last}}(t)$. Da sich der magnetische Fluss im Kern insgesamt jedoch nicht ändert, muss der zusätzliche Fluss $\Phi_{2,\text{Last}}(t)$ durch einen zusätzlichen Strom $I_{1,\text{Last}}$ in der Primärspule kompensiert werden. Nach dem Energieerhaltungssatz (→ Seite 9) folgt:

$$P = U_1 \cdot I_{1,\text{Last}} = U_2 \cdot I_{2,\text{Last}} = \frac{n_2}{n_1} U_1 \cdot I_{2,\text{Last}} \quad \Rightarrow \quad \frac{I_{2,\text{Last}}}{I_{1,\text{Last}}} = \frac{n_1}{n_2}$$

Insgesamt fließt damit durch die Primärspule der Strom $I_1 = I_{1,\text{Leerlauf}} + I_{1,\text{Last}}$, wobei nur der Laststrom zur Leistung beiträgt. Wird die Sekundärseite des Trafos kurzgeschlossen, so ist $U_2 = 0$ und damit auch $I_{1,\text{Leerlauf}} = 0$.

Feldenergie

Mithilfe der **Selbstinduktionsspannung** (→ Seite 59) lässt sich die Energie des magnetischen Feldes berechnen:

$$W_{mag} = \int U \cdot I \, dt; \text{ mit } U = L \cdot \frac{dI}{dt} \Rightarrow W_{mag} = \int_0^I L \cdot I \cdot dI = \frac{1}{2} L \cdot I^2$$

Für eine langgestreckte Spule ergibt sich wegen $L = \mu_0 \cdot \mu_r \cdot A \cdot \frac{n^2}{l}$

$$W_{mag} = \frac{1}{2} \mu_0 \cdot \mu_r \cdot A \cdot \frac{n^2}{l} \cdot I^2 = \frac{1}{2} \underbrace{\left(\mu_0 \cdot \mu_r \cdot \frac{n \cdot I}{l}\right)^2}_{= B^2} \cdot \frac{1}{\mu_0 \cdot \mu_r} \cdot \underbrace{A \cdot l}_{= V} = \frac{1}{2 \mu_0 \cdot \mu_r} B^2 \cdot V.$$

Dies ist die Energie, die im Volumen V eines homogenen Magnetfeldes gespeichert ist. Die magnetische Energiedichte folgt hieraus durch Division durch V:

Energiedichte

$$\varrho_{mag} = \frac{W_{mag}}{V} = \frac{1}{2 \mu_0 \cdot \mu_r} B^2 = \frac{1}{2} H \cdot B$$

Eine genauere Herleitung liefert das vektorielle Ergebnis $\varrho_{mag} = \frac{1}{2} \vec{H} \cdot \vec{B}$.

Die Energiedichte ist unabhängig von der Existenz einer Spule. Daher lässt sich die Gleichung durch Integration auf inhomogene Felder verallgemeinern und z. B. bei elektromagnetischen Wellen anwenden (→ Seite 101 ff.).

Spule als Energiespeicher

Die in einer Spule gespeicherte Energie beträgt $W_{mag} = \int_0^I L \cdot I \cdot dI = \frac{1}{2} L \cdot I^2$.

Die **Energie des magnetischen Feldes** ist von der Existenz der Spule unabhängig und beträgt für homogene Felder:

$$W_{mag} = \frac{1}{2 \mu_0 \cdot \mu_r} V \cdot B^2$$

Hieraus folgt die **Energiedichte** $\varrho_{mag} = \frac{W_{mag}}{V} = \frac{1}{2 \mu_0 \cdot \mu_r} B^2 = \frac{1}{2} \vec{H} \cdot \vec{B}$

Tragkraft Hufeisen magnet

Werden die Pole eines Hufeisenmagneten durch ein ferromagnetisches Material (→ Seite 46), wie z. B. Eisen, verbunden, so verlaufen die Feldlinien nahezu vollständig im Innern dieses Verbindungsstücks, das als **Joch** bezeichnet wird. Wird dieses von einem Pol um den kleinen Abstand dx entfernt, so ändert dies nichts am Verlauf der Feldlinien und es entsteht ein von Feldlinien durchsetzter Raum mit dem Volumen $V = A \cdot dx$.

Die in diesem Volumen gespeicherte Feldenergie beträgt:

$$W_{mag} = \frac{1}{2 \mu_0 \cdot \mu_r} B^2 \cdot A \cdot dx$$

Durch Ableiten nach dem Abstand dx folgt hieraus die Haltekraft des Magneten:

$$F_{mag} = \frac{1}{2 \mu_0 \cdot \mu_r} B^2 \cdot A$$

Das elektrische Wirbelfeld

Eine Änderung der magnetischen Flussdichte induziert in einer Leiterschleife eine Spannung. Wird die Leiterschleife kurzgeschlossen, so fließt ein Induktionsstrom – angetrieben durch ein **elektrisches Wirbelfeld** (→ Beispiel auf Seite 77). Die Existenz dieses elektrischen Wirbelfeldes ist unabhängig von der Leiterschleife, wie folgendes Experiment zeigt: Eine Glaskugel, gefüllt mit einem Helium-Neon-Gasgemisch von geringem Druck, wird vom Magnetfeld einer Spule durchsetzt, die an eine hochfrequente Wechselspannung angeschlossen ist.
Durch die schnelle Änderung der magnetischen Flussdichte entsteht ein starkes elektrisches Wirbelfeld, das zufällig ionisierte Gasatome auf einer Kreisbahn beschleunigt. Durch Zusammenstöße mit anderen Gasatomen entstehen weitere Ionen, wodurch die Stromstärke schnell ansteigt. Da hin und wieder Ionen und Elektronen auch wieder rekombinieren, (→ Abb. 2.26), leuchtet das Gas entlang des Strompfads hell auf.

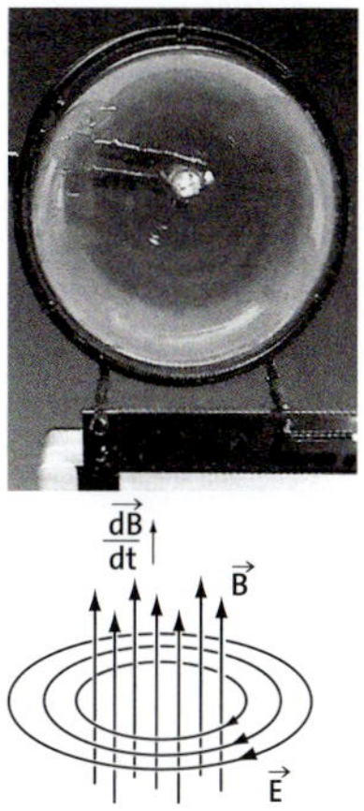

Abb. 2.26: Ein hochfrequentes magnetisches Wechselfeld induziert ein elektrisches Wirbelfeld, das die Gasatome zum Leuchten anregt.

Die Maxwell-Gleichungen – Interaktion von elektrischem und magnetischem Feld

Eine geschlossene Theorie über den **Elektromagnetismus** wurde erstmals in den Jahren 1861 und 1865 von **James Clerk Maxwell** veröffentlicht. In die heute bekannte Form brachten die Maxwell'schen Gleichungen 1884 **Oliver Heaviside** und **Willard Gibbs**.

James Clerk Maxwell 1831–1879
Oliver Heaviside 1850–1925
Josiah Willard Gibbs 1839–1903

Die vier Maxwell'schen Gleichungen lassen sich in zwei mathematisch völlig äquivalenten Formen darstellen: Als Integral oder als Ableitung (Anhang → Seite 246 und 247).

- **Quellenfreiheit des magnetischen Feldes**

  $$\oint\!\!\oint_O \vec{B} \cdot d\vec{A} = 0 \quad \Leftrightarrow \quad \mathrm{div}\,\vec{B} = 0$$

  Da es keine magnetischen Monopole gibt, ist das Integral der magnetischen Flussdichte $\vec{B}$ über eine geschlossene Oberfläche O immer null. Mit anderen Worten: Alle Feldlinien, die in das Volumen hineingehen müssen es auch wieder verlassen.

- **Gauss'scher Satz: Die elektrischen Ladungen sind die Quellen des elektrischen Feldes**

  $$\oint\!\!\oint_O \varepsilon_0 \varepsilon_r \vec{E} \cdot d\vec{A} = Q \quad \Leftrightarrow \quad \mathrm{div}\,\vec{D} = \varrho \quad \text{mit } Q = \iiint_V \varrho \, dV \text{ und } \vec{D} = \varepsilon_0 \varepsilon_r \vec{E}$$

  Der elektrische Fluss durch eine geschlossene Oberfläche O entspricht der eingeschlossenen Ladung Q (→ Seite 39).

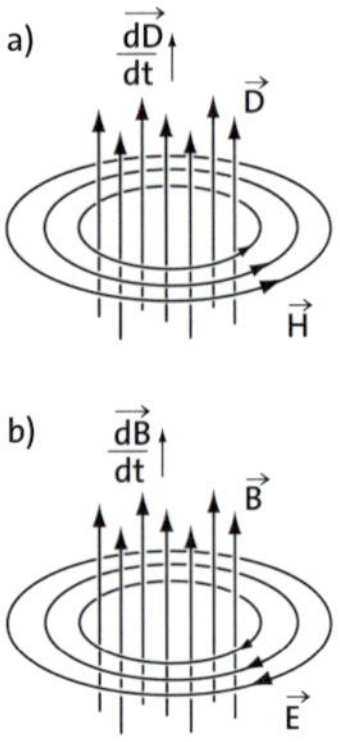

Abb. 2.27: a) Ein zeitabhängiges elektrisches Feld ruft ein magnetisches Wirbelfeld hervor.
b) Ein zeitabhängiges magnetisches Feld ruft ein elektrisches Wirbelfeld hervor.

FARADAY'sches Induktionsgesetz

$$\oint_K \vec{E}\cdot d\vec{s} = -\frac{d}{dt}\iint_O \vec{B}\cdot d\vec{A} \quad \Leftrightarrow \quad \text{rot}\,\vec{E} = -\frac{d}{dt}\vec{B}$$

Eine zeitliche Veränderung des magnetischen Flusses $\Phi = \vec{B}\cdot\vec{A}$ induziert ein elektrisches Wirbelfeld. Dabei ist das geschlossene Kurvenintegral über die elektrische Feldstärke genauso groß wie die zeitliche Änderung des von der Kurve begrenzten magnetischen Flusses.

AMPÈRE'sches Gesetz mit MAXWELL'scher Ergänzung des Verschiebungsstroms (Durchflutungssatz)

$$\oint_K \vec{H}\cdot d\vec{s} = \frac{d}{dt}\iint_O \vec{D}\cdot d\vec{A} + I \quad \Leftrightarrow \quad \text{rot}\,\vec{H} = \frac{d}{dt}\vec{D} + \vec{j}$$

mit $I = \iint_O \vec{j}\cdot d\vec{A}$ sowie $\vec{B} = \mu_0\mu_r\vec{H}$ und $\vec{D} = \varepsilon_0\varepsilon_r\vec{E}$

Aus der Magnetostatik ist bekannt, dass ein Strom I von einem magnetischen Wirbelfeld umgeben ist. Maxwell ergänzte, dass auch die zeitliche Änderung des elektrischen Feldes ein magnetisches Wirbelfeld hervorruft. Erst durch diese Ergänzung lässt sich die Existenz elektromagnetischer Wellen erklären.

Vektoranalysis

Nabla-Operator: $\vec{\nabla} := \left(\frac{d}{dx}, \frac{d}{dy}, \frac{d}{dz}\right)$; Gradient: $\text{grad}\,\varphi(\vec{r}) = \vec{\nabla}\cdot\varphi(\vec{r})$

Divergenz: $\text{div}\,\vec{F} = \vec{\nabla}\cdot\vec{F}$: Rotation: $\text{rot}\,\vec{F} = \vec{\nabla}\times\vec{F}$

siehe auch Anhang → Seite 247 f.

Ist $\vec{F}(\vec{r})$ eine vektorielle Funktion, $K = \{\vec{r}(t)\,|\,a \le t \le b\}$ ein Kurvenstück und $O = \{\vec{r}(u, v)\,|\,a_1 \le u \le b_1 \text{ und } a_2 \le v \le b_2\}$ eine Oberfläche, so ist

$$\int_K \vec{F}(\vec{r})\cdot d\vec{r} = \int_b^a \vec{F}(\vec{r}(t))\cdot\dot{\vec{r}}(t)\,dt$$

$$\iint_O \vec{F}(\vec{r})\,d\vec{A} = \int_{a_1}^{b_1}\int_{a_2}^{b_2} \vec{F}(\vec{r}(u, v))\cdot\left(\frac{d}{du}\vec{r}(u, v)\times\frac{d}{dv}\vec{r}(u, v)\right)du\,dv$$

CGS- und MKSA-System

Das heute in Deutschland übliche Einheitensystem basiert auf den Grundeinheiten **M**eter, **K**ilogramm, **S**ekunde, **A**mpere, Kelvin, Candela und Mol (**MKSA**-System), von denen alle anderen Einheiten wie z.B. Newton, Joule oder Volt abgeleitet sind. Im Zuge der weltweiten Vereinheitlichung der verschiedenen Maßsysteme einigte man sich 1954 darauf, das MKSA-System international anzuwenden und zum gesetzlichen Standard zu erklären. Es wird daher häufig auch als **internationales Einheitensystem** oder SI-System (französisch „**S**ystème **i**nternational d'unités") bezeichnet.

Die Wahl der Stromstärke (Ampere) als Grundeinheit des MKSA-Systems hat in der Praxis einige Vorteile, führt jedoch in den Formeln der Elektrodynamik zu den Feldkonstanten ε_0 und μ_0. In der Physik-Literatur wird daher häufig an Stelle des MKSA-Systems das GAUSS'sche CGS-System verwendet, das sich im praktischen Gebrauch nur in den Einheiten des Elektromagnetismus unterscheidet. Als mechanische/elektrische Grundeinheiten dienen im **CGS-System** die Einheiten **C**entimeter, **G**ramm und **S**ekunde. Im Gegensatz zum MKSA-System ist die Stromstärke eine abgeleitete Einheit. Dadurch werden die elektrische und magnetische Feldkonstante ε_0 und μ_0 überflüssig und können aus den Formeln eliminiert werden. Man definiert daher:

$$\varepsilon_0 = \mu_0 = \frac{1}{4\pi}$$

CARL FRIEDRICH GAUß (häufig auch GAUSS) 1777–1855

Diese scheinbar kleine Änderung beeinflusst sämtliche elektrischen und magnetischen Messgrößen. Um zwischen den Maßsystemen zu wechseln, müssen daher alle elektrischen und magnetischen Größen ersetzt werden (→ Tab. 2.4).

Größe	CGS-System	MKSA-System
Vakuum- Lichtgeschwindigkeit	c	$\frac{1}{\sqrt{\mu_0 \varepsilon_0}} = c$
elektrisches Feld, Potential, Spannung	E, φ, U	$\sqrt{4\pi\varepsilon_0}(E, \varphi, U)$
dielektrische Verschiebung	D	$\sqrt{\frac{4\pi}{\varepsilon_0}} D$
Ladung, Ladungsdichte, Stromstärke, Stromdichte, Polarisation	q, ϱ, I, j, P	$\frac{1}{\sqrt{4\pi\varepsilon_0}}(q, \varrho, I, j, P)$
magnetische Flussdichte	B	$\sqrt{\frac{4\pi}{\mu_0}} B$
magnetische Feldstärke	H	$\sqrt{4\pi\mu_0}\, H$
Magnetisierung	M	$\sqrt{\frac{\mu_0}{4\pi}} M$
Leitfähigkeit	σ	$\frac{\sigma}{4\pi\varepsilon_0}$
Permittivität	ε	$\frac{\varepsilon}{\varepsilon_0}$
Permeabilität	μ	$\frac{\mu}{\mu_0}$
Widerstand, Impedanz	R, Z	$4\pi\varepsilon_0(R, Z)$
Induktivität	L	$4\pi\varepsilon_0 L$
Kapazität	C	$\frac{1}{4\pi\varepsilon_0} C$
Suszeptibilität	χ_e, χ_m	$\frac{1}{4\pi}(\chi_e, \chi_m)$

Tab. 2.4: CGS-System und MKSA-System

Um eine Gleichung vom CGS-System in das MKSA-System zu überführen, ersetzt man die Symbole in der Spalte CGS-System durch die Symbole in der Spalte MKSA-System. Die Umwandlung in umgekehrter Richtung ist ebenfalls möglich. Zur Vereinfachung wurden Symbole, die gleichartig transformieren, zu Blöcken zusammengefasst.

Überblick

$e = 1{,}6021773 \cdot 10^{-19}\,\mathrm{C}$

$\varepsilon_0 = 8{,}85419 \cdot 10^{-12}\,\frac{\mathrm{C}}{\mathrm{V \cdot m}}$

$\varepsilon_r = 1$ in Vakuum,

$\varepsilon_r \approx 1$ in Luft, sonst

$\varepsilon_r > 1$

$\mu_0 = 4\pi \cdot 10^{-7}\,\frac{\mathrm{V \cdot s}}{\mathrm{A \cdot m}}$

$= 1{,}25664 \cdot 10^{-6}\,\frac{\mathrm{V \cdot s}}{\mathrm{A \cdot m}}$

$\left[\frac{\mathrm{V \cdot s}}{\mathrm{A \cdot m}} = \mathrm{T} \cdot \frac{\mathrm{m}}{\mathrm{A}} = \frac{\mathrm{N}}{\mathrm{A}^2}\right]$

Elektrische Ladungen werden durch überschüssige oder fehlende Elektronen mit der Ladung $q_e = -e$ verursacht (MILLIKAN-Versuch).
Feldlinien zwischen ihnen zeigen die Kraft auf eine positive Probeladung an. In einem Metall schirmen die frei beweglichen Elektronen elektrische Felder durch Influenz ab, Isolatoren zeigen eine schwächere Abschirmung aufgrund von Verschiebungs- oder Orientierungspolarisation.

elektrische Feldstärke: $\vec{E} = \frac{\vec{F}_E}{q} = -\operatorname{grad} \varphi(\vec{r}) \quad \left[\frac{\mathrm{V}}{\mathrm{m}}\right]$

potentielle Energie: $W_{\text{pot}}(\vec{r}) = -\int_{\infty}^{\vec{r}} \vec{F}(\vec{s}) \cdot d\vec{s} = -q \int_{\infty}^{\vec{r}} \vec{E}(\vec{s}) \cdot d\vec{s} = q\varphi(\vec{r}) \quad [\mathrm{J}]$

Spannung: $U_{\vec{r}_1\vec{r}_2} = \varphi(\vec{r}_1) - \varphi(\vec{r}_2) = \int_{\vec{r}_1}^{\vec{r}_2} \vec{E}(\vec{s})\, d\vec{s} \quad [\mathrm{V}]$

Kapazität eines (Platten-)Kondensators: $C = \frac{Q}{U} = \varepsilon_0 \cdot \varepsilon_r \cdot \frac{A}{d} \quad \left[\mathrm{F} = \frac{\mathrm{C}}{\mathrm{V}}\right]$

Flächendichte (Verschiebungsdichte): $\varrho_A = \frac{Q}{A} = \varepsilon_0 \cdot \varepsilon_r \cdot E = D \quad \left[\frac{\mathrm{C}}{\mathrm{m}^2}\right]$

COULOMB-Feld: $E_Q(r) = \frac{Q}{4\pi \cdot \varepsilon_0 \cdot \varepsilon_r \cdot r^2} \Rightarrow F_{qQ} = q \cdot E_Q = \frac{q \cdot Q}{4\pi \cdot \varepsilon_0 \cdot \varepsilon_r \cdot r^2}$

COULOMB-Potential: $\Phi(r) = \frac{Q}{4\pi \varepsilon_0 \varepsilon_r \cdot r}$

elektrische Energiedichte: $\varrho_{\text{el}} = \frac{W_{\text{el}}}{V} = \frac{1}{2}\varepsilon_0 \cdot \varepsilon_r \cdot E^2 = \frac{1}{2}\vec{E} \cdot \vec{D}$

Es gibt keine magnetischen Monopole, nur Dipole mit einem Nord- und Südpol. Magnetische Feldlinien sind stets geschlossen und zeigen die Richtung an, in die der Nordpol einer Kompassnadel gezogen wird.

Der HALL-Effekt ermöglicht eine Messung der magnetischen Flussdichte.
Langgestreckte Spule: $H = I \cdot \frac{n}{l} \quad \left[\frac{\mathrm{A}}{\mathrm{m}}\right]$ bzw. $B = \mu_0 \cdot \mu_r \cdot I \cdot \frac{n}{l} \quad \left[\mathrm{T} = \frac{\mathrm{N}}{\mathrm{A \cdot m}}\right]$
LORENTZ-Kraft: $\vec{F}_L = q \cdot (\vec{v} \times \vec{B}) = q \cdot v \cdot B_\perp$ Achtung: $q_e = -e$
Durch eine Kombination von E- und B-Feld lässt sich ein Geschwindigkeitsfilter für Ionen aufbauen (WIEN-Filter).
Induktionsgesetz: $U_{ind} = n\frac{d}{dt}\Phi = n\frac{d}{dt}(B \cdot A_\perp) = n \cdot \left(A_\perp \frac{dB}{dt} + B\frac{dA_\perp}{dt}\right)$
Das Vorzeichen der Induktionsspannung ist so zu wählen, dass der induzierte Strom der Induktionsursache entgegenwirkt (LENZ'sche Regel).
Selbstinduktion einer Spule: $U_{\text{Selbstinduktion}} = -n\dot{\Phi} = -L \cdot \dot{I} \Leftrightarrow \Phi = \frac{L}{n} I$
Energiedichte: $\varrho_{\text{mag}} = \frac{W_{\text{mag}}}{V} = \frac{1}{2\mu_0 \cdot \mu_r} B^2 = \frac{1}{2}\vec{H} \cdot \vec{B}$
Ein Stromfluss verursacht ein magnetisches Wirbelfeld, eine Änderung der magnetischen Flussdichte verursacht ein elektrisches Wirbelfeld.

Schwingungen

3

Als Schwingungen (Oszillationen) werden alle ortsfesten, zeitlich periodischen Zustandsänderungen bezeichnet, die auftreten, wenn

- *das System durch eine äußere Störung aus dem Gleichgewicht gebracht wird und*
- *Kräfte wirksam werden, die das System in Richtung Gleichgewicht bewegen.*

3.1 Signalformen und Überlagerungen

Harmonische Schwingung

Schwingungen sind eines der häufigsten im Alltag zu beobachtenden physikalischen Phänomene. Beispiele sind die Federung eines Autos (→ „Das Federpendel“ auf Seite 82), das Pendel einer alten Uhr (→ „Das physikalische Pendel“ auf Seite 84) oder der Radio- und Fernsehempfang (→ „Der ungedämpfte Schwingkreis“ auf Seite 86 ff.). Die Schwingung einer Saite oder einer Stimmgabel sind hingegen Beispiele für stehende Wellen (→ Seite 98 f.).

Unabhängig von der Art der Schwingung unterscheidet man zwischen **harmonischen** und **anharmonischen** (nicht harmonischen) Schwingungen. Die harmonische Schwingung stellt den Idealfall dar und lässt sich mathematisch durch eine **Sinusfunktion** beschreiben.

$$s(t) = \hat{s} \cdot \sin \omega t \quad \text{mit} \quad \omega = 2\pi f = \frac{2\pi}{T}$$

Dabei bezeichnet man s als **Auslenkung** oder **Elongation**, $\hat{s}$ als **Amplitude** oder **Scheitelwert**, ω als **Kreisfrequenz**, f als **Frequenz** und T als **Periodendauer** der Schwingung.

Der **arithmetische Mittelwert** einer Schwingung entspricht bei einer harmonischen Schwingung der **Ruhelage**, um welche die Schwingung erfolgt. Zur Vereinfachung von Berechnungen wird der Ursprung des Koordinatensystems meistens in diesen Punkt gelegt:

$$\bar{s} = \frac{1}{T}\int_0^T s(t)\,dt = \frac{1}{T}\int_{t_0}^{t_0+T} s(t)\,dt \quad \text{für beliebiges } t_0.$$

Mittelwert

Harmonische Schwingung: $\bar{s} = \frac{1}{T}\int_0^T \hat{s} \cdot \sin(\omega t)\,dt = 0$

Die Wurzel aus dem Mittelwert der quadrierten Werte (**RMS** = **Root Mean Square**) wird als **Effektivwert** bezeichnet. Bei einer Wechselspannung gibt der Effektivwert an, bei welcher Gleichspannung an einem OHM'schen Widerstand die gleiche Leistung abfällt:

Effektivwert

$$s_{\text{eff}} = \sqrt{\frac{1}{T}\int_0^T s^2(t)\,dt} = \sqrt{\frac{1}{T}\int_{t_0}^{t_0+T} s^2(t)\,dt} \text{ für beliebiges } t_0.$$

Harmonische Schwingung: $s_{\text{eff}} = \sqrt{\frac{1}{T}\int_0^T \hat{s}^2 \cdot \sin^2(\omega t)\,dt} = \frac{1}{\sqrt{2}}\hat{s}$

FOURIER-Analyse

In der Realität ist die reine harmonische Sinusschwingung sehr selten. Häufig sind die Abweichungen jedoch so gering, dass sie vernachlässigt werden können. In allen anderen Fällen ist es möglich, die Schwingung mithilfe der **FOURIER-Analyse** in eine Summe aus Sinus- und Cosinusfunktionen unterschiedlicher Frequenz und Amplitude zu zerlegen. Die einzelnen Frequenzen sind dabei ganzzahlige Vielfache der Grundfrequenz (Periode) der Schwingung.

JEAN BAPTISTE FOURIER 1768–1830

$$s(t) = \frac{a_0}{2} + \sum_{n=1}^{\infty}\left(a_n \cdot \cos(n \cdot \omega t) + b_n \cdot \sin(n \cdot \omega t)\right) \quad \text{mit } \omega = 2\pi f = \frac{2\pi}{T}$$

und den **FOURIER-Koeffizienten**

$$a_n = \frac{2}{T}\int_0^T s(t) \cdot \cos(n \cdot \omega t)\,dt \quad \text{und} \quad b_n = \frac{2}{T}\int_0^T s(t) \cdot \sin(n \cdot \omega t)\,dt.$$

Mithilfe des Additionstheorems (Anhang → Seite 245)

$$A\cos\alpha \pm B\sin\alpha = \pm\sqrt{A^2 + B^2}\,\sin\left(\alpha \pm \arctan\frac{A}{B}\right)$$

lässt sich $s(t)$ auch durch eine Folge von Sinusfunktionen beschreiben:

$$s(t) = \frac{a_0}{2} + \sum_{n=1}^{\infty} c_n \cdot \sin(n \cdot \omega t + \varphi_n) \quad \text{mit } c_n = \sqrt{a_n^2 + b_n^2} \text{ und } \varphi_n = \arctan\frac{a_n}{b_n}$$

Dies wird als **spektrale Darstellung** bezeichnet. Die Koeffizienten c_n nennt man das **Amplitudenspektrum** und φ_n das **Phasenspektrum**. Die Schwingungskomponente mit der Frequenz $n \cdot \omega$ bezeichnet man als n-te **Harmonische** oder als $(n-1)$te **Oberschwingung**.

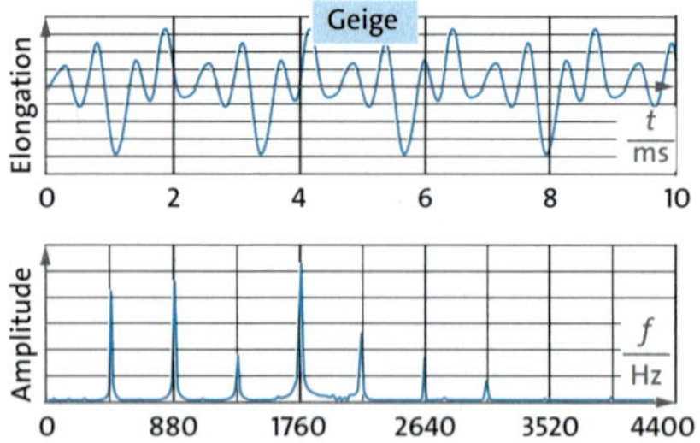

Abb. 3.1: Das Klangspektrum einer Geige ist reich an Obertönen.

Rechteck-, Dreieck- und Sägezahnschwingung

In der Elektrotechnik begegnen uns neben der reinen Sinusschwingung häufig Rechteck-, Dreieck- und Sägezahnschwingungen. In der Fourierdarstellung ergibt sich folgendes Bild:

Rechteckschwingung:

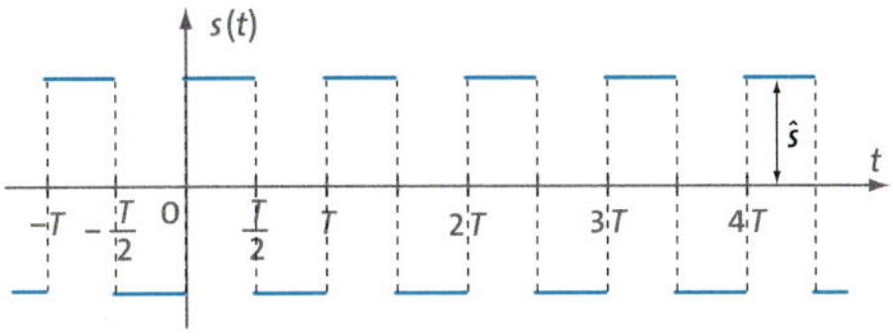

$$s(t) = \begin{cases} \hat{s} & \text{für } 0 < t < \frac{T}{2} \\ -\hat{s} & \text{für } \frac{T}{2} < t < T \end{cases}$$

$$\Leftrightarrow \; s(t) = \frac{4\hat{s}}{\pi}\left(\sin(\omega t) + \frac{\sin(3\omega t)}{3} + \frac{\sin(5\omega t)}{5} + \ldots\right)$$

Effektivwert: $s_{\text{eff}} = \hat{s}$

Dreieckschwingung

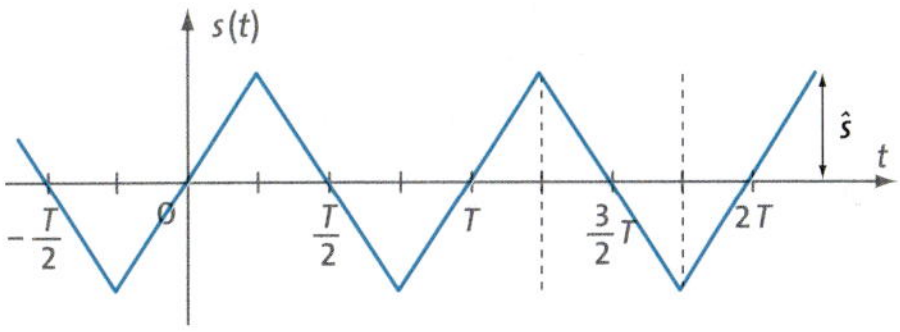

$$s(t) = \begin{cases} \frac{2\hat{s}}{\pi}\cdot\omega t & \text{für } -\frac{T}{4} < t < \frac{T}{4} \\ \frac{2\hat{s}}{\pi}\cdot(\pi - \omega t) & \text{für } \frac{T}{4} < t < \frac{3T}{4} \end{cases}$$

$$\Leftrightarrow \; s(t) = \frac{8\hat{s}}{\pi^2}\left(\sin(\omega t) - \frac{\sin(3\omega t)}{3^2} + \frac{\sin(5\omega t)}{5^2} - \ldots\right)$$

Effektivwert: $s_{\text{eff}} = \frac{1}{\sqrt{3}}\hat{s}$

Sägezahnschwingung

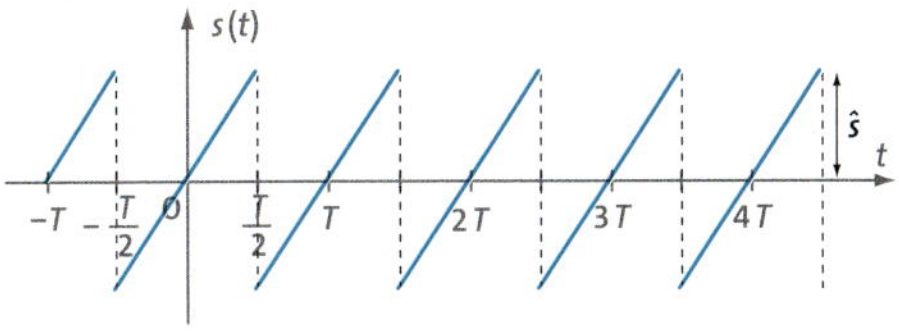

$$s(t) = \frac{\hat{s}}{\pi}\cdot\omega t \qquad \text{für } -\frac{T}{2} < t < \frac{T}{2}$$

$$\Leftrightarrow \; s(t) = \frac{2\hat{s}}{\pi}\left(\sin(\omega t) - \frac{\sin(2\omega t)}{2} + \frac{\sin(3\omega t)}{3} - \ldots\right)$$

Effektivwert: $s_{\text{eff}} = \frac{1}{\sqrt{3}}\hat{s}$

Überlagerung von Schwingungen

Werden Schwingungen überlagert, so addieren sich ihre Elongationen:

$$s(t) = s_0(t) + s_1(t).$$

Fall 1: Schwingungen gleicher Frequenz

$$s(t) = \hat{s}_0 \sin(\omega t + \varphi_0) + \hat{s}_1 \sin(\omega t + \varphi_1)$$

Zunächst spalten wir die Phase der beiden Schwingungen mit einem Additionstheorem (Anhang → Seite 245) ab:

$$\sin(\alpha \pm \beta) = \sin\alpha\cdot\cos\beta \pm \cos\alpha\cdot\sin\beta$$

$$\Rightarrow \; s_i(t) = \hat{s}_i \sin(\omega t + \varphi_i) = \hat{s}_i \cos(\varphi_i)\cdot\sin(\omega t) + \hat{s}_i \sin(\varphi_i)\cdot\cos(\omega t)$$

mit $i = 0$ oder 1

Nun können die beiden Schingungen addiert werden.

$$s(t) = \left(\hat{s}_0 \cos(\varphi_0) + \hat{s}_1 \cos(\varphi_1)\right)\cdot\sin(\omega t) + \left(\hat{s}_0 \sin(\varphi_0) + \hat{s}_1 \sin(\varphi_1)\right)\cdot\cos(\omega t)$$

Schließlich fassen wir mit einem weitern Additionsterm alles zusammen:

$$A\cos\alpha \pm B\sin\alpha = \pm\sqrt{A^2+B^2}\,\sin\left(\alpha \pm \arctan\frac{A}{B}\right)$$

$$s(t) = \hat{s}_0\sin(\omega t+\varphi_0) + \hat{s}_1\sin(\omega t+\varphi_1) = A\sin(\omega t+\phi)$$

$$\text{mit } A = \sqrt{\hat{s}_0^2+\hat{s}_1^2+2\hat{s}_0\hat{s}_1\cos(\varphi_0-\varphi_1)} \text{ und } \tan\phi = \frac{\hat{s}\sin\varphi_0+\hat{s}\sin\varphi_1}{\hat{s}\cos\varphi_0+\hat{s}\cos\varphi_1}$$

Zur Vereinfachung des Vorfaktors A haben wir dabei ebenfalls zwei Additionstheoreme ausgenutzt:

$$(\sin\alpha)^2+(\cos\alpha)^2 = 1 \text{ und } \cos(\alpha\pm\beta) = \cos\alpha\cdot\cos\beta \mp \sin\alpha\cdot\sin\beta$$

Spezialfall: $\varphi_0 = \varphi_1$ (Verstärkung)

$A = \hat{s}_0 + \hat{s}_1 \Rightarrow$ Die Amplituden addieren sich.

Spezialfall: $\varphi_0 = \varphi_1 \pm \pi$ (Abschwächung)

$A = |\hat{s}_0 - \hat{s}_1| \Rightarrow$ Die Amplituden subtrahieren sich.

Fall 2: Schwingungen verschiedener Frequenz

$$s(t) = \hat{s}\cdot\sin\omega_0 t + \hat{s}\cdot\sin(\omega_1 t) = 2\hat{s}\cdot\sin\left(\frac{\omega_0+\omega_1}{2}t\right)\cdot\cos\left(\frac{\omega_0-\omega_1}{2}t\right)$$

In der Regel ist das Ergebnis nicht periodisch und wirkt sehr chaotisch.

Spezialfall: $\omega_0 \approx \omega_1$

Schwebung

$$s(t) = 2\hat{s}\cdot\cos\left(\frac{1}{2}\omega_s t\right)\cdot\sin\left(\frac{\omega_0+\omega_1}{2}t\right) \text{ mit } \omega_s = |\omega_0-\omega_1| \Leftrightarrow f_s = |f_0-f_1|$$

Die Amplitude der Sinusschwingung ändert sich periodisch mit der Schwebungsfrequenz f_S, welche die Anzahl der der Schwebungsmaxima pro Sekunde angibt.

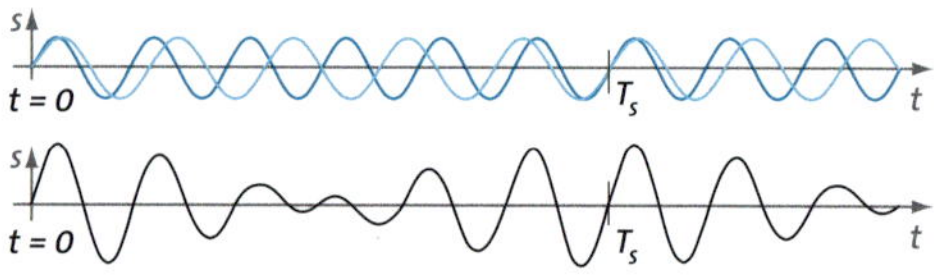

Abb. 3.2: Durch die Überlagerung von zwei ähnlichen Frequenzen entsteht eine Schwebung.

Vorsicht: Falle

Die Überlagerung von Schwingungen sollte nicht mit **gekoppelten Schwingungen** verwechselt werden. Überlagerte Schwingungen sind voneinander unabhängig und treten nur zufällig zur gleichen Zeit am gleichen Ort auf. Gekoppelte Schwingungen müssen hingegen als Gesamtsystem betrachtet werden.

Ein bekanntes Beispiel sind zwei Pendel, die mit einer Spiralfeder verbunden sind. Bei einer gekoppelten Schwingung wird Energie periodisch von einem Schwinger auf den anderen übertragen. Bei einer schwachen Kopplung führen die einzelnen Schwinger dadurch Bewegungen aus, die einer Schwebung ähneln.

Amplitudenmodulation

Elektromagnetische **Radiowellen** lassen sich technisch sehr einfach erzeugen und empfangen. Sie eignen sich daher hervorragend zur Übertragung von Signalen.

SAMUEL FINLEY BREESE MORSE 1791–1872

Die einfachste Form der Signalübertragung besteht in der **Morsecodierung**, bei der das Trägersignal wahlweise ein- oder ausgeschaltet wird. Da das Signal nur aus diskreten, also an den Fingern abzählbaren, Werten besteht (hier „ein“ und „aus“), wird die Übertragungsart als **digital** bezeichnet (lat. *digitus* = der Finger). Durch die Beschränkung auf wenige diskrete Werte ist die digitale Signalübertragung sehr unempfindlich gegenüber Störungen. Um ein **analoges** Signal wie z. B. Sprache oder Musik digital übertragen zu können, ist zur Digitalisierung mindestens die doppelte Frequenz dessen notwendig, was übertragen werden soll.

Abtasttheorem

$$f_{\text{Abtast}} > 2 \cdot (f_{\text{max}} - f_{\text{min}})$$

Soll der digitalisierte Wert zudem, wie beim Morsen, binär übertragen werden, so sind sehr hohe Datenraten erforderlich. Die digitale Übertragung von Sprache oder Musik ist daher erst seit wenigen Jahren möglich.

Audio-CD

Bandbreite: ca. 5 Hz bis 20 kHz, Abtastrate: 44,1 kHz
Digitalisierung: 16 bit, 2 Kanäle (Stereo)
$\Rightarrow$ Datenrate: 44,1 kHz · 16 bit · 2 Kanäle = 176,4 kbyte/s
Kapazität: 750 Mbyte ≈ 74 min

Technisch wesentlich einfacher zu realisieren ist die **analoge** Übertragung. Im einfachsten Fall wird die Amplitude $\hat{A}$ des Trägersignals im Rhythmus der Musik $m(t)$ moduliert (**Amplitudenmodulation, AM**):

$$A(t) = \hat{A} \cdot (A_0 + m(t)) \cdot \cos \omega_0 t \quad \text{mit} \quad A_0 > |m(t)|$$

Ist $m(t)$ ein reiner Sinuston mit der Frequenz ω_1, so lässt sich das Signal mit einem Additionstheorem (Anhang → Seite 245) umformen:

$$A(t) = \hat{A} A_0 \cos \omega_0 t + \hat{A} a_1 \cos \omega_1 t \cdot \cos \omega_0 t \quad \Rightarrow$$

$$A(t) = \hat{A} A_0 \cos \omega_0 t + \tfrac{1}{2} \hat{A} a_1 \left[\cos((\omega_0 + \omega_1) \cdot t) + \cos((\omega_0 - \omega_1) \cdot t) \right]$$

Das Signal spaltet somit auf in die Trägerfrequenz ω_0 und die beiden **Seitenbänder** $\omega_0 + \omega_1$ und $\omega_0 - \omega_1$. Für die Übertragung von Musik wird eine maximale Frequenz von $\omega_1 \approx 15\,\text{kHz}$ benötigt. Eine störungsfreie Übertragung ist daher nur möglich, wenn benachbarte Sender sich um mindestens 30 kHz unterscheiden.

Frequenzmodulation

Die Übertragung von Musik durch Amplitudenmodulation der Trägerwelle ist technisch sehr einfach zu realisieren, ist jedoch sehr empfindlich gegenüber Störungen durch Elektromotoren, atmosphärische Entladungen usw. Wesentlich unempfindlicher ist die Phase der Trägerwelle. Ein **phasenmoduliertes Signal** hat die Form:

$$A(t) = \hat{A}\cos\left(\omega_0 t + m(t)\right)$$

Da die Frequenz der Musik $m(t)$ wesentlich kleiner ist als die Frequenz der Trägerwelle ω_0, lässt sich das Signal für ein Zeitintervall von einigen Trägerperioden auch so schreiben:

$$A(t) \approx \hat{A}\cos(a_0 + \omega_0 t + \dot{a}\,t)\,A(t)$$

Diese Darstellung zeigt, dass die Phasenmodulation im Grunde einer Frequenzänderung um $\dot{a}$ entspricht (**Frequenzmodulation, FM**).

Technisch wird die Frequenzmodulation z.B. mit einem elektrischen Schwingkreis (→ Seite 86 ff.) erzeugt, dessen Kondensator durch eine Kapazitätsdiode ersetzt wurde. Durch eine Variation der angelegten Gleichspannung ändert sich die Sperrschichtkapazität der Diode und damit die Frequenz des Schwingkreises. Durch die kontinuierliche Frequenzänderung entstehen bei der Frequenzmodulation ähnlich wie bei der Amplitudenmodulation Seitenbänder. Eine FOURIER-Analyse (→ Seite 68) zeigt, dass sich die Seitenbänder über den gesamten Frequenzraum ausbreiten, wobei die Intensität der Spektrallinien sehr schnell abnimmt. Die für eine Übertragung notwendige **Bandbreite**, also der Frequenzabstand benachbarter Sender, lässt sich nach der **CARSON-Formel** abschätzen:

JOHN RENSHAW CARSON 1886–1940

Bandbreite

$$B_{10\%} = 2\cdot(\Delta f_T + f_s) \quad \text{bzw.} \quad B_{1\%} = 2\cdot(\Delta f_T + 2f_s)$$

Hierin bezeichnet Δf_T den von der Modulationsamplitude abhängigen Frequenzhub und f_S die maximale zu übertragende Frequenz. Der Index 10% bzw. 1% gibt die Amplitude der kleinsten noch berücksichtigten Spektrallinie im Verhältnis zur Trägerwelle an.

UKW-Hörfunk

Monoprogramm

Frequenzhub: $\Delta f_T = 75\,\text{kHz}$, maximale Frequenz: $f_S = 15\,\text{kHz}$

$\Rightarrow$ Bandbreite $B_{10\%} = 180\,\text{kHz}$

3.2 Theorie der harmonischen Schwingungen

Grad- und Bogenmaß

Im Gegensatz zu den Ingenieurwissenschaften ist es in der Physik und Mathematik üblich, Winkel in der natürlichen Einheit *Radian* anzugeben. Ein Vollkreis von 360° entspricht hier dem Wert 2π.

$$\varphi_{DEG} = \varphi_{RAD} \cdot \left(\frac{360°}{2}\right)$$

Bei der Verwendung von trigonometrischen Funktionen muss der Taschenrechner auf den richtigen Modus eingestellt werden:
DEG = Grad (engl. *degree*), *RAD* = Bogenmaß (engl. *radian*)

Die ungedämpfte freie harmonische Schwingung

Ungedämpfte freie Schwingung: Eine Schwingung wird als **frei** bezeichnet, wenn sie keine Anregung oder Störung von außen erfährt. Bei einer **ungedämpften Schwingung** gibt es keine Reibung, sodass die Schwingungsenergie konstant bleibt (Energieerhaltungssatz).

Schwingungen, allgemein

Auslenkung, Elongation:	$s(t) = \hat{s} \cdot S(\omega t + \varphi_0)$ mit periodischer Funktion S
Amplitude, Scheitelwert:	$\hat{s}$
Kreisfrequenz:	$\omega = 2\pi f = \frac{2\pi}{T}$
Periodendauer:	$T = \frac{1}{f} = \frac{2\pi}{\omega}$
Frequenz:	$f = \frac{1}{T} = \frac{\omega}{2\pi}$
Phasenverschiebung:	φ_0
Geschwindigkeit:	$v(t) = \dot{s}(t) = \omega \cdot \hat{s} \cdot \dot{S}(\omega t + \varphi_0)$
Beschleunigung:	$a(t) = \ddot{s}(t) = \omega^2 \cdot \hat{s} \cdot \ddot{S}(\omega t + \varphi_0)$

Harmonische Schwingung
Eine harmonische Schwingung wird beschrieben durch die Funktion:

$$s(t) = \hat{s} \cdot \sin(\omega t + \varphi_0) \quad \text{mit } \omega = 2\pi f = \frac{2\pi}{T}$$

Dabei bezeichnet man s als **Auslenkung** oder **Elongation**, $\hat{s}$ als **Amplitude** oder **Scheitelwert**, ω als **Kreisfrequenz**, f als **Frequenz**, T als **Periodendauer** und φ_0 als **Phasenverschiebung** der Schwingung.

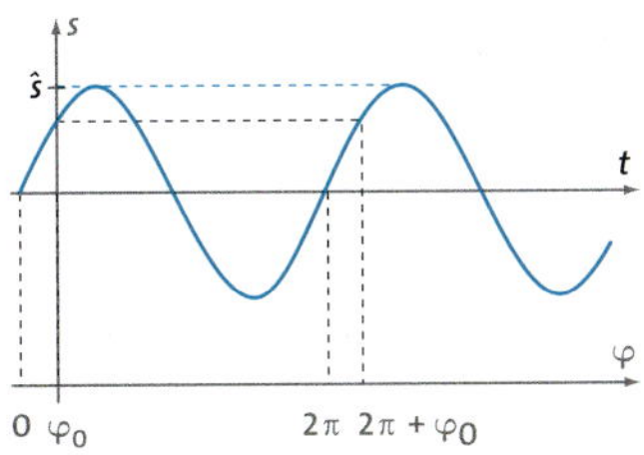

Abb. 3.3: Zeitlicher Verlauf einer harmonischen Schwingung

Die folgenden Überlegungen lassen sich auf alle Arten von harmonischen Schwingungen übertragen. Für die Herleitung gehen wir von einer mechanischen Schwingung aus, bei der eine Punktmasse m um ihre **Ruhelage** schwingt. Die Auslenkung s von der Ruhelage beschreibt die Strecke, welche die Masse dabei auf ihrer Bahnkurve zurücklegt. Die Form der Bahnkurve (geradlinige Bewegung, Kreisbahn, ...) spielt hier keine Rolle, ebenso wenig die Ursache für die rücktreibende Kraft.

Geschwindigkeit: Durch einmaliges Ableiten nach der Zeit erhalten wir die Geschwindigkeit der Masse auf der Bahnkurve:

$$v(t) = \dot{s}(t) = \omega \cdot \hat{s} \cdot \cos(\omega t + \varphi_0)$$

Sie ist am größten, wenn die Masse durch ihre Ruhelage schwingt; bei der maximalen Auslenkung wird sie zu Null und wechselt ihr Vorzeichen:

$$\hat{v} = \omega \cdot \hat{s} = 2\pi \cdot \hat{s} \cdot f = \frac{2\pi \cdot \hat{s}}{T} \Rightarrow T = 2\pi \frac{\hat{s}}{\hat{v}} \text{ und } f = \frac{\hat{v}}{2\pi \hat{s}} \text{ und } \omega = \frac{\hat{v}}{\hat{s}}$$

Kinetische Energie: Aus der Geschwindigkeit folgt unmittelbar die kinetische Energie der Schwingung:

$$W_{\text{kin}}(t) = \frac{1}{2} m v^2 = \frac{1}{2} m \cdot \omega^2 \cdot \hat{s}^2 \cdot \cos^2(\omega t + \varphi_0)$$

$$\hat{W}_{\text{kin}} = \frac{1}{2} m \hat{v}^2 = \frac{1}{2} m \cdot \omega^2 \cdot \hat{s}^2 \Rightarrow \omega = \sqrt{\frac{2\hat{W}_{\text{kin}}}{m \cdot \hat{s}^2}}$$

Kraft und Beschleunigung: Nochmaliges Ableiten der Geschwindigkeit liefert die **Beschleunigung**:

$$a(t) = \ddot{s}(t) = -\omega^2 \cdot \hat{s} \cdot \sin(\omega t + \varphi_0) = -\omega^2 s(t)$$

Die Beschleunigung ist der Bewegung stets entgegengerichtet und nimmt proportional zur Auslenkung zu. Sie ist daher an den Endpunkten der Schwingung maximal und wird beim Durchgang durch die Ruhelage zu null und wechselt ihr Vorzeichen.

$$\hat{a} = \omega^2 \hat{s} = 4\pi^2 f^2 \hat{s} = \frac{4\pi^2}{T^2} \hat{s}$$

Mit $F = m \cdot a$ folgt aus der Beschleunigung die rücktreibende Kraft:

$$F(t) = -m \cdot \hat{s} \cdot \omega^2 \cdot \sin(\omega t + \varphi_0) = -m \cdot \omega^2 s(t)$$

HOOKE'sches Gesetz

$$\Leftrightarrow F = -D \cdot s \text{ mit } D = m \cdot \omega^2 \text{ (**Richtgröße**)}$$

Diese proportionale Beziehung zwischen rücktreibender Kraft und Auslenkung wird als **HOOKE'sches Gesetz** bezeichnet.

ROBERT HOOKE 1635–1703

Mit $\omega = \frac{2\pi}{T}$ ergibt sich durch Auflösen der Richtgröße D die Periodendauer:

$$T = 2\pi\sqrt{\frac{m}{D}} \text{ mit } D = \frac{|F|}{|s|} = \frac{m \cdot |a|}{|s|} \Leftrightarrow T = 2\pi\sqrt{\frac{|s|}{|a|}} \text{ und } f = \frac{1}{2\pi}\sqrt{\frac{|a|}{|s|}} \text{ und } \omega = \sqrt{\frac{|a|}{|s|}}$$

Potentielle Energie: Durch Integration der rücktreibenden Kraft über die Wegstrecke der Auslenkung erhalten wir die **potentielle Energie** der Schwingung:

$$W_{\text{pot}}(s) = -\int_0^s F(s')\,ds' = m\omega^2 \int_0^s s'\,ds' = \frac{1}{2} m\omega^2 s^2 \text{ (**Parabelpotential**)}$$

$$\Rightarrow \hat{W}_{\text{pot}} = \frac{1}{2} m\omega^2 \hat{s}^2 = \hat{W}_{\text{kin}} \Rightarrow \omega = \sqrt{\frac{2\hat{W}_{\text{pot}}}{m \cdot \hat{s}^2}}$$

Im Einklang mit dem Energieerhaltungssatz (→ Seite 9) sind die maximale potentielle und die maximale kinetische Energie einer harmonischen Schwingung identisch.

Harmonische Schwingungen

Schwingungsgleichung: $\ddot{s}(t) = -\omega^2 s(t)$

Auslenkung, Elongation: $s(t) = \hat{s} \cdot \sin(\omega t + \varphi_0)$

Geschwindigkeit: $v(t) = \omega \cdot \hat{s} \cdot \cos(\omega t + \varphi_0)$

Beschleunigung: $a(t) = -\omega^2 s(t), \; \hat{a} = \omega^2 \hat{s} = \omega \cdot \hat{v} = \frac{\hat{v}^2}{\hat{s}}$

Rückstellkraft: $F(t) = -m\omega^2 s(t) = -D \cdot s(t)$

Alle Systeme, in denen die Rückstellkraft proportional zur Auslenkung ist (**Hooke'sches Gesetz**) zeigen harmonische Schwingungen.

Energie: $\hat{W}_{pot} = \frac{1}{2} m \omega^2 \hat{s}^2 = \frac{1}{2} D \cdot \hat{s}^2 = \hat{W}_{kin}$

Alle Systeme mit einem parabelförmigen Potential werden als **harmonische Oszillatoren** bezeichnet, da sie harmonische Schwingungen zeigen.

Periodendauer: $T = 2\pi \frac{\hat{s}}{\hat{v}} = 2\pi \sqrt{\frac{|s|}{|a|}} = 2\pi \sqrt{\frac{m}{D}}$

Frequenz: $f = \frac{\hat{v}}{2\pi \hat{s}} = \frac{1}{2\pi} \sqrt{\frac{|a|}{|s|}} = \frac{1}{2\pi} \sqrt{\frac{D}{m}}$

Kreisfrequenz: $\omega = \frac{\hat{v}}{\hat{s}} = \sqrt{\frac{|a|}{|s|}} = \sqrt{\frac{D}{m}} = \sqrt{\frac{2\hat{W}_{kin}}{m \cdot \hat{s}^2}} = \sqrt{\frac{2\hat{W}_{pot}}{m \cdot \hat{s}^2}}$

Richtgröße: $D = m\omega^2 = m\frac{\hat{v}^2}{\hat{s}^2} = \frac{|F|}{|s|} = m \cdot \frac{|a|}{|s|}$

Freie harmonische Schwingung mit Coulomb-Reibung

Die **Coulomb-Reibung** (→ Seite 14), z. B. **Gleit-** und **Rollreibung**, ist dadurch gekennzeichnet, dass sie nur von der Anpresskraft und nicht von der Geschwindigkeit abhängt: $F_R = \mu \cdot F_\perp$. Wir betrachten die resultierende Abnahme der Schwingungsamplitude zwischen den beiden Umkehrpunkten $-\hat{s}_0$ und $+\hat{s}_1$.

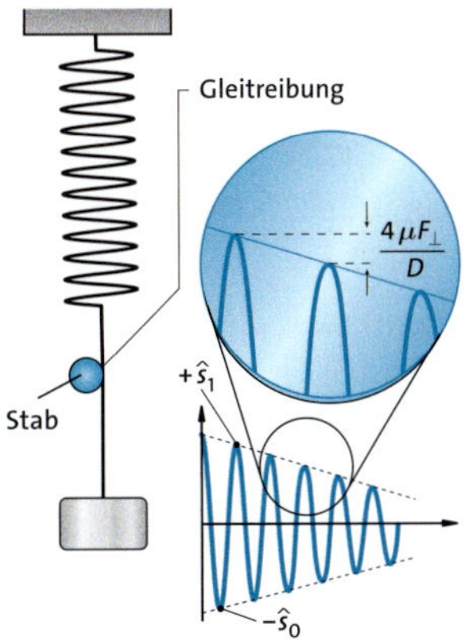

Abb. 3.4: Ein Federpendel wird durch Gleitreibung abgebremst. Die Amplitude nimmt linear mit der Zeit ab.

Aufgrund des Energieerhaltungssatzes (→ Seite 9) gilt:

$$\hat{W}_{pot,1} = \frac{1}{2} D \cdot \hat{s}_0^2 = \frac{1}{2} D \cdot (\hat{s}_1 + X)^2$$
$$= \frac{1}{2} D \cdot (\hat{s}_1^2 + 2\hat{s}_1 X + X^2)$$
$$= \hat{W}_{pot,2} + \frac{1}{2} D \cdot (2\hat{s}_1 + X) \cdot X$$

Bei einer konstanten Reibungskraft ist der Energieverlust proportional zum zurückgelegten Weg:

$$\hat{W}_{\text{pot},1} - \hat{W}_{\text{pot},2} = F_R \cdot (\hat{s}_0 + \hat{s}_1) = F_R \cdot (2\hat{s}_1 + X)$$

Durch Gleichsetzen mit der ersten Gleichung und Kürzen von $(2\hat{s}_1 + X)$ folgt:

$$F = \frac{1}{2} D \cdot X \quad \Leftrightarrow \quad X = 2\frac{F_R}{D} = 2 \cdot \frac{\mu F_\perp}{D}$$

Die Amplitude nimmt bei jeder Auslenkung, also einer halben Schwingung, um $2 \cdot \frac{\mu F_\perp}{D}$ ab:

$$\hat{s}\left(n \cdot \frac{T}{2}\right) = \hat{s}_0 - 2 \cdot \frac{\mu F_\perp}{D} n$$

Die Periodendauer T bzw. die Kreisfrequenz ω werden durch die COULOMB-Reibung nicht beeinflusst.

COULOMB-Reibung

Die COULOMB-Reibung (Gleitreibung, Rollreibung) ist unabhängig von der Geschwindigkeit.

$$F_R = \mu \cdot F_\perp$$

Schwingungsgleichung einer freien harmonische Schwingung mit COULOMB-Reibung:

$$\ddot{s}(t) = -\omega^2 s(t) - \frac{\dot{s}(t)}{|\dot{s}(t)|} \frac{\mu F_\perp}{m}$$

Rückstellkraft: $F(t) = -m \cdot \omega^2 s(t) - \frac{\dot{s}(t)}{|\dot{s}(t)|} \mu F_\perp$

Die Amplitude nimmt bei jeder Auslenkung, also einer halben Schwingung, um $2 \cdot \frac{\mu F_\perp}{D}$ ab:

$$\hat{s}\left(n \cdot \frac{T}{2}\right) = \hat{s}_0 - \frac{2\mu F_\perp}{D} n = \hat{s}_0 - \frac{2\mu F_\perp}{m\omega^2} n$$

Freie harmonische Schwingung mit viskoser Reibung

Die **viskose Reibung** (→ Seite 14) zeichnet sich durch eine zur Geschwindigkeit proportionale Reibungskraft aus:

$$F_R = \mu \cdot v$$

Damit wird die Schwingungsgleichung zu

$$\ddot{s}(t) = -\frac{\mu}{m} \cdot \dot{s}(t) - \omega^2 \cdot s(t).$$

Zur Lösung wählen wir den Ansatz

$$s(t) = A \cdot \exp(\lambda t) \quad \Leftrightarrow \quad \dot{s}(t) = \lambda s(t) \quad \Leftrightarrow \quad \ddot{s}(t) = \lambda^2 s(t).$$

Einsetzen liefert:

$$\lambda^2 + \frac{\mu}{m}\lambda + \omega^2 = 0 \quad \Leftrightarrow \quad \lambda_{1,2} = -\frac{\mu}{2m} \pm \sqrt{\left(\frac{\mu}{2m}\right)^2 - \omega^2}$$

Wirbelstrombremse mit viskoser Reibung

Ein Magnet dient als Masse eines Federpendels. Bewegt sich dieser in einem Metallzylinder, so induziert er dort einen Kreisstrom (Wirbelstrom → „Das elektrische Wirbelfeld“ auf Seite 63)

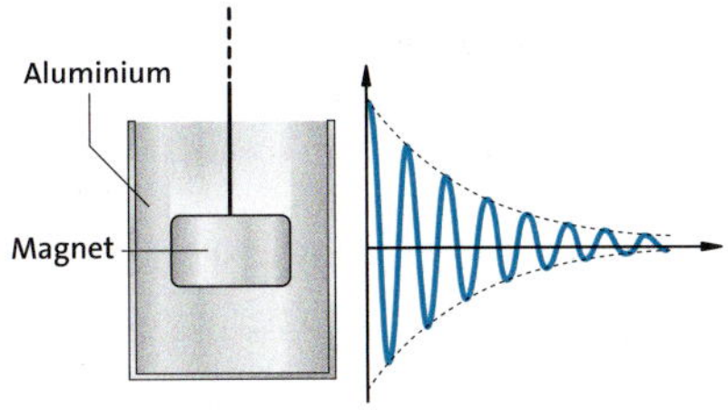

$R \cdot I_{ind} = U_{ind} = \dot{\Phi}$, der den Zylinder erwärmt. Die Dämpfung dieser **Wirbelstrombremse** ist dabei umso größer, je besser der Zylinder leitet:

$$P = U_{ind} \cdot I_{ind} = R \cdot I_{ind}^2 = \frac{\dot{\Phi}^2}{R}$$

Da $\dot{\Phi}$ zur Geschwindigkeit des Magneten proportional ist, wird die Schwingung des Federpendels viskos gedämpft, denn

$$P_{viskos} = \frac{\Delta W}{\Delta t} = \frac{F \cdot \Delta s}{\Delta t} = F \cdot v \overset{!}{=} \frac{\dot{\Phi}^2}{R} = \mu \cdot v^2 \quad \Rightarrow \quad F = \mu \cdot v.$$

Die Amplitude nimmt exponentiell mit der Zeit ab.

Fall 1: $\frac{\mu}{2m} > \omega$; starke Dämpfung

Beide Lösungen für λ sind reell und negativ, als Lösung für die Schwingungsgleichung erhalten wir damit eine exponentiell abklingende **Kriechbewegung**:

$$s(t) = A_1 \cdot \exp(\lambda_1 t) + A_2 \cdot \exp(\lambda_2 t)$$

Die Integrationskonstanten A_1 und A_2 ergeben sich aus den Anfangsbedingungen

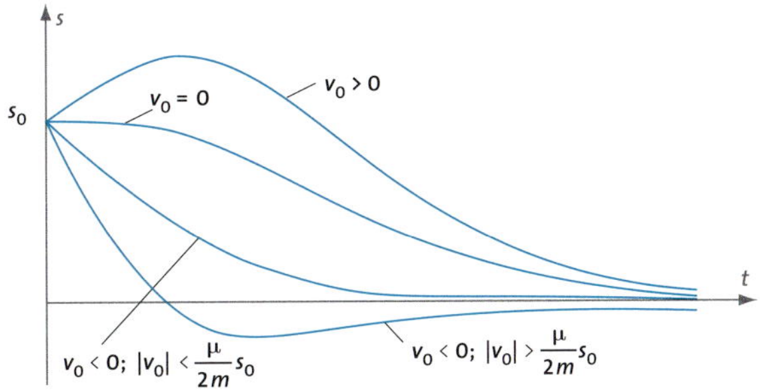

Abb. 3.5: Kriechbewegung einer stark bedämpften Schwingung

$$s(0) = s_0 = A_1 + A_2 \text{ und } \dot{s}(0) = v_0 = \lambda_1 A_1 + \lambda_2 A_2$$

$$\Rightarrow A_2 = s_0 - A_1 \text{ und } v_0 = \lambda_1 A_1 + \lambda_2 (s_0 - A_1)$$

$$\Leftrightarrow v_0 - \lambda_2 s_0 = (\lambda_1 - \lambda_2) A_1 \quad \Leftrightarrow \quad A_1 = \frac{v_0 - \lambda_2 s_0}{(\lambda_1 - \lambda_2)} \text{ und } A_2 = s_0 - A_1$$

Fall 2: $\frac{\mu}{2m} = \omega$; aperiodischer Grenzfall

Auch diese Lösungen entspricht einer Kriechbewegung und zwar derjenigen die am schnellsten in die Ruhelage zurückkehrt.

$$s(t) = (s_0 + v_0 t) \cdot \exp\left(-\frac{\mu}{2m} t\right)$$

Der zusätzliche Term $v_0 t$ stellt eine zweite Lösung der Differentialgleichung dar, die in diesem Fall zusätzlich auftritt, da es nur einen Wert für λ gibt.

Fall 3: $\frac{\mu}{2m} < \omega$; schwache Dämpfung

Da das Argument unter der Wurzel von λ negativ ist, schreiben wir die Lösung als komplexe Zahl:

$$\lambda_{1,2} = -\frac{\mu}{2m} \pm i \cdot \sqrt{\omega^2 - \left(\frac{\mu}{2m}\right)^2} = -\frac{\mu}{2m} \pm i \cdot \omega_D$$

LEONHARD EULER
1707–1783

Unter Verwendung der EULER'schen Formel (Anhang → Seite 246) $e^{i\varphi} = \cos\varphi + i \cdot \sin\varphi$ folgt als Lösung der Schwingungsgleichung:

$$s(t) = A_1 \cdot \exp(\lambda_1 t) + A_2 \cdot \exp(\lambda_2 t)$$

$$s(t) = \exp\left(-\frac{\mu}{2m}t\right) \cdot \left[A_1 \cdot \exp(i\omega_D t) + A_2 \cdot \exp(-i\omega_D t)\right]$$

Mit $A = A_1 + A_2$ und $B = i \cdot (A_1 - A_2)$ folgt unter erneuter Verwendung der EULER'schen Formel $e^{i\varphi} = \cos\varphi + i \cdot \sin\varphi$:

$$s(t) = \exp\left(-\frac{\mu}{2m}t\right) \cdot \left[A \cdot \cos(\omega_D t) + B \cdot \sin(\omega_D t)\right]$$

Die Integrationskonstanten A und B können aus den Anfangsbedingungen $s(0)$ und $v(0)$ gewonnen werden und sind beide reell.
Mithilfe des Additionstheorems

$$A\cos\alpha + B\sin\alpha = \sqrt{A^2 + B^2}\,\sin\left(\alpha + \arctan\frac{A}{B}\right)$$

vereinfacht sich $s(t)$ weiter zu einer exponentiell gedämpften harmonischen Schwingung:

$$s(t) = S \cdot \exp\left(-\frac{\mu}{2m}t\right) \cdot \sin(\omega_D t + \varphi) \quad \text{mit} \quad \omega_D = \sqrt{\omega^2 - \left(\frac{\mu}{2m}\right)^2}$$

Die Integrationskonstanten S und φ ergeben sich aus den Anfangsbedingungen

$$s(0) = s_0 = S\sin\varphi \quad \text{und} \quad \dot{s}(0) = v_0 = -\frac{\mu}{2m}S\sin\varphi + S\omega_D\cos\varphi$$

$$\Leftrightarrow \quad v_0 = -\frac{\mu}{2m}s_0 + \omega_D\sqrt{S^2 - s_0^2} \quad \Leftrightarrow \quad S = \sqrt{\left(\frac{v_0 + \frac{\mu}{2m}s_0}{\omega_D}\right)^2 + s_0^2} \quad \text{und} \quad \varphi = \arcsin\frac{s_0}{S}.$$

Viskose Reibung

Die viskose Reibung ist zur Geschwindigkeit proportional: $F_R = \mu \cdot v$
Schwingungsgleichung einer freien harmonischen Schwingung mit viskoser Reibung: $\ddot{s}(t) = -\frac{\mu}{m} \cdot \dot{s}(t) - \omega^2 \cdot s(t)$

Rückstellkraft: $F(t) = -\mu \cdot \dot{s}(t) - m\omega^2 \cdot s(t) = -\mu \cdot \dot{s}(t) - D \cdot s(t)$

Fall 1: $\frac{\mu}{2m} > \omega$; **starke Dämpfung:** $\Rightarrow \; s(t) = A_1 \cdot \exp(\lambda_1 t) + A_2 \cdot \exp(\lambda_2 t)$

$$\lambda_{1,2} = -\frac{\mu}{2m} \pm \sqrt{\left(\frac{\mu}{2m}\right)^2 - \omega^2}; \quad A_1 = \frac{v_0 - \lambda_2 s_0}{(\lambda_1 - \lambda_2)} \quad \text{und} \quad A_2 = s_0 - A_1$$

Fall 2: $\frac{\mu}{2m} = \omega$; **aperiodischer Grenzfall:** $\Rightarrow \; s(t) = (s_0 + v_0 t) \cdot \exp\left(-\frac{\mu}{2m}t\right)$

Fall 3: $\frac{\mu}{2m} < \omega$; **schwache Dämpfung:** $\Rightarrow \; s(t) = S \cdot \exp\left(-\frac{\mu}{2m}t\right) \cdot \sin(\omega_D t + \varphi)$

$$\text{mit} \quad \omega_D = \sqrt{\omega^2 - \left(\frac{\mu}{2m}\right)^2} = \omega\sqrt{1 - \frac{Q^2}{4}}$$

Die Dämpfung verringert die Resonanzfrequenz!

$$S = \sqrt{\left(\frac{v_0 + \frac{\mu}{2m}s_0}{\omega_D}\right)^2 + s_0^2} \quad \text{und} \quad \varphi = \arcsin\frac{s_0}{S}$$

$$\hat{s}(n \cdot T) = \frac{\hat{s}_0}{K^n} \quad \text{mit} \quad K = \exp\left(\frac{\mu}{2m} \cdot T\right) = \exp\left(\frac{\pi}{Q}\right)$$

Gütefaktor

Die Amplitude eines schwach viskos gedämpften Systems nimmt mit der Zeit exponentiell ab:

$$\hat{s}(n\cdot T) = \hat{s}(0)\cdot \exp\left(-\frac{\mu}{2m} n\cdot T\right) = \frac{\hat{s}_0}{K^n}$$

mit $K = \exp\left(\frac{\mu}{2m}\cdot T\right) = \exp\left(\pi\cdot\frac{\mu}{m\omega}\right)$

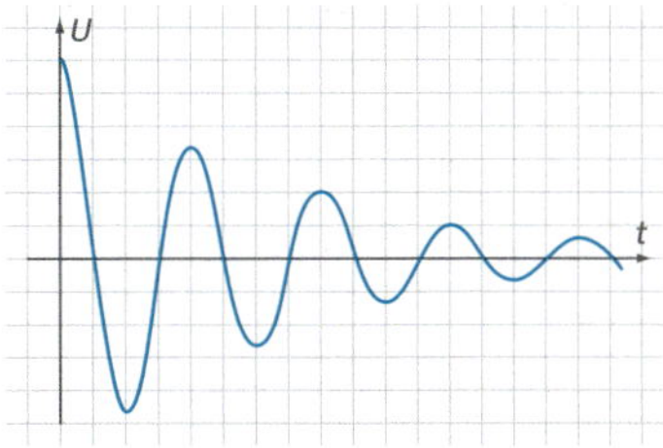

Abb. 3.6: Amplitudenabnahme einer schwach viskos gedämpften Schwingung

Die Energie der Schwingung

$$\hat{W}_{pot} = \tfrac{1}{2} m\omega^2 \hat{s}^2$$

nimmt entsprechend in einer Schwingungsperiode um den Faktor $1/K^2$ ab. Die Reibung verrichtet dabei die Leistung

$$\frac{d}{dt}W(t) = \dot{W}(t) = -\frac{\mu}{m}W(t).$$

Das Verhältnis der Schwingungsenergie zum Energieverlust in der Periode wird als **Gütefaktor** bezeichnet:

$$Q = 2\pi\cdot\frac{\text{Schwingungsenergie}}{\text{Energieverlust je Periode}} = 2\pi\cdot\frac{W(t)}{-\frac{d}{dt}W(t)\cdot T} = \frac{2\pi}{T}\cdot\frac{W(t)}{\frac{\mu}{m}W(t)} = \omega\frac{m}{\mu}$$

Der Gütefaktor ist umso größer, je geringer die Dämpfung ist. Ein Wert von $Q = \frac{1}{2}$ entspricht dem aperiodischen Grenzfall. Mit dieser Definition des Gütefaktors vereinfachen sich die bisherigen Gleichungen zu

$$\omega_D = \omega\sqrt{1-\frac{Q^2}{4}} \quad \text{und} \quad K = \exp\left(\frac{\pi}{Q}\right)$$

$$s(t) = S\cdot\exp\left(-\frac{\omega}{2Q\cdot t}\right)\cdot\sin(\omega_D t + \varphi) = S\cdot\exp\left(-\frac{\pi}{Q}\cdot\frac{t}{T}\right)\cdot\sin(\omega_D t + \varphi)$$

$$S = \sqrt{\left(\frac{v_0 + \frac{\omega}{2Q}s_0}{\omega_D}\right)^2 + s_0^2}$$

$$Q = 2\pi\cdot\frac{\text{Schwingungsenergie}}{\text{Energieverlust je Periode}} = 2\pi\cdot\frac{W(t)}{-\frac{d}{dt}W(t)\cdot T} = \omega\frac{m}{\mu} = \frac{D}{\omega\mu}$$

Gütefaktor

Der **Gütefaktor** Q ist umso größer, je geringer die **Dämpfung** μ ist.
Ein Wert von $Q = \frac{1}{2}$ entspricht dem aperiodischen Grenzfall.

Rückkopplung

Die viskose Dämpfung ist in der Natur sehr häufig anzutreffen und verhindert im wörtlichen Sinne den Bau eines Perpetuum Mobile (→ Seite 192 f.). Um eine Bewegung kontinuierlich aufrechtzuerhalten, ist eine regelmäßige Energiezufuhr notwendig. Da sich bei einer Schwingung die Richtung regelmäßig umkehrt, muss der Impuls zum richtigen Zeitpunkt kommen, damit die Schwingung verstärkt und nicht abgebremst wird. Ideal ist daher eine Steuerung der Energiezufuhr durch die Schwingung selbst, was als Rückkopplung bezeichnet wird.

Erzwungene harmonische Schwingung mit viskoser Reibung

Bei einer Schwingung wirkt eine periodische äußere Kraft

$$F_{\text{ext}} = \hat{F}_{\text{ext}} \cdot \cos(\omega_{\text{ext}} t)$$

auf den Oszillator ein. Die Schwingungsgleichung wird damit zu

$$\ddot{s}(t) = -\frac{\mu}{m} \cdot \dot{s}(t) - \omega^2 \cdot s(t) + \frac{\hat{F}_{\text{ext}}}{m} \cdot \cos(\omega_{\text{ext}} t).$$

Die Lösung dieser Schwingungsgleichung setzt sich additiv zusammen aus der freien Schwingung mit viskoser Reibung und einer erzwungenen Schwingung mit der Frequenz ω_{ext}. Da die freie Schwingung durch die Dämpfung sehr schnell abklingt, bleibt nach einiger Zeit nur noch die erzwungene Schwingung übrig:

erzwungene Schwingung

$$s(t) = S(\omega_{\text{ext}}) \cdot \sin(\omega_{\text{ext}} t + \varphi(\omega_{\text{ext}}))$$

$$\text{mit } S(\omega_{\text{ext}}) = \frac{\hat{F}_{\text{ext}}}{\sqrt{m^2(\omega_{\text{ext}}^2 - \omega^2)^2 + \mu^2 \omega_{\text{ext}}^2}} = \frac{\hat{F}_{\text{ext}}}{m\sqrt{(\omega_{\text{ext}}^2 - \omega^2)^2 + \frac{\omega^2 \omega_{\text{ext}}^2}{Q^2}}}$$

$$\text{und } \varphi(\omega_{\text{ext}}) = \arctan\left(\frac{\mu}{m} \frac{\omega_{\text{ext}}}{\omega_{\text{ext}}^2 - \omega^2}\right) = \arctan\left(\frac{\omega}{Q} \frac{\omega_{\text{ext}}}{\omega_{\text{ext}}^2 - \omega^2}\right)$$

Die Amplitude dieser erzwungenen Schwingung wird maximal für

$$\omega_{\text{ext,Resonanz}} = \sqrt{\omega^2 - \frac{\mu^2}{2m^2}} = \omega\sqrt{1 - \frac{1}{2Q^2}}$$

und erreicht dabei den Wert

$$S(\omega_{\text{ext,Resonanz}}) = \frac{\hat{F}_{\text{ext}}}{\mu\sqrt{\omega^2 - \frac{\mu^2}{4m^2}}} = \frac{\hat{F}_{\text{ext}}}{\mu \omega_{\text{D}}}.$$

Dabei entspricht $\omega_{\text{D}} \neq \omega_{\text{ext, Resonanz}}$ der Resonanzfrequenz der freien gedämpften Schwingung.

Bei einer sehr kleinen Dämpfung kann die Resonanzamplitude sehr groß werden und das Schwingungssystem zerstören (**Resonanzkatastrophe**). Für den Spezialfall einer ungedämpften Schwingung nimmt die Amplitude linear mit der Zeit zu:

$$s(t) = \frac{\hat{F}_{\text{ext}}}{m\omega^2} \cdot t \cdot \sin(\omega t) = \frac{\hat{F}_{\text{ext}}}{D} \cdot t \cdot \sin(\omega t)$$

Brücken

Wird eine Brücke, z. B. durch Wind oder marschierende Soldaten, periodisch angeregt, so beginnt diese, in ihren Eigenfrequenzen periodisch zu schwingen. Bei einer kontinuierlichen Anregung kann sich die Schwingungsamplitude immer weiter aufschaukeln, bis die Brückenkonstruktion schließlich auseinanderreißt (Resonanzkatastrophe).

Für Frequenzen in der Nähe von ω_0 lässt sich der Amplitudengang $S(\omega_{ext})$ nach der dritten binomischen Formel vereinfachen zu:

$$S(\omega_{ext}) \approx \frac{\hat{F}_{ext}}{m\omega\sqrt{4(\omega_{ext}-\omega)^2 + \frac{\mu^2\omega_{ext}^2}{m^2\omega^2}}} = \frac{\hat{F}_{ext}}{m\omega\sqrt{4(\omega_{ext}-\omega)^2 + \frac{\omega_{ext}^2}{Q^2}}}$$

Ist das System nur schwach gedämpft, so folgt:

$$\omega^2 \gg \frac{\mu^2}{2m^2} \Leftrightarrow Q^2 \gg \frac{1}{2} \text{ mit } Q = \omega\frac{m}{\mu}$$

$$\Rightarrow \omega_{ext,\,Resonanz} \approx \omega \text{ und } S\left(\omega \pm \frac{\omega}{2Q}\right) \approx \frac{\hat{F}_{ext}}{m\omega\sqrt{2\frac{\omega^2}{Q^2}}} = \frac{S(\omega)}{\sqrt{2}}$$

Die Differenz der beiden Frequenzen $\omega \pm \frac{\omega}{2Q}$ wird als **physikalische Bandbreite** β bezeichnet:

$$\beta = \frac{\omega}{Q} = 2\pi\frac{f}{Q}$$

In der Elektrotechnik ist es üblich, die **technische Bandbreite** B auf die Frequenz f zu beziehen:

$$B = \frac{f}{Q}$$

Ein typische Anwendung der erzwungenen gedämpften Schwingung ist die erzwungene Schwingung eines elektromagnetischen Schwingkreises (→ Seite 89).

Bandbreite

Physikalische Bandbreite: $\beta = \frac{\omega}{Q} = 2\pi\frac{f}{Q}$
Bei einer viskos gedämpften erzwungenen harmonischen Schwingung nimmt die Amplitude im Abstand $\beta/2$ von der Resonanzfrequenz auf $\frac{1}{\sqrt{2}}$ der Resonanzamplitude ab.

Technische Bandbreite: $B = \frac{f}{Q}$
Im Abstand von $\frac{B}{2}$ von der Resonanzfrequenz nimmt die Amplitude auf $\frac{1}{10}$ (−20 dB) der Resonanzamplitude ab.

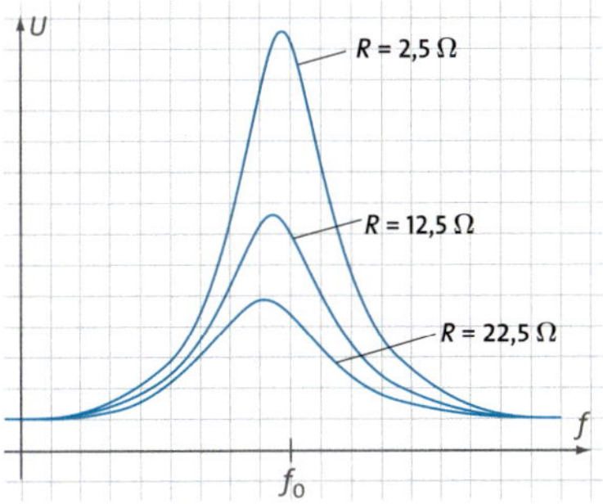

Abb. 3.7: Resonanzkurven für einen Parallelschwingkreis mit $C = 0{,}5\,\mu F$; $L = 58\,mH$ und verschiedenen Dämpfungswiderständen.

3.3 Spezielle Schwingungen

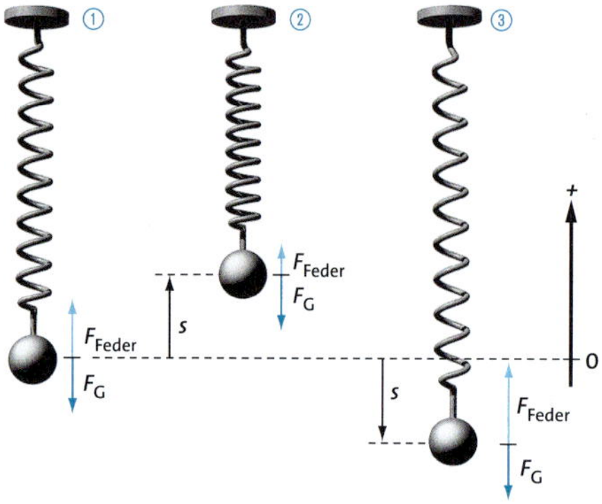

Abb. 3.8: Das Federpendel in seiner Gleichgewichtslage $F_{Feder} = F_G$ ①, mit Auslenkung nach oben $F_{Feder} < F_G$ ② und mit Auslenkung nach unten $F_{Feder} > F_G$ ③.

Das Federpendel

Unter einem Federpendel verstehen wir eine Masse m, die an einer Schraubenfeder aufgehängt ist. Im elastischen Bereich der Federauslenkung gilt für die Federkraft das **Hooke'sche Gesetz**:

$$F_{Feder} = -D \cdot s$$

Die Konstante D wird als Federkonstante bezeichnet. Da die Masse an der Feder aufgehängt ist, wird diese bereits im Ruhezustand um $S_0 = m \cdot g / D$ ausgelenkt. Dies ist der Schwingungsnullpunkt, in den wir den Koordinatenursprung legen.
Vergleichen wir das Kraftgesetz der Federschwingung mit der Rückstellkraft bei einer harmonischen Schwingung (→ Seite 73 ff.), so erkennen wir, dass die Federkonstante mit der Richtgröße D übereinstimmt:

Robert Hooke
1635–1703

$$F_{harm.\,Schwingung} = -m\omega^2 s = -D \cdot s \overset{!}{\Leftrightarrow} F_{Feder} = -D \cdot s$$

Zur Kontrolle stellen wir die Schwingungsgleichung auf $\ddot{s}(t) = -\frac{D}{m} s(t)$ und erkennen $\frac{D}{m} = \omega^2$ ebenfalls in Übereinstimmung mit den Gleichungen der harmonischen Schwingung. Wir können nun bedenkenlos auch alle anderen Gleichungen übernehmen. Für die Periodendauer folgt damit: $T = 2\pi\sqrt{\frac{m}{D}}$

Horizontaler Federschwinger

Unter einem horizontalen Federschwinger verstehen wir eine Masse, die zwischen zwei Federn gespannt ist und sich reibungsfrei horizontal bewegen kann. Die resultierende Kraft der beiden Federn ergibt sich durch Addition der Einzelkräfte:

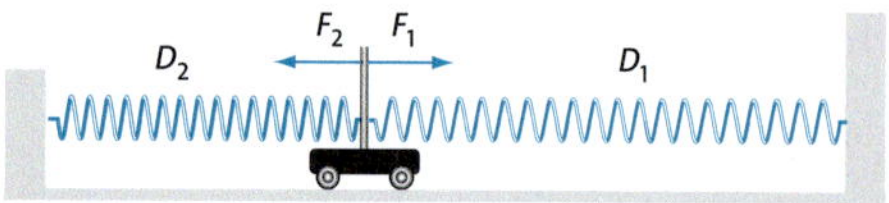

$$F_{Feder} = F_{Feder\,1} + F_{Feder\,2} = -(D_1 + D_2) \cdot s = D \cdot s$$

Der Schwingungsnullpunkt folgt aus dem Kräftegleichgewicht der beiden Federn. Die Periodendauer

$$T = 2\pi\sqrt{\frac{m}{D}} = 2\pi\sqrt{\frac{m}{D_1 + D_2}}$$

hängt wiederum nur von den Federkonstanten ab. Durch Schräg- oder Senkrechtstellen verändert sich nur der Schwingungsnullpunkt, da die **Gravitation** das Kräftegleichgewicht verschiebt.
Weitere Abweichungen gibt es erst dann, wenn dadurch eine der Federn, z. B. durch das Erreichen ihrer Minimallänge, den linearen Bereich verlässt.

Die Drehschwingung

Die meisten mechanischen Uhren besitzen eine Schwungscheibe (Spiral-Unruh), die mithilfe einer Spiralfeder Drehschwingungen ausführt. Zur Berechnung dieser Schwingung nutzen wir → Tab. 1.2 auf Seite 23 und ersetzen die Auslenkung der Schwingung durch den Rotationswinkel φ, die Masse durch das **Trägheitsmoment** J und die rücktreibenden Kraft durch das **Drehmoment** M:

$$F = m \cdot a = m \cdot \ddot{s} \;\Rightarrow\; M = J \cdot \ddot{\varphi}$$

Im elastischen Bereich der Spiralfeder gilt erneut das HOOKE'sche Gesetz:

$$F = -D \cdot s \;\Rightarrow\; M = -D \cdot \varphi$$

Durch Gleichsetzen der Drehmomente folgt hieraus die Schwindungsgleichung:

$$\ddot{\varphi} = -\frac{D}{J}\varphi$$

Die Form dieser Gleichung ist identisch zu der einer harmonischen Schwingung:

$$\ddot{s}(t) = -\omega^2 s(t)$$

Die Kreisfrequenz der Schwingung beträgt somit

$$\omega = \sqrt{\frac{D}{J}} \;\Rightarrow\; T = 2\pi\sqrt{\frac{J}{D}}$$

Übertragen wir die übrigen Gleichungen der harmonischen Schwingung auf die Drehschwingung, so folgt:

Auslenkung:	$\varphi(t) = \hat{\varphi} \cdot \sin(\omega t + \phi_0)$
Winkelgeschwindigkeit der Rotationsbewegung:	$\dot{\varphi}(t) = \omega \cdot \hat{\varphi} \cdot \cos(\omega t + \phi_0)$
Winkelbeschleunigung:	$\ddot{\varphi}(t) = -\omega^2 \varphi(t)$
Energie:	$\hat{W}_{pot} = \frac{1}{2} J \omega^2 \hat{\varphi}^2 = \frac{1}{2} D \cdot \hat{\varphi}^2 = \hat{W}_{kin}$
Winkelrichtgröße:	$D = J\omega^2$

Vorsicht: Falle

In der Mechanik wurde die **Winkelgeschwindigkeit** definiert als $\omega = \dot{\varphi}$.
In diesem Kapitel werden der Begriff Winkelgeschwindigkeit und der Formelbuchstabe ω jedoch auf die Periodizität der Schwingung bezogen, sodass gilt:

$$\dot{\varphi}(t) = \omega \cdot \hat{\varphi} \cdot \cos(\omega t + \phi_0)$$

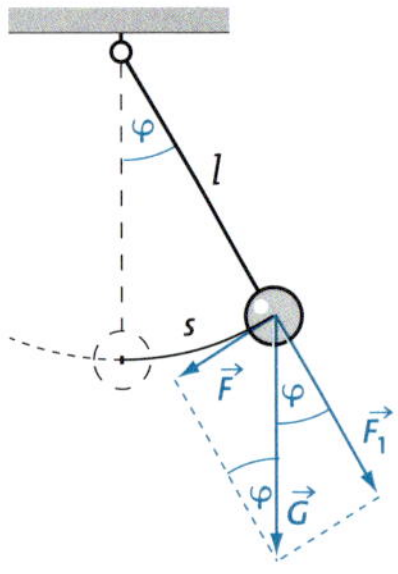

Abb. 3.9: Kräfte am Fadenpendel

Das mathematische Fadenpendel

Unter einem **mathematischen Fadenpendel** wird ein Pendel verstanden, dessen Masse punktförmig ist und dessen Fadenmasse vernachlässigt werden kann. Die rücktreibende Kraft resultiert beim Fadenpendel aus der Erdanziehungskraft $F_G = m \cdot g$. Wirksam ist hiervon jedoch nur der Anteil in der Bewegungsrichtung, also $F = -F_G \cdot \sin\varphi$ (→Abb. 3.9). Da die Auslenkung φ des Pendels in Bogenmaß gemessen wird, beträgt die Auslenkung s:

$$s = l \cdot \varphi \;\Rightarrow\; \varphi = \tfrac{s}{l} \text{ und damit } F = -F_G \cdot \sin\left(\tfrac{s}{l}\right) \text{ mit } F_G = m \cdot g.$$

Für Auslenkungen kleiner als ≈ 8° gilt in guter Näherung: $\sin(\varphi) \approx \varphi$ (gilt nur für Winkel in Bogenmaß!) Die Rückstellkraft vereinfacht sich somit zu

$$F_{\text{Fadenpendel}} \approx -\frac{m \cdot g}{l} \cdot s.$$

Wir vergleichen dies mit der Rückstellkraft einer harmonischen Schwingung:

$$F_{\text{harm. Schwingung}} = -m \cdot \omega^2 s = -D \cdot s \;\Rightarrow\; D = \frac{mg}{l} \text{ und } \omega = \sqrt{\frac{g}{l}} \;\Rightarrow\; T = 2\pi\sqrt{\frac{l}{g}}$$

Die Periodendauer ist somit unabhängig von der Masse des Pendels und hängt nur von seiner Länge ab.

Das physikalische Pendel

Als physikalisches Pendel wird jedes Pendel bezeichnet, das sich nicht durch eine punktförmige Masse an einem vernachlässigbaren Faden beschreiben lässt. Das physikalische Pendel muss als Drehschwingung (→Seite 83) beschrieben werden: $M = J \cdot \ddot{\varphi}$.

Das rücktreibende **Drehmoment** ist das Produkt aus dem radialen Abstand l des Massenschwerpunkts vom Drehpunkt und der tangentialen Kraft F. Analog zum Fadenpendel (→Abb. 3.9):

$$M = l \cdot F = -l \cdot F_G \cdot \sin\varphi = -m \cdot g \cdot l \cdot \sin\varphi.$$

Wie beim Fadenpendel ersetzen wir den Sinus für kleine Winkel (kleiner als ≈ 8°) durch die Näherung: $\sin(\varphi) \approx \varphi$.

$$M_{\text{Physikalisches Pendel}} = J \cdot \ddot{\varphi} = -m \cdot g \cdot l \cdot \varphi$$

Ein Vergleich mit dem Drehmoment einer harmonischen Drehschwingung zeigt: $M_{\text{harm. Drehschwingung}} = -D\varphi \;\Rightarrow\; D = m \cdot g \cdot l$

Hieraus erhalten wir nun die übrigen Größen:

Kreisfrequenz: $\omega = \sqrt{\frac{D}{J}} = \sqrt{\frac{mgl}{J}}$ Periodendauer: $T = 2\pi\sqrt{\frac{J}{mgl}}$

Auslenkung: $\varphi(t) = \hat{\varphi} \cdot \sin(\omega t + \phi_0)$

Ein Vergleich mit einem mathematischen Fadenpendel liefert die **reduzierte Länge l'**, die ein solches haben müsste, um auf die gleiche Schwingungsdauer zu kommen:

$$T_{\text{mathematisches Fadenpendel}} = 2\pi\sqrt{\frac{l}{g}} \;\Rightarrow\; l' = \frac{J}{ml}$$

Pendeluhr

Die einfache Abhängigkeit der Periodendauer eines Pendels von dessen Länge veranlasste GALILEO GALILEI um 1640 zur Konstruktion der ersten Pendeluhr, die jedoch erst einige Jahre später von seinem Sohn VINCENT gebaut wurde. Da sich die Pendellänge mit der Raumtemperatur ändert, sind einfache Pendeluhren mit einer Stellschraube zur Korrektur der Pendellänge ausgestattet. Es gibt jedoch auch aufwendigere Pendeluhren, bei denen der Einfluss der Temperatur kompensiert wird (**Isochronismus**). Ein Beispiel ist das 1726 von GEORGE GRAHAM erfundene Quecksilber-Pendel: Hier führt die Ausdehnung des Quecksilbers zu einer Verschiebung des Schwerpunkts in Richtung Pendelaufhängung, wodurch die Längenausdehnung des Pendels kompensiert wird. Weitverbreitet sind Pendel mit einer besonders kleinen thermischen Ausdehnung. Trockenes, gut imprägniertes Holz liefert hier bereits sehr gute Ergebnisse, die von Metallpendeln nur übertroffen werden, wenn verschiedene Materialien kombiniert werden. Ein Beispiel hierfür ist das 1725 von JOHN HARRISON erfundene Rostpendel, dessen Stäbe aus Stahl (Mitte und Außen) und Zink (ursprünglich Bronze, dann jedoch mit insgesamt 9 Stangen) bestehen (siehe Abbildung rechts). Moderne Pendeluhren verwenden stattdessen Invar (eine Legierung aus 36 % Nickel und 64 % Eisen) oder ausdehnungsarme Glasstäbe. Spezialkonstruktionen, die im Vakuum aufgehängt sind (Patent: WILLIAM HARRISON SHORTT, 1921) kommen so auf einen Gangfehler von einer Hunderstel Sekunde am Tag.

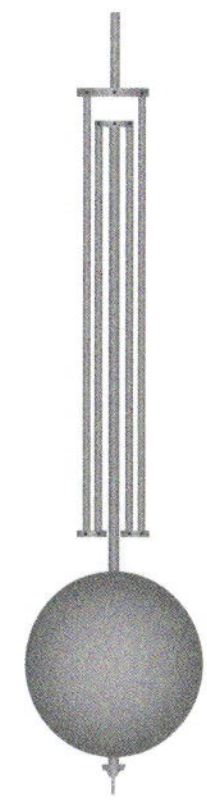

GEORG GRAHAM 1673–1751
JOHN HARRISON 1693–1776

WILLIAM SHORTT 1882–1971

Das Flüssigkeitspendel

Eine Flüssigkeit in einem U-Rohr, die aus dem Gleichgewicht gebracht wird, schwingt harmonisch (→ Abb. 3.10).
Zur Berechnung stellen wir die Gleichung für die Rückstellkraft auf:

$$F = -\Delta m \cdot g = -\Delta V \cdot \varrho \cdot g = -A \cdot 2s \cdot \varrho \cdot g$$

Dies vergleichen wir mit einer harmonischen Schwingung:

$$F_{\text{harm. Schwingung}} = -m\omega^2 s = -D \cdot s$$

$$\Rightarrow \quad D = 2A \cdot \varrho \cdot g \quad \Rightarrow \quad T = 2\pi\sqrt{\frac{m}{D}} = 2\pi\sqrt{\frac{m}{2A \cdot g \cdot \varrho}}$$

Mit $m = V \cdot \varrho = l \cdot A \cdot \varrho$ folgt schließlich $T = 2\pi\sqrt{\frac{V}{2A \cdot g}} = 2\pi\sqrt{\frac{l}{2g}}$.

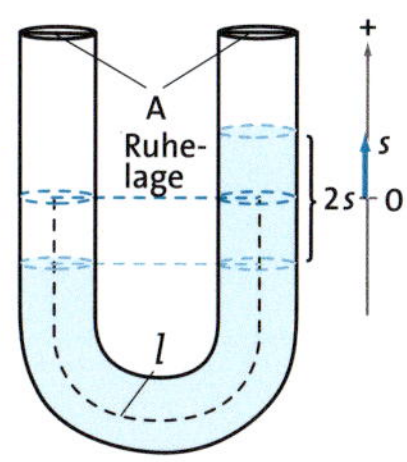

Abb. 3.10: Harmonische Schwingung einer Flüssigkeit in einem U-Rohr

Angelschwimmer

Wird der Schwimmer einer Angel aus seiner Ruhelage ausgelenkt so führt er harmonische Schwingungen aus. Ist *A* die Querschnittsfläche des Schwimmers an der Wasseroberfläche (natürlich zu jedem Zeitpunkt der Schwingung!), so beträgt die Periodendauer analog zum Flüssigkeitspendel $T = 2\pi\sqrt{\frac{m}{D}} = 2\pi\sqrt{\frac{m}{2A \cdot g \cdot \varrho}}$; wobei mit ϱ die Dichte des Wassers gemeint ist.

Der ungedämpfte Schwingkreis

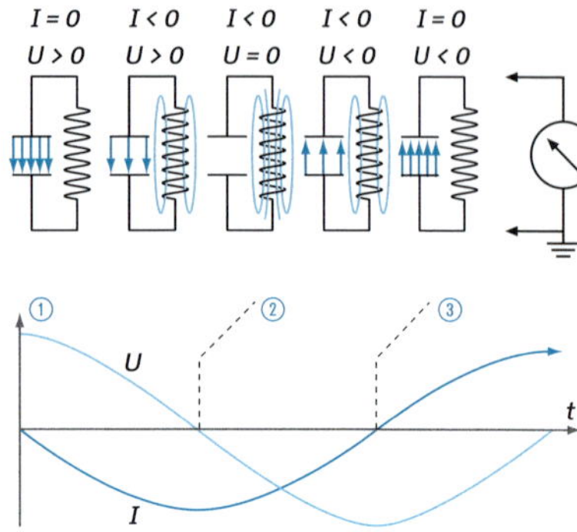

Abb. 3.11: Verlauf von Stromstärke $I(t)$ und Spannung $U(t)$ beim elektromagnetischen Schwingkreis

Ein elektromagnetischer Schwingkreis besteht aus der Kombination eines Kondensators mit einer Spule. Der Kondensator kann Energie in Form eines elektrischen Feldes speichern (→ Seite 41):

$$W_{el} = \frac{1}{2} C U^2$$

Die Spule hingegen speichert die Energie in einem magnetischen Feld (→ Seite 62):

$$W_{mag} = \frac{1}{2} L I^2$$

Im Vergleich zu einer mechanischen Schwingung übernimmt das elektrische Feld des Kondensators die Rolle der potentiellen Energie während das magnetische Feld der Spule der kinetischen Energie entspricht.

Da Spule und Kondensator miteinander verbunden sind, ist ihre Spannung zu jedem Zeitpunkt gleich groß:

$$U_C = U_{ind}$$

Wir drücken beide Größen durch die Ladung Q aus und erhalten:

$$U_C = \frac{Q}{C} \text{ und } U_{ind} = -L\dot{I} = -L\ddot{Q} \Rightarrow \ddot{Q} = -\frac{1}{LC} Q.$$

Ein Vergleich mit der Schwingungsgleichung $\ddot{s}(t) = -\omega^2 s(t)$ einer mechanischen harmonischen Schwingung liefert:

$$\omega = \frac{1}{\sqrt{LC}} \Leftrightarrow T = 2\pi\sqrt{LC}$$

$$Q(t) = \hat{Q} \cdot \sin(\omega t + \varphi_0)$$

$$I(t) = \dot{Q}(t) = \omega \cdot \hat{Q} \cdot \cos(\omega t + \varphi_0)$$

Durch einen Vergleich mit der potenziellen Energie folgen schließlich auch die Entsprechungen für m und D:

$$W_{el} = \frac{1}{2} C U_C^2 = \frac{1}{2} C \left(\frac{Q}{C}\right)^2 = \frac{1}{2C} Q^2 \overset{!}{\Leftrightarrow} \hat{W}_{pot} = \frac{1}{2} m \cdot \omega^2 \hat{s}^2 = \frac{1}{2} D \cdot \hat{s}^2$$

$$\Rightarrow D = \frac{1}{C} \text{ und } m \triangleq L$$

Zusatzwissen

Schwingungsdauer aus der Energie

Die **potentielle Energie** des Systems ist im Kondensator gespeichert.

Da $W_{el} = \frac{1}{2} C U^2$ ein Parabelpotential darstellt, wissen wir, dass das System harmonische Schwingungen ausführt.

Ein Vergleich mit $\hat{W}_{pot} = \frac{1}{2} m \omega^2 \hat{s}^2 = \frac{1}{2} D \cdot \hat{s}^2$ liefert

>> $D = C$ bzw. $\omega = \sqrt{\frac{C}{m}}$.

>> Zusatzwissen

Um die Schwingungsdauer zu bestimmen, benötigen wir noch eine Entsprechung zu m. Diese liefert uns die kinetische Energie:

$$W_{mag} = \frac{1}{2} L I^2 \text{ und } W_{kin} = \frac{1}{2} m v^2$$

Auf den ersten Blick scheint die Entsprechung $m \triangleq L$ naheliegend.
Jedoch wäre dann auch $v = \dot{s} \triangleq I = \dot{U}$. Diese Beziehung ist jedoch **falsch**!
Richtig ist hingegen ist $I = \dot{Q} = C \cdot \dot{U}$ und damit $W_{mag} = \frac{1}{2} L C^2 U^2$ woraus $m = LC^2$ folgt. Dies liefert schließlich

$$\omega = \sqrt{\frac{C}{m}} = \sqrt{\frac{C}{LC^2}} = \frac{1}{\sqrt{LC}}.$$

Widerstand eines Schwingkreises

Der elektrische Widerstand eines Kondensators (→ Seite 36 ff.) und einer Spule (→ Seite 48 f.) hängt von der Frequenz ab. Wir betrachten zunächst einen Kondensator an einer Stromquelle mit

$$I = \dot{Q} = \cos \omega t.$$

Hieraus folgt für die Ladung des Kondensators

$$Q = \frac{1}{\omega} \sin \omega t = C \cdot U.$$

Den Widerstand des Kondensators erhalten wir durch Division der Effektivwerte (→ Seite 68) für Strom und Spannung:

R_C

$$I_{eff} = \frac{1}{\sqrt{2}} \text{ und } U_{eff} = \frac{1}{\sqrt{2}} \cdot \frac{1}{\omega C} \Rightarrow R_C = \frac{U_{eff}}{I_{eff}} = \frac{1}{\omega C}$$

Analog folgt für eine Spule an einer Spannungsquelle:

$$U = \cos \omega t = -L\dot{I} \Rightarrow I = \frac{1}{\omega L} \sin \omega t$$

R_L

$$\Rightarrow U_{eff} = \frac{1}{\sqrt{2}} \text{ und } I_{eff} = \frac{1}{\sqrt{2}} \cdot \frac{1}{\omega L} \Rightarrow R_L = \frac{U_{eff}}{I_{eff}} = \omega L$$

Da Strom und Spannung an Kondensatoren und Spulen jeweils um $\pi/2$ gegeneinander versetzt sind, fällt an ihnen im arithmetischen Mittel keine Leistung ab:

$$P = U \cdot I \propto \sin(\omega t) \cdot \cos(\omega t) = \frac{1}{2} \sin(2\omega t) \Rightarrow \overline{P} = 0$$

$\propto$ bedeutet: proportional zu (oft auch: $\sim$)

Die Widerstände R_C und R_L werden aus diesem Grund als **Scheinwiderstände** bezeichnet. In einem freien ungedämpften Schwingkreis gilt bei **Resonanz**:

$$U_L = U_C \Rightarrow R_L = R_C \Rightarrow \omega \cdot L = \frac{1}{\omega \cdot C} \Leftrightarrow \omega^2 = \frac{1}{L \cdot C}$$

$$\Rightarrow \omega = \frac{1}{\sqrt{L \cdot C}} \Leftrightarrow f = \frac{1}{2\pi\sqrt{L \cdot C}}$$

THOMSON'sche Schwingungsgleichung
SIR WILLIAM THOMSON 1824–1907, 1892 Erhebung in den erblichen Adelsstand 1. Baron KELVIN OF LARGS genannt LORD KELVIN

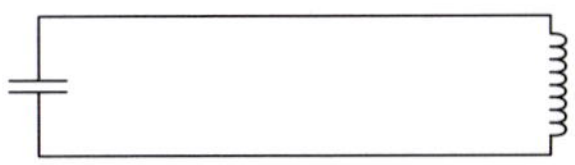

Abb. 3.12: Parallelschwingkreis: Bei einer Parallelschaltung ist der Widerstand bei Resonanz am größten.

Abb. 3.13: Reihenschwingkreis: Bei einer Serienschaltung ist der Widerstand bei der Resonanzfrequenz am kleinsten.

Der gedämpfte Schwingkreis

Ein elektromagnetischer Schwingkreis ist niemals völlig frei von Verlusten. Den wesentlichen Beitrag hierzu liefert der OHM'sche Widerstand der Spule. Die Spannung am Kondensator verringert sich daher nach dem OHM'schen Gesetz (Glossar → Seite 217) auf

$$U_C = U_{ind} - R \cdot I.$$

Die Schwingungsgleichung wird damit zu

$$\ddot{Q} = -\frac{1}{LC} Q - \frac{R}{L} \dot{Q}.$$

Dies entspricht der Schwingungsgleichung einer mechanischen harmonischen Schwingung mit viskoser Dämpfung (→ Seite 76):

$$\ddot{s}(t) = -\frac{\mu}{m} \cdot \dot{s}(t) - \omega^2 \cdot s(t).$$

Analog zum ungedämpften Schwingkreis ergeben sich hier folgenden Entsprechungen:

$$s = Q \text{ und } D = \frac{1}{C} \text{ und } m \mathrel{\hat{=}} L \text{ und } \mu = R$$

Berücksichtigen wir noch $Q = C \cdot U$ und damit $\dot{Q} = C \cdot \dot{U}$ sowie $\ddot{Q} = C \cdot \ddot{U}$, so folgt für die Schwingungsgleichung

$$\ddot{U} = -\frac{1}{LC} U - \frac{R}{L} \dot{U}.$$

Aus der Rückstellkraft $F(t) = -\mu \cdot \dot{s}(t) - D \cdot s(t)$ folgt schließlich:

$$F(t) = -R \cdot \dot{Q}(t) - \frac{1}{C} \cdot Q(t) \text{ und damit}$$

$$F \mathrel{\hat{=}} U.$$

Gedämpfter Schwingkreis

Schwingungsgleichung: $\ddot{U} = -\frac{1}{LC} U - \frac{R}{L} \dot{U}$

Fall 1: $\frac{R}{2L} > \omega$; **starke Dämpfung:** $\Rightarrow\ U(t) = A_1 \cdot \exp(\lambda_1 t) + A_2 \cdot \exp(\lambda_2 t)$

$$\lambda_{1,2} = -\frac{R}{2L} \pm \sqrt{\left(\frac{R}{2L}\right)^2 - \omega^2};$$

$$A_1 = \frac{\dot{U}(0) - \lambda_2 U_0}{\lambda_1 - \lambda_2} \text{ und } A_2 = U_0 - A_1$$

Fall 2: $\frac{R}{2L} = \omega$; aperiodischer Grenzfall: $\Rightarrow\ U(t) = (U_0 + \dot{U}(0) \cdot t) \cdot \exp\left(-\frac{R}{2L} t\right)$

Fall 3: $\frac{R}{2L} < \omega$; **schwache Dämpfung:** $\Rightarrow\ U(t) = u \cdot \exp\left(-\frac{R}{2L} t\right) \cdot \sin(\omega_D t + \varphi)$

$$\text{mit } \omega_D = \sqrt{\omega_2 - \left(\frac{R}{2L}\right)^2} = \omega \sqrt{1 - \frac{Q^2}{4}}$$

Die Dämpfung verringert die Resonanzfrequenz!

$$u = \sqrt{\left(\frac{\dot{U}(0) + \frac{R}{2L} U_0}{\omega_D}\right)^2 + U_0^2} \text{ und } \varphi = \arcsin \frac{U_0}{C}$$

$$\hat{U}(n \cdot T) = \frac{\hat{U}_0}{K^n} \text{ mit } K = \exp\left(\frac{R}{2L} \cdot T\right) = \exp\left(\frac{\pi}{Q}\right)$$

Gütefaktor: $Q = \omega \frac{L}{R} = \frac{1}{\omega C R} = \frac{R_C}{R} = \frac{R_L}{R}$ *mit* $R_C = \frac{1}{\omega C}$ *und* $R_L = \omega L$

Gedämpfter Schwingkreis mit erzwungener Schwingung

Wird an einen Schwingkreis (→ Abb. 3.14) eine externe Spannung $U_{ext} = \hat{U}_{ext} \cdot \cos(\omega_{ext} t)$ angelegt, so führt dies zu einer erzwungenen Schwingung:

$$U_C = U_{ind} - R \cdot I + U_{ext}$$

Die Schwingungsgleichung wird damit zu

$$\ddot{Q} = -\frac{1}{LC} Q - \frac{R}{L} \dot{Q} - \frac{\hat{U}_{ext}}{L} \cdot \cos(\omega_{ext} t).$$

Dies ist die Schwingungsgleichung einer erzwungenen harmonischen Schwingung mit viskoser Dämpfung (→ Seite 80).

$$\ddot{s}(t) = -\frac{\mu}{m} \cdot \dot{s}(t) - \omega^2 \cdot s(t) + \frac{\hat{F}_{ext}}{m} \cdot \cos(\omega_{ext} t)$$

Vom gedämpften Schwingkreis kennen wir bereits die Entsprechungen

$$s = Q; \quad \omega = \frac{1}{\sqrt{L \cdot C}}; \quad D = \frac{1}{C}; \quad m \triangleq L; \quad \mu = R \quad \Rightarrow \quad \hat{F}_{ext} \triangleq \hat{U}_{ext}$$

Berücksichtigen wir noch $Q = C \cdot U$ und damit $\dot{Q} = C \cdot \dot{U}$ sowie $\ddot{Q} = C \cdot \ddot{U}$, so folgt für die Schwingungsgleichung

$$\ddot{U} = -\frac{1}{LC} U - \frac{R}{L} \dot{U} - \frac{\hat{U}_{ext}}{LC} \cdot \cos(\omega_{ext} t).$$

Die Lösung dieser Schwingungsgleichung setzt sich wiederum additiv aus der freien Schwingung des gedämpften Schwingkreises und einer erzwungenen Schwingung mit ω_{ext} zusammen. Durch die Dämpfung klingt die freie Schwingung schnell ab, sodass nach dem Einschwingen nur die erzwungene Schwingung übrig bleibt:

$$U(t) = u(\omega_{ext}) \cdot \sin(\omega_{ext} + \varphi(\omega_{ext}))$$

mit $u(\omega_{ext}) = \dfrac{\hat{U}_{ext}}{\sqrt{L^2(\omega_{ext}^2 - \omega^2)^2 + R^2 \omega_{ext}^2}}$ und $\varphi(\omega_{ext}) = \arctan\left(\dfrac{R}{L} \dfrac{\omega_{ext}}{\omega_{ext}^2 - \omega^2}\right)$

Die Amplitude dieser erzwungenen Schwingung wird maximal für

$$\omega_{ext,\,Resonanz} = \sqrt{\omega^2 - \frac{R^2}{2L^2}} = \omega\sqrt{1 - \frac{1}{2Q^2}} \text{ mit der Güte } Q = \omega\frac{L}{R} = \frac{1}{\omega C R} = \frac{R_C}{R} = \frac{R_L}{R},$$

und erreicht dabei den Wert

$$u(\omega_{ext,\,Resonanz}) = \frac{\hat{U}_{ext}}{R\sqrt{\omega^2 - \frac{R^2}{4L^2}}} = \frac{\hat{U}_{ext}}{R\omega_D} \text{ mit } \omega_D = \sqrt{\omega^2 - \left(\frac{R}{2L}\right)^2} = \omega\sqrt{1 - \frac{Q^2}{4}}.$$

Die Bandbreite des Schwingkreises beträgt:

$$\beta = \frac{\omega}{Q} = \frac{R}{L} \text{ bzw. } B = \frac{f}{Q} = \frac{1}{2\pi} \cdot \frac{R}{L},$$

$$\omega = \frac{1}{\sqrt{L \cdot C}} \text{ bzw. } f = \frac{1}{2\pi\sqrt{L \cdot C}}$$

$$\text{und } Q = \omega\frac{L}{R} = \frac{1}{\omega C R} = \frac{R_C}{R} = \frac{R_L}{R}$$

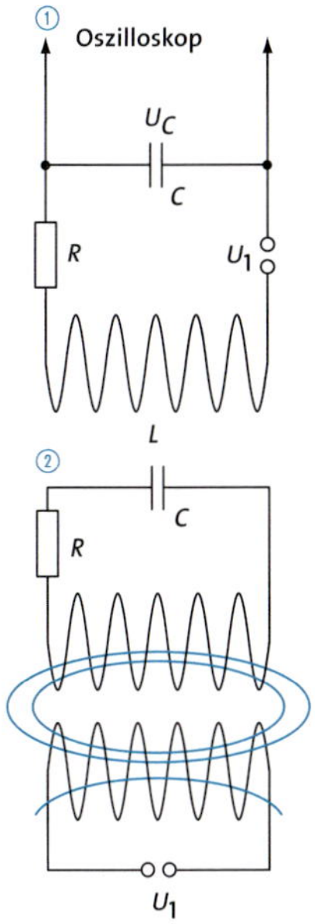

Abb. 3.14: Gedämpfter elektromagnetischer Schwingkreis mit direkter Anregung ① und Anregung durch Induktion ②.

erzwungene Schwingung

→ Abb. 3.7 auf Seite 81 zeigt einige Resonanzkurven für einen gedämpften Schwingkreis.

Überblick

Harmonische Schwingung:	$\ddot{s}(t) = -\omega^2 s(t) \;\Rightarrow\; s(t) = \hat{s}\cdot\sin(\omega t + \varphi_0)$
Kreisfrequenz:	$\omega = 2\pi f = \frac{2\pi}{T} = \sqrt{\frac{D}{m}}$
Periodendauer:	$T = \frac{1}{f} = \frac{2\pi}{\omega}$
Hooke'sches Gesetz:	$F(t) = -m\omega^2 s(t) = -D\cdot s(t)$
Energie:	$\hat{W}_{pot} = \frac{1}{2}m\omega^2\hat{s}^2 = \frac{1}{2}D\cdot\hat{s}^2 = \hat{W}_{kin}$
Überlagerung:	$s(t) = \hat{s}\cdot\sin\omega_0 t + \hat{s}\cdot\sin(\omega_1 t)$ $= 2\hat{s}\cdot\sin\left(\frac{\omega_0+\omega_1}{2}t\right)\cdot\cos\left(\frac{\omega_0-\omega_1}{2}t\right)$
COULOMB-Reibung:	$F_R = \mu\cdot F_\perp$
⇒ Amplitudenabnahme:	$\hat{s}\left(n\cdot\frac{T}{2}\right) = \hat{s}_0 - \frac{2\mu F_\perp}{D}n = \hat{s}_0 - \frac{2\mu F_\perp}{m\omega^2}n$
Viskose Reibung:	$F_R = \mu\cdot v$
Starke Dämpfung:	$\frac{\mu}{2m} > \omega \;\Rightarrow$ Kriechbewegung
Aperiodischer Grenzfall:	$\frac{\mu}{2m} = \omega \;\Rightarrow\; s(t) = (s_0 + v_0 t)\cdot\exp\left(-\frac{\mu}{2m}t\right)$
Schwache Dämpfung:	$\frac{\mu}{2m} < \omega \;\Rightarrow\; s(t) = S\cdot\exp\left(-\frac{\mu}{2m}t\right)\cdot\sin(\omega_D t + \varphi)$
Frequenzverschiebung:	$\omega_D = \sqrt{\omega^2 - \left(\frac{\mu}{2m}\right)^2}$ und
Amplitudenabnahme:	$\propto \exp\left(-\frac{\mu}{2m}t\right) \;\Leftrightarrow\; \hat{s}(n\cdot T) = \frac{\hat{s}_0}{K^n}$

Erzwungene Schwingung mit viskoser Reibung:

Amplitude: $S(\omega_{ext}) = \frac{\hat{F}_{ext}}{\sqrt{m^2(\omega_{ext}^2 - \omega^2)^2 + \mu^2\omega_{ext}^2}}$

Resonanzfrequenz: $\omega_{ext} = \sqrt{\omega^2 - \frac{\mu^2}{2m^2}}$

$$\Rightarrow S(\omega_{ext}) = \frac{\hat{F}_{ext}}{\mu\sqrt{\omega^2 - \frac{\mu^2}{4m^2}}} = \frac{\hat{F}_{ext}}{\mu\omega_D}$$

Federpendel:	$F_{Feder} = -D\cdot s = m\cdot\ddot{s} \;\Rightarrow\; \omega = \sqrt{\frac{D}{m}}$
Drehschwingung:	$M = -D\varphi = J\cdot\ddot{\varphi} \;\Rightarrow\; \omega = \sqrt{\frac{D}{J}}$
math. Fadenpendel:	$F_{Fadenpendel} \approx -\frac{m\cdot g}{l}\cdot s = m\cdot\ddot{s} \;\Rightarrow\; \omega = \sqrt{\frac{g}{l}}$
physikalisches Pendel:	$M_{Physikalisches\ Pendel} \approx -m\cdot g\cdot l\cdot\varphi = J\cdot\ddot{\varphi}$ $\Rightarrow \omega = \sqrt{\frac{mgl}{J}}$
Flüssigkeitspendel:	$F = -\Delta V\varrho g = -A\cdot 2s\cdot\varrho\cdot g$ $\Rightarrow \omega = \sqrt{\frac{2A\cdot g\cdot\varrho}{m}}$ mit $m = V\cdot\varrho$
Schwingkreis:	$\ddot{Q} = -\frac{1}{LC}Q \;\Rightarrow\; \omega = \frac{1}{\sqrt{LC}}$ mit $I = \dot{Q}$ sowie $D \mathrel{\hat{=}} \frac{1}{C}$ und $m \mathrel{\hat{=}} L$
bei Resonanz:	$R_C = \frac{1}{\omega C} = \omega L = R_L$

Wellen

4

Als Wellen werden zeitlich und räumlich periodische Zustandsänderungen bezeichnet, die auftreten, wenn

- *das System aus vielen Teilsystemen besteht, die Schwingungen (→ Kapitel 3) ausführen können; und*
- *alle Teilsysteme so miteinander verbunden sind, dass sie miteinander Energie austauschen können; und*
- *mindestens ein Teilsystem durch eine äußere Störung zu einer Schwingung angeregt wird.*

4.1 Ausbreitung von Wellen

Grundlagen

Mechanische Wellen können sich nur in einem Medium ausbreiten. Der Wellenträger besteht aus miteinander gekoppelten, schwingungsfähigen Teilchen. Je fester die Kopplung und je kleiner die Masse ist, desto höher ist die **Ausbreitungsgeschwindigkeit** c.

Die Ausbreitung einer Welle ist stets mit der Übertragung von **Schwingungsenergie** verbunden. Die Geschwindigkeit mit der sich diese Energie fortpflanzt wird als **Gruppengeschwindigkeit** (→ Seite 97) bezeichnet. In der Regel ist sie kleiner als die Ausbreitungsgeschwindigkeit c_{Ph} der Schwingung, die **Phasengeschwindigkeit** (→ Seite 97) genannt wird. Je nach Bewegungsrichtung der schwingenden Teilchen werden verschiedene Wellenarten unterschieden: Bei **Längs-** oder **Longitudinalwellen** schwingen die Teilchen in der Ausbreitungsrichtung, sodass sich Verdichtungen und Verdünnungen abwechseln (Ausbreitung von Schall in Gasen). Schwingen die Teilchen hingegen quer zur Ausbreitungsrichtung, so spricht man von **Quer-** oder **Transversalwellen.**

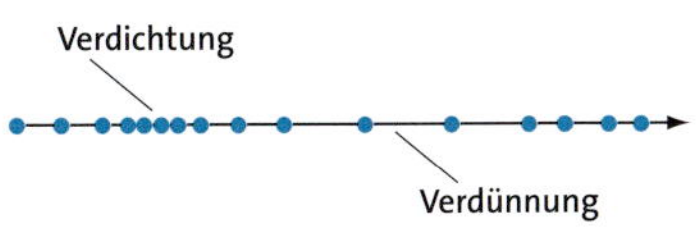

Abb. 4.1: Longitudinalwelle

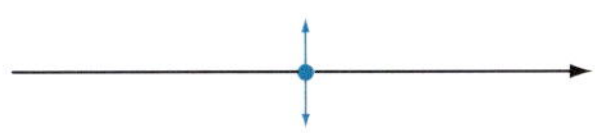

Abb. 4.2: Transversalwelle

Der räumliche Abstand zweier Teilchen mit der gleichen Schwingungsphase (synchrone Bewegung) heißt **Wellenlänge** λ. Die Ausbreitungsrichtung der

Welle nennt man **Wellenstrahl**. Senkrecht zu diesem verläuft die **Wellenfront**, das heißt der geometrische Ort aller Teilchen mit gleicher Phase. Abhängig von der Ausbreitungsrichtung werden verschiedene Wellenformen unterschieden: **Kugel-** bzw. **Kreiswellen** breiten sich konzentrisch um den Erreger aus; die Wellenstrahlen verlaufen radial. **Ebene Wellen** ergeben sich durch Überlagerung vieler Kugel- bzw. Kreiswellen oder als Wellenfront sehr weit entfernter Erreger.

Werden Wellen überlagert, so addieren sich die Auslenkungen. Die Ausbreitung der Wellen ändert sich hierdurch jedoch nicht. Eine gegenseitige Beeinflussung der Wellen tritt erst dann auf, wenn die Amplituden so groß werden, dass die Schwingung der Teilchen nicht mehr harmonisch ist.

CHRISTIAAN HUYGENS 1629–1695

Für die Beschreibung der Ausbreitung von Wellen ist es nicht notwendig, die tatsächliche Quelle bzw. die physikalische Ursache der Schwingung zu kennen. Stattdessen kann ein beliebiges schwingendes Teilchen herausgegriffen und als Erregerzentrum der Welle angesehen werden (**HUYGENS'sches Prinzip**). Bei einer eindimensionalen Schwingung genügt hierzu ein einzelnes Teilchen. Eine zweidimensionale Wellenfront erfordert hingegen schon eine ganze Kette von Erregern kreisförmiger **Elementarwellen**. Bei einer dreidimensionalen Wellenfront wird schließlich eine flächenhafte Anordnung von Erregern kugelförmiger Elementarwellen benötigt.

Die Ausbreitung einer eindimensionalen Transversalwelle lässt sich durch die folgenden Gleichungen beschreiben.

Siehe auch Kapitel 3.2, → Seiten 73 bis 81

Harmonische Schwingung des Erregers

$$y = \hat{s} \cdot \sin \omega t = \hat{s} \cdot \sin\left(\frac{2\pi}{T} t\right) \text{ mit } \omega = 2\pi f = \frac{2\pi}{T}$$

Da die Welle sich mit der Geschwindigkeit c ausbreitet, ist die Schwingung eines Teilchens in der Entfernung x vom Erreger um die Zeit $t = \frac{x}{c_{Ph}}$ verzögert:

$$y(x, t) = \hat{s} \cdot \sin\left[\frac{2\pi}{T}\left(t - \frac{x}{c_{Ph}}\right)\right] = \hat{s} \cdot \sin\left[2\pi\left(\frac{t}{T} - \frac{x}{\lambda}\right)\right]$$

mit der Wellenlänge $\lambda = c \cdot T$.

Die Schwingung eines Teilchens in der Entfernung $x = x_0$ vom Erreger lautet:

$$y(x_0, t) = \hat{s} \cdot \sin\left[\frac{2\pi}{T}(t - t_0)\right] \text{ mit } t_0 = \frac{x_0}{c_{Ph}}$$

Betrachtet man, z. B. auf einem Foto, die Welle zu einem festen Zeitpunkt $t = t_0$, so beträgt die Auslenkung:

$$y(x, t_0) = \hat{s} \cdot \sin\left[\frac{2\pi}{T}\left(t_0 - \frac{x}{c_{Ph}}\right)\right] = \hat{s} \cdot \sin\left[\frac{2\pi}{\lambda}(x_0 - x)\right]$$

mit der Wellenlänge $\lambda = c_{Ph} \cdot T$ und der Entfernung $x_0 = c_{Ph} \cdot t_0$, welche die Welle in der Zeit t_0 zurückgelegt hat.

Zur Vereinfachung der Gleichung wird die Wellenlänge häufig durch die **Wellenzahl** $k = \frac{2\pi}{\lambda}$ ausgedrückt.

Ausbreitung von Wellen

$$y(x, t) = \hat{s} \cdot \sin\left[\frac{2\pi}{T}\left(t - \frac{x}{c_{Ph}}\right)\right] = \hat{s} \cdot \sin\left[2\pi\left(\frac{t}{T} - \frac{x}{\lambda}\right)\right]$$

Wellenlänge: $\lambda = c_{Ph} \cdot T = \frac{c_{Ph}}{f}$

Periodendauer: $T = \frac{1}{f} = \frac{2\pi}{\omega}$

Frequenz: $f = \frac{1}{T} = \frac{\omega}{2\pi} = \frac{c_{Ph}}{\lambda}$

Kreisfrequenz: $\omega = 2\pi f = \frac{2\pi}{T}$

Ausbreitungs-/Phasengeschwindigkeit: $c_{Ph} = \frac{\lambda}{T} = \lambda \cdot f = \frac{\omega}{k}$

Wellenzahl: $k = \frac{2\pi}{\lambda}$

DOPPLER-Effekt

Bewegt sich der Ausgangspunkt einer Welle (ein Sender mit der Frequenz f', der Periodendauer T' und der Wellenlänge λ') mit der Geschwindigkeit V relativ zu einem ruhenden Beobachter, so misst dieser eine veränderte Frequenz bzw. Wellenlänge:

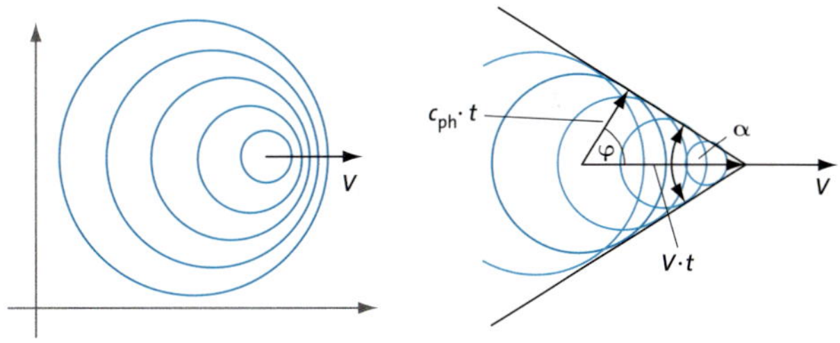

Abb. 4.3: Die Abbildungen zeigen die Wellenfronten eines Senders im Bezugssystem eines ruhenden Beobachters: Links als DOPPLER-Effekt mit $V < c_{Ph}$ und rechts als MACH-Wellen mit $V > c_{Ph}$.

Während einer Schwingungsperiode des Senders bewegt sich dieser um $V \cdot T'$. Die Wellenfront breitet sich während dieser Zeit um $c_{Ph} \cdot T'$ aus, sodass der Beobachter eine Wellenlänge von $\lambda = (c_{Ph} - V) \cdot T'$ misst.

CHRISTIAN ANDREAS DOPPLER 1803–1853

Dies entspricht der Frequenz $f = \frac{c_{Ph}}{\lambda} = \frac{c_{Ph}}{(c_{Ph} - V)\,T'} = \frac{1}{1 - \frac{V}{c_{Ph}}} f'$

bzw. der Wellenlänge $\lambda = \frac{c_{Ph}}{f} = \frac{c_{Ph}}{f'} \cdot \left(1 - \frac{V}{c_{Ph}}\right) = \left(1 - \frac{V}{c_{Ph}}\right) \cdot \lambda'$.

Für Licht gilt: $c_{Ph} = \frac{c_0}{n}$ und für Schall: $c_{Ph,\,Luft}\left[\frac{m}{s}\right] \approx 331{,}6 + 0{,}6 \cdot \vartheta$ mit ϑ in °C.

MACH-Kegel und Überschallknall

Der DOPPLER-Effekt beschreibt einen Sender, der sich relativ zu einem ruhenden Beobachter bewegt, wobei dessen Geschwindigkeit V kleiner ist als die Ausbreitungsgeschwindigkeit c_{Ph} der abgestrahlten Welle. Bewegt sich der Sender hingegen schneller als die Welle, erreicht die Welle den Beobachter erst nachdem der Sender ihn passiert hat. Die Wellenfronten bilden ausgehend vom Sender den sogenannten **MACH-Kegel** (→ Abb. 4.3) mit dem Öffnungswinkel $\sin\frac{\alpha}{2} = \frac{c_{Ph}}{V}$.

ERNST WALDFRIED JOSEF WENZEL MACH 1838–1916

Durch konstruktive Interferenz verstärken sich die zeitlich nacheinander ausgesandten Partialwellen des Senders auf dem Mantel des MACH-Kegels. Handelt es sich bei dem Sender um eine Schallquelle, wie z. B. ein Überschallflugzeug, so hört der Beobachter einen lauten **Überschallknall**, sobald der Mach-Kegel ihn passiert. Die Ausbreitungsrichtung dieser **MACH-Welle** hat den Winkel φ zur Bewegungsrichtung des Senders (→ Abb. 4.3): $\cos\varphi = \frac{c_{Ph}}{V}$

Reflexion und Brechung

Trifft eine Welle auf ein Material, in dem sie sich mit anderer Geschwindigkeit ausbreitet, so treten Reflexion und Brechung auf.

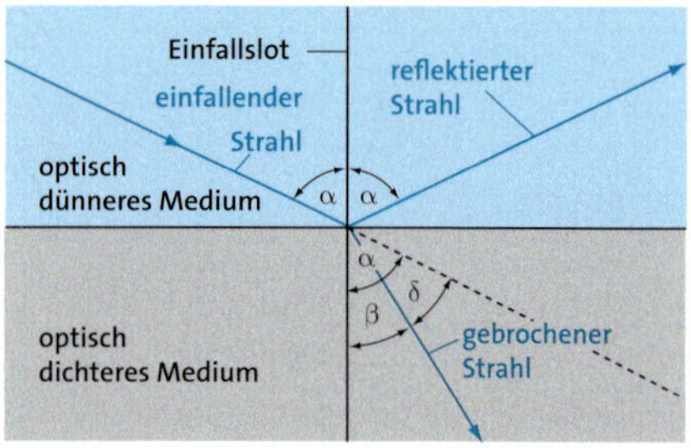

Abb. 4.4: Das Licht wird einerseits reflektiert, andererseits um den Winkel $\delta = \alpha - \beta$ gebrochen.

Reflexion

Jeder Punkt einer Wellenfront kann als Ausgangspunkt einer Elementarwelle (Kreis- oder Kugelwelle) angesehen werden (HUYGENS'sches Prinzip). Hieraus folgt unmittelbar das **Reflexionsgesetz** Einfallswinkel = Ausfallswinkel bzw. $\alpha = \beta$ (→ Abb. 4.5). Die Frequenz ändert sich bei der Reflexion nicht. Jedoch tritt bei Reflexion an

Reflexionsgesetz

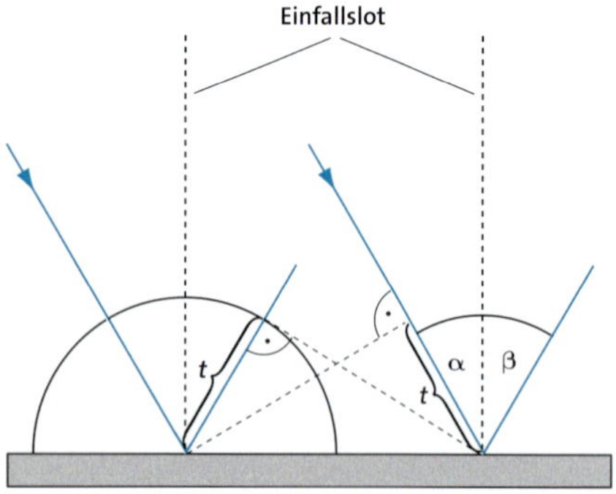

Abb. 4.5: Konstruktion des Reflexionsgesetzes

einem **optisch dichteren Medium** ein **Phasensprung** um den Betrag π auf, also die gleiche Änderung wie beim Durchlaufen eines Weges der Länge $\lambda/2$. Dies entspricht der Reflexion einer stehenden Welle an einem festen Ende (→ Seite 99). Bei der Reflexion an einem **optisch dünneren Medium** tritt ein solcher Phasensprung nicht auf, analog zur Reflexion einer stehenden Welle an einem losen Ende (→ Seite 99).

Brechung

Abb. 4.6 zeigt die Konstruktion des Brechungsgesetzes beim Übergang von einem optisch dünneren in ein optisch dichteres Medium.

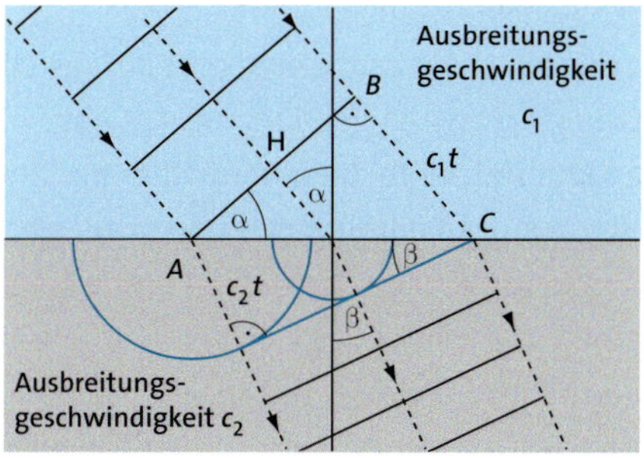

Abb. 4.6: Brechung einer Welle beim Übergang von einem dünneren in ein dichteres Medium

Da die Lichtgeschwindigkeit (**Phasengeschwindigkeit** → Seite 97) im optisch dichteren Medium kleiner ist ($c_2 < c_1$) legt die Welle hier in der Zeit t eine kürzere Strecke zurück: $c_2 \cdot t < c_1 \cdot t \Leftrightarrow \lambda_2 < \lambda_1$. Hieraus folgt das **Brechungsgesetz**, das vor allem im englischen Sprachraum als **Snellius-Gesetz** bezeichnet wird:

Willebrord van Roijen Snell 1580–1626

Brechungsgesetz

$$\frac{\sin\alpha}{\sin\beta} = \frac{c_1 t}{c_2 t} = \frac{c_1}{c_2} = \frac{c_1 T}{c_2 T} = \frac{\lambda_1}{\lambda_2} =: n$$

n heißt **Brechungsindex**. Bei elektromagnetischen Wellen wird n meistens nur für ein einzelnes Medium angegeben. In diesem Fall ist das Verhältnis der Geschwindigkeit im Medium in Relation zur Vakuumlichtgeschwindigkeit c_0 gemeint (Vakuum = Medium 1). Folglich ist dann n stets größer als 1:

$$n_{\text{Medium}} = \frac{c_0}{c_{\text{Ph, Medium}}} \Leftrightarrow c_{\text{Ph, Medium}} = \frac{c_0}{n_{\text{Medium}}}$$

Da $\sin\alpha \leq 1$ ist, folgt darüber hinaus: $\sin\beta \leq \frac{1}{n}$

Der Winkel β_G zu $\sin\beta_G = \frac{1}{n}$ wird als **Grenzwinkel** bezeichnet. Ist $\beta > \beta_G$, so tritt **Totalreflexion** innerhalb des dichteren Mediums ein.

Material	n
Vakuum	exakt 1
Luft	1,0003
Eis	1,310
Wasser	1,333
Quarzglas	1,459
Diamant	2,417

Tab. 4.1: Brechungsindizes n einiger Materialien

Die Stärke der Reflexion an der Grenzfläche vom optisch dünneren (Luft) zum optisch dichteren Medium (Glas) hängt vom Einfallswinkel und der Polarisation des Lichts ab und wird im Abschnitt → „Polarisation von Licht durch Reflexion" auf Seite 116 f. beschrieben.

Vorsicht: Falle

Der Buchstabe n wird häufig auch als Abkürzung für eine beliebige natürliche Zahl verwendet, z. B. bei → „Stehende Wellen" auf Seite 98 ff. und → „4.3 Interferenzphänomene" auf Seite 107 ff. In der → „Thermodynamik" ab Seite 179 steht n für die Teilchendichte.

Reflexion und Brechung

Reflexionsgesetz: $\alpha = \beta$

Phasensprung um π bei Reflexion am optisch dichteren Medium.

Brechungsindex: $n = \frac{c_0}{c_{\text{Ph, Medium}}} = \frac{\lambda_0}{\lambda_{\text{Medium}}}$

SNELLIUS-Brechungsgesetz: $\frac{\sin\alpha}{\sin\beta} = \frac{\lambda_1}{\lambda_2} = \frac{c_{\text{Ph},1}}{c_{\text{Ph},2}} = \frac{n_2}{n_1}$

Totalreflexion für $\beta \geq \beta_G$ mit $\sin\beta_G \leq \frac{n_1}{n_2}$

Totalreflexion im Prisma

Trifft ein Lichtstrahl senkrecht auf die Oberfläche eines rechtwinkligen Prismas (→ Abb. 4.7), so erfährt der Strahl beim Eintritt in das Prisma keine Brechung, da der Einfallswinkel null ist.
An der gegenüberliegenden Seite erfolgt hingegen eine Totalreflexion, da der Winkel $\beta = 45°$ größer als der Grenzwinkel $\beta_{\text{G,Quarzglas}} = 43{,}4°$ ist.
Der Austritt aus dem Prisma erfolgt wiederum ohne Brechung.

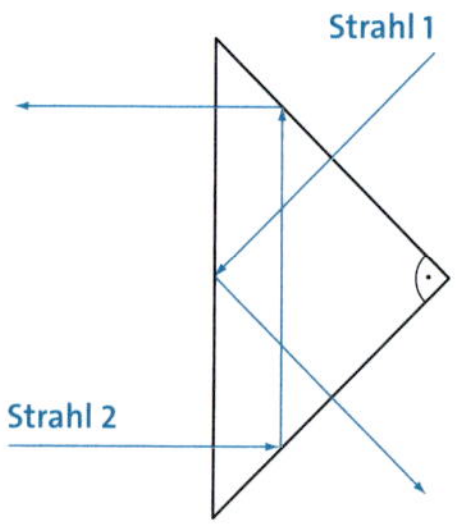

Abb. 4.7: Umlenkung eines Lichtstrahls um 90° bei Strahl 1 und 180° bei Strahl 2 durch Totalreflexion.

Das FERMAT'sche Prinzip

PIERRE DE FERMAT
um 1600–1665

Das Reflexions- und Brechungsgesetz sind Spezialfälle des FERMAT'schen Prinzips: **„Eine Welle läuft zwischen zwei Punkten immer so, dass sie dazu möglichst wenig Zeit braucht."** Dabei können zwischen den beiden Punkten beliebig viele scharfe oder kontinuierliche Übergänge zwischen verschiedenen Medien liegen. Der Beweis dieses Prinzips erfolgt analog zur Herleitung des Reflexions- und Brechungsgesetzes auf der Basis des HUYGENS'schen Prinzips.
Zur einfacheren Anwendung des FERMAT'schen Prinzips wird die **optische Weglänge** $s_O = n \cdot s$ als Produkt aus der Brechungszahl n und der geometrischen Weglänge s eingeführt, da dieses proportional zur Laufzeit der Welle ist:

$$t = \frac{s}{c} = \frac{n \cdot s}{c_0} = \frac{s_O}{c_0}$$

Eine Welle braucht also für gleiche optische Weglängen die gleiche Zeit.
Eine wesentliche Konsequenz des FERMAT'schen Prinzips besteht in der **Umkehrbarkeit des Strahlengangs.**

Dispersion

Breitet sich eine Welle in Materie aus, so führt diese eine erzwungene Schwingung (→ Seite 80) aus. Da die Auslenkung einer erzwungenen Schwingung von der Frequenz abhängt, verwundert es nicht, dass dies auch für die Ausbreitungsgeschwindigkeit einer Welle gilt.

Die bekannte Beziehungen $c_{Ph} = \frac{\omega}{k} = f \cdot \lambda = \frac{\lambda}{T}$ werden durch diesen als **Dispersion** bezeichneten Effekt nicht beeinflusst. Bei Berechnungen müssen wir lediglich daran denken, dass die Materialkonstante c_{Ph} von der Frequenz bzw. Wellenlänge abhängt.
Wird im Zusammenhang mit Wellen von der Ausbreitungsgeschwindigkeit gesprochen, so ist hiermit meist die Geschwindigkeit gemeint, mit der sich die Schwingung fortpflanzt. Sie wird als **Phasengeschwindigkeit** c_{Ph} bezeichnet.

Phasengeschwindigkeit

Tritt in einem Medium Dispersion auf, so beeinflusst dies auch die Ausbreitungsgeschwindigkeit der Schwingungsenergie der Welle, die als **Gruppengeschwindigkeit** v_{Gr} bezeichnet wird:

$$v_{Gr} = \frac{d\omega}{dk} = c_{Ph} - \lambda \frac{dc_{Ph}}{d\lambda} \quad \text{mit } k = \frac{2\pi}{\lambda}$$

Gruppengeschwindigkeit

Beispiele

Oberflächenwellen
Die Ausbreitungsgeschwindigkeit von Oberflächenwellen auf einer Flüssigkeit zeigt eine ausgeprägte Abhängigkeit von der Wellenlänge λ, der Oberflächenspannung σ und der Flüssigkeitsdichte ϱ:

$$c_{Ph} = \sqrt{\frac{g\lambda}{2\pi} + \frac{2\pi\sigma}{\varrho\lambda}}$$

Die Ausbreitungsgeschwindigkeit ist unabhängig von der Flüssigkeitstiefe h, solange diese deutlich größer als eine halbe Wellenlänge ist. Darunter gilt hingegen: $c_{Ph} = \sqrt{gh}$

$g = 9{,}81\,\frac{\text{m}}{\text{s}^2}$

$\sigma_{\text{Wasser, 20°C}} = 0{,}07475\,\frac{\text{N}}{\text{m}}$

$\varrho_{\text{Wasser, 20°C}} = 1003\,\frac{\text{kg}}{\text{m}^3}$

Dispersion von Licht
Bei Licht im sichtbaren Spektralbereich nimmt die Phasengeschwindigkeit in der Regel mit wachsender Wellenlänge zu, das heißt rotes Licht ist in Glas schneller als blaues. (Der Brechungsindex von Glas ist für rotes Licht etwa um 0,03 kleiner als für blaues.) Dieses Verhalten wird daher als **normale Dispersion** bezeichnet. Eine Abnahme der Phasengeschwindigkeit mit wachsender Wellenlänge tritt für sichtbares Licht nur bei sehr wenigen Materialien auf und wird daher historisch **anomale Dispersion** genannt. Außerhalb des sichtbaren Spektralbereichs tritt dieses Verhalten allerdings bei fast allen Materialien auf.

Farbspektren durch Dispersion

Prisma

Trifft ein Lichtstrahl unter einem schrägen Winkel auf ein Prisma (→ Abb. 4.8), so wird er beim Ein- und Austreten aus dem Glas von der brechenden Kante weg gebrochen. Durch die Dispersion ist die Ablenkung für blaues Licht etwas stärker als für rotes, sodass die einzelnen Farben des Lichts aufgefächert werden wie bei einem Regenbogen (→ Abb. 4.9).

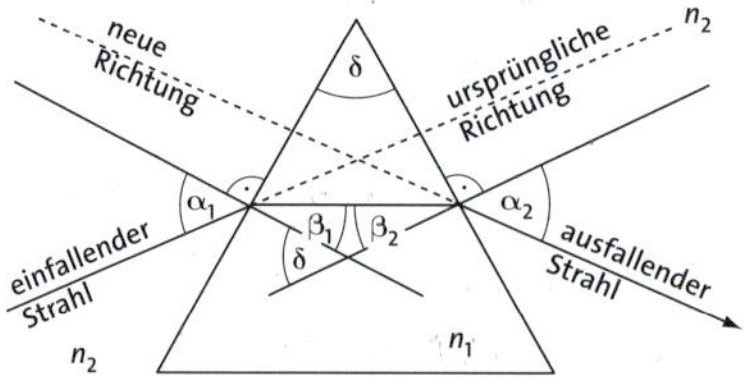

Abb. 4.8: Brechung an einem Prisma

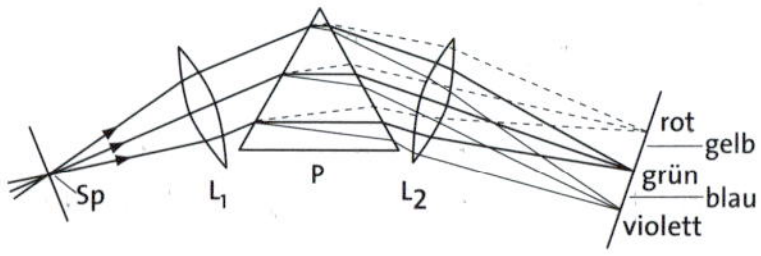

Abb. 4.9: Experiment zur Dispersion an einem Prisma

Farbfehler von Linsen (chromatische Aberration)

Als Folge der Dispersion wird blaues Licht von einer Linse stärker gebrochen als rotes. Die Brennweite hängt somit von der Farbe des Lichts ab. Dadurch ist die Abbildung einer einfachen Linse immer nur für eine Farbe scharf; die übrigen Farben liefern ein unscharfes Bild, das sich an Kanten durch farbige Säume bemerkbar macht. Zur Korrektur dieses Fehlers kombiniert man eine Sammellinse mit einer schwächeren Zerstreuungslinse aus einem Glas mit höherem Brechungsindex zu einem sogenannten **Achromat**.

Stehende Wellen

Wird eine Welle so reflektiert, dass sie phasengleich zurückläuft, so entsteht eine **stehende Welle** mit ortsfesten Schwingungsknoten und -bäuchen.

Hinlaufende Welle: $y_H = \hat{s} \cdot \sin\left[2\pi\left(\frac{t}{T} - \frac{x}{\lambda}\right)\right]$

Rücklaufende Welle: $y_R = \hat{s} \cdot \sin\left[2\pi\left(\frac{t}{T} - \frac{l + (l - x)}{\lambda}\right)\right] = \hat{s} \cdot \sin\left[2\pi\left(\frac{t}{T} + \frac{x}{\lambda} - \frac{2l}{\lambda}\right)\right]$

Mit dem Additionstheorem $\sin(\alpha - \beta) = \sin\alpha \cdot \cos\beta - \cos\alpha \cdot \sin\beta$ (Anhang → Seite 245) folgt:

$$y_R = \hat{s} \cdot \sin\left[2\pi\left(\frac{t}{T} + \frac{x}{\lambda}\right)\right] \cdot \cos\left[2\pi \cdot \frac{2l}{\lambda}\right] + \hat{s} \cdot \cos\left[2\pi\left(\frac{t}{T} + \frac{x}{\lambda}\right)\right] \cdot \sin\left[2\pi \cdot \frac{2l}{\lambda}\right]$$

Reflexion am festen Ende

$l = \frac{2n+1}{4} \cdot \lambda_n$ mit $n \in \mathbb{N}_0 \Rightarrow$

$\cos\left[2\pi\left(\frac{2 \cdot (2n+1) \cdot \lambda_n}{4\lambda_n}\right)\right] = \cos[\pi \cdot (2n+1)] = \pm 1$

$\sin\left[2\pi\left(\frac{2 \cdot (2n+1) \cdot \lambda_n}{4\lambda_n}\right)\right] = \sin[\pi \cdot (2n+1)] = 0$

$\Rightarrow y_R = \pm\, \hat{s} \cdot \sin\left[2\pi\left(\frac{t}{T} + \frac{x}{\lambda_n}\right)\right]$

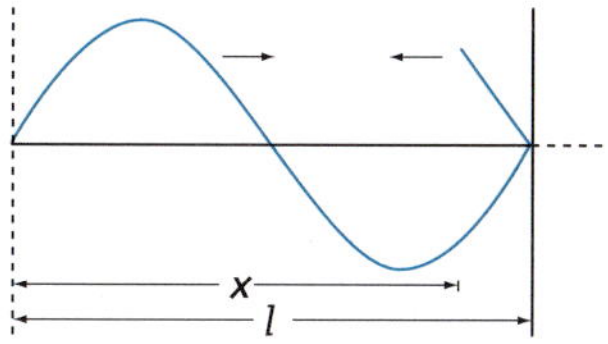

Reflexion am losen Ende

$l = \frac{n+1}{2} \cdot \lambda_n$ mit $n \in \mathbb{N}_0 \Rightarrow$

$\cos\left[2\pi\left(\frac{2(n+1) \cdot \lambda_n}{2\lambda_n}\right)\right] = \cos[2\pi \cdot (n+1)] = \pm 1$

$\sin\left[2\pi\left(\frac{2(n+1) \cdot \lambda_n}{\lambda_n}\right)\right] = \sin[2\pi \cdot (n+1)] = 0$

$\Rightarrow y_R = \pm\, \hat{s} \cdot \sin\left[2\pi\left(\frac{t}{T} + \frac{x}{\lambda_n}\right)\right]$

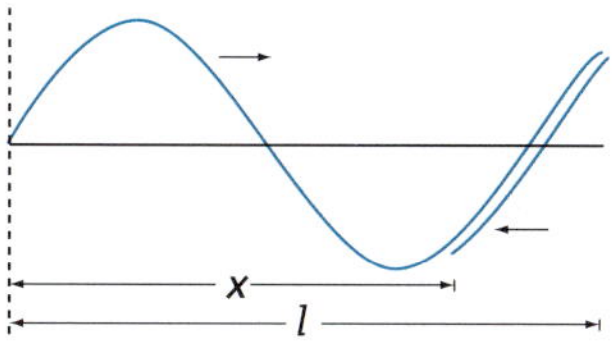

Addition der Amplituden zur stehenden Welle

$$y = y_H + y_R = \hat{s} \cdot \sin\left[2\pi\left(\frac{t}{T} - \frac{x}{\lambda}\right)\right] \pm \hat{s} \cdot \sin\left[2\pi\left(\frac{t}{T} + \frac{x}{\lambda}\right)\right]$$

Mit dem Additionstheorem $\sin\alpha + \sin\beta = 2\sin\frac{\alpha+\beta}{2} \cdot \cos\frac{\alpha-\beta}{2}$ folgt:

Anhang → Seite 245

$$y = 2\hat{s} \cdot \sin\left(2\pi\frac{t}{T_n}\right) \cdot \cos\left(2\pi\frac{x}{\lambda_n}\right)$$

Die Amplitude dieser Schwingung hängt vom Ort ab. Die Nullstellen der Kosinusfunktion bei $x = \frac{2n+1}{4} \cdot \lambda_n$ heißen **Schwingungsknoten**, die Maxima der Kosinusfunktion bei $x = \frac{n+1}{2} \cdot \lambda_n$ nennt man **Schwingungsbauch**. An den Schwingungsknoten ist die Amplitude der stehenden Welle immer null. An den Schwingungsbäuchen beträgt die Amplitude $2\hat{s}$. Die Schwingung erreicht diese maximale Auslenkung, wenn der Sinus ± 1 beträgt:

$$2\pi\frac{t}{T_n} = (2n+1) \cdot \frac{\pi}{2} \Leftrightarrow t = \frac{2n+1}{4} \cdot T_n$$

Reflexion an beiden Enden

Bei den bisherigen Betrachtungen wurde nur die Reflexion der Welle an einem Ende betrachtet. Es spricht jedoch nichts dagegen, dass die Welle auch am zweiten Ende reflektiert wird. Die Bedingung für eine stehende Welle lautet damit:

$$l = \frac{n+1}{2} \cdot \lambda_n \text{ mit } n \in \mathbb{N}_0 \Rightarrow f_n = \frac{n+1}{2l} \cdot c_{Ph}$$

Beispiele für solche schwingungsfähige Systeme sind die Saiten von Musikinstrumenten, große Brücken oder auch die Tragflächen von Flugzeugen. Die **Eigenfrequenzen**, bei denen diese Systeme schwingen, werden als **Resonanzfrequenz** bezeichnet.

Beispiele

Die Pfeife

Beim Auftreffen der Anblas-Strömung auf eine scharfe Lippe entstehen Luftwirbel, welche die Luftsäule in einem Rohr zu Schwingungen anregen. Es bilden sich stehende Wellen, die wiederum auf die Wirbel zurückwirken:

geschlossenes Ende:

$$l = \frac{2n+1}{4} \cdot \lambda_n \text{ mit } n \in \mathbb{N}_0 \Rightarrow f_n = \frac{2n+1}{4l} \cdot c_{Ph}$$

$$\text{bzw. } \lambda_n = \frac{4l}{2n+1} \text{ und } c_{Ph} = \frac{4l}{2n+1} \cdot f_n$$

offenes Ende:

$$l = \frac{n+1}{2} \cdot \lambda_n \text{ mit } n \in \mathbb{N}_0 \Rightarrow f_n = \frac{n+1}{2l} \cdot c_{Ph} \text{ und } \lambda_n = \frac{2l}{n+1} \text{ und } c_{Ph} = \frac{2l}{n+1} \cdot f_n$$

Neben der **Grundfrequenz** $f_{0,\text{geschlossen}} = \frac{c_{Ph}}{4l}$ bzw. $f_{0,\text{offen}} = \frac{c_{Ph}}{2l}$ entstehen gleichzeitig sogenannte **Oberwellen** oder **Harmonische**, das heißt stehende Wellen höherer Frequenz. Da bei einer Pfeife die Luftsäule zum Schwingen angeregt wird, hängt die Tonhöhe von der temperatur- und luftdruckabhängigen Schallgeschwindigkeit in Luft ab.

Schallgeschwindigkeit

$$c_{Ph,\text{Luft}}\left[\frac{m}{s}\right] \approx 331{,}6 + 0{,}6 \cdot \vartheta \quad \text{mit } \vartheta \text{ in °C}$$

Wird ein anderes Gas, wie z. B. Helium mit einer Schallgeschwindigkeit von $972\,\frac{m}{s}$ verwendet, ändert sich die Tonhöhe gewaltig.
Die Schwingung des Pfeifenkörpers beeinflusst hingegen den Klang, also das Oberwellenspektrum der Pfeife.

KUNDT'sches Rohr

AUGUST ADOLPH EDUARD EBERHARD KUNDT 1839–1894

Waagerechtes Glasrohr mit einem Lautsprecher an einem Ende. Stehende Schallwellen werden mit Korkmehl sichtbar gemacht, um daraus die **Schallgeschwindigkeit** zu bestimmen. Die Formeln entsprechen denen der Pfeife.

Saiten von Musikinstrumenten

Die Schwingung einer Saite entspricht einer stehenden Welle mit beidseitiger Reflexion am festen Ende:

$$l = \frac{n+1}{2} \cdot \lambda_n \text{ mit } n \in \mathbb{N}_0 \Rightarrow f_n = \frac{n+1}{2l} \cdot c_{Ph} \text{ und } \lambda_n = \frac{2l}{n+1} \text{ und } c_{Ph} = \frac{2l}{n+1} \cdot f_n$$

Für die Tonhöhe einer Saite ist ihre Schwingungsfrequenz verantwortlich, die von der Länge der Saite und der Schallgeschwindigkeit in der Saite abhängt. Während die Länge durch die Bauform des Instruments bestimmt wird, lässt sich die Schallgeschwindigkeit durch die Wahl des Materials und die Spannung der Saite beeinflussen:

$$c_{\text{Saite transversal}} = \sqrt{\frac{F}{A\varrho}}$$ mit Spannkraft F, Querschnittsfläche A und Dichte ϱ.

4.2 Elektromagnetische Wellen

Die wichtigsten Eigenschaften

Die bekanntesten Eigenschaften der elektromagnetischen Wellen entsprechen denen der mechanischen Wellen (Beugung → Seite 108, Brechung → Seite 95, Interferenz → Seite 107, Polarisation → Seite 116).
Entsprechend diesen Eigenschaften wird auch den elektromagnetischen Wellen eine Wellenlänge und eine Frequenz zugesprochen. Diese Merkmale dienen auch zu einer Einteilung der elektromagnetischen Wellen in **Radiowellen, Mikrowellen, Infrarot-, Licht-, UV-, Röntgen-** und **γ-Strahlung**. Diese Einteilung ist historisch bedingt. Die Bezeichnungen orientieren sich an Vorkommen und Anwendung der entsprechenden Welle.

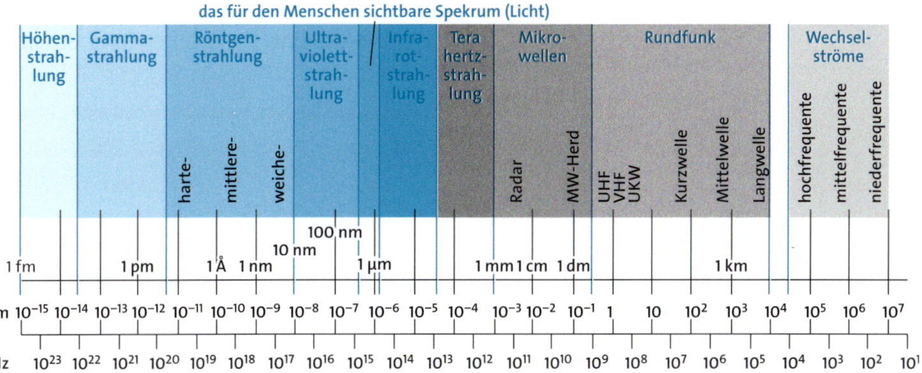

Abb. 4.10: Das elektromagnetische Spektrum

1 fm = 1 Femtometer = $1 \cdot 10^{-15}$ m;
1 Å = 1 Ångström = $1 \cdot 10^{-10}$ m

Elektromagnetische Wellen unterscheiden sich von mechanischen in einigen sehr wesentlichen Punkten.

① Elektromagnetische Wellen sind nicht an die Ausbreitung in einem Medium gebunden. Ihre Ausbreitungsgeschwindigkeit im Vakuum wird als Lichtgeschwindigkeit c_0 bezeichnet (→ Seite 102).

② Eine elektromagnetische Welle transportiert ihre Energie nicht in beliebigen Portionen, sondern in vielen kleinen Portionen zu je $W = h \cdot f$. Diese Portionen werden als **Photonen** oder **Quanten** bezeichnet. Bei Licht wird meist von Photonen, bei γ-Strahlen hingegen von γ-Quanten gesprochen. Ein Nachweis dieser Eigenschaft ist durch den äußeren Fotoeffekt (→ Seite 124 ff.) möglich.

h: Planck'sches Wirkungsquantum, *f*: Frequenz

③ Elektromagnetische Wellen haben (insbesondere bei hoher Energie) auch Eigenschaften **korpuskularer Strahlung** (**Teilchenstrahlung**). Vor allem lässt sich durch den Compton-Effekt (→ Seite 127 f.) eine relativistische Masse und ein Impuls der Photonen nachweisen.

Die Lichtgeschwindigkeit

Wird ein homogenes Magnetfeld B mit der Geschwindigkeit v bewegt, so wird in einem ruhenden Leiter die Spannung $U = B \cdot d \cdot v$ induziert (→ Seite 56). Dies entspricht im Innern des Leiters der Feldstärke

$$E = \frac{U}{d} = \frac{B \cdot d \cdot v}{d} = B \cdot v.$$

Dieser Zusammenhang ist unabhängig von der Ursache des Magnetfeldes oder der Existenz eines Leiters und gilt allgemein.

Wird anstelle des Magnetfeldes ein Kondensator bewegt (elektrisches Feld), so erzeugen die bewegten Ladungen ein Magnetfeld. Aus den MAXWELL-Gleichungen (sie beschreiben die elektromagnetischen Wellen exakt, → Seite 63 f.) folgt die Unabhängigkeit von der Existenz eines Kondensators. Das Ergebnis ist auch in diesem Fall die Beziehung $E = B \cdot v$.

In einer **elektromagnetischen Welle** bewegen sich ein elektrisches und ein magnetisches Feld unabhängig von äußeren Einflüssen. Da beide Felder jeweils Ursache und Wirkung des anderen sind ($E = B \cdot v$), sind ihre Energien (→ Seite 40 und 62) gleich.

$$W_{el} = W_{mag} \Rightarrow W_{el} = \frac{1}{2} \varepsilon_0 \varepsilon_r \cdot V \cdot E_2 = \frac{1}{2 \mu_0 \mu_r} \cdot V \cdot B^2 = W_{mag}$$

Mit $E = B \cdot v$ folgt:

$$v^2 = \frac{1}{\varepsilon_0 \varepsilon_r \mu_0 \mu_r} \Rightarrow v = \frac{1}{\sqrt{\varepsilon_0 \varepsilon_r \mu_0 \mu_r}} =: c$$

Konstanten:

$\varepsilon_0 = 8{,}854187 \cdot 10^{-12} \frac{\mathrm{F}}{\mathrm{m}}$

$\mu_0 = 1{,}25663706144 \cdot 10^{-6} \frac{\mathrm{H}}{\mathrm{m}}$

Die Größen ε_r und μ_r sind frequenzabhängige Materialkonstanten.

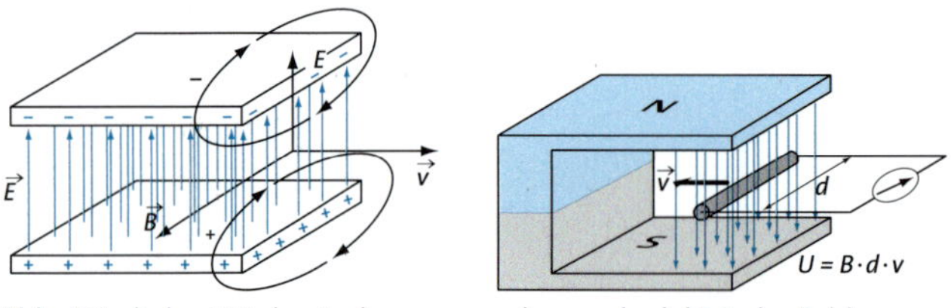

Abb. 4.11: links: Mit den Ladungen werden auch elektrische Felder bewegt: Es entsteht ein magnetisches Feld.
rechts: Auch wenn der Stab ruht und der Magnet sich mit der Geschwindigkeit v nach rechts bewegt, entsteht die Induktionsspannung $U = B \cdot d \cdot v$.

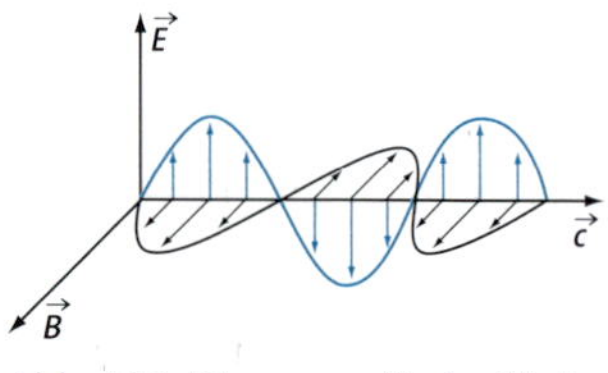

Abb. 4.12: Die magnetische Welle wird ständig von einer elektrischen Welle begleitet.
$\vec{E}$ und $\vec{B}$ sind sowohl zueinander, als auch zur Ausbreitungsrichtung senkrecht.

Die Phasengeschwindigkeit des Lichts beträgt in einem Medium

$$c_{Ph} = \frac{1}{\sqrt{\varepsilon_0 \varepsilon_r \mu_0 \mu_r}}$$

Ihr Wert im Vakuum ($\varepsilon_r = \mu_r = 1$) wurde per Definition festgelegt:

$$c_0 = \frac{1}{\sqrt{\varepsilon_0 \mu_0}} = 299\,792\,456 \, \frac{\mathrm{m}}{\mathrm{s}}$$

Lichtgeschwindigkeit

Tipp: „Beispiel Definition des Meters" auf → Seite 112.

Energietransport elektromagnetischer Wellen

Wir betrachten zunächst die Energiedichte der Welle die sich durch Summation der Energiedichten des elektrischen (→ Seite 40 f.) und magnetischen Feldes (→ Seite 62 f.) ergibt:

$$\varrho_{Welle} = \varrho_{el} + \varrho_{mag} \text{ mit } \varrho_{el} = \tfrac{1}{2}\vec{E}\,\vec{D} = \tfrac{1}{2}\varepsilon_0 \varepsilon_r E^2 \text{ und } \varrho_{mag} = \tfrac{1}{2}\vec{H}\,\vec{B} = \tfrac{1}{2}\mu_0 \mu_r H^2$$

Da sich die Felder gegenseitig erzeugen ist ihre Energiedichte gleich groß, sodass gilt:

$$\varrho_{el} = \varrho_{mag} \text{ und } \varrho_{Welle} = 2\,\varrho_{el} = 2\,\varrho_{mag}$$

$$\Rightarrow \quad \varrho_{Welle} = \varepsilon_0 \varepsilon_r E^2 = \frac{1}{\varepsilon_0 \varepsilon_r} D^2 = \mu_0 \mu_r H^2 = \frac{1}{\mu_0 \mu_r} B^2$$

Da sich die Welle mit der Geschwindigkeit c_{Ph} bewegt, transportiert sie pro Fläche und Zeit die Energie

$$S = \varrho_{Welle} \cdot c = \varepsilon_0 \varepsilon_r E^2 \cdot c_{Ph}.$$

Mit den im vorigen Abschnitt gefundenen Beziehungen $E = c_{Ph} \cdot B = c \cdot \mu_0 \mu_r H$ und $c_{Ph} = \frac{1}{\sqrt{\varepsilon_0 \varepsilon_r \mu_0 \mu_r}}$ folgt hieraus:

$$S = \varepsilon_0 \varepsilon_r E \cdot \mu_0 \mu_r H \cdot c_{Ph}^2 = E \cdot H$$

Die Größe S hat die Dimension $\frac{\text{Energie}}{\text{Fläche} \cdot \text{Zeit}}$ bzw. Watt pro Quadratmeter und wird als **Bestrahlungsstärke** bezeichnet. In vektorieller Schreibweise spricht man hingegen vom **Poynting-Vektor**:

John Henry Poynting 1852–1914

$$\vec{S} = \vec{E} \times \vec{H}$$

Poynting-Vektor

Der Poynting-Vektor zeigt in Ausbreitungsrichtung der elektromagnetischen Welle, durch Integration über die Fläche folgt aus ihm die von der Welle transportierte Leistung:

$$P = \frac{dW}{dt} = \iint\limits_{0} \vec{S} \cdot d\vec{A}$$ → „Oberflächenintegral" auf Seite 248.

Da sich die Feldstärken E bzw. H sinusförmig und in Phase ändern, variieren die Energiedichte, die Bestrahlungsstärke und der Poynting-Vektor proportional zu $\sin^2(\omega t)$.

Für den zeitlichen Mittelwert folgt damit:

$$\overline{E^2} = \overline{\left[\hat{E}\sin(\omega t)\right]^2} = \frac{1}{T}\int_0^T \hat{E}^2 \sin^2(\omega t) = \tfrac{1}{2}\hat{E}^2 \quad \Rightarrow \quad \overline{\varrho}_{Welle} = \hat{\varrho}_{el} = \hat{\varrho}_{mag} \text{ und } S = \tfrac{1}{2}\hat{E} \cdot \hat{H}$$

Bestrahlungsstärke

Entstehung elektromagnetischer Wellen

Elektromagnetische Wellen können durch sehr unterschiedliche Prozesse entstehen:

- **γ-Strahlen** (→ Seite 160) entstehen innerhalb von Atomkernen, wenn diese angeregt werden oder zerfallen.
- **Röntgenstrahlen** (→ Seite 140, 160) entstehen in der Atomhülle durch die Anregung kernnaher Elektronen oder durch das Abbremsen schneller geladener Teilchen (**Bremsstrahlung**).
- **Licht** entsteht ebenfalls durch die Anregung von Elektronen in der Atomhülle. Im Gegensatz zu Röntgenstrahlen sind hier jedoch die äußeren Elektronen beteiligt.
- **Radiowellen** treten immer dann auf, wenn elektrische Ladungen eine periodische Bewegung ausführen. Dies führt dazu, dass jeder elektrische Leiter der mit einer Wechselspannung verbunden ist elektromagnetische Wellen aussendet. Ist dies unbeabsichtigt, wie z. B. bei elektrischen Leitungen im Haushalt oder Hochspannungsleitungen, so spricht man von **Elektrosmog**. Für elektronische Geräte gibt es Vorschriften zur elektromagnetischen Verträglichkeit (EMV), die verhindern sollen, dass andere Geräte durch Elektrosmog gestört werden.
- **Synchrotronstrahlung** wird ebenso wie Radiowellen von beschleunigten Ladungen ausgesandt, jedoch liegt ihre Frequenz im weichen Röntgenbereich.

Erzeugung und Empfang von Radiowellen

Radiowellen entstehen, sobald an einen elektrischen Leiter eine Wechselspannung angeschlossen wird. Umgekehrt kann auch jeder elektrische Leiter Radiowellen empfangen, wodurch eine elektrische Wechselspannung an seinen Enden entsteht. Die Effektivität, mit der die Radiowellen abgestrahlt oder empfangen werden, ist am größten, wenn der elektrische Leiter zu einer resonanten Schwingung angeregt wird.

Da jeder elektrische Leiter eine Kapazität (→ Seite 36) und eine Induktivität (→ Seite 59) aufweist, kann er als elektrischer Schwingkreis (→ Seite 86 f.) betrachtet werden. Die Resonanzfrequenz $\omega = \frac{1}{\sqrt{L \cdot C}}$ ist somit umso größer, je kleiner die Induktivität L und Kapazität C des Leiters sind. Da beide Größen proportional zur Länge eines Drahtes sind, gilt dies auch für die Wellenlänge der resonanten elektromagnetischen Schwingung. Bei hohen Taktfrequenzen, wie sie z. B. in modernen Computern vorkommen, wird dadurch jede Leiterbahn und jedes Kabel zu einer effektiven Antenne, wenn dies nicht durch geeignete Abschirmungen unterdrückt wird.

Antenne in Wasser

Die Kapazität einer Antenne ist proportional zur Dielektrizitätskonstante ε_r des sie umgebenden Mediums. Für Luft ist $\varepsilon_r \approx 1$, für Wasser hingegen ist $\varepsilon_r \approx 81$ (der genaue Wert hängt von der Temperatur des Wassers und der Frequenz ab). Die Länge einer Dipolantenne muss unter Wasser daher auf $\frac{1}{\sqrt{\varepsilon_r}} = \frac{1}{9}$ gekürzt werden.

Geht man näherungsweise davon aus, dass sich die elektrischen Felder in einem Leiter mit Lichtgeschwindigkeit ausbreiten, so ergibt sich für eine Dipolantenne (→ Abb. 4.13) eine optimale Länge von einer halben Wellenlänge. In der Realität beträgt die optimale Länge der Antenne nur rund 96 % (**Verkürzungsfaktor**) dieses Werts, also $0{,}48 \cdot \lambda$.

Der exakte Wert dieses Verkürzungsfaktors hängt von der genauen Bauform der Antenne ab, da er z. B. mit steigender Drahtdicke abnimmt.

Bei tragbaren Fernsehgeräten sind die beiden Arme der Dipolantenne meistens verstellbar, um so eine Richtcharakteristik zu erzielen. Für den Radioempfang verzichtet man auf einen der beiden Arme, sodass die Länge der Antenne dann nur noch ein Viertel der Wellenlänge beträgt.

Durch das Hinzufügen weiterer passiver Komponenten lässt sich die Richtcharakteristik einer Dipolantenne wesentlich verbessern. Abb. 4.14 zeigt eine sogenannte **Yagi-Antenne**, wie sie für den Fernsehempfang verwendet wird.

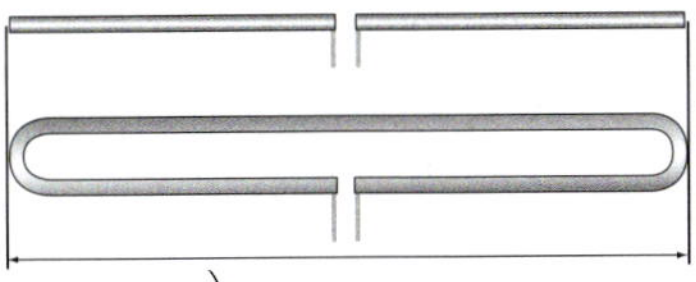

Abb. 4.13: Dipolantenne oben und Faltdipol unten

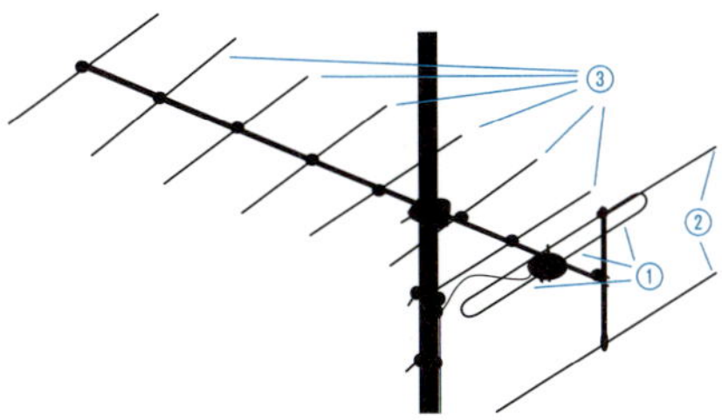

Abb. 4.14: Die Yagi-Antenne besteht aus einem Faltdipol ① zum Empfang, den etwas längeren Reflektoren ② und den Direktoren ③. Durch die geschickte Anordnung dieser passiven Elemente erhält der Faltdipol eine ausgeprägte Richtcharakteristik und eine wesentlich größere Signalstärke.

Zusatzwissen

Abgestrahlte Leistung eines Dipols

Die von einem Dipol insgesamt abgestrahlte Leistung beträgt

$$P = \frac{p^2 \omega^4}{6 \pi \varepsilon_0 c_0^3}.$$

Dabei bezeichnet $p = q \cdot x$ das Dipolmoment dieses **Hertz'schen Oszillators**, wobei q die effektive Ladung an den Stabenden im Abstand x bezeichnet. Da die Ladung harmonisch schwingt, gilt für den Betrag des Dipolmoments:

$$p = q x \Rightarrow \dot{p} = q \dot{x} = q \omega x \Rightarrow \ddot{p} = q \ddot{x} = q \omega^2 x.$$

Hiermit lässt sich nun $p^2 \omega^4$ wie folgt umformen:

$$p^2 = q^2 x^2 \Rightarrow p^2 \omega^4 = q^2 x^2 \omega^4 = q^2 \ddot{x}^2$$

Dies drückt den Sachverhalt aus, dass jede beschleunigte Ladung eine Leistung in Form von elektromagnetischen Wellen abstrahlt (**Synchrotronstrahlung**):

$$P = \frac{q^2 \ddot{x}^2}{6 \pi \varepsilon_0 c_0^3} \quad \text{für } \dot{x} \ll c_0.$$

Diese Gleichung gilt ganz allgemein für beschleunigte Teilchen mit der Ladung q.

Elektromagnetisches Feld einer Dipolantenne

In unmittelbarer Nähe einer Dipolantenne entspricht das elektrische Feld der Spannung auf dem Dipol. Der Vektor der elektrischen Feldstärke ist daher parallel zur Dipolantenne. Die Feldstärke ist Bezug auf den Dipol rotationssymmetrisch und verschwindet an den Polen des Dipols (→ Abb. 4.15).

Durch die Änderung des elektrischen Feldes wird ein magnetisches Feld induziert, dessen Feldlinien rotationssymmetrisch um den Dipol verlaufen (→ Abb. 4.16).

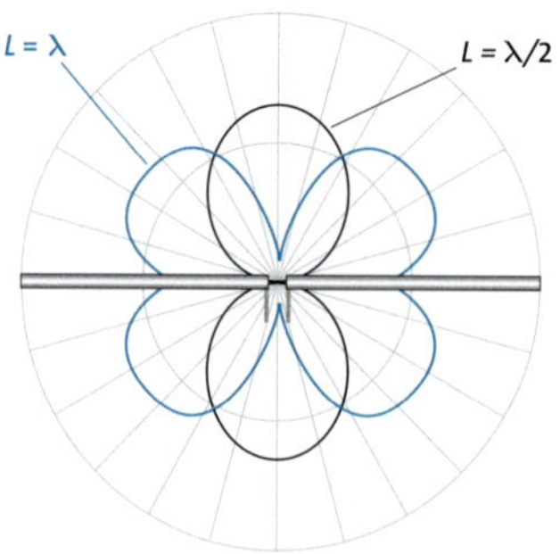

Abb. 4.15: Richtcharakteristik einer Dipolantenne in der Länge einer halben bzw. ganzen Wellenlänge.

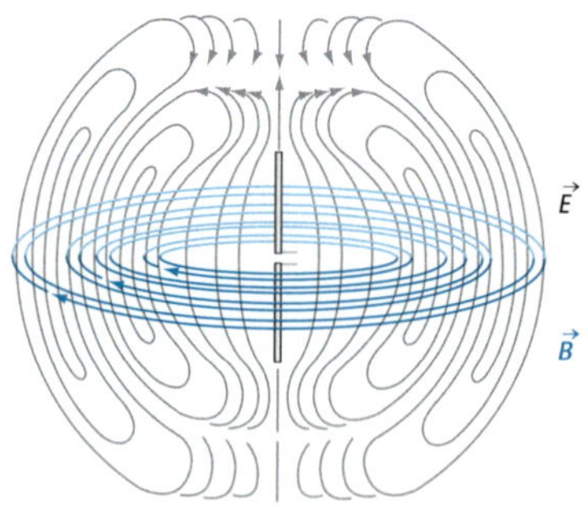

Abb. 4.16: Ausschnitt der elektrischen und magnetischen Feldlinien in großem Abstand vom Dipol.

4.3 Interferenzphänomene

Interferenz bei zwei Erregern

Gehen von zwei punktförmigen Erregern Elementarwellen aus, deren Phasendifferenz nicht von der Zeit abhängt, so sind die Wellen zueinander **kohärent**. Überlagern sich diese, so kommt es wie bei einer **stehenden Welle** zu ortsfesten Schwingungsknoten (**Auslöschung**) und Schwingungsbäuchen (**Verstärkung**). Dieser Effekt wird als **Interferenz** bezeichnet.

Messung der Koherenzlänge, (→ Seite 112)

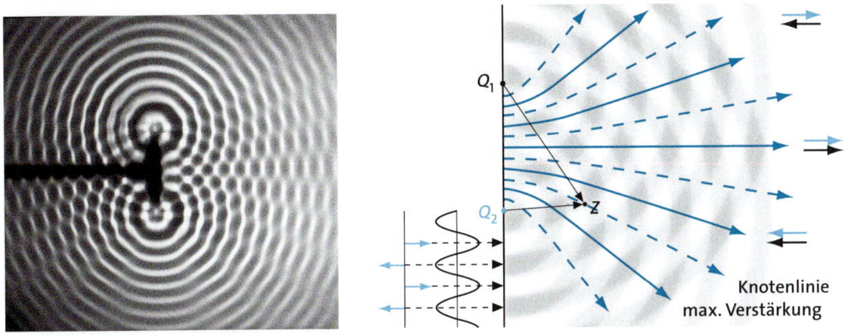

Abb. 4.17: Das linke Bild zeigt die hyperbelförmigen Interferenzstreifen bei Wasserwellen. Im rechten Bild ist der Vorgang schematisch dargestellt.

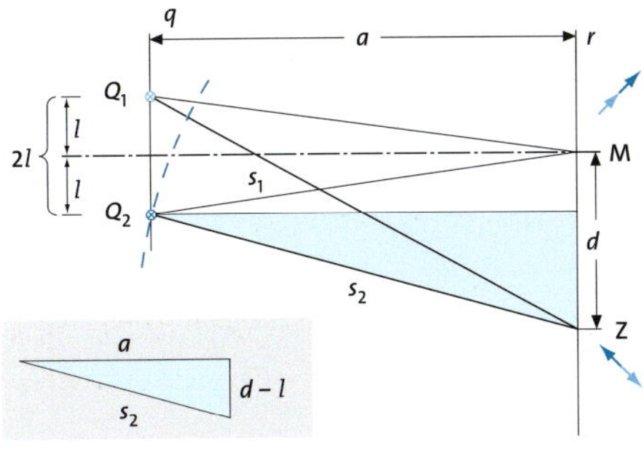

Abb. 4.18: Konstruktion des Interferenzmusters bei zwei Erregern

Auslöschung: Gangunterschied $\delta = (2n + 1) \cdot \frac{\lambda}{2}$
Verstärkung: Gangunterschied $\delta = n \cdot \lambda$
Zur Berechnung des **Gangunterschieds** an einem beliebigen Punkt Z (→ Abb. 4.18) nutzen wir den Satz des Pythagoras zur Berechnung der Weglängen s_1 und s_2:

$$\delta = s_1 - s_2 = \sqrt{a^2 + (d + l)^2} - \sqrt{a^2 + (d - l)^2}$$

Bei der Berechnung der Beugung an einem Doppelspalt (→ Seite 109) wird die gleiche Situation noch einmal für den Spezialfall $a \gg l$ betrachtet, wodurch die Lage der Extrema wesentlich einfacher berechnet werden kann.

Der Einzelspalt

Beugung

Trifft eine Wellenfront auf einen engen **Einzelspalt** (l in der Größenordnung von λ), so tritt **Beugung** auf. Nach dem **Huygens'schen Prinzip** gehen von jedem Punkt des Spalts Elementarwellen aus. Je nach Beugungsrichtung ergibt sich ein anderer Gangunterschied, der zu konstruktiver oder destruktiver **Interferenz** führt.

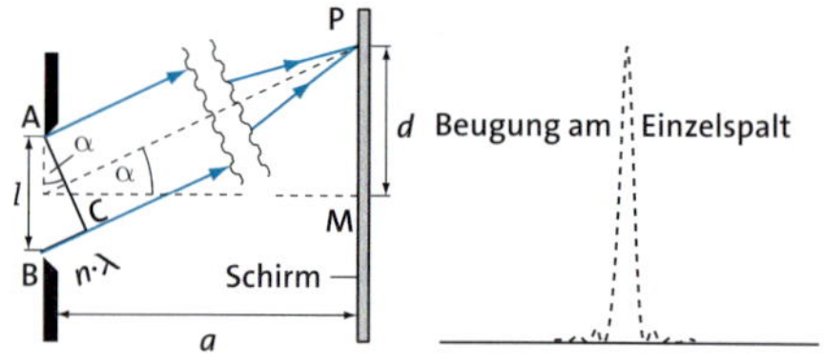

Abb. 4.19: Intensitätsdiagramm für die Beugung am Spalt, mit dem Computer berechnet

Wenn die Entfernung $a \gg l$ ist (→ Abb. 4.19), können die Wellenstrahlen im Punkt P als parallel angesehen werden. **Totale Auslöschung** ergibt sich, wenn sich das parallele Wellenbündel zum Punkt P der Breite l in n Teilbündel aufspalten lässt, die sich wiederum in zwei Teilbündel mit dem Gangunterschied $\frac{\lambda}{2}$ aufteilen lassen. Dies ist gegeben, wenn der Abstand zwischen Punkt B und C ein Vielfaches der Wellenlänge beträgt, sodass gilt

$$\sin\alpha = \frac{n\lambda}{l}.$$

Mit $n \in \mathbb{N}$ und $\sin\alpha \leq 1$ folgt:

$$0 < n \leq \frac{l}{\lambda}.$$

Für kleine Winkel gilt ferner

$$\sin\alpha \approx \tan\alpha, \quad \Rightarrow \quad \sin\alpha = \frac{n\lambda}{l} \approx \frac{d_n}{a} = \tan\alpha \quad \Leftrightarrow \quad d_n \approx a \cdot \frac{\lambda}{l} \cdot n.$$

Nebenmaxima liegen jeweils dazwischen bei $\sin\alpha = \frac{(2n-1)}{2} \cdot \frac{\lambda}{l}$.
Mit $n \in \mathbb{N}$ und $\sin\alpha \leq 1$ folgt:

$$0 < n \leq \frac{l}{\lambda} + \frac{1}{2}$$

Das **Hauptmaximum** liegt bei $\alpha = 0°$. Die Nebenmaxima werden schnell wesentlich schwächer, da bei jedem Winkel eine teilweise Auslöschung auftritt.

Die Lochblende

Die Beugung an einer runden Öffnung mit Radius r ist physikalisch völlig analog zur Beugung an einem Einzelspalt. Die mathematische Beschreibung ist jedoch wesentlich komplexer, da durch die Zylindergeometrie Besselfunktionen auftreten. Für die Lage der Minima ergibt sich dadurch

$$\sin\alpha = \frac{z\lambda}{r} \approx \alpha \quad \text{mit } z = 0{,}61;\ 1{,}12;\ 1{,}62;\ 2{,}12;\ \ldots$$

Da die Intensität der Nebenmaxima noch schneller abfällt als beim Einzelspalt, ist meistens nur das Hauptmaximum von Interesse, das aufgrund seiner räumlichen Ausdehnung als **Beugungsscheibchen** (**Airy-Scheibchen**) bezeichnet wird. Bei optischen Geräten bestimmt der Linsendurchmesser die Größe des Beugungsscheibchens und damit das Auflösungsvermögen. Damit zwei benachbarte Punkte noch voneinander getrennt werden können dürfen die Beugungsscheibchen sich nicht überlagern, ihr Winkelabstand muss also größer sein als $1{,}22\frac{\lambda}{r}$. Bei einem Mikroskop entspricht der Objektabstand etwa der Brennweite f des Objektivs. Damit zwei Punkte im Abstand $s \ll f$ noch getrennt wahrgenommen werden können, muss für ihren Winkelabstand φ gelten:

$$\varphi \approx \sin\varphi = \frac{s}{f} \geq 1{,}22\frac{\lambda}{r}$$

Bringt man zwischen das Objektiv und das Objekt ein hochbrechendes Medium (**Immersionsöl**), so verringert dies die Brennweite auf $\lambda' = \frac{\lambda}{n}$ und das Auflösungsvermögen steigt entsprechend:

$$s > 1{,}22\frac{\lambda \cdot f}{n \cdot r} = 1{,}22\frac{\lambda}{NA}$$

Die hier eingeführte Abkürzung $NA = n \cdot \frac{r}{f}$ wird als **Numerische Apertur** bezeichnet. In der Praxis hat sie einen Wert von ungefähr eins, sodass die **Auflösungsgrenze** bei etwa einer Wellenlänge liegt.

Doppelspalt und Gitter

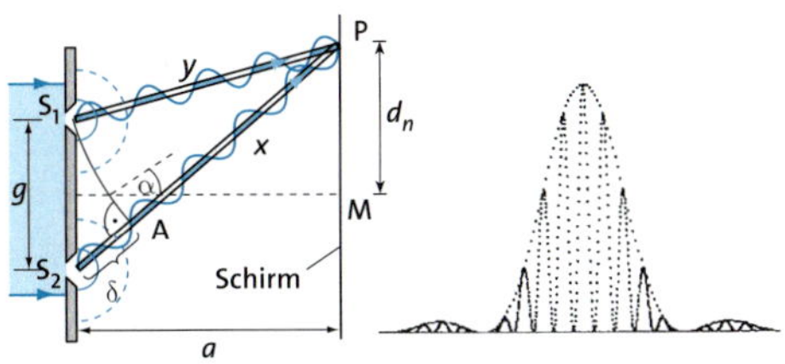

Abb. 4.20: Beugung am Doppelspalt mit $g = 5l$, mit dem Computer berechnet

Bei einem Einzelspalt treten im Abstand $d_n \approx a \cdot \frac{\lambda}{l} \cdot n$ Minima mit totaler Auslöschung auf. Befindet sich ein zweiter Spalt im Abstand g neben dem ersten, so erzeugt dieser ebenfalls ein Beugungsbild, dessen Minima an der gleichen Stelle liegen. Es kommen jedoch weitere Minima durch Interferenz der Strahlbündel beider Spalten hinzu. Für diese gilt:

$$\tan\alpha = \frac{d_n}{a} \text{ und } \sin\alpha = \frac{\delta}{g} \text{ sowie } \delta = (2n-1)\cdot\frac{\lambda}{2} \Rightarrow \sin\alpha = \frac{(2n-1)\cdot\lambda}{2g}$$

Da bei sehr kleinem α gilt: $\sin\alpha \approx \tan\alpha$, folgt:

$$\tan\alpha = \frac{d_n}{a} \approx \frac{(2n-1)\cdot\lambda}{2g} = \sin\alpha \Rightarrow d_n = a\cdot\frac{(2n-1)}{2}\cdot\frac{\lambda}{g}$$

Wegen $\sin\alpha \leq 1$ folgt:

$$0 < n \leq \frac{g}{\lambda} + \frac{1}{2}$$

Der Abstand zwischen zwei Minima beträgt:

$$d_{n+1} - d_n = a \cdot \frac{\lambda}{g} \cdot \frac{(2(n+1)-1)-(2n-1)}{2} = a \cdot \frac{\lambda}{g}$$

Für **Maxima** gilt analog:

$$\delta = (n-1) \cdot \lambda \;\Rightarrow\; \sin\alpha = \frac{(n-1) \cdot \lambda}{g} \;\text{ und }\; d_n = a \cdot (n-1) \cdot \frac{\lambda}{g} \;\text{ mit }\; 0 < n \leq \frac{g}{\lambda} + 1$$

Der Abstand zwischen zwei Maxima beträgt ebenfalls:

$$d_{n+1} - d_n = a \cdot \frac{\lambda}{g}$$

Mehrfachspalt, Gitter

Bei mehr als zwei Spalten ergeben sich die Maxima an denselben Stellen wie beim Doppelspalt, es kommen jedoch noch zahlreiche Minima hinzu, sodass die Maxima wesentlich schärfer ausgeprägt sind.

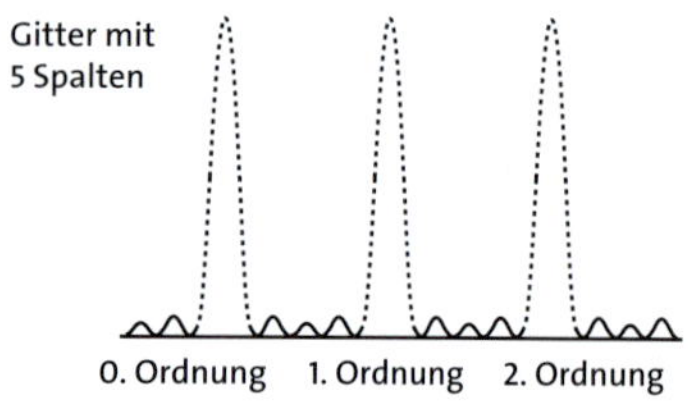

Abb. 4.21: Intensitätsverteilung für die Beugung am optischen Gitter mit fünf Spalten

Gitter-spektren

Die Position der Beugungsmaxima beim Gitter hängt von der Wellenlänge ab. Beschränken wir uns auf die Betrachtung der ersten Ordnung, so gibt es eine eindeutige Zuordnung zwischen der Wellenlänge und der Position des Maximums: $d = a \cdot \frac{\lambda}{g}$.
Diese Eigenschaft des Gitters wird häufig ausgenutzt, um monochromatisches Licht zu erzeugen oder die Abhängigkeit der Lichtintensität von der Wellenlänge zu bestimmen.

Schmetterlingsflügel – Interferenz am Stufengitter

Trifft Licht auf eine treppenförmig gestufte Oberfläche, so interferieren die Lichtstrahlen, die von benachbarten Stufen reflektiert werden. Bei einer Stufenhöhe von z. B. $d = 220\,\text{nm}$ beträgt der Gangunterschied von einer Stufe zur nächsten $k\lambda = 2d = 440\,\text{nm}$. Licht mit dieser Wellenlänge (blau) interferiert also konstruktiv und wird damit stark reflektiert. Destruktive Interferenz zwischen benachbarten Stufen tritt auf für $\frac{1}{2}\lambda = 2d$.

MICHELSON-Interferometer (Zweistrahlinterferometer)

Interferometer sind optische Geräte, in denen Lichtstrahlen zur Interferenz gebracht werden, um geometrische Längen, Brechungsindizes oder auch die Lichtwellenlänge zu bestimmen (→ „MICHELSON-Experiment“ auf Seite 144).

Abb. 4.22 zeigt den Aufbau eines **MICHELSON-Interferometers** (**Zweistrahlinterferometer**). Das Licht eines Lasers oder einer anderen Lichtquelle trifft hier zunächst auf einen halbdurchlässigen Spiegel. Durch diesen **Strahlteiler** entstehen zwei zueinander kohärente Lichtbündel, die an den Spiegeln S_1 und S_2 gespiegelt werden und anschließend erneut auf den halbdurchlässigen Spiegel treffen. Hier kommt es zu einer Überlagerung der beiden Lichtbündel. Die eine Hälfte des Lichts gelangt von hier aus auf den Schirm, während die andere Hälfte in die Lichtquelle zurückreflektiert wird.

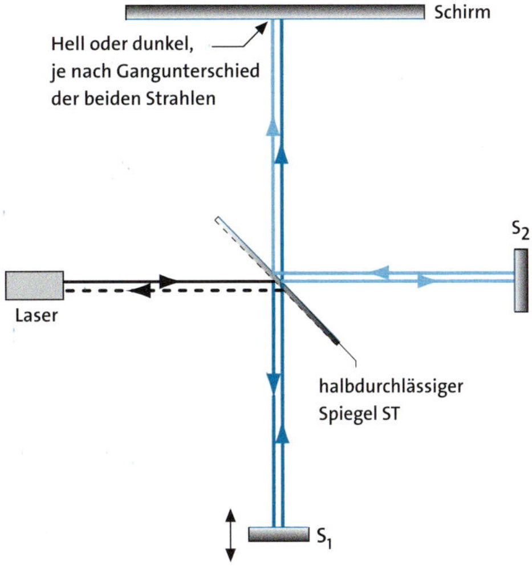

Abb. 4.22: Strahlengang beim MICHELSON-Interferometer.

Je nach Gangunterschied der beiden Lichtbündel kommt es auf dem Schirm zu konstruktiver (hell) oder destruktiver Interferenz (dunkel). Da das Licht den Weg zwischen dem Strahlteiler und den Spiegeln S_1 bzw. S_2 zweimal zurücklegt lauten die Interferenzbedingungen:

ALBERT ABRAHAM MICHELSON 1852–1931, Nobelpreis 1907

konstruktive Interferenz: $\Delta s_0 = \frac{k}{2}\lambda$ mit $k \in \mathbb{N}_0$

destruktive Interferenz: $\Delta s_0 = \frac{(2k+1)}{4}\lambda$ mit $k \in \mathbb{N}_0$

Dabei steht $\Delta s_0 = n \cdot \Delta s$ für die Differenz der optischen Weglängen (→ Seite 96). Da selbst Laserstrahlen eine leichte Divergenz aufweisen, beobachtet man auf dem Schirm ein ringförmiges Interferenzmuster, das jedoch nach außen schnell schwächer wird.

MACH-ZEHNDER Interferometer

LUDWIG MACH 1868–1951
LUDWIG ZEHNDER 1854–1949

Bei diesem Zweistrahlinterferometer werden die Lichtwege nur einmal durchlaufen. Zudem hat es zwei komplementäre Ausgänge.

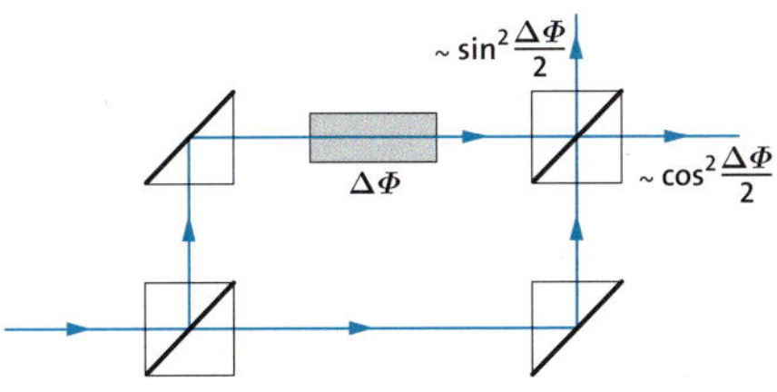

Abb. 4.23: Strahlengang

Beispiele

Messung geometrischer Längen

Wird bei einem MICHELSON-Interferometer ein Spiegel um $\frac{1}{4}$ Wellenlänge verschoben, so führt dies auf dem Schirm zu einem Wechsel zwischen konstruktiver und destruktiver Interferenz. Durch Auszählen dieser Helligkeitsänderungen ist es so möglich, Längenänderungen exakt zu vermessen.

Längeneinheit Meter

MICHELSON verwendete einen solchen experimentellen Aufbau, um die Länge des in Paris aufbewahrten Urmeters zu vermessen. Da diese Messung sehr genau reproduzierbar ist, diente sie von 1960 bis 1983 zur Festlegung der **Längeneinheit Meter**.

Nach der Einführung der **Atomuhren** wurde das Meter definiert als die Strecke, die Licht im Vakuum innerhalb einer Sekunde zurücklegt. Die **Lichtgeschwindigkeit** wurde dadurch zu einer exakt definierten Konstanten: $c_0 = 299\,792\,458\,\mathrm{m/s}$

Messung der Kohärenzlänge

Wird bei einem MICHELSON-Interferometer die Differenz der beiden optischen Weglängen immer weiter vergrößert, so wird der Unterschied zwischen Helligkeitsminima und -maxima auf dem Schirm immer kleiner und verschwindet schließlich ganz.

Die optische Wegdifferenz, während der für die Intensität der Interferenz $\frac{I_{max} - I_{min}}{I_{max} + I_{min}} > 50\,\%$ gilt wird als **Kohärenzlänge** bezeichnet.

Sie entspricht der geometrischen Länge eines einzelnen Wellenzugs und ist ein Maß für die Emissionsdauer der Welle. Bei thermischen Lichtquellen (Sonne, Glühbirne) beträgt die Kohärenzlänge nur wenige Wellenlängen, da die Emission durch thermische Stöße schnell unterbrochen wird. Bei Niederdruck-Gasentladungslampen sind hingegen Kohärenzlängen bis 500 µm möglich. Größere Werte können nur durch Laser erzielt werden, da hier alle Photonen zueinander kohärent sind.

Lichtquelle	Kohärenzlänge
Glühbirne	< 5 µm
Leuchtdiode (LED)	10 bis 100 µm
HeNe-Laser	20 bis 30 cm
Fabry-Perot Laser, z. B. kantenemittierende Halbleiterlaser	1 bis 100 mm
Oberflächenemittierende Halbleiterlaser (VCSEL)	0,1 bis 10 m

Tab. 4.2: Kohärenzlängen verschiedener Lichtquellen

Interferenz an dünnen Schichten

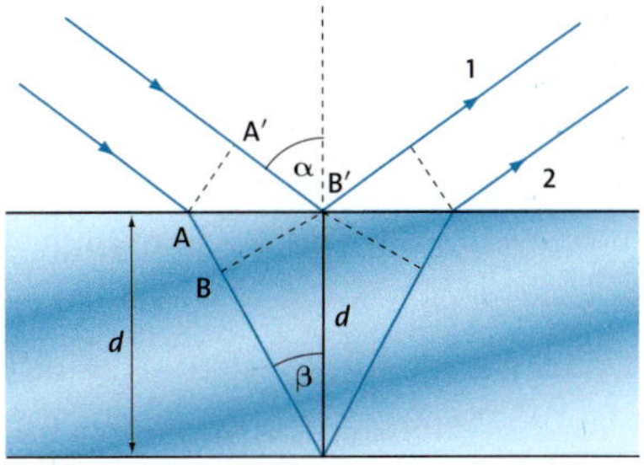

Abb. 4.24: Bei der Reflexion an einer dünnen transparenten Schicht gelangt das Licht von der Lampe L auf zwei verschiedenen Wegen zum Beobachter P, dadurch tritt Interferenz auf.

Trifft Licht auf eine transparente Schicht (Glas, Seifenblase), so wird ein geringer Teil an der Ober- und Unterseite reflektiert (bei Glas jeweils ca. 4 %, FRESNEL'sche Formeln, → Seite 117). Bei sehr dicken Glasscheiben sieht man dadurch zwei zueinander versetzte Spiegelbilder. Bei sehr dünnen Schichten tritt hingegen Interferenz auf, wenn die Schichtdicke kleiner als die Kohärenzlänge des Lichts ist. Das entstehende Interferenzmuster ergibt sich aus der vom Reflexionswinkel abhängigen Wegdifferenz der beiden Strahlen. → Abb. 4.24 zeigt den Weg der Lichtwelle von der Lampe zum Beobachter. Die Differenz Δs_O der optischen Weglänge (→ Seite 96) der beiden Strahlen 1 und 2 beträgt:

$$\Delta s_O = 2nl - \frac{\lambda}{2} \quad \text{mit} \quad l = d\cos\beta.$$

Der in dieser Gleichung berücksichtigte Phasensprung um $\frac{\lambda}{2}$ entsteht durch die Reflexion (→ Seite 94) am optisch dichteren Medium.
Mithilfe des Brechungsgesetzes (→ Seite 95) lässt sich der Brechungswinkel β durch den Reflexionswinkel α ausdrücken:

$$\frac{\sin\alpha}{\sin\beta} = n \;\Leftrightarrow\; \sin^2\alpha = n^2\sin^2\beta = n^2(1-\cos^2\beta) \;\Leftrightarrow\; n^2\cos^2\beta = n^2 - \sin^2\alpha$$

$$\Leftrightarrow\; n\cos\beta = \sqrt{n^2 - \sin^2\alpha} \;\Rightarrow\; \Delta s_O = 2nd\cos\beta - \frac{\lambda}{2} = 2d\sqrt{n^2 - \sin^2\alpha} - \frac{\lambda}{2}$$

Reflexvermindernde Schichten **Beispiele**

Die Auslöschung reflektierter Wellen an dünnen Schichten wird benutzt, um z. B. bei Brillen oder Fotoapparaten die Reflexion an Glasoberflächen zu verringern. Hierzu wird auf die Linse eine dünne optisch transparente Schicht aufgedampft, die einen anderen Brechungsindex als das Glas der Linse hat. Bei einer geeigneten Schichtdicke wird so die Reflexion bei einer Wellenlänge unterdrückt und im benachbarten Spektralbereich stark geschwächt. Bei optisch sehr hochwertigen Geräten werden mehrere Schichten mit verschiedenen Brechungsindizes aufeinander gestapelt, um so die Reflexion in einem möglichst breiten Bereich zu reduzieren und bei einer Wellenlänge vollständig auszulöschen.

>>

>> Beispiele

Komplementärfarbe

Zieht man eine rechteckige Drahtschlinge vorsichtig aus einer Seifenlösung, so bildet sich zwischen den Drähten eine dünne Haut aus Seifenwasser. Einfarbiges Licht, z. B. von einer Natriumdampflampe, führt hier zu deutlichen Interferenzstreifen, deren Abstand von oben nach unten abnimmt, da das herabströmende Wasser oben zu einer geringeren Schichtdicke führt als unten. Kurz vor dem Zerreißen der Haut bildet sich an der oberen Kante ein dunkler Interferenzstreifen. Hier tritt also destruktive Interferenz auf, obwohl die Dicke der Schicht hier wesentlich kleiner als die Wellenlänge ist. Die Ursache hierfür ist ein Phasensprung von π bzw. $\lambda/2$ bei der Reflexion am dichteren Medium. Wird die Seifenhaut mit weißem Licht bestrahlt, so fehlen die einzelnen Farben dort, wo bei einfarbigem Licht dunkle Interferenzstreifen zu sehen sind. Führt gelbes Licht an einer Stelle zu einem dunklen Interferenzstreifen, so sehen wir hier im weißen Licht die **Komplementärfarbe** Violett.

Da sich alle anderen Farben entsprechend verhalten schillert die Seifenhaut in allen Spektralfarben. Anders als bei einem Prisma (→ Seite 98) handelt es sich hier jedoch um Mischfarben, da jeweils nur eine oder zwei Wellenlängen des weißen Lichts fehlen.

Abb. 4.25: Interferenzstreifen an einem Seifenvorhang im Licht einer Natriumdampflampe

Interferenzfilter

Maurice Paul Auguste Charles Fabry 1867–1945
Jean-Baptiste Alfred Pérot 1863–1925

Das Licht, das durch eine dünne Schicht hindurch tritt, zeigt ebenfalls Interferenzeffekte, da einige Strahlen in der Schicht mehrfach reflektiert werden, wodurch ebenfalls ein Gangunterschied entsteht. Da diese Mehrfachreflexionen nur sehr schwach sind, ist dieser Effekt normalerweise kaum zu bemerken. Besteht die dünne Schicht jedoch aus dem Luftspalt zwischen zwei metallbedampften Glasplatten so wird das Licht sehr oft zwischen den Platten reflektiert, wobei jeweils nur ein sehr geringer Teil wieder austritt. Beträgt die Schichtdicke genau eine Wellenlänge, so interferieren alle austretenden Strahlen konstruktiv und das Licht kann die beiden Spiegel scheinbar ungehindert passieren. Bei allen anderen Wellenlängen tritt hingegen destruktive Interferenz auf, sodass diese praktisch nicht durchgelassen werden. Dieser Aufbau wird daher als Interferenzfilter bezeichnet. Allgemein spricht man bei diese Anordnung paralleler verspiegelter Platten von einem **Fabry-Pérot-Interferometer**. Viele Laser verwenden einen solchen **Resonator**, um die Wellenlänge des emittierten Lichts exakt zu definieren.

Die BRAGG-Reflexion

Treffen Röntgenstrahlen auf einen Kristall, so wirken die Atome als Streuzentren, also als Ausgangspunkte von Elementarwellen, die kohärent mit der einfallenden Welle mitschwingen, sodass ein Interferenzmuster entsteht.

Für die Maxima der reflektierten Strahlen gilt:

$2d \cdot \sin\varphi_n = n \cdot \lambda$

mit $n \in \mathbb{N}$ und $n < \frac{2d}{\lambda}$

Werden der Kristall und das Zählrohr wie in →Abb. 4.26 drehbar angeordnet, so ergibt sich für monochromatische Röntgenstrahlung das Diagramm in →Abb. 4.27. Der Winkel φ der Maxima heißt **Glanzwinkel**.

WILLIAM LAWRENCE BRAGG 1890–1971

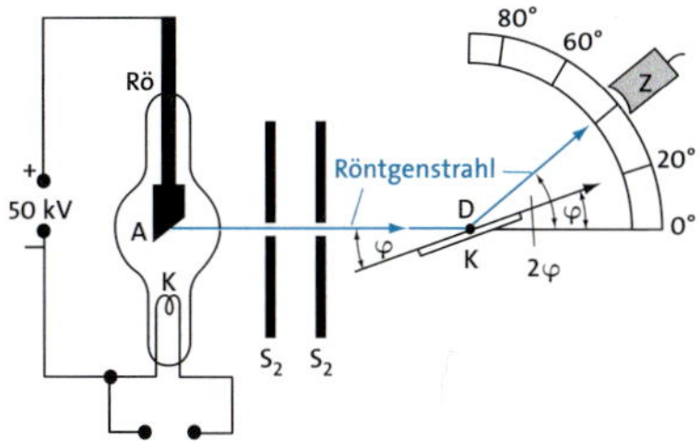

Abb. 4.26: Versuchsaufbau zur BRAGG-Reflexion

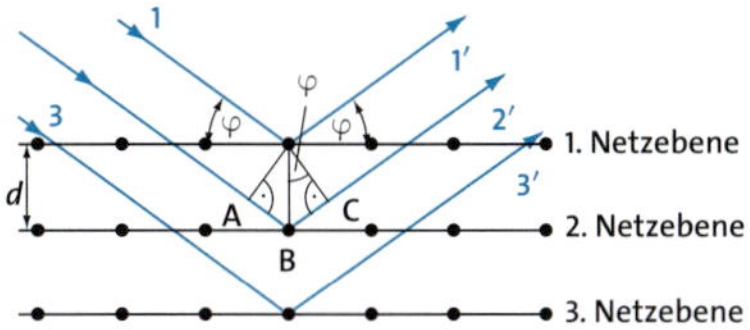

Abb. 4.27: Zur BRAGG-Reflexion

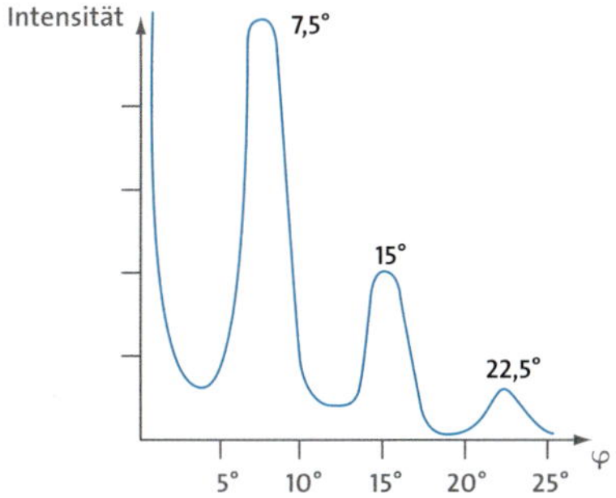

Abb. 4.28: BRAGG-Reflexion, 1. bis 3. Ordnung

DEBYE-SCHERRER-Verfahren

Fällt ein Röntgenstrahl durch polykristallines Material oder Pulver, so werden einige Strahlen von gerade „richtig" liegenden Kristallen unter dem Glanzwinkel φ_n reflektiert. Wegen der Zylindersymmetrie ergeben diese Strahlen auf einem im Abstand s zur Probe, senkrecht zum Strahl angebrachten Film ein Ringmuster mit dem Radius r_n: $\tan(2\varphi_n) = \frac{r_n}{s}$.

PETER DEBYE 1884–1966
PAUL SCHERRER 1890–1969

Berechnung des Netzebenenabstands für einen Kristall mit kubischem Gitter

Netzebenenabstand

Speisesalz (NaCl) hat eine sogenannte kubisch-flächenzentrierte Kristallstruktur mit einer zweiatomigen Basis. Einfacher gesagt bilden jeweils 8 benachbarte Atome einen Würfel, wobei sich Natrium und Chlor jeweils abwechseln. Der gesuchte Netzebenenabstand d entspricht der Kantenlänge dieses Würfels. Zur Berechnung betrachten wir einen Würfel der Kantenlänge $n \cdot d$, der von beiden Atomarten je 1 mol enthält:

$$n^3 = 2 \cdot N_A \text{ und } V = (n \cdot d)^3 \text{ und } V = \frac{m}{\varrho} \Rightarrow d = \sqrt[3]{\frac{M}{2\varrho \cdot N_A}} \text{ mit } d \text{ in [cm].}$$

$N_A = 6{,}022 \cdot 10^{23}$
M = Summe der Molmassen
ϱ = Dichte in g/cm³

4.4 Polarisation

Einführung

Bei einer mechanischen **Transversalwelle** schwingen die Teilchen quer zur Ausbreitungsrichtung der Welle. Erfolgt die Schwingung aller Teilchen in einer Ebene, so heißt die Welle **linear polarisiert** und die Schwingungsrichtung wird als **Polarisationsrichtung** bezeichnet.

Bei einer **Dipolantenne** verläuft der Vektor der elektrischen Feldstärke parallel zur Antenne und senkrecht zur Ausbreitungsrichtung der Welle. Radiowellen sind daher ebenfalls linear polarisierte Transversalwellen. Auch alle anderen elektromagnetischen Wellen sind Transversalwellen und können daher linear polarisiert werden.

Werden zwei Wellen mit unterschiedlicher Polarisationsrichtung überlagert, so addieren sich ihre Amplituden vektoriell. Sind die Wellen gegeneinander phasenverschoben, so rotiert die Polarisationsrichtung der resultierenden Welle. Bleibt die Amplitude dabei konstant, so spricht man von **zirkularer Polarisation**, sonst von **elliptischer**.

Polarisation von Licht durch Reflexion

Trifft Licht auf eine transparente Oberfläche (Glas), so wird ein Teil des Lichts **reflektiert** und der Rest **gebrochen**. Entsprechend dem **HUYGENS'schen Prinzip** kann die Stelle der Reflexion als Ausgangspunkt der reflektierten und gebrochenen Welle betrachtet werden.

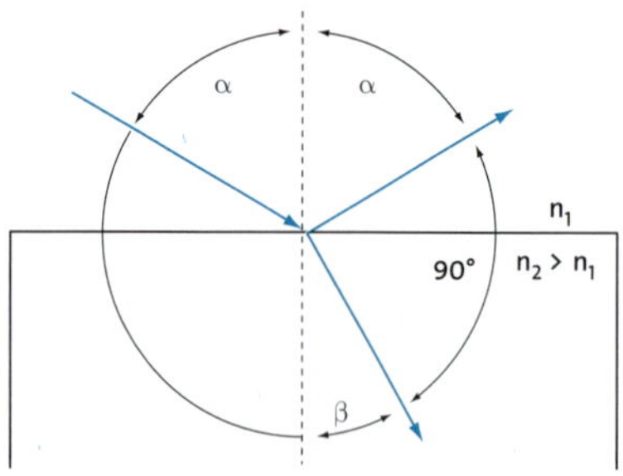

Abb. 4.29: Wird Licht unter dem BREWSTER-Winkel reflektiert, so tritt vollständige Polarisation auf.

Eine besondere Situation tritt ein, wenn der Einfallswinkel so gewählt wird, dass der Winkel zwischen dem reflektierten Strahl und dem gebrochenen Strahl genau 90° beträgt (→ Abb. 4.29). In dieser Situation wird Licht, dessen elektrisches Feld in der Reflexionsebene schwingt, vollständig gebrochen. Schwingt das elektrische Feld hingegen senkrecht zur Reflexionsebene, so wird nur ein Teil des Lichts gebrochen während der Rest reflektiert wird. Durch diesen Effekt ist das reflektierte Licht vollständig linear polarisiert.

Der Winkel bei dem diese vollständige Polarisation auftritt wird als **BREWSTER-Winkel** bezeichnet. Aus dem Brechungsgesetz folgt:

SIR DAVID BREWSTER
1781–1668

$$\alpha + 90° + \beta = 180° \quad \Rightarrow \quad \beta = 90° - \alpha \quad \text{und}$$

$$\frac{n_2}{n_1} = \frac{\sin\alpha}{\sin\beta} = \frac{\sin\alpha}{\sin(90° - \alpha)} = \frac{\sin\alpha}{\cos\alpha} = \tan\alpha$$

$$\Rightarrow \quad \alpha_B = \arctan\frac{n_2}{n_1} \quad (\text{BREWSTER-Winkel}).$$

Für den Übergang von Luft $(n \approx 1)$ zu Glas $(n \approx 1{,}5)$ folgt hieraus ein BREWSTER-Winkel von $\alpha_B \approx 56°$.

Weicht der Reflexionswinkel vom BREWSTER-Winkel ab, so ist das reflektierte Licht nur noch teilweise polarisiert.

Der Anteil des polarisierten Lichts in Abhängigkeit vom Einfallswinkel α und Brechungswinkel β wird durch die **FRESNEL'schen Formeln** beschrieben, die sich aus den MAXWELL-Gleichungen (→ Seite 63 f.) ableiten lassen:

AUGUSTIN JEAN FRESNEL
1788–1827

$$R^{\perp} = \left(\frac{\sin(\alpha - \beta)}{\sin(\alpha + \beta)}\right)^2 \quad \text{und} \quad R^{\parallel} = \left(\frac{\tan(\alpha - \beta)}{\tan(\alpha + \beta)}\right)^2$$

Der **Transmissionskoeffizient** T folgt aus dem **Reflexionskoeffizienten** R aufgrund der **Energieerhaltung**:

$$T = 1 - R$$

Bei Reflexion im BREWSTER-Winkel ist $\alpha + \beta = 90°$, sodass der Tangens unendlich und damit $R^{\parallel}$ null wird. Für den Sonderfall des senkrechten Einfalls ist die Reflexion unabhängig von der Polarisationsrichtung:

$$R = \left(\frac{n_1 - n_2}{n_1 + n_2}\right)^2$$

Für den Übergang von Luft $(n \approx 1)$ zu Glas $(n \approx 1{,}5)$ folgt hieraus

$$R \approx 4\,\%.$$

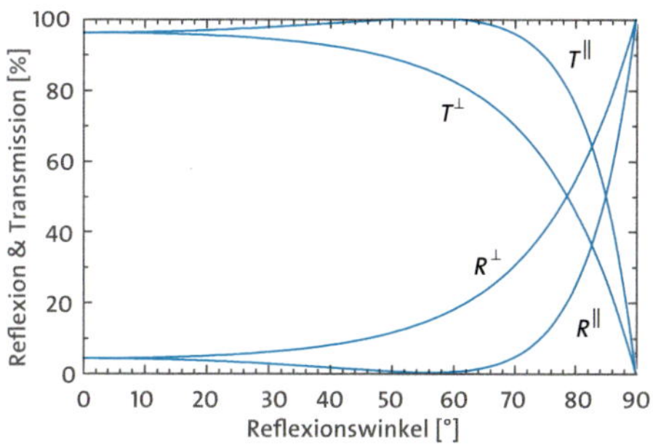

Abb. 4.30: Reflexions- und Transmissionskoeffizient für den Übergang von Luft $(n \approx 1)$ zu Glas $(n \approx 1{,}5)$ in Abhängigkeit vom Reflexionswinkel

Polarisation von Licht durch Streuung

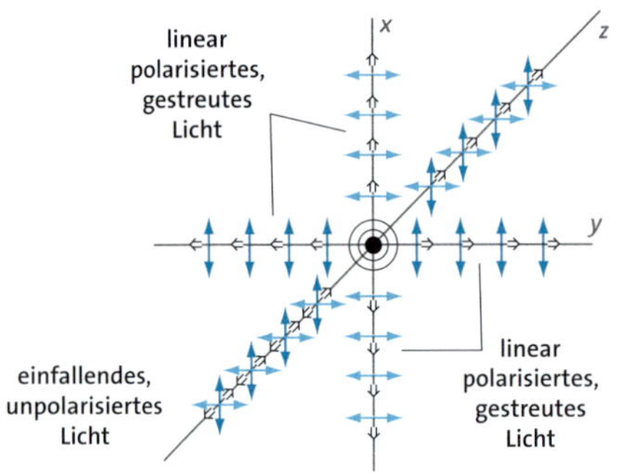

Abb. 4.31: Das einfallende vertikal bzw. horizontal polarisierte Licht (hell. bzw. dunkelblaue Pfeile) regt das Atom oder Molekül zu vertikalen Dipolschwingungen an, das nun seinerseits Licht mit dieser Polarisationsrichtung ausstrahlt. Wie bei einer Dipolantenne ist dessen Intensität in der Ebene senkrecht zur Polarisation am größten.

Trifft Licht auf ein Atom oder Molekül, wie z. B. den Stickstoff der Luft, so werden dessen Elektronen vom elektrischen Feld der Welle zu harmonischen Dipolschwingungen in der Polarisationsrichtung der einfallenden Welle angeregt. Die Elektronen strahlen daher analog zu einer **Dipolantenne** Licht der gleichen Frequenz aus. Die räumliche Verteilung der abgestrahlten Leistung entspricht dabei ebenfalls einer $\lambda/2$-Dipolantenne (→ Abb. 4.15 auf Seite 106).

Die Abstrahlung (Streuung) erfolgt somit vor allem senkrecht zur Schwingungsrichtung der Elektronen, während in der Schwingungsrichtung keine Abstrahlung erfolgt.

JOHN WILLIAM STRUTT
1842–1919
erbte 1873 den Titel
3. Baron RAYLEIGH,
Nobelpreis 1904

Bei klarem Wetter mit blauem Himmel führt dies zu einer Polarisation des in der Atmosphäre gestreuten Lichts, die in einem 90° Abstand zur Sonne am stärksten ist. Auch die **blaue Farbe des Himmels** lässt sich durch diese **RAYLEIGH-Streuung** erklären: Die aufgenommene und abgestrahlte Leistung eines Dipols (→ Zusatzwissen Seite 106) ist proportional zu ω^4. Folglich ist die RAYLEIGH-Streuung für blaues Licht viel stärker als für rotes, sodass der Himmel von der Erde und vom Weltraum aus blau erscheint. Beim Fotografieren werden häufig lineare **Polarisationsfilter** eingesetzt, um dem Himmel eine besonders intensive blaue Farbe zu geben.

Auch die rote Farbe der **Sonnenauf-** und **-untergänge** ist eine Konsequenz der RAYLEIGH-Streuung: Bei einem sehr niedrigen Sonnenstand legt das Licht fast 300 km in unserer **Atmosphäre** zurück, während es Mittags nur rund 8 km sind. Die Rayleigh-Streuung führt beim Sonnenauf- und -untergang daher zu einer starken Schwächung des blauen Anteils im Sonnenspektrum, sodass nur noch rotes Licht übrig bleibt.

Die RAYLEIGH-Streuung gilt nur für Teilchen, die wesentlich kleiner als die Wellenlänge des Lichts sind. Größere Teilchen wie Staub oder Wassertropfen reflektieren das Licht entsprechend dem **Reflexionsgesetz** an Ihrer Oberfläche. Da diese Streuung nicht von der Frequenz abhängt, wirken **Wolken** weiß.

Polarisationsfilter

Trifft eine elektromagnetische Welle auf ein Metallgitter, dessen Gitterkonstante wesentlich kleiner als die Wellenlänge ist, so wird nur der Wellenanteil durchgelassen, dessen elektrisches Feld senkrecht zu den Gitterstäben schwingt. Die in Richtung der Gitterstäbe schwingende Komponente der Welle wird hingegen von diesen „Dipolantennen“ absorbiert oder an deren Oberfläche reflektiert.

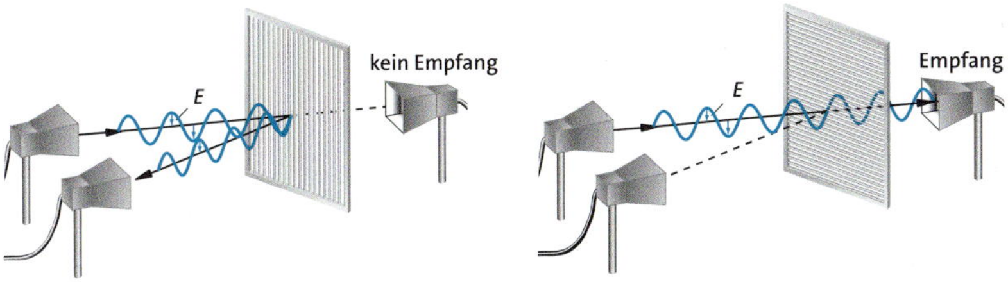

Abb. 4.32: Ein Gitter wirkt als Polarisationsfilter für Mikrowellen

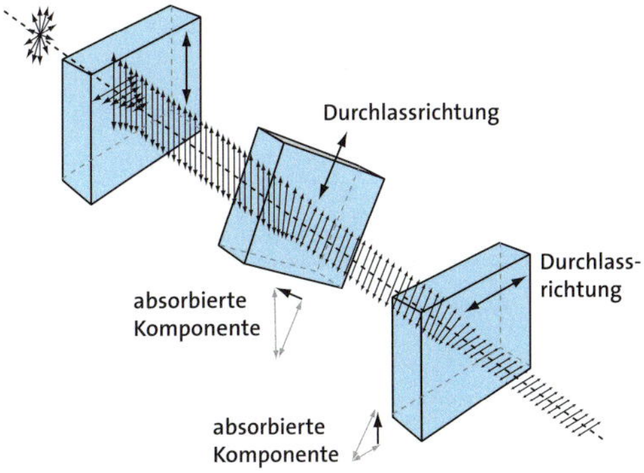

Abb. 4.33: Der erste Polarisationsfilter reduziert die Intensität auf die Hälfte, das durchgelassene Licht ist senkrecht polarisiert. Der zweite Filter reduziert die Intensität abermals, da nur die vektorielle Komponente in seiner Richtung durchgelassen wird. Das gleiche wiederholt sich beim dritten Filter, die Polarisatinsrichtung ist gegenüber dem ersten Filter nun um 90° gedreht. Ohne den mittleren Filter würde hingegen das gesamte Licht am zweiten Filter absorbiert.

Für Mikrowellenstrahlung lässt sich ein solches Polarisationsfilter einfach herstellen. Für Licht ist dies hingegen sehr aufwendig, sodass Polarisationsfilter dieser Bauart nur für sehr hochwertige Geräte verwendet werden. Für die Fotografie, 3D-Brillen oder reflexmindernde Ski- und Sonnenbrillen werden hingegen spezielle Kunststoffe verwendet. Diese Folien bestehen aus langkettigen fadenförmigen organischen Molekülen (Polyvinyle), die bei der Folienherstellung durch Strecken ausgerichtet werden. Durch ihre gute elektrische Leitfähigkeit entlang ihrer Molekülketten und die schlechte Leitfähigkeit zwischen den Molekülen wirken diese wie ein metallisches Polarisationsgitter, wobei das in Richtung der Molekülketten polarisierte Licht absorbiert wird (**Dichroismus**).

Trifft unpolarisiertes Licht auf ein solches Polarisationsfilter, so wird im Idealfall die Hälfte der Intensität transmittiert und die andere Hälfte absorbiert. Trifft das durchgelassene Licht auf ein zweites Polarisationsfilter mit der gleichen Orientierung, so lässt dieses im Idealfall das gesamte Licht passieren, ist es hingegen um 90° gedreht, so wird das gesamte Licht absorbiert. Für die dazwischen liegenden Winkel erfolgt durch vektorielle Aufspaltung der Polarisationsrichtung jeweils eine partielle Absorption und Transmission. Diesen Zusammenhang beschreibt das **Gesetz von Malus**: $T = \cos^2 \alpha$.

Etienne Louis Malus
1775–1812

3D-Brillen

In modernen Kinos werden 3D-Filme mit polarisiertem Licht ausgestrahlt. Das Licht ist jedoch nicht linear sondern zirkular polarisiert. Anderenfalls würde jede Kopfbewegung den 3D-Effekt stören.
Realisiert wird ein solches zirkulares Polarisationsfilter durch die Kombination eines linearen Polarisationsfilters mit einem sogenannten **λ/4-Plättchen** , das aus einem **doppelbrechenden** Material besteht.

→ Seite 122

Optische Aktivität (Chiralität)

Eine Substanz wird als **optisch aktiv** bezeichnet, wenn sie die Polarisationsrichtung von Licht dreht. Man spricht von **rechtsdrehend**, wenn die Polarisationsrichtung beim Blick zur Lichtquelle im Uhrzeigersinn gedreht wird, sonst von **linksdrehend**. Die Ursache für dieses Verhalten ist die Asymmetrie (**Chiralität**) der chemischen Moleküle, die in zwei chemisch identischen jedoch räumlich spiegelsymmetrischen Varianten existieren (→ Abb. 4.34). Wird die Substanz auf chemischem Wege hergestellt, so enthält die Lösung gleich viele Moleküle beider Geometrien. Die Lösung ist damit insgesamt optisch nicht aktiv. Entsteht die Substanz hingegen durch biologische Prozesse, so bildet sich nur eine geometrische Variante und die Lösung ist optisch aktiv. Da der Drehwinkel der Polarisation proportional zur Konzentration der Lösung ist, wird dies häufig zur Konzentrationsbestimmung ausgenutzt. Ein typisches Beispiel ist die Konzentrationsbestimmung von Zucker bei der Rübenverarbeitung.

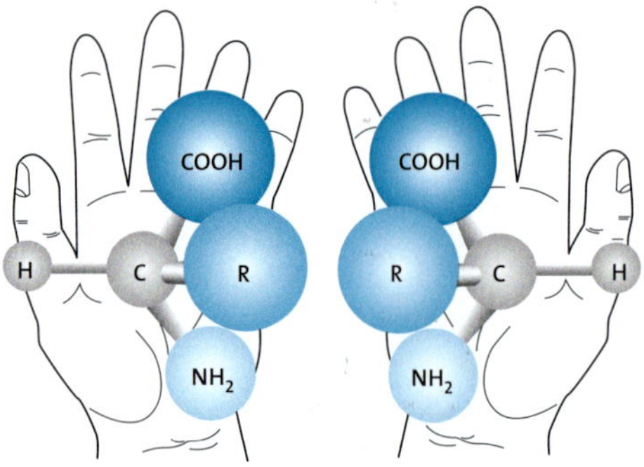

Abb. 4.34: Aminosäuren sind ein typisches Beispiel für chirale Strukturen: Die Moleküle existieren in zwei spiegelsymmetrischen Varianten mit chemisch identischen Eigenschaften.

Doppelbrechung

Betrachtet man ein Objekt durch einen doppelbrechenden Kristall, wie z.B. Kalkspat, so erscheint das Objekt doppelt (→ Abb. 4.35). Die Ursache hierfür ist eine Asymmetrie des Kristallgitters, die dazu führt, dass die Lichtgeschwindigkeit von der Kristallrichtung und der Polarisation abhängt (→ Abb. 4.36).

Abb. 4.35: Die Schrift erscheint durch einen Kalkspatkristall doppelt.

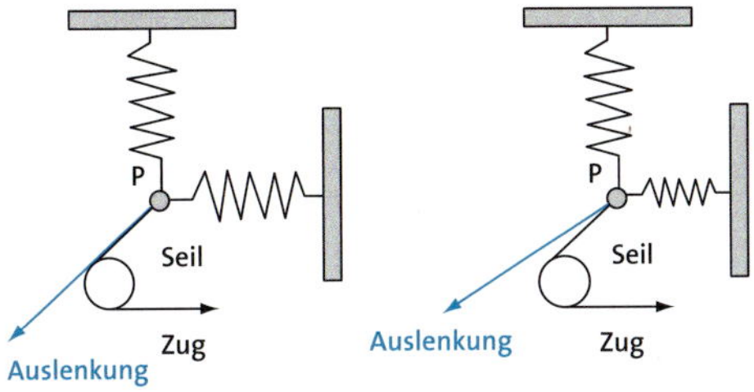

Abb. 4.36: Links im Bild sind die beiden Federn gleich (isotropes Medium) und die Auslenkung von P erfolgt in Seilrichtung. Rechts im Bild weicht die Auslenkung von der Seilrichtung ab, da die Federn unterschiedlich sind (anisotropes Medium).

Erfolgt die Ausbreitung des Lichts in Richtung der sogenannten **optischen Achse** des Kristalls, so ist die Geschwindigkeit unabhängig von der Polarisation. Senkrecht zur optischen Achse läuft polarisiertes Licht mit der gleichen Geschwindigkeit, wenn die Polarisationsrichtung senkrecht zur optischen Achse steht. Licht mit dieser Polarisationsrichtung wird als **ordentliches Licht** bezeichnet, da es sich an das bekannte Brechungsgesetz hält. Licht mit der anderen Polarisationsrichtung läuft in dieser Richtung mit einer anderen (bei Kalkspat größeren) Geschwindigkeit, es wird daher als **außerordentliches Licht** bezeichnet.

Elementarwellen des ordentlichen Lichts breiten sich als Kugelwellen aus, die des außerordentlichen Lichts als Rotationsellipsoide, wobei die Rotationsachse der optischen Achse entspricht. Die Ausbreitung der Wellenfronten weicht dadurch vom Brechungsgesetz ab.

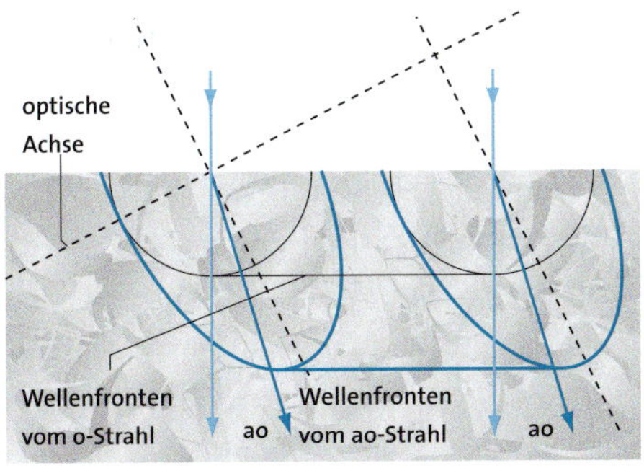

Abb. 4.37: Ist das Licht senkrecht zur optischen Achse polarisiert, so breiten sich die Elementarwellen kreisförmig aus. Verläuft die Polarisation in Richtung der optischen Achse, so werden die Elementarwellen zu Ellipsen.

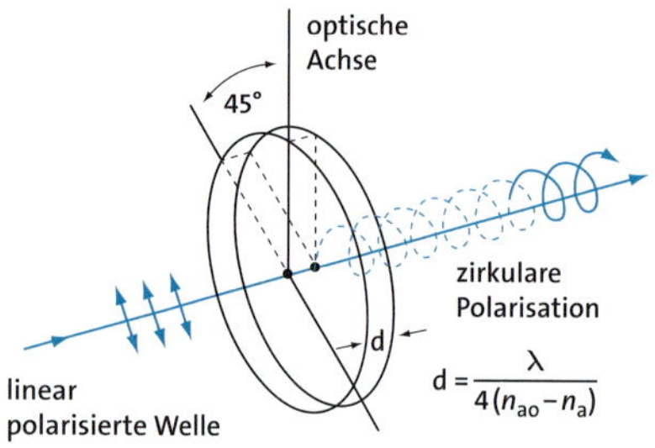

Abb. 4.38: Das λ/4-Plättchen verschiebt die Phase zwischen dem ordentlichen und außerordentlichen Strahl um π/2.

Trifft Licht, das in einem Winkel von 45° zur optischen Achse polarisiert ist, senkrecht auf einen doppelbrechenden Kristall, so breiten sich ordentlicher und außerordentlicher Strahl zwar in der gleichen Richtung, jedoch mit unterschiedlicher Geschwindigkeit aus. Die Folge ist eine Phasenverschiebung zwischen ordentlicher und außerordentlicher Welle. Wird die Dicke des Kristalls so gewählt, dass die Phasenverschiebung λ/4 beträgt **(λ/4-Plättchen)**, so wird aus linear polarisiertem Licht zirkular polarisiertes bzw. aus zirkular polarisiertem Licht linear polarisiertes.

Viele transparente isotrope Medien, wie z. B. Glas oder Kunststoffe, werden doppelbrechend, wenn man sie einer mechanischen Deformation aussetzt, da hierdurch die Isotropie verlorengeht. Diese **Spannungs-Doppelbrechung** wird im Maschinenbau eingesetzt, um die Geometrie stark belasteter Teile zu optimieren, wobei in der Regel transparente Kunststoffmodelle eingesetzt werden.

Zusatzwissen

Pockels- und Kerr-Effekt

Manche Kristalle reagieren auf elektrische Felder mit Doppelbrechung. Man unterscheidet zwischen dem Pockels-Effekt, der lineare von der Feldstärke abhängt und dem Kerr-Effekt der eine quadratische Abhängigkeit zeigt. Eine technische Anwendung dieses Effekts ist der elektrooptische Modulator, der aus zwei gekreuzten Polarisationsfiltern mit einem dazwischen liegenden Kristall besteht (Pockels-Zelle). Ohne Spannung hat der Kristall keinen Einfluss auf die Polarisation des Lichts, sodass dieses vollständig vom zweiten Polarisationsfilter absorbiert wird. Wird hingegen eine Spannung angelegt, so wird der Kristall zum λ/4-Plättchen. Das nun zirkular polarisierte Licht kann den zweiten Polarisationsfilter zur Hälfte passieren. Durch eine Variation der Spannung ist es so möglich, die Intensität der Lichtwelle zu modulieren (**Amplituden-Modulation**).

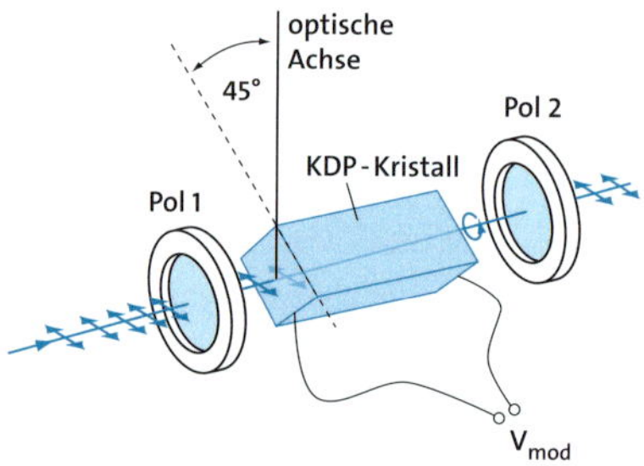

Abb. 4.39: elektrooptischer Modulator

Wird das erste Polarisationsfilter in 90° Richtung zur optischen Achse ausgerichtet und der zweite Filter entfernt, so bewirkt das Anlegen einer Spannung eine Änderung der Ausbreitungsgeschwindigkeit (**Phasen-Modulation**).

Überblick

Ausbreitung von Wellen: $y(x,t) = \hat{s} \cdot \sin\left[\frac{2\pi}{T}\left(t - \frac{x}{c_{Ph}}\right)\right] = \hat{s} \cdot \sin\left[2\pi\left(\frac{t}{T} - \frac{x}{\lambda}\right)\right]$

Wellenlänge: $\lambda = c_{Ph} \cdot T = \frac{c_{Ph}}{f}$

Periodendauer: $T = \frac{1}{f} = \frac{2\pi}{\omega}$

Phasengeschwindigkeit: $c_{Ph} = \frac{\lambda}{T} = \lambda \cdot f = \frac{\omega}{k}$ mit Wellenzahl: $k = \frac{2\pi}{\lambda}$

Gruppengeschwindigkeit (Dispersion!): $v_{Gr} = \frac{d\omega}{dk} = c_{Ph} - \lambda \frac{dc_{Ph}}{d\lambda}$

DOPPLER-Effekt: $f = \frac{1}{1 - \frac{V}{c_{Ph}}} f'$ und $\lambda = \frac{c_{Ph}}{f'} \cdot \left(1 - \frac{V}{c_{Ph}}\right) = \left(1 - \frac{V}{c_{Ph}}\right) \cdot \lambda'$

Reflexionsgesetz: $\alpha = \beta$ (Einfallswinkel = Ausfallswinkel)
mit Phasensprung um π bei Reflexion am optisch dichteren Medium.

Brechungsgesetz: $\frac{\sin\alpha}{\sin\beta} = \frac{\lambda_1}{\lambda_2} = \frac{c_1}{c_2} = \frac{n_2}{n_1}$ mit α, β Winkel zum Lot

Brechungsindex: $n = \frac{c_0}{c_{Ph,\,Medium}} = \frac{\lambda_0}{\lambda_{Medium}}$

Totalreflexion für $\beta \geq \beta_G$ mit $\sin\beta_G \leq \frac{n_1}{n_2}$

Stehende Wellen: $y = 2\hat{s} \cdot \sin\left(2\pi\frac{t}{T_n}\right) \cdot \cos\left(2\pi\frac{x}{\lambda_n}\right)$ mit $n \in \mathbb{N}_0$

Schwingungsknoten: $x = \frac{2n+1}{4} \cdot \lambda_n$

Schwingungsbäuche: $x = \frac{n+1}{2} \cdot \lambda_n$

maximale Auslenkung: $2\pi\frac{t}{T_n} = (2n+1) \cdot \frac{\pi}{2} \Leftrightarrow t = \frac{2n+1}{4} \cdot T_n$

Reflexion am losen Ende: $l = \frac{n+1}{2} \cdot \lambda_n$

Reflexion am festen Ende: $l = \frac{2n+1}{4} \cdot \lambda_n$ und Phasensprung um π

Reflexion an beiden Enden: $l = \frac{n+1}{2} \cdot \lambda_n \Rightarrow f_n = \frac{n+1}{2l} \cdot c_{Ph}$

Lichtgeschwindigkeit: $c_{Ph} = \frac{1}{\sqrt{\varepsilon_0 \varepsilon_r \mu_0 \mu_r}}$

im Vakuum: $c_0 = \frac{1}{\sqrt{\varepsilon_0 \mu_0}} := 299\,792\,456 \frac{m}{s}$

Einzelspalt: Auslöschung: $d_n \approx a \cdot \frac{\lambda}{l} \cdot n$

Nebenmaxima: $\sin\alpha = \frac{2n-1}{2} \cdot \frac{\lambda}{l}$

Doppelspalt: Minima: $d_n = a \cdot \frac{2n-1}{2} \cdot \frac{\lambda}{g}$ mit $0 < n \leq \frac{g}{\lambda} + \frac{1}{2}$

Maxima: $d_n = a \cdot (n-1) \cdot \frac{\lambda}{g}$ mit $0 < n \leq \frac{g}{\lambda} + 1$

Mehrfachspalt, Gitter: Maxima wie beim Doppelspalt, aber schärfer.

BRAGG-Reflexion: Glanzwinkel $2d \cdot \sin\varphi_n = n \cdot \lambda$
mit $n \in \mathbb{N}$ und $n < \frac{2d}{\lambda}$

Polarisation durch Reflexion: $\alpha_B = \arctan\frac{n_2}{n_1}$ (BREWSTER-Winkel)

5 Quantenmechanik

- *Die Wellennatur des Lichts ist bereits lange bekannt. Der äußere Fotoeffekt und der COMPTON-Effekt zeigen jedoch, dass Licht aus einzelnen Photonen besteht, die sich wie Teilchen verhalten.*
- *Umgekehrt zeigen Experimente zur Elektronenbeugung, dass diese Teilchen zu Interferenz fähig sind und damit Welleneigenschaften aufweisen.*
- *LOUIS DE BROGLIE folgerte 1924 daraus, dass sich jedes Objekt sowohl aus Welle als auch als Teilchen beschreiben lässt (Welle-Teilchen-Dualismus).*
- *Basierend auf dieser Idee entwickelten ERWIN SCHRÖDINGER, WERNER HEISENBERG, PAUL A. M. DIRAC und andere die heutige Theorie der Quantenmechanik.*

5.1 Welle-Teilchen-Dualismus

Der (äußere) Fotoeffekt

Trifft eine elektromagnetische Welle (Licht) auf die Elektronen in der Hülle eines Atoms (→ Seite 159), so werden diese durch das elektrische Feld der Welle beschleunigt. Reicht die absorbierte Energie aus, um das Elektron aus dem elektrischen Feld des Atomkerns herauszureißen, so kann sich dieses **Fotoelektron** völlig frei bewegen, ohne in irgendeiner Weise an sein bisheriges Atom gebunden zu sein. Verlässt das Fotoelektron dabei das Material, so wird dies als **äußerer Fotoeffekt** bezeichnet. Verbleibt das Fotoelektron hingegen im Kristallgitter, so spricht man vom **inneren Fotoeffekt**, der bei Halbleiterbauelementen wie **Fotodioden** oder **Solarzellen** eine wichtige Rolle spielt.

Der äußere Fotoeffekt tritt prinzipiell bei allen Elementen auf. Die notwendige Energie W_A (**Austrittsarbeit, Ablösearbeit** oder **Ionisationsenergie**) ist besonders niedrig bei den schweren Elementen der ersten Hauptgruppe im Periodensystem und besonders hoch bei den leichten Edelgasen. Für Experimente mit Fototelektronen wird daher meistens eine mit Cäsium (Cs) beschichtete Elektrode verwendet.

Abb. 5.1 zeigt einen experimentellen Aufbau mit dem die Energie der Fotoelektronen bestimmt werden kann. Hierzu wird die Cäsium-Elektrode, die sich in einem evakuierten Glasbehälter befindet, mit monochromatischem Licht bestrahlt. Ist die absorbierte Energie W_{Ph} größer als die Austrittsarbeit W_{A}, so werden Fotoelektronen aus der Cs-Oberfläche herausgeschlagen. Einige dieser Elektronen treffen auf den Auffang-Ring und können als Fotostrom I gemessen werden. Die kinetische Energie W_{e} dieser Fotoelektronen entspricht der Differenz zwischen der absorbierten Energie W_{Ph} und der Austrittsarbeit W_{A}.

Wird zwischen dem Auffang-Ring und der Cs-Schicht eine negative Spannung angelegt (**Gegenfeldmethode**), so werden die Fotoelektronen abgebremst. Mit steigender Spannung sinkt der Fotostrom I_{Ph} kontinuierlich, bis bei allen Elektronen die kinetische Energie W_{e} zu gering ist, um das elektrische Potential $e \cdot U$ zu überwinden. Wird die Spannung U so eingestellt, dass gerade eben kein Fotostrom mehr fließt, so gilt:

$$e \cdot U = W_{\text{e,max}} = W_{\text{Ph}} - W_{\text{A}}$$

Abb. 5.2 zeigt das Ergebnis des Experiments für verschiedene Wellenlängen und verschiedene Elemente der ersten Hauptgruppe. Um eine lineare Darstellung zu erhalten, wurde im Diagramm die Frequenz des Lichts $f = c_0/\lambda$ an Stelle der Wellenlänge λ aufgetragen. In dieser Darstellung liegen die Messpunkte für jedes Elektrodenmaterial auf einer Geraden, wobei der Achsabschnitt auf der Energieachse der Auslösearbeit entspricht. Die Energie W_{Ph} des absorbierten Lichts ist somit proportional zu dessen Frequenz f:

$$W_{\text{Ph}} = h \cdot f \text{ mit } h = 4{,}136 \cdot 10^{-15}\,\text{eVs} = 6{,}626176 \cdot 10^{-34}\,\text{Js}$$

$1\,\text{eV} = 1{,}6021773 \cdot 10^{-19}\,\text{J}$
→ Seite 44

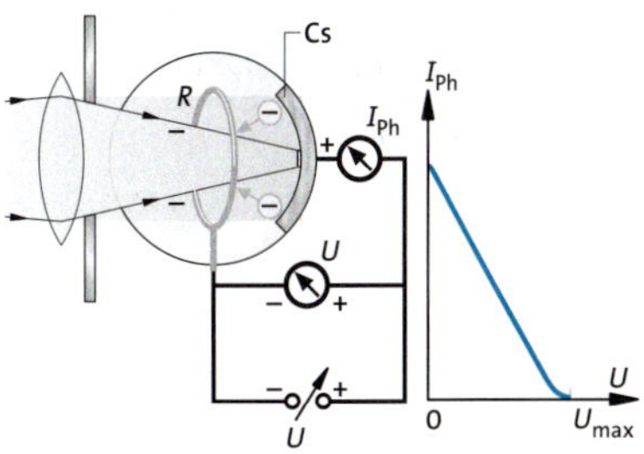

Abb. 5.1: Fotoeffekt: Gegenfeldmethode zur Bestimmung der kinetischen Energie der Fotoelektronen

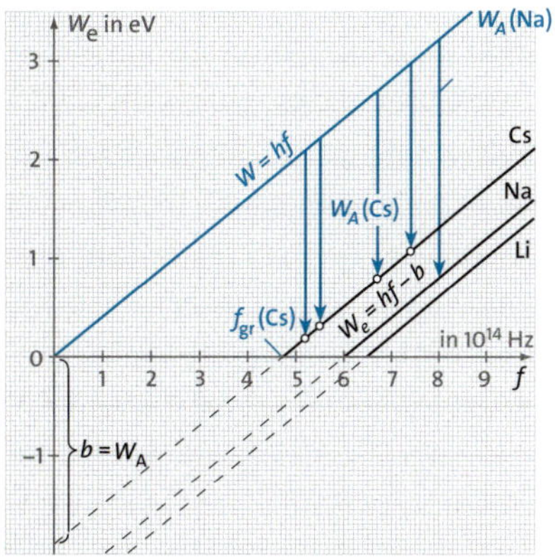

Abb. 5.2: Fotoeffekt: Abhängigkeit der Elektronenenergie W_{e} von der Frequenz f für verschiedene Kathodenmaterialien (Cs, Na, Li)

MAX KARL ERNST LUDWIG PLANCK 1858–1947, Nobelpreis 1918

Die Proportionalitätskonstante wird als **PLANCK'sches Wirkungsquantum** bezeichnet.

Beispiel:
violettes Licht: $U_1 = 1{,}02\,\text{V}$, $f_1 = 7{,}41 \cdot 10^{14}\,\text{Hz}$;
gelbes Licht: $U_2 = 0{,}13\,\text{V}$, $f_2 = 5{,}19 \cdot 10^{14}\,\text{Hz}$
$\Rightarrow\ h = 4{,}136 \cdot 10^{-15}\,\text{eVs} = 6{,}626176 \cdot 10^{-34}\,\text{Js}$

Die von den Elektronen aufgenommene Energie hängt nur von der Frequenz (Wellenlänge) des Lichts, nicht jedoch von dessen Intensität ab. Diese „Energieportionen" werden als **Lichtquanten** oder auch **Photonen** bezeichnet.

ALBERT EINSTEIN 1879–1955, Nobelpreis 1921

ALBERT EINSTEIN erklärte den äußeren Fotoeffekt 1905 durch die damals hypothetische Annahme von Lichtquanten, die erst später durch die Quantenmechanik bestätigt wurde. Für diese Arbeit bekam er 1921 den Nobelpreis in Physik.

Äußerer Fotoeffekt

Trifft eine elektromagnetische Welle (Licht) auf Materie, so können einzelne Elektronen die Energie eines Photons absorbieren und das Atom verlassen, sofern die Photonenenergie größer als die Ionisationsenergie (Austrittsarbeit) des Atoms ist. Die kinetische Energie der Elektronen ergibt sich dabei als Differenz zwischen der Photonenenergie $W_{\text{Ph}} = h \cdot f$ und der Austrittsarbeit W_{A} aus dem Material.
Die Proportionalitätskonstante $h = 4{,}136 \cdot 10^{-15}\,\text{eVs} = 6{,}626176 \cdot 10^{-34}\,\text{Js}$ wird als PLANCK'sche Konstante bezeichnet. Der äußere Fotoeffekt zeigt, dass die Energie einer elektromagnetischen Welle (Licht, Röntgenstrahlung, π-Quanten) quantisiert ist. Die Energie der Lichtquanten (Photonen) hängt von der Frequenz der elektromagnetischen Welle und nicht von deren Intensität ab. Die Intensität der elektromagnetischen Strahlung ist somit proportional zur Anzahl der Photonen.

Wird in dem beschriebenen Experiment die Intensität des Lichts, z. B. durch eine Blende, verringert, so treffen weniger Photonen auf die Elektrode, folglich sinkt dann auch die Anzahl der Fotoelektronen und damit der gemessene Fotostrom. Die Energie der Fotoelektron ändert sich jedoch nicht, da jedes Elektron nur genau ein Photon absorbieren kann. Die Frequenz, ab der Fotoelektronen freigesetzt werden, heißt **Grenzfrequenz:**

$$f_{\text{g}} = \frac{W_{\text{A}}}{h}$$

Konstanten

$$h = 4{,}136 \cdot 10^{-15}\,\text{eVs} = 6{,}626176 \cdot 10^{-34}\,\text{Js}$$

In der Literatur findet man häufig die Abkürzung:

$$\hbar = \frac{h}{2\pi} = 6{,}582 \cdot 10^{-16}\,\text{eVs} = 1{,}054572 \cdot 10^{-34}\,\text{Js}$$

Der COMPTON-Effekt

Aus der EINSTEIN'schen Beziehung $W = m \cdot c^2$ können die **relativistische Masse** und der **relativistische Impuls** eines Photons berechnet werden:

→ Seite 154 f.

$$W_{Ph} = h \cdot f = \frac{h \cdot c}{\lambda} = m_{Ph} c^2 = p_{Ph} \cdot c \Rightarrow m_{Ph} = \frac{h \cdot f}{c^2} = \frac{h}{c \cdot \lambda} = \frac{p_{Ph}}{c} \text{ und}$$

$$p_{Ph} = m \cdot v = m \cdot c = \frac{h \cdot f}{c} = \frac{h}{\lambda} = \frac{W_{Ph}}{c} \text{ und } \lambda = \frac{h}{m_{Ph} \cdot c}$$

Die Wellenlänge eines Photons mit der relativistischen Masse m_e eines ruhenden Elektrons wird als **COMPTON-Wellenlänge** bezeichnet und entspricht der DE-BROGLIE-Wellenlänge (→ Seite 130) des Elektrons:

ARTHUR HOLLY COMPTON 1892–1962, Nobelpreis 1927

$$\lambda_C = \frac{h}{m_e \cdot c} = 2{,}4263\,\text{pm}$$

Trifft ein Photon mit dieser Wellenlänge (Röntgenstrahlung) auf ein freies Elektron, so kommt es zu einem elastischen Stoß. Das Photon überträgt dabei – völlig analog zum Billard – einen Teil seiner Energie auf das Elektron. Die Zunahme der Wellenlänge der gestreuten Photonen hängt vom Ablenkwinkel β ab und kann aus dem Energie- und Impulserhaltungssatz berechnet werden. Die gestrichenen Größen bezeichnen im Folgenden die Werte nach dem Stoß, während die ungestrichenen die Ausgangswerte bezeichnen.

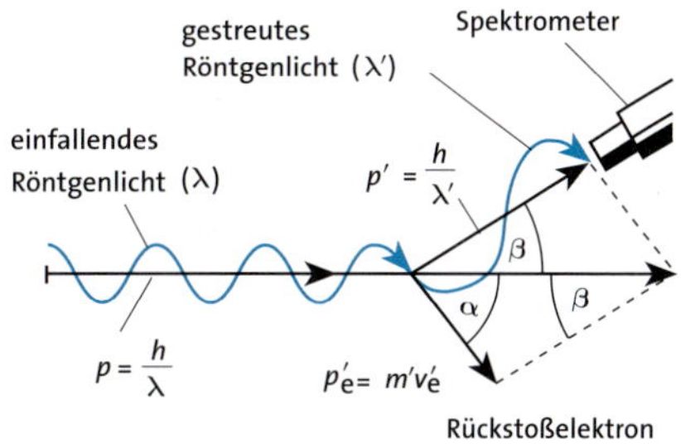

Abb. 5.3: COMPTON-Effekt: Impulse und Streuwinkel nach dem Stoß

Impulserhaltungssatz: $\vec{p}\,'_e = \vec{p}_{Ph} - \vec{p}\,'_{Ph}$

$$\Rightarrow p_e'^2 = p_{Ph}^2 + p_{Ph}'^2 - 2 p_{Ph} p'_{Ph} \cos\beta = \frac{W_{Ph}^2}{c^2} + \frac{W_{Ph}'^2}{c^2} - 2 \frac{W_{Ph} W'_{Ph}}{c^2} \cos\beta$$

Um den Energieerhaltungssatz anwenden zu können, wurden die Impulse der Photonen durch deren Energien $W_{Ph} = \frac{p_{Ph}}{c}$ ersetzt. Für das Elektron muss entsprechend die relativistische Energie verwendet werden:

$$W_e = \sqrt{p_e^2 c^2 + m_e^2 c^4}$$

Energieerhaltungssatz:

$$W_{Ph} + m_e c^2 = W'_{Ph} + \sqrt{p_e'^2 c^2 + m_e^2 c^4} \Leftrightarrow \left(W_{Ph} - P'_{Ph} + m_e c^2\right)^2 = p_e'^2 c^2 + m_e^2 c^4$$

Auflösen der Klammer und Einsetzen des Impulserhaltungssatzes ergibt:

$$W_{Ph}^2 - 2 W_{Ph} W'_{Ph} + W_{Ph}'^2 + 2 (W_{Ph} - W'_{Ph}) m_e c^2 + m_e^2 c^4$$
$$= W_{Ph}^2 + W_{Ph}'^2 - 2 W_{Ph} W'_{Ph} \cos\beta + m_e^2 c^4$$

Zusammenfassen und Auflösen der Gleichung nach $\frac{1}{W'_{Ph}} - \frac{1}{W_{Ph}}$ liefert:

$$2 (W_{Ph} - W'_{Ph}) m_e c^2 = 2 W_{Ph} W'_{Ph} (1 - \cos\beta) \Leftrightarrow$$

$$\frac{1}{W'_{Ph}} - \frac{1}{W_{Ph}} = \frac{1}{m_e c^2} (1 - \cos\beta) = \frac{2}{m_e c^2} \sin^2 \frac{\beta}{2}$$

Tipp:
$\cos\alpha - \cos\beta$ liefert für $\alpha = 0$:
$1 - \cos\beta = 2 \sin^2 \frac{\beta}{2}$
→ Anhang, Seite 245

Mit $\lambda = \frac{h \cdot c}{W_{Ph}}$ folgt: $\Delta\lambda = \lambda' - \lambda = \frac{2h}{m_e c^2} \sin^2 \frac{\beta}{2} = 2 \lambda_C \sin^2 \frac{\beta}{2} = \lambda_C (1 - \cos\beta)$

COMPTON-Effekt

Photonen mit der relativistischen Masse eines ruhenden Elektrons

$$m_{Ph} = \frac{h \cdot f_C}{c^2} = \frac{h}{c \cdot \lambda_C}$$

werden sehr effektiv von freien (schwach gebundenen) Elektronen gestreut, wobei das Photon – analog zu einem Billardstoß – einen Teil seiner Energie an das Elektron abgibt:

$$\Delta\lambda = \lambda' - \lambda = \frac{2h}{m_e c^2} \sin^2\frac{\beta}{2} = 2\lambda_C \sin^2\frac{\beta}{2} = \lambda_C (1 - \cos\beta)$$

COMPTON-Wellenlänge: $\lambda_C = \frac{h}{m_e \cdot c} = 2{,}4262\,\text{pm}$

Photonen als Teilchen und Welle

Der äußere Fotoeffekt beweist, dass Licht aus einzelnen Quanten, den sogenannten Photonen besteht. Der COMPTON-Effekt zeigt darüber hinaus, das Photonen einen Impuls besitzen. Aufgrund dieser Überlegung müssen wir Photonen als Teilchen betrachten. Andererseits beweisen Interferenzphänomene (→ Seite 107), dass es sich bei Licht um (elektromagnetische) Wellen handelt. Obwohl sich die beiden Betrachtungsweisen auszuschließen scheinen sind sie beide physikalisch sinnvoll und richtig. Im Rahmen der Quantenphysik lässt sich zeigen, dass es sich bei beiden Modellen um Näherungen handelt, die jeweils nur für bestimmte Situationen geeignet sind. Einen Zusammenhang zwischen beiden Modellen schafft die **Bestrahlungsstärke** S (→ Seite 103):

$$S = \frac{1}{2} c \varepsilon_0 \varepsilon_r \hat{E}^2$$

Laut Definition entspricht sie der pro Fläche A und Zeit t auftreffenden Strahlungsenergie W, die ihrerseits proportional zur Anzahl N der Photonen ist. Durch Umstellen folgt hieraus die Anzahl der **Photonenlokalisationen** pro Fläche und Zeit:

$$S = \frac{1}{2} c \varepsilon_0 \varepsilon_r \hat{E}^2 = \frac{W}{A \cdot t} = \frac{N \cdot h \cdot f}{A \cdot t} \quad \Rightarrow \quad \frac{N}{A \cdot t} = \frac{S}{h \cdot f} = \frac{c \varepsilon_0 \varepsilon_r}{2h} \frac{\hat{E}^2}{f} = \frac{\varepsilon_0 \varepsilon_r}{2h} \cdot \lambda \cdot \hat{E}^2$$

Durch die geometrische Anordnung (etwa eines Beugungsversuches) und die Wellenlänge ist die Verteilung der Bestrahlungsstärke S der Lichtwelle streng determiniert (bestimmt), also auch die Wahrscheinlichkeit der Photonenlokalisation. Diese selbst ist jedoch nicht vorhersehbar.

Im → Abschnitt „DE-BROGLIE-Materiewellen“ auf Seite 130 wird gezeigt, dass der **Welle-Teilchen-Dualismus** nicht nur bei Photonen sondern auch bei kleinen Teilchen wie zum Beispiel Elektronen auftritt. Im nächsten Abschnitt betrachten wir zunächst noch einmal die Beugung von Photonen am Einzelspalt.

HEISENBERG'sche Unbestimmtheitsrelation

WERNER KARL HEISENBERG 1901–1976, Nobelpreis 1932

Trifft ein Photonenstrahl auf einen Einzelspalt der Breite b, so wird die **Ortsunschärfe** der Photonen quer zum Spalt auf $\overline{\Delta x} = b$ verkleinert. Vor dem Spalt war der Photonenimpuls $p = h/\lambda$ scharf bestimmt. Der Beugung des Lichtes hinter dem Spalt entspricht ein Zunehmen des Querimpulses p_x der Photonen. Die statistische Verteilung der Photonenlokalisationen verhindert zwar eine genaue Vorhersage von p_x, die Beugungsfigur ermöglicht jedoch eine Abschätzung für den Mittelwert $\overline{\Delta p_x}$ der Unschärfe des Querimpulses hinter dem Spalt. Dazu wird $\overline{\Delta p_x}$ durch den Impulswert angenähert, der zum Winkel φ_0 des ersten Beugungsminimums führt (→ Abb. 5.4).

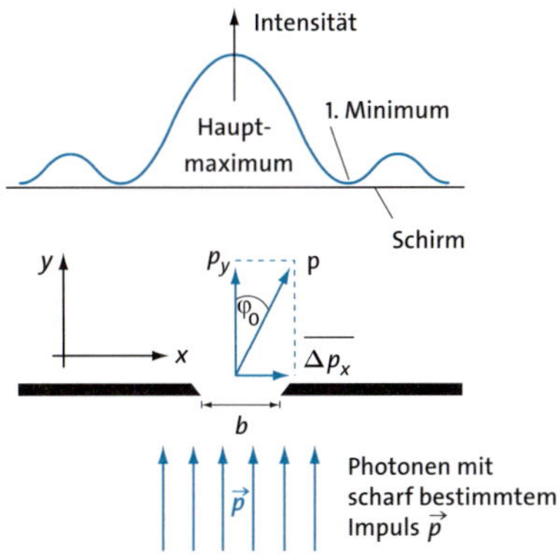

Abb. 5.4: Einfachspalt: Beobachtete Intensitätsverteilung und Komponentenzerlegung eines Photonenimpulses

→ „Der Einzelspalt", Seite 108

Daraus folgt:

$$\sin\varphi_0 = \frac{\lambda}{b} \approx \frac{\lambda}{\overline{\Delta x}} \text{ und } \sin\varphi_0 = \frac{\overline{\Delta p_x}}{p} \text{ und } p = \frac{h \cdot f}{c} = \frac{h}{\lambda}$$

$$\Rightarrow \frac{\lambda}{\overline{\Delta x}} \approx \frac{\overline{\Delta p_x}}{p} \Leftrightarrow p \cdot \lambda \approx \overline{\Delta x} \cdot \overline{\Delta p_x} \Leftrightarrow h \approx \overline{\Delta x} \cdot \overline{\Delta p_x}$$

HEISENBERG zeigte, dass diese Relation prinzipielle Gültigkeitsgrenzen für die Anwendung klassischer Begriffe in der Mikrowelt zieht. Eine analoge Relation gilt für die Unschärfe der Antreffzeit von Quanten $\overline{\Delta t}$ und ihrer Energie $\overline{\Delta W}$:

$$\overline{\Delta W} \cdot \overline{\Delta t} \approx h$$

Unbestimmtheitsrelation

HEISENBERG hat gezeigt, dass die Größen Ort und Impuls sowie Energie und Zeit nicht gleichzeitig exakt gemessen werden können.

Für die Messgenauigkeit gelten die Relationen:

$$\overline{\Delta x} \cdot \overline{\Delta p_x} \approx h \text{ und } \overline{\Delta t} \cdot \overline{\Delta W} \approx h$$

Das Ungefährzeichen folgt aus einer Abschätzung und meint deshalb „in der Größenordnung von h"!

Eine exakte quantenmechanische Berechnung liefert hingegen:

$$\overline{\Delta x} \cdot \overline{\Delta p_x} \geq \frac{h}{4\pi} \text{ und } \overline{\Delta t} \cdot \overline{\Delta W} \geq \frac{h}{4\pi}$$

→ Beispielrechnung bei „Der Harmonische Oszillator" auf Seite 135 f.

De-Broglie-Materiewellen

Louis-Victor Pierre Raymond de Broglie, 7. Herzog de Broglie 1892–1987, Nobelpreis 1929

Einem Photon lässt sich eine relativistische Masse und ein **Impuls** zuschreiben: $p = h/\lambda$

De Broglie machte dieses Nebeneinander von Welle und Quant zum universellen Prinzip und ordnete jedem Teilchen auch eine **Wahrscheinlichkeitswelle** zu. Diese hat die **De-Broglie-Wellenlänge** $\lambda = \frac{h}{p} = \frac{h}{m \cdot v_m}$.

→ Seite 115

Anschaulich deutlich wird die Bedeutung der Materiewellen bei Beugungsversuchen mit Elektronenstrahlen an einem Graphitgitter. (Es gelten die Gleichungen des Debye-Scherrer-Verfahrens, jedoch mit zwei verschiedenen Netzebenenabständen $d_1 = 213\,\text{pm}$ und $d_2 = 123\,\text{pm}$.)

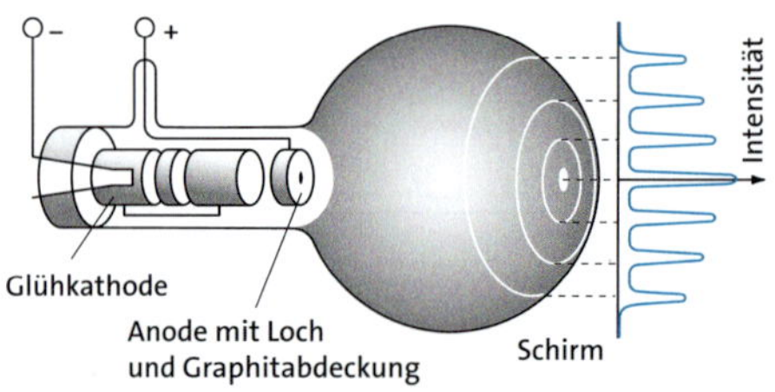

Abb. 5.5: Elektronenbeugung und Intensitätsverteilung

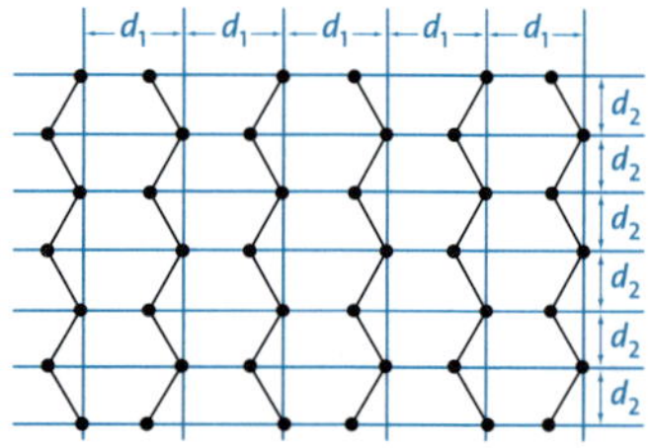

Abb. 5.6: Graphitgitter: $d_1 = 213\,\text{pm}$ und $d_2 = 123\,\text{pm}$

Diese Wellennatur ist nur bei Mikrogebilden (kleinen „Teilchen") von Bedeutung, da die Wellenlänge mit zunehmender Masse gegen null strebt.
Die Geschwindigkeit einer De-Broglie-Welle folgt aus ihrer Energie:

$$v_{\text{Welle}} = f \cdot \lambda \quad \text{und} \quad W = h \cdot f = m c^2 \quad \text{und} \quad \lambda = \frac{h}{m \cdot v_m}$$

Dabei ist v_m die Geschwindigkeit der Masse m.

$$\Rightarrow \quad v_{\text{Welle}} = \frac{W}{h} \cdot \frac{h}{m \cdot v_m} = \frac{m \cdot c^2 \cdot h}{h \cdot m \cdot v_m} = \frac{c^2}{v_m}$$

Da $v_m < c$ sein muss, ist $v_{\text{Welle}} > c$, also irreal.

Trotzdem ist v_{Welle} eine sinnvolle Größe, die wir als **Phasengeschwindigkeit** (→ Seite 97) bezeichnen. Sie ist ausschlaggebend für alle Experimente, bei denen es um Beugung, Brechung oder Interferenz geht. Für die Signalausbreitung hingegen ist die **Gruppengeschwindigkeit** verantwortlich, die bei Materiewellen der Teilchengeschwindigkeit v_m entspricht.

De-Broglie-Materiewellen

Sehr kleine Objekte wie Elektronen oder Protonen zeigen durch Interferenzphänomene die Wellenatur der Materie. Für die Wellenlänge und die Phasengeschwindigkeit gilt: $\lambda = \frac{h}{p} = \frac{h}{m \cdot v_m}$ und $v_{\text{Welle}} = \frac{c^2}{v_m}$

5.2 Atomaufbau

Eindimensionaler Potentialtopf

Wird eine fortschreitende elektromagnetische Welle zwischen zwei Wänden beständig reflektiert, so ergibt sich eine stehende Welle (→ Seite 98 f.) für den Abstand L der beiden Wände, wenn gilt: $L = n \cdot \lambda/2$ mit $n \in \mathbb{N}$.

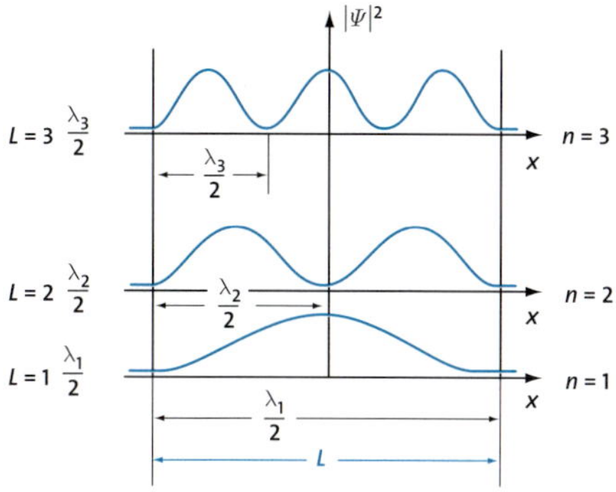

Abb. 5.7: Wahrscheinlichkeitsdichte der Elektronen im eindimensionalen Potentialtopf

In Gedanken lässt sich dieser Versuch auf Elektronen übertragen, die durch äußere Kräfte („Wände") in kleinen Bereichen zusammengehalten werden. Hier treten stehende Wahrscheinlichkeitswellen mit der DE-BROGLIE-Wellenlänge auf, das heißt die Aufenthaltswahrscheinlichkeit der Elektronen ist an den Wänden und gegebenenfalls an Schwingungsknoten innerhalb des Potentialtopfes gleich null. Folglich kann ihnen auch keine Bewegung im klassischen Sinne zugeschrieben werden. Damit wird klar, dass die Elektronen, da sie keiner Beschleunigung bzw. Abbremsung ausgesetzt sind, auch keine Energie in Form von elektromagnetischen Wellen abstrahlen müssen (→ Zusatzwissen Seite 106). Da die Elektronen im Potentialtopf keine Energie verlieren, müssen sie ihre vorherige kinetische Energie $W = \frac{1}{2} m_e \cdot v^2$ behalten haben.

Mit $p^2 = m_e^2 \cdot v^2$ folgt: $W = \frac{p^2}{2 m_e}$.

Ferner gilt die DE-BROGLIE-Beziehung

$$p = \frac{h}{\lambda} \Rightarrow W = \frac{h^2}{2 m_e \cdot \lambda^2}.$$

Mit der Bedingung für stehende Wahrscheinlichkeitswellen $\lambda = \frac{2L}{n}$ folgt:

$$W_n = \frac{h^2}{8 m_e \cdot L^2} n^2 \text{ mit } n \in \mathbb{N} \text{ und } n \geq 1$$

Die Energie der Elektronen kann nur diese diskreten Werte annehmen, sie ist gequantelt. Die Zahlen n werden als **Quantenzahlen** bezeichnet.
Für die Herleitung ist es nicht notwendig, dass es sich um Elektronen handelt, folglich gilt allgemein für Mikrogebilde der Masse m:

Die Energieniveaus in einem eindimensionalen Potentialtopf mit unendlich hohen Wänden betragen:

$$W_n = \frac{h^2}{8 m \cdot L^2} n^2 \text{ mit } n \in \mathbb{N} \text{ und } n \geq 1$$

Eindimensionaler Potentialtopf

Dreidimensionaler Potentialtopf

Wird als Potentialtopf ein Würfel der Kantenlänge L gewählt, so können sich in alle drei Raumrichtungen stehende Wahrscheinlichkeitswellen ausbilden, die sich ungestört überlagern. Hieraus ergeben sich folgende unabhängige Wellenlängen:

$$\lambda_x = \frac{2L}{n_x} \text{ und } \lambda_y = \frac{2L}{n_y} \text{ und } \lambda_z = \frac{2L}{n_z}$$

Für die dazugehörigen Impulskomponenten ergibt sich:

$$p_x = \frac{h}{\lambda_x} = \frac{h}{2L} \cdot n_x \text{ und } p_y = \frac{h}{2L} \cdot n_y \text{ und } p_z = \frac{h}{2L} \cdot n_z$$

Der Gesamtimpuls folgt aus vektorieller Addition:

$$p^2 = p_x^2 + p_y^2 + p_z^2 = \frac{h^2}{2L} \cdot \left(n_x^2 + n_y^2 + n_z^2\right)$$

Für die Energie eines Mikrogebildes im dreidimensionalen Potentialtopf folgt:

$$W_n = \frac{p^2}{2m} = \frac{h^2}{8m \cdot L} \cdot \left(n_x^2 + n_y^2 + n_z^2\right)$$

Die niedrigste Energie (**Nullpunkts- oder Lokalisationsenergie**) ergibt sich für

Grundzustand

$$n_x = n_y = n_z = 1 \text{ zu } W_1 = \frac{3h^2}{8m \cdot L^2}.$$

Diese Nullpunktsenergie kann auch mithilfe der **Unbestimmtheitsrelation** abgeschätzt werden. Das Elektron ist beschränkt auf $\overline{\Delta x} \approx L$. Folglich darf $\overline{\Delta p_x}$ nicht null sein, da sonst die Unbestimmtheitsrelation verletzt würde. Da sich das Elektron jedoch nicht im klassischen Sinne bewegt, muss $\overline{p} = 0$ gelten.

Angenommen p_x streue zwischen $+p_x$ und $-p_x$, so folgt $\overline{\Delta p_x} = 2p_x$.

Aus der Unbestimmtheitsrelation folgt dann $p_x \approx \frac{h}{2L}$.

Entsprechendes gilt für die y- und z-Richtung. Für die Nullpunktsenergie folgt

$$W = \frac{1}{2} m \cdot v^2 = \frac{p^2}{2m} = \frac{1}{2m} \cdot \left(p_x^2 + p_y^2 + p_z^2\right) \approx \frac{3h^2}{8m \cdot L^2}.$$

Diese Abschätzung zeigt, dass Nullpunktsenergien bei jeder räumlichen Beschränkung des Aufenthalts von Teilchen auftreten.

Dreidimensionaler Potentialtopf

Die Energieniveaus in einem dreidimensionalen Potentialtopf mit unendlich hohen Wänden betragen:

$$W_n = \frac{p^2}{2m} = \frac{h^2}{8m \cdot L} \cdot \left(n_x{}^2 + n_y{}^2 + n_z{}^2\right) \text{ mit } [n_x, n_y, n_z \in \mathbb{N} \text{ und } n_x, n_y, n_z \geq 1]$$

Wellenfunktion und SCHRÖDINGER-Gleichung

Bei den Potentialtöpfen sind wir von stehenden Materiewellen ausgegangen. Die ortsabhängige Amplitude dieser Welle wird durch die **Wellenfunktion** $\Psi(\vec{r})$ beschrieben. Ihr Betragsquadrat $|\Psi(\vec{r})|^2$ gibt die Aufenthaltswahrscheinlichkeit des eingeschlossenen Teilchens am Ort $\vec{r}$ an.

$|\Psi(\vec{r})|^2$ wird daher auch als **Wahrscheinlichkeitsdichte** bezeichnet.

Für den betrachteten eindimensionalen Potentialtopf mit unendlich hohen Wänden bei $-L/2$ und $+L/2$ entspricht Ψ einer einfachen Sinus- oder Cosinus-Funktion:

1D-Potentialtopf

$$\Psi_n(x) = \begin{cases} \Psi_0 \cos\left(\frac{n \cdot \pi \cdot x}{L}\right) & \text{für } n = 1, 3, 5, \ldots \\ \Psi_0 \sin\left(\frac{n \cdot \pi \cdot x}{L}\right) & \text{für } n = 2, 4, 6, \ldots \end{cases}$$

Im Grundzustand $(n = 1)$ passt genau eine halbe DE-BROGLIE-Wellenlänge in den Potentialtopf, es ist also $\lambda_B = L/2$. Ferner gilt die DE-BOGLIE-Beziehung $\lambda_B = \frac{h}{p}$. Einsetzen in den Grundzustand Y_1 liefert:

$$\Psi_1(x) = \Psi_0 \cos\left(\frac{2\pi \cdot x}{\lambda_B}\right) = \Psi_0 \cos\left(\frac{2\pi \cdot p}{h} \cdot x\right)$$

Eine Eigenschaft der Sinus- und Cosinus-Funktionen besteht darin, sich durch zweimaliges Ableiten mit negativem Vorzeichen zu reproduzieren:

$$\Psi_1''(x) = -\left(\frac{2\pi \cdot p}{h}\right)^2 \cdot \Psi_0 \cos\left(\frac{2\pi \cdot p}{h} \cdot x\right) = -\left(\frac{2\pi \cdot p}{h}\right)^2 \cdot \Psi_1(x)$$

Den Vorfaktor formen wir nun noch durch Einsetzen der kinetischen Energie um:

$$W_{\text{kin}} = \frac{p^2}{2m} = W - W_{\text{pot}} \Rightarrow$$

$$\Psi_1''(x) = -\frac{4\pi^2 p^2}{h^2} \cdot \Psi_1(x) = -\frac{8\pi^2 m}{h^2} \cdot W_{\text{kin}} \cdot \Psi_1(x) = -\frac{8\pi^2 m}{h^2} \cdot \left(W_1 - W_{\text{pot}}\right) \cdot \Psi_1(x)$$

Allgemein:

$$\Psi_n''(x) = -\frac{8\pi^2 m}{h^2} \cdot \left(W_n - W_{\text{pot}}(x)\right) \cdot \Psi_n(x)$$

Die so erhaltene Differentialgleichung gilt für jedes beliebige zeitlich konstante Potential und wird als **zeitunabhängige SCHRÖDINGER-Gleichung** bezeichnet. Für den betrachteten eindimensionalen Potentialtopf mit unendlich hohen Wänden liefert die Schrödinger-Gleichung unendlich viele Wellenfunktionen $\Psi_n(x)$ mit einer dazugehörigen diskreten Energie

ERWIN RUDOLF JOSEF ALEXANDER SCHRÖDINGER
1887–1961,
Nobelpreis 1933

$$W_n = \frac{h^2}{8m \cdot L^2} n^2.$$

Es ist üblich, die Lösungen $\Psi_n(x)$ einer Differentialgleichung als **Eigenfunktionen** mit den **Eigenwerten** W_n zu bezeichnen. Im Fall der SCHRÖDINGER-Gleichung entsprechen die Eigenwerte W_n Energien, wir sprechen daher auch von **Energie-Eigenwerten**.

Schrödinger-Gleichung

Das Betragsquadrat $|\Psi(\vec{r})|^2$ einer Wellenfunktion $\Psi(\vec{r})$ gibt die Aufenthaltswahrscheinlichkeit eines Teilchens am Ort $\vec{r}$ an und wird als Wahrscheinlichkeitsdichte bezeichnet. Um die Wellenfunktion $\Psi_n(x)$ mit den dazugehörigen Energie-Eigenwerten W_n zu einem gegebenen Potential $W_{pot}(x)$ zu bestimmen muss die Schrödinger-Gleichung gelöst werden:

$$\Psi_n''(x) = -\frac{8\pi^2 m}{h^2} \cdot \left(W_n - W_{pot}(x)\right) \cdot \Psi_n(x)$$

Eine analytische Berechnung der Eigenfunktionen Ψ_n aus der Schrödinger-Gleichung ist nur in Ausnahmefällen möglich, sodass in der Regel numerische Methoden zur Berechnung eingesetzt werden.

Endlicher eindimensionaler Potentialtopf

Bei einem Potentialtopf mit unendlich hohen Wänden ($W_{pot}(x) = \infty$ für $|x| > L/2$) lautet die Schrödinger-Gleichung außerhalb der Mulde:

$$\Psi_n''(x) = -\frac{8\pi^2 m}{h^2} \cdot (W_n - \infty) \cdot \Psi_n(x) = \infty \cdot \Psi_n(x)$$

Diese Bedingung ist nur für $\Psi_n(x) = 0$ zu erfüllen, das heißt die Aufenthaltswahrscheinlichkeit $|\Psi(\vec{r})|^2$ der Teilchen außerhalb der Mulde ist null.
Bei einem realistischeren Potentialtopf mit endlich hohen Wänden erhalten wir stattdessen:

$$\Psi_n''(x) = -\frac{8\pi^2 m}{h^2} \cdot (W_n - V_0) \cdot \Psi_n(x) = C \cdot \Psi_n(x)$$

Die Konstante C ist größer als Null, da die Energie-Eigenwerte W_n eines gebundenen Teilchens kleiner als die Wandhöhe V_0 des Potentials sein müssen. Durch Raten erhalten wir für $|x| > \frac{L}{2}$ als Lösung der Schrödinger-Gleichung $\Psi_n''(x) = c_1 e^{-\sqrt{C} \cdot x}$, das heißt die Aufenthaltswahrscheinlichkeit „innerhalb der Wand" nimmt exponentiell ab. Die Berechnung der Energie-Eigenwerte für diesen Potentialtopf führt auf eine Transzendente-Gleichung, die nur numerisch gelöst werden kann.

Tunneleffekt

Beim **endlichen eindimensionalen Potentialtopf** haben wir gesehen, dass die Wellenfunktion der Teilchen in die Wände eindringt. Ist die Wand sehr dünn, so ist die Aufenthaltswahrscheinlichkeit auf der anderen Seite der Wand größer als null. Mit anderen Worten: Das Teilchen kann den Potentialtopf durch die Wand hindurch verlassen. Dies wird als **Tunneleffekt** bezeichnet. Die Wahrscheinlichkeit D, dass ein Potentialwall durchtunnelt wird ist umso größer, je niedriger und schmaler die Barriere ist. Mit zunehmender Masse des Teilchens geht die Tunnelwahrscheinlichkeit gegen null.

$$D = \exp\left(-\frac{4\pi}{h}\left|\int_{x_1}^{x_2}\sqrt{2m\left(W_{pot}(x) - W\right)}\,dx\right|\right)$$

Der Harmonische Oszillator

Ein Teilchen in einem parabelförmigen Potential $W_{pot}(x) = \frac{1}{2} m \omega_0^2 x^2$ wird als harmonischer Oszillator bezeichnet. Ein typisches Beispiel aus der Mechanik ist das Federpendel (→ Seite 82).

→ harmonische Schwingung, Seite 73 ff.

Die Wellenfunktionen des harmonischen Oszillators ähneln denen des eindimensionalen Potentialtopfes, müssen jedoch durch sogenannte „HERMITE'sche Polynome" ausgedrückt werden. Die Energie-Eigenwerte hingegen sind äquidistant und haben die sehr einfache Form:

$$W_n = \frac{h}{2\pi}\omega_0\left(n + \frac{1}{2}\right)$$

mit $n = 0, 1, 2, 3, ...$

$$= h \cdot f \cdot \left(n + \frac{1}{2}\right)$$

mit $f = 2\pi\omega_0 \Rightarrow \Delta W = h \cdot f$

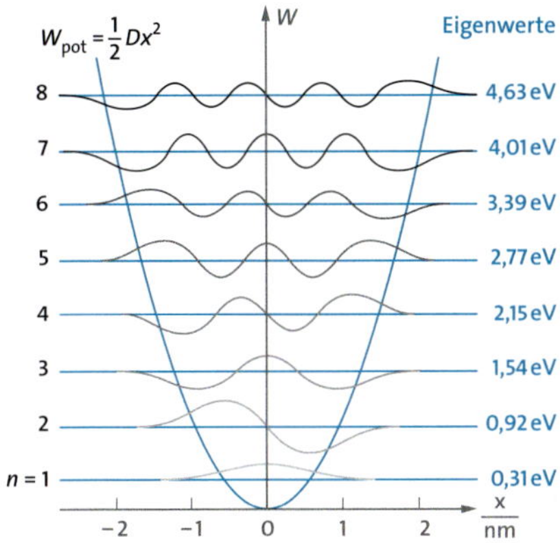

Abb. 5.8: Eigenfunktionen und Energieeigenwerte eines Elektrons in einem Parabelpotential. $W_{pot} = \frac{1}{2} D x^2$ mit $D = 0{,}8\,\mathrm{J/m^2}$

CHARLES HERMITE 1822–1901

Phononen

Harmonische Oszillatoren sind in der Natur häufig anzutreffen, da sich jede Potentialmulde ohne Sprünge zumindest in der Spitze durch eine Parabel annähern lässt. Ein typisches Beispiel sind die thermischen Schwingungen der Atome in einem Festkörper. Die Energieportion $\Delta W = h \cdot f$ wird hier in Analogie zum Photon beim Licht als **Phonon** bezeichnet. Bei Nichtleitern erfolgt die Wärmeleitung im Wesentlichen durch diese Gitterschwingungen.

Betrachten wir den harmonischen Oszillator als mechanisches System, so können wir die mittlere Auslenkung $\overline{\Delta x}$ und den mittleren Impuls $\overline{\Delta p}$ berechnen. Für die Berechnung der Mittelwerte verwenden wir die bekannte Formel der **Standardabweichung**

Standardabweichung

$$\overline{\Delta x} = \sqrt{\frac{1}{n-1}\sum_{i=1}^{n}(x_i - \overline{x})^2} \approx \sqrt{\frac{1}{n}\sum_{i=1}^{n}(x_i - \overline{x})^2}$$

und ersetzen die Summe durch ein Integral:

$$(\overline{\Delta x})^2 = \frac{1}{T}\int_{-\frac{T}{2}}^{\frac{T}{2}} x^2 - 2x\overline{x} + \overline{x}^2 \, dt \quad \text{mit } x = \hat{x}\sin(\omega_0 t)$$

Da $\sin(\omega_0 t)$ eine ungerade Funktion ist, vereinfacht sich das Integral zu einem Mittelwert über $\sin^2(\omega_0 t)$.

$$(\overline{\Delta x})^2 = \frac{1}{T}\int_{-\frac{T}{2}}^{\frac{T}{2}} \hat{x}^2 \sin^2(\omega_0 t)\,dt$$

Da $\sin^2(\omega_0 t) + \cos^2(\omega_0 t) = 1$ gilt, kennen wir diesen Mittelwert bereits ohne das Integral zu lösen und erhalten:

$$(\overline{\Delta x})^2 = \frac{\hat{x}^2}{2}$$

Für den Impuls $p = m\cdot v = m\cdot\dot{x}$ folgt analog:

$$p = m\cdot\omega\cdot\hat{x}\cos(\omega_0 t) \;\Rightarrow\; (\overline{\Delta p})^2 = \frac{m^2\omega_0{}^2\hat{x}^2}{2}$$

Die maximale kinetische Energie im Nulldurchgang der Schwingung

$$\hat{W}_{\text{kin}} = \tfrac{1}{2}m\,\hat{v}^2$$

setzen wir mit den Energie-Eigenwerten gleich und erhalten:

$$\hat{W}_{\text{kin}} = \tfrac{1}{2}m\,\hat{v}^2 = \tfrac{1}{2}m\,\omega_0^2\hat{x}^2 \;\Rightarrow\; \hat{x}^2 = \frac{2W_n}{m\omega_0^2} = \frac{2}{m\omega_0^2}\cdot\frac{h}{2\pi}\omega_0\left(n+\tfrac{1}{2}\right) = \frac{h}{\pi m\omega_0}\left(n+\tfrac{1}{2}\right)$$

Hieraus folgt schließlich

$$(\overline{\Delta x})^2 = \frac{h}{2\pi m\omega_0}\left(n+\tfrac{1}{2}\right) \text{ und } (\overline{\Delta p})^2 = \frac{m\omega_0 h}{2\pi}\left(n+\tfrac{1}{2}\right)$$

Eingesetzt in die HEISENBERG'sche Unbestimmtheitsrelation ergibt dies:

$$\overline{\Delta x}\cdot\overline{\Delta p} = \frac{h}{2\pi}\left(n+\tfrac{1}{2}\right) \text{ und damit } \overline{\Delta x}\cdot\overline{\Delta p} \ge \frac{h}{4\pi}.$$

Dies ist eine schöne Bestätigung der HEISENBERG'schen Unschärferelation, zumal sich die letzte Formel für $\overline{\Delta x}^2$ und $\overline{\Delta p}^2$ auch aus einer exakten quantenmechanischen Rechnung ergibt.

Harmonischer Oszillator

Ein harmonischer Oszillator hat das parabelförmige Potential

$$W_{\text{pot}}(x) = \tfrac{1}{2}m\,\omega_0^2 x^2.$$

Aus der Lösung der SCHRÖDINGER-Gleichung ergeben sich die Energie-Eigenwerte

$$W_n = \frac{h}{2\pi}\omega_0\left(n+\tfrac{1}{2}\right) \text{ mit } n = 0, 1, 2, 3, \ldots = h\cdot f\cdot\left(n+\tfrac{1}{2}\right) \text{ mit } f = \frac{\omega_0}{2\pi}$$

$$\Rightarrow \Delta W = h\cdot f$$

Für die mittlere Orts- und Impulsunschärfe ergibt sich:

$$(\overline{\Delta x})^2 = \frac{h}{2\pi m\omega_0}\left(n+\tfrac{1}{2}\right) \text{ und } (\overline{\Delta p})^2 = \frac{m\omega_0 h}{2\pi}\left(n+\tfrac{1}{2}\right)$$

$$\Rightarrow \overline{\Delta x}\cdot\overline{\Delta p} = \frac{h}{2\pi}\left(n+\tfrac{1}{2}\right) \ge \frac{h}{4\pi}$$

Der Aufbau des Atomkerns

Atomkerne bestehen aus Nukleonen (Protonen und Neutronen) mit der Masse $m = 1{,}67 \cdot 10^{-27}\,\text{kg}$ (→ Seite 157). Sie haben einen Durchmesser von unter $10^{-14}\,\text{m}$. Hieraus folgt als minimale Nullpunktsenergie eines Nukleons mit

$$W_1 = \frac{3h^2}{8m \cdot L^2} \approx 6\,\text{MeV}$$

Beim **β⁻-Zerfall** (→ Seite 170) treten Elektronen aus dem Kern aus. Folglich glaubte man früher, er bestünde aus Protonen und Elektronen. Rechnen wir also nach:

Für einen mittleren Kern, zum Beispiel Krypton (Kr_{36}) mit einem Radius $R = 5{,}7 \cdot 10^{-15}\,\text{m}$ ergibt sich mit $L = 2R$:

$$W_1 = \frac{3h^2}{8m_e \cdot L^2} \approx 10^4\,\text{MeV} \text{ mit } m_e = 9{,}1 \cdot 10^{-31}\,\text{kg}$$

Bei dieser Größe muss die Berechnung relativistisch durchgeführt werden, das heißt

$$W^2 = W_0^2 + p^2 \cdot c^2.$$

Die zur Ruhemasse gehörende Energie eines Elektrons beträgt

$$W_0 = m_e \cdot c^2 = 0{,}51\,\text{MeV}.$$

Der Wert für $p^2 \cdot c^2$ folgt aus der Nullpunktsenergie des dreidimensionalen Potentialtopfs (→ Seite 132):

$$p^2 c^2 = \frac{3h^2 c^2}{4L^2} = (107\,\text{MeV})^2$$

Damit beträgt die Nullpunktsenergie eines im Kern eingeschlossenen Elektrons

$$W = \sqrt{(0{,}51\,\text{MeV})^2 + (107\,\text{MeV})^2} \approx 107\,\text{MeV}.$$

Dem entgegen wirkt die COULOMB-Anziehung mit der Energie

$$W = \int F\,\mathrm{d}r; \text{ (}F\text{: COULOMB-Kraft; } r\text{: Abstand der Ladungen).}$$

→ Seite 40

$$F = \frac{Q_1 \cdot Q_2}{4\pi\varepsilon_0\varepsilon_r} \cdot r^{-2} \text{ und } Q_1 = e \text{ und } Q_2 = 36\,e$$

$$\Rightarrow \quad W = \int_R^\infty F\,\mathrm{d}r = -\frac{Q_1 \cdot Q_2}{4\pi \cdot \varepsilon_0\varepsilon_r} \cdot r^{-1} \Big|_{5{,}7 \cdot 10^{-15}\,\text{m}}^{\infty} = 9{,}1\,\text{MeV}$$

Folglich würde ein im Kern eingeschlossenes Elektron diesen sofort verlassen.
Heute wird allgemein angenommen, dass der Kern neben Protonen aus Neutronen besteht, die jeweils in ein Elektron und ein Proton zerfallen können, ohne jedoch aus diesen zusammengesetzt zu sein, da die Nullpunktsenergie eines Elektrons auf so engem Raum noch größer wäre.

Atomradius des Wasserstoffs

Wird das Wasserstoffatom als Kugel mit dem Radius R_n aufgefasst, so entspricht es einem Potentialtopf der Kantenlänge $2R_n$, dessen Energieniveaus der mittleren kinetischen Energie W_{kin} des Elektrons entsprechen. Hinzu kommt die **potentielle Energie** W_{pot} der COULOMB-Anziehung. Um diese zu berechnen, wird als mittlerer Abstand des Elektrons vom Kern $\bar{r}_n = \frac{1}{2} R_n$ angesetzt.

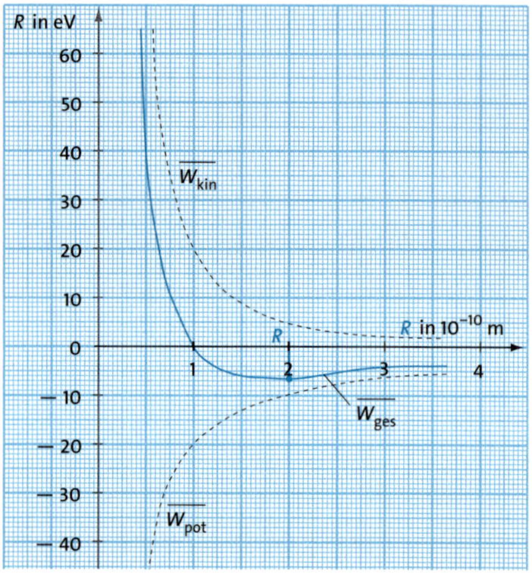

Abb. 5.9: Wasserstoff-Atom im Grundzustand: Energie W des Atoms als Funktion seines Radius R (W_{kin} wie beim kubischen Potentialtopf)

Als Gesamtenergie des Elektrons ergibt sich hieraus:

$$W_{\text{ges},n}(\bar{r}_n) = W_{\text{kin},n}(\bar{r}_n) + W_{\text{pot},n}(\bar{r}_n)$$

$$W_{\text{kin},n}(\bar{r}_n) = \frac{3h^2}{8m_e \cdot (4\bar{r}_n)^2} \cdot n^2 \quad \text{und} \quad W_{\text{pot},n}(\bar{r}_n) = \frac{-e^2}{4\pi\varepsilon_0 \cdot \bar{r}_n}$$

$$\Rightarrow \quad W_{\text{ges},n}(\bar{r}_n) = \frac{3h^2}{128 m_e \cdot \bar{r}_n^2} \cdot n^2 - \frac{e^2}{4\pi\varepsilon_0 \cdot \bar{r}_n}$$

Da jedes System nur in einem Energieminimum stabil ist, kann die Ableitung der Energie gleich null gesetzt werden:

$$\frac{\mathrm{d}}{\mathrm{d}\bar{r}_n} W_{\text{ges}}(\bar{r}_n) = -\frac{3h^2}{64 m_e \cdot \bar{r}_n^3} \cdot n^2 + \frac{e^2}{4\pi\varepsilon_0 \cdot \bar{r}_n^2} = 0$$

Nach $\bar{r}_n$ auflösen ergibt:

$$\bar{r}_n = \frac{3\pi\varepsilon_0 h^2}{16 m_e e^2} \cdot n^2 \quad \Rightarrow \quad \bar{r}_1 = 0{,}98 \cdot 10^{-10}\,\text{m}.$$

Eine Berechnung nach SCHRÖDINGER liefert den genaueren Wert:

Ångström

$\bar{r}_1 = 0{,}8 \cdot 10^{-10}\,\text{m} = 0{,}8\,\text{Å}$ mit 1 Ångström = 1 Å = 0,1 nm = 10^{-10} m

Einsetzen von $\bar{r}_n$ in die Gesamtenergie ergibt

ANDERS JONAS ÅNGSTRÖM 1814–1874

$$W_{\text{ges},n} = -\frac{2m_e \cdot e^4}{3\pi^2\varepsilon_0^2 h^2} \cdot \frac{1}{n^2}.$$

Die SCHRÖDINGER-Gleichung liefert hingegen

$$W_{\text{ges},n} = -\frac{m_e \cdot e^4}{8\varepsilon_0^2 h^2} \cdot \frac{1}{n^2} = -\frac{13{,}6}{n^2}\text{eV}.$$

Spektrallinien des Wasserstoffs

Aus Versuchen ermittelte **Balmer** eine Serienformel der Spektrallinien des Wasserstoffs im sichtbaren Bereich. **Rydberg** verallgemeinerte die Formel auf alle Spektrallinien des Wasserstoffs:

$$f = f_R \cdot \left(\frac{1}{n_1^2} - \frac{1}{n_2^2}\right)$$

mit $n_1, n_2 \in \mathbb{N}$ und $n_2 > n_1$

Die Konstante

$f_R = 3{,}288102 \cdot 10^{15}\,\text{Hz}$

heißt **Rydberg-Frequenz**.

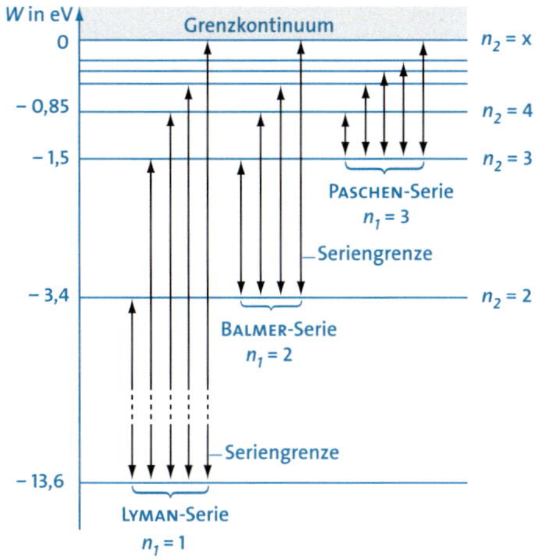

Abb. 5.10: Energieniveauschema des Wasserstoff-Atoms

Johann Jakob Balmer 1825–1898

Jahannes Robert Rydberg 1854–1919

Für $n_1 = 2$ ergibt sich die **Balmer-Serie**. Die zu $n_1 = 1$ gehörenden Linien wurden später von **Lyman** im UV-Bereich gefunden. Die zu $n_1 = 3$ und $n_1 = 4$ gehörenden Serien liegen im Infrarot-Bereich. Es zeigt sich, dass alle Spektrallinien sich aus Summen bzw. Differenzen der Frequenzen der Serien mit $n_1 = 1$ ergeben. Dies wird als **Ritz'sches Kombinationsprinzip** bezeichnet. Für alle Serien rücken die Linien für $n_2 \to \infty$ beliebig dicht aneinander.

Theodore Lyman 1874–1954

Walter Ritz 1878–1909

Bohr multiplizierte die oben genannte Gleichung mit h, sodass sich die Frequenz nun aus einer Differenz zwischen **Energieniveaus** ergibt. Der Übergang von einem Energieniveau zu einem anderen wird als **Quantensprung** bezeichnet. Für die Dauer des Quantensprungs ist das Energieniveau des Atoms unbestimmt:

Niels Henrik David Bohr 1885–1962, Nobelpreis 1922

$$h \approx \Delta W \cdot \Delta t \text{ und } \Delta W = h \cdot f \;\Rightarrow\; \Delta t = \frac{h}{\Delta W} \approx \frac{h}{h \cdot f} = \frac{1}{f} = T$$

Der Quantensprung findet hiernach innerhalb einer Periodendauer des emittierten (absorbierten) Lichts statt. Tatsächlich können emittierte (absorbierte) Wellenzüge jedoch mehrere Wellenlängen lang sein. Dies folgt auch aus der Unschärferelation.

Aus der allgemeinen Formel für die Energieniveaus des Wasserstoffs

$$W_{\text{ges},n} = -\frac{m_e \cdot e^4}{8\varepsilon_0^2 h^2} \cdot \frac{1}{n^2}$$

folgt für die Energiedifferenz zwischen zwei Energieniveaus

$$\Delta W = W_1 - W_2 = \frac{m_e \cdot e^4}{8\varepsilon_0^2 h^2} \cdot \left(\frac{1}{n_1^2} - \frac{1}{n_2^2}\right).$$

Ein Lichtquant dieser Energie hat die Frequenz

$$f = \frac{\Delta W}{h} = \frac{m_e \cdot e^4}{8\varepsilon_0^2 h^3} \cdot \left(\frac{1}{n_1^2} - \frac{1}{n_2^2}\right).$$

Die Konstanten werden zur **Rydberg-Frequenz** zusammengefasst

$$f_R = \frac{m_e \cdot e^4}{8\varepsilon_0^2 h^3} = 3{,}289\,91 \cdot 10^{15}\,\text{Hz} \;\Rightarrow\; f = f_R \cdot \left(\frac{1}{n_1^2} - \frac{1}{n_2^2}\right).$$

Wasserstoff-Atom

Die Energieniveaus des Wasserstoff-Atoms lauten:

$$W_{ges,n} = -\frac{m_e \cdot e^4}{8\varepsilon_0^2 h^2} \cdot \frac{1}{n^2} = \frac{-13{,}6}{n^2}\,\text{eV}$$

Wasserstoff-Atome können Licht der Frequenz f absorbieren oder aussenden, wenn es zwei Energieniveaus gibt, deren Energiedifferenz gleich $h \cdot f$ ist.

Aus dieser Bedingung folgt für die Spektrallinien des Wasserstoffs:

$$f = \frac{\Delta W}{h} = \frac{m_e \cdot e^4}{8\varepsilon_0^2 h^3} \cdot \left(\frac{1}{n_1^2} - \frac{1}{n_2^2}\right) = f_R \cdot \left(\frac{1}{n_1^2} - \frac{1}{n_2^2}\right)$$

mit der Rydberg-Frequenz

$$f_R = \frac{m_e \cdot e^4}{8\varepsilon_0^2 h^3} = 3{,}289\,91 \cdot 10^{15}\,\text{Hz}.$$

Röntgen-Spektren

Werden schwere Atome mit schnellen Elektronen beschossen, so können Elektronen aus der K-Schale des Atoms in ein höheres Niveau katapultiert werden. Füllt ein Elektron diese Lücke wieder auf, so entsteht ein charakteristisches Röntgenspektrum der Frequenz:

$$f = (Z-1)^2 \cdot f_R \cdot \left(\frac{1}{n_1^2} - \frac{1}{n_2^2}\right)$$

Der Vorfaktor $(Z-1)^2$ berücksichtigt dabei, die im Vergleich zum Wasserstoff-Atom größere Anzahl an Protonen (Z).

Der Franck-Hertz-Versuch

James Franck
1882–1964,
Nobelpreis 1925

Gustav Ludwig Hertz,
1887–1975,
Nobelpreis 1925

Eine mit Hg-Dampf gefüllte Röhre wird auf 180 °C erhitzt. Von der **Glühkathode** werden Elektronen zur **Gitterelektrode** beschleunigt. Hinter dieser befindet sich eine **Auffängerelektrode**, die gegenüber der Gitterelektrode mit $U = 2\,V$ negativ geladen ist, sodass nur schnelle Elektronen sie erreichen und somit vom Messverstärker registriert werden (Bremsfeld). Wird die Beschleunigungsspannung kontinuierlich erhöht, so fällt auf, dass bei einem ganzzahligen Vielfachen von $U = 4{,}9\,V$ der vom Messverstärker registrierte Strom kleiner wird.

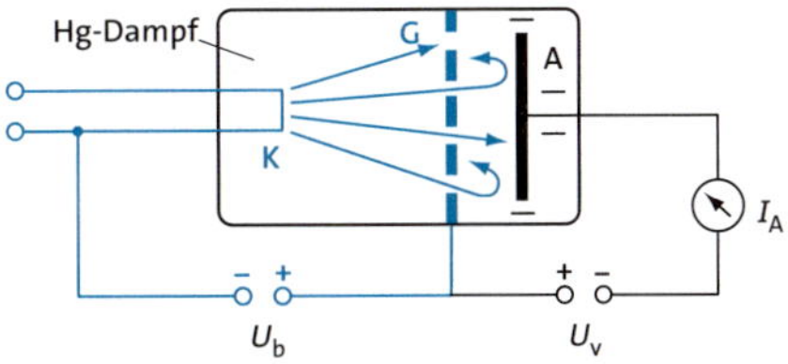

Abb. 5.11: Schema des Franck-Hertz-Versuchs

Erklärung: Bei einer Energie von 4,9 eV können die Elektronen die Hg-Atome anregen und geben dabei ihre Energie ab (**unelastischer Stoß**, → Seite 12). Dies wiederholt sich, sobald das Elektron wieder eine Energie von 4,9 eV hat. Die so abgebremsten Elektronen erreichen die Auffängerelektrode gegen das Bremsfeld nicht mehr, wenn der letzte Stoß kurz vor der Gitterelektrode erfolgt. Stößt das Elektron mit einer Energie kleiner als 4,9 eV mit einem Hg-Atom zusammen, so findet ein **elastischer Stoß** ohne Energieabgabe statt. Die angeregten Hg-Atome senden Photonen der Frequenz

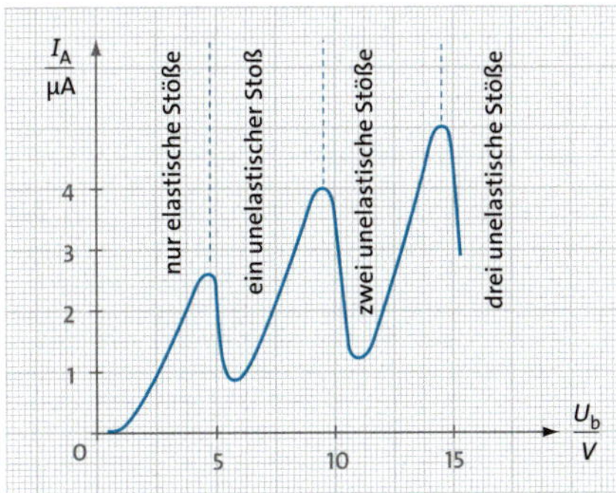

Abb. 5.12: Wenn U_b stetig steigt, schwankt I_A mit der Periode 4,9 V.

$$f = \frac{W}{h} = \frac{4{,}9\,eV}{h} = 1{,}18 \cdot 10^{15}\,Hz\ (UV)$$

aus.

Überblick

Die Quantenmechanik beschäftigt sich mit dem **Welle-Teilchen-Dualismus:** Der äußere Fotoeffekt zeigt, dass die Energie einer elektromagnetischen Welle quantisiert ist. Die Energie der Lichtquanten (Photonen) beträgt:

$$W_{Ph} = h \cdot f \quad \text{mit} \quad h = 4{,}136 \cdot 10^{-15}\,\text{eVs} = 6{,}626\,176 \cdot 10^{-34}\,\text{Js}$$

Der **COMPTON-Effekt** zeigt den relativistischen Impuls der Photonen:

$$p_{Ph} = m_{Ph} \cdot c = \frac{h \cdot f}{c} = \frac{h}{\lambda} = \frac{W_{Ph}}{c}$$

$$m_{Ph} = m_e \Rightarrow \text{COMPTON-Wellenlänge: } \lambda_C = \frac{h}{m_e \cdot c} = 2{,}4263\,\text{pm}$$

Beugungsexperimente zeigen die Wellennatur von Teilchen:

DE BROGLIE Materiewellen: $\lambda = \frac{h}{p} = \frac{h}{m \cdot v_m}$ und $v_{Welle} = \frac{c^2}{v_m}$

HEISENBERG'sche Unbestimmtheitsrelationen:

$$\overline{\Delta x} \cdot \overline{\Delta p_x} \geq \frac{h}{4\pi} \quad \text{und} \quad \overline{\Delta t} \cdot \overline{\Delta W} \geq \frac{h}{4\pi}$$

Ist ein Teilchen in einem Potential $W_{pot}(x)$ eingeschlossen, so bilden sich stehende Materiewellen mit diskreten Energieniveaus $W_n > 0$.
Der Ort des Teilchens wird durch die Wellenfunktion $\Psi_n(\vec{r})$ beschrieben, wobei $\left|\Psi_n(\vec{r})\right|^2$ die Aufenthaltswahrscheinlichkeit angibt.
Zur Berechnung der Wellenfunktion und der Energieeigenwerte W_n dient die **SCHRÖDINGER-Gleichung:**

$$\Psi_n''(x) = -\frac{8\pi^2 m}{h^2} \cdot \left[W_n - W_{pot}(x)\right] \cdot \Psi_n(x)$$

1D-Potentialtopf $W_n = \frac{h^2}{8m \cdot L^2} n^2$ mit $n = 1, 2, 3, \ldots$

3D-Potentialtopf $W_n = \frac{p^2}{2m} = \frac{h^2}{8m \cdot L} \cdot \left(n_x^2 + n_y^2 + n_z^2\right)$ mit $n_x, n_y, n_z = 1, 2, 3, \ldots$

Harmonischer Oszillator: $W_{pot}(x) = \frac{1}{2} m \omega_0^2 x^2$

$$W_n = h \cdot f \cdot \left(n + \tfrac{1}{2}\right) \quad \text{mit} \quad f = 2\pi\omega_0 \quad \text{und} \quad n = 0, 1, 2, 3, \ldots \Rightarrow \Delta W = h \cdot f$$

Wasserstoff-Atom: $W_{ges,n} = -\frac{m_e \cdot e^4}{8\varepsilon_0^2 h^2} \cdot \frac{1}{n^2} = -\frac{13{,}6}{n^2}\,\text{eV}$

$$\Rightarrow \text{Spektrallinien: } f = \frac{\Delta W}{h} = \frac{m_e \cdot e^4}{8\varepsilon_0^2 h^3} \cdot \left(\frac{1}{n_1^2} - \frac{1}{n_2^2}\right) = f_R \cdot \left(\frac{1}{n_1^2} - \frac{1}{n_2^2}\right)$$

mit der RYDBERG-Frequenz $f_R = \frac{m_e \cdot e^4}{8\varepsilon_0^2 h^3} = 3{,}289\,91 \cdot 10^{15}\,\text{Hz}$

Die diskreten Energieniveaus der Elektronen in den Atomschalen lassen sich sowohl durch die Spektrallinien des Wasserstoffs als auch durch die inelastischen Stöße beim FRANCK-HERTZ-Versuch nachweisen.

Spezielle Relativitätstheorie

6

MICHELSON widerlegte 1881 die Annahme, dass sich Licht als Schwingung im Äther ausbreite. Eine phänomenologische Deutung gelang VOIGT 1887, indem er die GALILEI-Transformation durch eine neue Gleichung (LORENTZ-Transformation) ersetze, die H. A. LORENTZ 1892 richtig als Längenkontraktion interpretierte. ALBERT EINSTEIN schließlich erkannte 1904 das zugrunde liegende Prinzip der Konstanz der Lichtgeschwindigkeit.

WOLDEMAR VOIGT
1850–1919
ALBERT EINSTEIN
1879–1955,
Nobelpreis 1922

6.1 Grundlagen

Inertialsysteme und die GALILEI-Transformation

Die Beschreibung einer Bewegung erfolgt immer relativ zum **Bezugssystem** des Beobachters, also einem Koordinatensystem in dem er selbst ruht. Man unterscheidet zwischen unbeschleunigten **Inertialsystemen** und beschleunigten Bezugssystemen, in denen **Trägheitskräfte** auftreten (→ Seite 28). Die wesentliche Eigenschaft von Inertialsystemen ist das **Relativitätsprinzip**: Alle physikalischen Gesetze haben in allen Inertialsystemen die gleiche Form. Insbesondere gelten in ihnen NEWTONS Axiome (→ Seite 8). In der klassischen (nicht relativistischen) Mechanik bedeutet diese Aussage, dass nur der Ort und die Geschwindigkeit eines Objektes sowie die hiervon abgeleiteten Größen von der Wahl des Koordinatensystems abhängen. Die Zeit und die Masse von Objekten sind hingegen universelle Größen, die in allen Inertialsystemen identisch sind. Beim Übergang von einem **Inertialsystem** zu einem anderen werden die Orte und Geschwindigkeiten aller Teilchen mithilfe der **GALILEI-Transformation** umgerechnet:

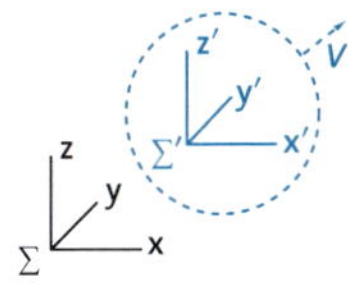

Abb. 6.1: Das Inertialsystem Σ' bewegt sich relativ zu dem Inertialsystem Σ mit der konstanten Geschwindigkeit $\vec{V}$.

GALILEI-Transformation

Bewegt sich das Inertialsystem Σ' relativ zu dem Inertialsystem Σ mit der Geschwindigkeit V in x-Richtung, so gilt für die Koordinaten:

$$x = x' + V \cdot t \text{ und } y = y' \text{ und } z = z'$$

Für die Geschwindigkeiten gilt: $v_x = v_x' + V$ und $v_y = v_y'$ und $v_z = v_z'$

In vektorieller Darstellung kann die GALILEI-Transformation etwas allgemeiner dargestellt werden: $\vec{x} = \vec{x'} + \vec{V} \cdot t$ *und* $\vec{v} = \vec{v'} + \vec{V}$

Vorsicht: Falle

Die GALILEI-Transformation gilt nur in der klassischen, nicht relativistischen Mechanik. Sobald die Geschwindigkeit V die Größenordnung Kilometer pro Sekunde erreicht, muss relativistisch gerechnet werden!

Die spezielle Relativitätstheorie

Die **spezielle Relativitätstheorie** beschreibt die Veränderung physikalischer Größen beim Übergang von einem Inertialsystem zu einem anderen. Für niedrige Geschwindigkeiten entspricht dies der GALILEI-Transformation. Bei Geschwindigkeiten nahe der Lichtgeschwindigkeit ergeben sich völlig andere Gleichungen. Der konzeptionelle Unterschied zwischen der GALILEI-Transformation und der speziellen Relativitätstheorie ist die Annahme der **Nahwirkungstheorie**: Jedes Signal kann sich nur mit einer endlichen Geschwindigkeit ausbreiten.

Als Folge des **Relativitätsprinzips** ist die maximale Signalgeschwindigkeit in allen Inertialsystemen identisch und entspricht der Vakuumlichtgeschwindigkeit c_0 (experimenteller Befund). Aus der Nahwirkungstheorie folgt somit, dass sich kein Körper schneller als das Licht bewegen kann.

Lichtgeschwindigkeit

Es gibt eine maximale Geschwindigkeit mit der sich Signale (Materie, Felder und Informationen) bewegen können.
Diese Geschwindigkeit ist in allen Inertialsystemen gleich und wird als (Vakuum-)Lichtgeschwindigkeit c_0 bezeichnet*.

* Zur Vereinfachung wird in diesem Kapitel der Index 0 weggelassen.

Die Annahme einer in allen Inertialsystemen identischen Lichtgeschwindigkeit c hat eine wesentliche Konsequenz: Die Zeit ist keine universelle und absolute Größe, sondern ist von der Wahl des Inertialsystems abhängig.

Zusatzwissen

MICHELSON-Experiment

Zwei Schwimmer sollen in einem Fluss (Strömung V) die gleiche Strecke L schwimmen (Geschwindigkeit c relativ zum Wasser), wobei der eine quer zum Fluss und der andere flussaufwärts schwimmt. Der erste wird um die Zeitdifferenz $\Delta t = \frac{L}{c}\frac{V^2}{c^2}$ gewinnen.

Wenn wir annehmen, dass sich Licht in einem Medium (dem sogenannten Äther) ausbreitet, können wir mit einem MICHELSON-Interferometer (→ Seite 111) ein analoges Experiment aufbauen. Bedingt durch die Relativbewegung der Erde um die Sonne erwarten wir, dass die beiden Arme des Interferometers regelmäßig ihre Rolle tauschen. Ein solcher Effekt wurde jedoch nicht beobachtet. Damit wurden zwei Dinge bewiesen:

① Es gibt keinen Äther, also kein Medium in dem sich Licht als (zum Beispiel mechanische) Schwingung ausbreitet.

② Die Lichtgeschwindigkeit ist in allen Inertialsystemen konstant.

ALBERT ABRAHAM MICHELSON 1852– 1931, Nobelpreis 1907

Sobald mehr als ein Inertialsystem verwendet wird, müssen für alle Ereignisse Ort und Zeit angegeben werden. Jedes Ereignis wird als **Weltpunkt** mit den Koordinaten $(c\cdot t, x, y, z)$ in einem 4-dimensionalen pseudoeuklidischen Raum (MINKOWSKI-Raum) beschrieben.

HERMANN MINKOWSKI
1864–1909

Der Abstand s zweier Weltpunkte $(c\cdot t_1, x_1, y_1, z_1)$ und $(c\cdot t_2, x_2, y_2, z_2)$ wird so definiert, dass er von der Wahl des Inertialsystems unabhängig ist:

$$s^2 := c^2(t_2 - t_1)^2 - (x_2 - x_1)^2 - (y_2 - y_1)^2 - (z_2 - z_1)^2.$$

Der Verbindungsvektor zwischen zwei Weltpunkten wird nach der „Länge" des Abstandes klassifiziert: Ist $s^2 > 0$ so heißt der Vektor **zeitartig**, bei $s^2 < 0$ heißt er **raumartig** und bei $s^2 = 0$ **lichtartig**.

Die Menge aller lichtartigen Vektoren bilden den **Lichtkegel** (→ Abb. 6.2).
Alle Weltpunkte innerhalb des Lichtkegels heißen **absolute Vergangenheit/absolute Zukunft**. Alle Punkte außerhalb heißen **absolut entfernt.**
Die Unterscheidung von zeitartigen und raumartigen Entfernungen spiegelt eine wesentliche Konsequenz der Relativität wider. Abhängig von der Wahl des Inertialsystems ist der räumliche Abstand zweier Weltpunkte mit zeitartigem Abstand frei wählbar. Insbesondere ist es möglich, ein Inertialsystem zu finden, in dem zwei Ereignisse mit zeitartigem Abstand am gleichen Ort stattfinden. Es gibt jedoch kein Inertialsystem, an dem die Ereignisse gleichzeitig stattfinden. Bei Punkten mit raumartigem Abstand verhält es sich genau umgekehrt. Es ist zwar möglich, ein Inertialsystem zu finden, in dem die Ereignisse gleichzeitig stattfinden, aber es ist nicht möglich, dass die Ereignisse am selben Ort stattfinden.

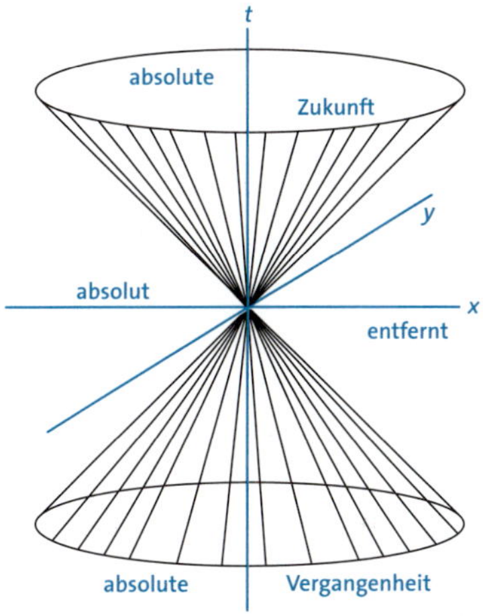

Abb. 6.2: Der Lichtkegel zerlegt die Raumzeit von einem bestimmten Weltpunkt aus betrachtet in drei Bereiche: Innerhalb des Doppelkegels liegen Ereignisse die zu dem Weltpunkt eine zeitartige Beziehung haben, außerhalb solche, die mit ihm raumartig verknüpft sind.

Weltpunkte

Ereignisse $(c\cdot t, x, y, z)$ werden als Weltpunkte bezeichnet. Ihr Abstand s ist von der Wahl des Inertialsystems unabhängig und beträgt:

$$s^2 := c^2(t_2 - t_1)^2 - (x_2 - x_1)^2 - (y_2 - y_1)^2 - (z_2 - z_1)^2.$$

Man unterscheidet: $s^2 > 0$ **zeitartige** Abstände; $s^2 < 0$ **raumartige** Abstände; $s^2 = 0$ **lichtartige** Abstände

Allgemeine Relativitätstheorie

Die spezielle Relativitätstheorie gilt nur für Inertialsysteme, also nur für einen Spezialfall. Die Allgemeine Relativitätstheorie gilt hingegen auch für **beschleunigte Bezugsysteme**.

Nehmen wir an, der Baron von Münchhausen fliegt auf einer Kanonenkugel. Diese bewegt sich im **Gravitationsfeld** der Erde auf einer Parabel (Der **schiefe Wurf**, → Seite 18). Das Bezugsystem des Barons ist ein beschleunigtes Bezugsystem. Dennoch wird der Baron keine Trägheitskräfte spüren (freier Fall).

In Analogie zur Allgemeinen Relativitätstheorie würde man sagen: Der Raum, in dem sich Münchhausen bewegt ist entlang seiner Flugbahn gekrümmt. Tatsächlich definiert die Allgemeine Relativitätstheorie die Raumkrümmung als die Krümmung, die ein Lichtstrahl im Gravitationsfeld erfährt. Diese Ablenkung des Lichts wird verständlich, wenn wir an die relativistische Masse des Photons denken (COMPTON-Effekt, → Seite 127 f.).

Experimentell lässt sie sich bei einer totalen Sonnenfinsternis bestimmen: Durch die Ablenkung im Gravitationsfeld der Sonne können wir am Rand der Sonnenscheibe Sterne beobachten, die ohne Raumkrümmung von der Sonne verdeckt würden. Ohne eine professionelle Ausrüstung ist dieser Effekt jedoch nicht nachzuweisen, da die Ablenkung durch die Sonne nur $1{,}75'' \approx 5 \cdot 10^{-4}\,°$ beträgt.

GPS

GPS (Global Positioning System)

Die GPS-Navitation beruht auf der Entfernungsmessung zwischem dem Standort und der sehr genau bekannten Position von mindestens 3 der 24 Satelliten, welche die Erde mit einer Geschwindigkeit von 14 000 km/h in einer Höhe von 20 000 km umkreisen.
Zur Entfernungsmessung wird ein sehr genaues Zeitsignal verwendet, das die Satelliten kontinuierlich aussenden.
Um die benötigte Genauigkeit zu erzielen, müssen die Atomuhren an Bord der Satelliten relativistische Korrekturen von 38 µs/Tag berücksichtigen:
7 µs/Tag gehen die Uhren langsamer als auf der Erde aufgrund der aus der speziellen Relativitätstheorie bekannten Zeitdilation (→ Seite 150) und 45 µs/Tag gehen sie schneller, weil das Gravitationsfeld in dieser Höhe etwas geringer ist.

Die Lorentz-Transformation

Aus der Definitionsgleichung für den Abstand zweier Weltpunkte (→ Seite 145) kann durch einfache geometrische, aber unanschauliche Überlegungen eine Transformationsgleichung (**Lorentz-Transformation**) für Orte und Zeiten in verschiedenen Inertialsystemen hergeleitet werden.

Hendrik Antoon Lorentz 1853–1928

Lorentz-Transformation

Ist Σ' ein Inertialsystem, das sich mit der Geschwindigkeit V in x-Richtung von dem Inertialsystem Σ entfernt und am Zeitnullpunkt mit diesem zusammenfällt, so gelten folgende Beziehungen:

$$x = \frac{x' + V \cdot t'}{\sqrt{1-\beta^2}} = \gamma \cdot (x' + V \cdot t') \quad \text{und} \quad t = \frac{t' + \beta \frac{x'}{c}}{\sqrt{1-\beta^2}} = \gamma \cdot \left(t' + \beta \frac{x'}{c}\right)$$

mit den Abkürzungen: $\beta = \frac{V}{c}$ und $\gamma = \frac{1}{\sqrt{1-\frac{V^2}{c^2}}} = \frac{1}{\sqrt{1-\beta^2}}$

Die übrigen Koordinaten bleiben unbeeinflusst ($y = y'$ und $z = z'$).

Da die Lorentz-Transformation eine lineare Funktion ist, kann sie sowohl auf absolute Orte und Zeiten als auch auf deren Differenzen angewendet werden. Diese Eigenschaft wird für die Transformation von Geschwindigkeiten ausgenutzt. Ist $\vec{r} = (x, y, z)$ der Ort eines Teilchens im ruhenden Koordinatensystem Σ, so ist seine Geschwindigkeit definiert als Quotient

$$\vec{w} = \frac{d\vec{r}}{dt} = \frac{\Delta\vec{r}}{\Delta t} = \left(\frac{\Delta x}{\Delta t}; \frac{\Delta y}{\Delta t}; \frac{\Delta z}{\Delta t}\right).$$

Ist lediglich die Geschwindigkeit $\vec{w}' = (w'_x; w'_y; w'_z)$ im bewegten Koordinatensystem Σ' bekannt, so muss die Lorentz-Transformation in die Definitionsgleichung für die Geschwindigkeit eingesetzt werden:

$$w_x = \frac{\Delta x}{\Delta t} = \frac{\gamma \cdot (\Delta x' + V \cdot \Delta t')}{\gamma \cdot \left(\Delta t' + \beta \cdot \frac{\Delta x'}{c}\right)} = \frac{\Delta t' \cdot (w'_x + V)}{\Delta t' \cdot \left(1 + \beta \cdot \frac{w'_x}{c}\right)} = \frac{w'_x + V}{1 + \beta \cdot \frac{w'_x}{c}}$$

$$w_y = \frac{\Delta y}{\Delta t} = \frac{\Delta y'}{\gamma \cdot \left(\Delta t' + \beta \cdot \frac{\Delta x'}{c}\right)} = \frac{\Delta t' \cdot w'_y}{\gamma \cdot \Delta t' \cdot \left(1 + \beta \cdot \frac{w'_x}{c}\right)} = \frac{w'_y}{\gamma \cdot \left(1 + \beta \cdot \frac{w'_x}{c}\right)}$$

$$w_z = \frac{\Delta z}{\Delta t} = \frac{\Delta z'}{\gamma \cdot \left(\Delta t' + \beta \cdot \frac{\Delta x'}{c}\right)} = \frac{\Delta t' \cdot w'_z}{\gamma \cdot \Delta t' \cdot \left(1 + \beta \cdot \frac{w'_x}{c}\right)} = \frac{w'_z}{\gamma \cdot \left(1 + \beta \cdot \frac{w'_x}{c}\right)}$$

Für sehr kleine Geschwindigkeiten ist sowohl γ als auch $\left(1 + \frac{V}{c^2} \cdot w'_x\right)$ ungefähr eins, sodass die normale **Galilei-Transformation** herauskommt.

Addition von Geschwindigkeiten

Ist Σ' ein Inertialsystem, das sich mit der Geschwindigkeit V in x-Richtung von dem Inertialsystem Σ entfernt, so gilt:

$$w_x = \frac{w'_x + V}{1 + \beta \cdot \frac{w'_x}{c}} \quad \text{und} \quad w_y = \frac{w'_y}{\gamma \cdot \left(1 + \beta \cdot \frac{w'_x}{c}\right)} \quad \text{und} \quad w_z = \frac{w'_z}{\gamma \cdot \left(1 + \beta \cdot \frac{w'_x}{c}\right)}$$

Das Raum-Zeit-Diagramm

Das Raum-Zeit-Diagramm dient dazu, Ereignisse in verschiedenen Inertialsystemen miteinander zu vergleichen. Der Lichtkegel in (→ Abb. 6.2) ist das Raum-Zeit-Diagramm eines Lichtblitzes, wobei die Ausbreitung in x- und y-Richtung gegenüber der Zeit dargestellt ist.

Da sich Inertialsysteme per Definition mit einer konstanten Geschwindigkeit zueinander bewegen, ist es stets möglich die Bewegungsrichtung als x-Koordinate zu wählen, sodass für die Darstellung ein einfaches x-t-Diagramm genügt. Die Skalierung der Achsen wird in der Regel so gewählt, dass sich ein Lichtstrahl (Lichtkegel) unter einem Winkel von 45° ausbreitet. Bei dieser Skalierung entsprechen Distanzen auf der Zeitachse dem Produkt $c \cdot t$.

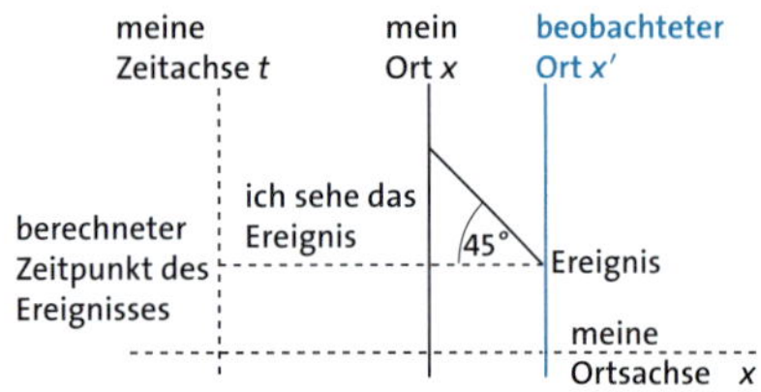

Abb. 6.3: Bei einem Raum-Zeit-Diagramm von zwei Orten im selben Inertialsystem verlaufen die Zeitstrahlen von „meinem Ort" und dem „beobachteten Ort" parallel zur Zeitachse. Ereignisse werden frühestens zu dem Zeitpunkt wahrgenommen, an dem uns ein Lichtstrahl vom Weltpunkt des Ereignisses erreicht.

Der Zeitpunkt, zu dem wir ein bestimmtes Ereignis beobachten, hängt von der räumlichen Entfernung des Ereignisses ab, da die Information über das Ereignis uns maximal mit Lichtgeschwindigkeit erreichen kann. Im Raum-Zeit-Diagramm lässt sich dieser Zeitpunkt durch eine 45°-Linie (Lichtstrahl) vom Weltpunkt des Ereignisses zu unserem Ort bestimmen (→ Abb. 6.3).

Betrachten wir nun ein **Inertialsystem**, das sich mit der Geschwindigkeit V in x-Richtung bewegt. Der in diesem Inertialsystem ortsfeste „beobachtete Ort" wird in einem Raum-Zeit-Diagramm durch eine Linie dargestellt, die gegenüber unserer Zeitachse um den Winkel

$$\tan\alpha = \frac{\Delta x}{c \cdot \Delta t} = \frac{V \cdot \Delta t}{c \cdot \Delta t} = \frac{V}{c} = \beta$$

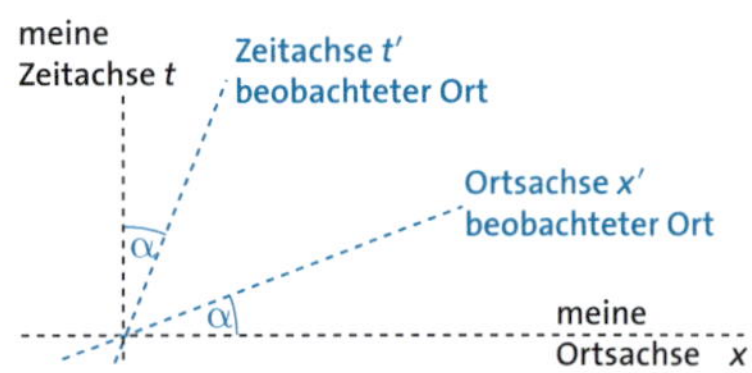

Abb. 6.4: Bewegt sich das Inertialsystem eines „beobachteten Ortes" in x-Richtung, so sind dessen Orts- und Zeitachse um den Winkel $\tan\alpha = \frac{V}{c} = \beta$ gegenüber meiner Orts- und Zeitachse geneigt.

geneigt ist. Dies ist die Zeitachse t' des „beobachteten Ortes". Auch die Ortsachse des „beobachteten Ortes" muss in einem Raum-Zeitdiagramm mit einem Winkel eingezeichnet werden. Mithilfe der LORENTZ-Transformation berechnen wir für $t' = 0$:

$$x = \gamma \cdot x' \text{ und } t = \gamma \cdot \beta \cdot \frac{x'}{c}$$

$$\Rightarrow \tan\delta = \frac{c \cdot \Delta t}{\Delta x} = \frac{\gamma \cdot \beta \cdot x'}{\gamma \cdot x'} = \beta$$

Der Neigungswinkel der Ortsachse und der Zeitachse des „beobachteten Ortes" sind somit gleich groß (→ Abb. 6.4). Den Winkel $\tan\alpha$ hätten wir natürlich ebenso gut mit einer LORENTZ-Transformation für $x' = 0$ bestimmen können:

$$x = \gamma \cdot V \cdot t' \text{ und } t = \gamma \cdot t' \Rightarrow \tan\alpha = \frac{\Delta x}{c \cdot \Delta t} = \frac{V}{c} = \beta$$

Raum-Zeit-Diagramm

Im Raum-Zeit-Diagramm (MINKOWSKI-Diagramm) bilden meine Orts- und Zeitachse einen rechten Winkel. Als Einheiten verwenden wir für die Ortsachse Lichtsekunden (also die Strecke, die das Licht in einer Sekunde zurücklegt) und für die Zeitachse Sekunden. Die Orts- und die Zeitachse eines anderen Inertialsystems, das sich in Richtung meiner Ortsachse bewegt („beobachteter Ort"), sind um den Winkel $\tan\alpha = \frac{V}{c} = \beta$ gegenüber meinen Achsen geneigt (→ Abb. 6.4). Die Einheiten auf diesen Achsen werden um den Faktor $\frac{1}{\gamma}$ verkürzt eingezeichnet (→ Seite 150).

Zusatzwissen

Raum-Zeit-Diagramm ohne LORENTZ-Transformation

Die Neigung der Ortsachse des „beobachteten Ortes" im Raum-Zeit-Diagramm lässt sich auch ohne die LORENTZ-Transformation rein geometrisch bestimmen (→ Abb. 6.5):

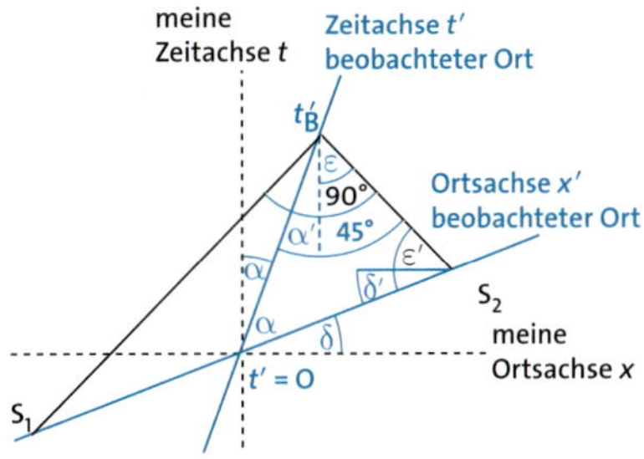

Abb. 6.5: Die Zeitachse t′ und die Ortsachse x′ des beobachteten Ortes sind gegenüber meinen Zeit- und Ortsachsen um den gleichen Winkel geneigt: $\alpha = \alpha' = \varepsilon - 45° = \varepsilon' - 45° = \delta' = \delta$

Ein Beobachter bewege sich in seinem Inertialsystem in x-Richtung von mir weg. Zu einem Zeitpunkt t'_B ($x' = 0$) beobachtet er zeitgleich aus beiden Raumrichtungen zwei Supernovae. Zum Zeitpunkt der Explosion ($t' = 0$) waren beide Sterne (S_1 und S_2) gleich weit von ihm entfernt. Diese Ereignisse sind im Raum-Zeit-Diagramm mit t'_B durch Lichtstrahlen verbunden (±45°), die in t'_B einen rechten Winkel bilden. S_1, S_2 und t'_B bilden somit ein rechtwinkliges Dreieck.

Aus dem Satz des THALES (→ Anhang Seite 245) folgt damit, dass die Punkte $t' = 0$, t'_B und S_2 ein gleichschenkliges Dreieck bilden und somit die Winkel ε und ε' identisch sind. Daraus folgt nun:

$$\alpha = \alpha' = \varepsilon - 45° = \varepsilon' - 45° = \delta' = \delta$$

6.2 Konsequenzen

Zeitdilatation und Längenkontraktion

Aus der LORENTZ-Transformation ergeben sich zwei sehr bekannte Phänomene: die **Zeitdilatation** und die **Längenkontraktion**.

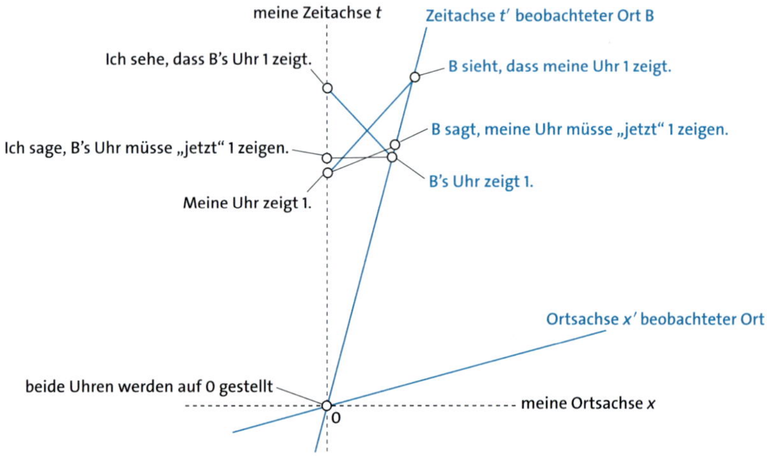

Abb. 6.6: Zeitdilatation: Die Zeitachse des „beobachteten Ortes" verläuft in einem Winkel zu meiner Zeitachse, da sich das Inertialsystem des beobachteten Ortes relativ zu unserem Inertialsystem („mein Ort") bewegt. Da auch die Ortsachse des „beobachteten Ortes" geneigt ist, sehen beide Beobachter die Uhr des anderen langsamer gehen.

Zeitdilatation

Von einem ruhenden Koordinatensystem aus betrachtet, vergeht die Zeit in einem bewegten Koordinatensystem ($x' = 0$) langsamer:

$$t' = \frac{1}{\gamma} t \text{ mit } \gamma \geq 1$$

Zwillings-Paradoxon

Einer von zwei Zwillingen besteigt ein Rakete und fliegt mit $V = 0{,}5c$ (also $\beta = 0{,}5$) von der Erde weg, während sein Bruder auf der Erde zurückbleibt. Nach 10 Erdenjahren kehrt der Astronaut abrupt um. Wie alt sind die Brüder, wenn sie sich nach 20 Erdenjahren wieder treffen?

$$t' = \sqrt{1 - \frac{V^2}{c^2}} \cdot t = \sqrt{1 - \left(\frac{1}{2}\right)^2} \cdot 20\,\text{Jahre} = 17{,}3\,\text{Jahre}$$

Der Astronaut ist also fast drei Jahre jünger als sein Zwillingsbruder. Bei einer Geschwindigkeit von $V = 0{,}9c$ (also $\beta = 0{,}9$) wird der Unterschied noch deutlicher:

$$t' = \sqrt{1 - \left(\frac{9}{10}\right)^2} \cdot 20\,\text{Jahre} = 8{,}7\,\text{Jahre}$$

Ein Stab habe in einem ruhenden Koordinatensystem die Länge l. In einem in Richtung des Stabes bewegten Koordinatensystem ist die Länge hingegen verkürzt:

$$l' = \frac{1}{\gamma} l \text{ mit } \gamma \geq 1$$

Längenkontraktion

Relativistischer DOPPLER-Effekt

Bewegt sich eine Lichtquelle mit der Frequenz f' und der Wellenlänge λ' auf einen ruhenden Beobachter mit der Geschwindigkeit V zu, so beobachtet dieser eine verkürzte Wellenlänge, bzw. vergrößerte Frequenz:

→ DOPPLER-Effekt, Seite 93

$$f = \frac{1}{1-\frac{V}{c}} f' \text{ und } \lambda = 1 - \frac{V}{c} \cdot \lambda'.$$

Bei relativistischer Betrachtungsweise muss die Zeitdilatation berücksichtigt werden. Die beobachtete Frequenz nimmt daher um den Faktor $\frac{1}{\gamma}$ ab.

$$f = \frac{1}{\gamma} \cdot \frac{1}{1-\frac{V}{c}} f' = \frac{\sqrt{1-\frac{V^2}{c^2}}}{1-\frac{V}{c}} f' = \sqrt{\frac{1+\frac{V}{c}}{1-\frac{V}{c}}} f' = \sqrt{\frac{1+\beta}{1-\beta}} f'$$

Für die Wellenlänge gilt analog die Längenkontraktion:

$$\lambda = \gamma \cdot \left(1 - \frac{V}{c}\right) \lambda' = \frac{1-\frac{V}{c}}{\sqrt{1-\frac{V^2}{c^2}}} \lambda' = \sqrt{\frac{1-\frac{V}{c}}{1+\frac{V}{c}}} \lambda' = \sqrt{\frac{1-\beta}{1+\beta}} \lambda'$$

Entfernt sich der Sender vom Beobachter, so ist in den Formeln V durch $-V$ zu ersetzen.

ČERENKOV-Strahlung

PAWEL ČERENKOV (= Tscherenkow) 1904–1990

Bewegen sich elektrisch geladene Teilchen durch ein Dielektrikum mit dem **Brechungsindex** n (→ Seite 95), so werden die Atome längs der Flugbahn kurzzeitig polarisiert und senden beim Übergang in den Ruhezustand elektromagnetische Wellen aus. Normalerweise löschen sich die elektromagnetischen Wellen der einzelnen Atome gegenseitig aus. Bewegt sich das Teilchen jedoch schneller als die Ausbreitungsgeschwindigkeit des Lichts $c_{Ph} = c/n$, so tritt ein **MACH-Kegel** (→ Seite 94 f.) mit konstruktiver Interferenz auf.

Analog zum nicht relativistischen MACH-Kegel beträgt der Winkel zwischen der Ausbreitungsrichtung dieser Wellenfront und der Bewegungsrichtung des Teilchens:

$$\cos\varphi = \frac{c_{Ph}}{V} = \frac{\frac{c}{n}}{\beta \cdot c} = \frac{1}{\beta \cdot n}$$

Das unter diesem Winkel auftretende bläuliche Licht wird als **ČERENKOV-Strahlung** bezeichnet und lässt sich zum Beispiel in den Abklingbecken von Kernkraftwerken beobachten.

Relativistische Masse, Impuls und Energie

Nach einer Explosion fliegen zwei gleich große Massen m_0 mit den gegengleichen Geschwindigkeiten v_0 auseinander. Im **Schwerpunktsystem** (engl. c. m. = *center of mass*) ist der Impulserhaltungssatz automatisch erfüllt. In einem Koordinatensystem, das mit der Masse m_{I} mitbewegt wird, ergeben sich Korrekturen gegenüber der NEWTON'schen Mechanik. Der Impuls von m_{I} beträgt $p_{\mathrm{I}} = m_0 \cdot v_0$. Um den Impuls von m_{II} berechnen zu können, muss zunächst deren Geschwindigkeit V gemessen oder mit der LORENTZ-Transformation berechnet werden:

$$V = \frac{v_0 + v_{\mathrm{c.m.}}}{1 + \frac{v_0 v_{\mathrm{c.m.}}}{c^2}} \text{ mit } v_{\mathrm{c.m.}} = v_0 \text{ folgt: } V = \frac{2 v_0}{1 + \frac{v_0^2}{c^2}}.$$

Für den Impuls folgt somit:

$$p_{\mathrm{II}} = (V - v_{\mathrm{c.m.}}) \cdot m_{\mathrm{II}} = \left(\frac{2 v_0}{1 + \frac{v_0^2}{c^2}} - v_0 \right) \cdot m_{\mathrm{II}}$$

Nach dem Impulserhaltungssatz muss wieder $p_{\mathrm{I}} = p_{\mathrm{II}}$ gelten.
Hieraus ergibt sich eine Beziehung für m_{II}:

$$m_{\mathrm{II}} = m_0 \cdot \frac{v_0}{\frac{2 v_0}{1 + \frac{v_0^2}{c^2}} - v_0} = m_0 \frac{c^2 + v_0^2}{c^2 - v_0^2}$$

Wird nun v_0 durch die beobachtete Geschwindigkeit V ersetzt, so ergibt sich durch Umformen für m_{II} die beobachtete **(relativistische) Masse**:

$$m_{\mathrm{II}}(V) = m_{\mathrm{rel}} = \gamma \cdot m_0 = \frac{m_0}{\sqrt{1 - \frac{V^2}{c^2}}}$$

Mit dieser relativistischen Definition der Masse und der dazugehörigen Definition des **Impulses** $p(V) = m(V) \cdot V = m_{\mathrm{rel}} \cdot V = \gamma \cdot m_0 \cdot V$ bleiben alle physikalischen Gesetze, die von diesen Größen abgeleitet sind, gültig. Insbesondere gilt auch weiterhin der Impulserhaltungssatz.

Die Abhängigkeit der Masse von der Geschwindigkeit deutet auf einen engen Zusammenhang zwischen relativistischer Masse und kinetischer Energie hin. Mit EINSTEINS berühmter Formel für die relativistische Gesamtenergie $W = m_{\mathrm{rel}} c^2$ folgt für die **kinetische Energie**:

$$W_{\mathrm{kin}} = (m_{\mathrm{rel}} - m_0) c^2 = (\gamma - 1) m_0 c^2 = \left(\frac{1}{\sqrt{1 - \frac{V^2}{c^2}}} - 1 \right) \cdot m_0 c^2$$

Der Term $W_0 = m_0 c^2$ wird als **Ruheenergie** bezeichnet. Er entspricht der Energiemenge, die bei der Umwandlung der gesamten Ruhemasse in andere Energieformen (zum Beispiel γ-Strahlung) freigesetzt würde (Paarbildung und Zerstrahlung, → Seite 167 f.).

Ein wichtiger Zusammenhang zwischen dem relativistischen Impuls und der Gesamtenergie kann aus der relativistischen Masse hergeleitet werden:

$$m = \gamma \cdot m_0 = \frac{m_0}{\sqrt{1-\frac{V^2}{c^2}}} \qquad | \text{ Quadrieren}$$

$$\Rightarrow \; m^2 = \frac{m_0^2}{1-\frac{V^2}{c^2}} \;\Leftrightarrow\; m^2 - \frac{m^2 V^2}{c^2} = m_0^2$$

$$\Leftrightarrow \; m^2 c^4 - m^2 V^2 c^2 = m_0^2 c^4$$

$$\Leftrightarrow \; (m c^2)^2 - (m V)^2 c^2 = (m_0 c^2)^2$$

$$\Leftrightarrow \; W^2 - p^2 c^2 = W_0^2$$

$$\Leftrightarrow \; W^2 = W_0^2 + p^2 c^2$$

$$\Rightarrow \; W = \sqrt{W_0^2 + p^2 c^2} = \sqrt{m_0^2 c^4 + p^2 c^2}$$

Aus der Gleichung in der vorletzten Zeile können die aus der klassischen Physik bekannten Gleichungen der kinetischen Energie gewonnen werden.

$$W^2 - W_0^2 = \underbrace{(W - W_0)}_{W_{\text{kin}}} \cdot (W + W_0) = p^2 c^2$$

$$\Leftrightarrow \; W_{\text{kin}} = \frac{p^2 c^2}{W + W_0} = \frac{p^2 c^2}{m_0 c^2 (\gamma + 1)} = \frac{p^2}{(\gamma + 1) m_0} = \frac{(\gamma m_0 V)^2}{(\gamma + 1) m_0} = \frac{\gamma^2}{\gamma + 1} m_0 V^2$$

Für kleine Geschwindigkeiten $V \ll c$ ist $\gamma \approx 1$ und somit

$$W_{\text{kin}} \approx \frac{p^2}{2 m_0} \approx \frac{1}{2} m_0 V^2.$$

Relativistische Größen

Abkürzungen:	$\beta = \frac{V}{c}$ und $\gamma = \frac{1}{\sqrt{1-\beta}} = \frac{1}{\sqrt{1-\frac{V^2}{c^2}}}$
Masse:	$m_{\text{rel}}(V) = \gamma \cdot m_0 = \frac{m_0}{\sqrt{1-\beta^2}} = \frac{m_0}{\sqrt{1-\frac{V^2}{c^2}}}$
Impuls:	$p_{\text{rel}}(V) = m_{\text{rel}} \cdot V = \gamma \cdot m_0 \cdot V$
Ruheenergie:	$W_0 = m_0 c^2$
Kinetische Energie:	$W_{\text{kin}} = (\gamma - 1) m_0 c^2 = \frac{\gamma^2}{\gamma + 1} m_0 V^2$
Gesamtenergie:	$W = m_{\text{rel}} c^2 = \sqrt{W_0^2 + p_{\text{rel}}^2 c^2} = \sqrt{m_0^2 c^4 + p_{\text{rel}}^2 c^2}$ $\frac{W^2}{c^2} = p_{\text{rel}}^2 + m_0^2 c^2$

Relativistische Kraft

In der klassischen Mechanik kennen wir die NEWTON'sche Grundgleichung als

$$\vec{F}_{\text{nicht relativistisch}} = m \cdot \vec{a} = m \cdot \frac{d}{dt}\vec{v} = \frac{d}{dt}\vec{p}$$

Bei einer relativistischen Betrachtung müssen wir berücksichtigen, dass die Masse von der Geschwindigkeit abhängt:

$$\vec{F} = \frac{d}{dt}\left(m_{\text{rel}} \cdot \vec{v}\right) = \frac{d}{dt}\vec{p}_{\text{rel}} = \frac{d}{dt}\left(\gamma \cdot m_0 \cdot \vec{v}\right)$$

Um die Rechnung zu vereinfachen, berechnen wir zunächst die Ableitung von γ:

$$\frac{d}{dt}\gamma = \frac{d}{dt}\frac{1}{\sqrt{1-\frac{1}{c^2}\left(v_x^2+v_y^2+v_z^2\right)}} = -\frac{1}{2\sqrt{*}^3}\cdot\left(-\frac{1}{c^2}\left(2\,v_x\,\dot{v}_x + 2\,v_y\,\dot{v}_y + 2\,v_z\,\dot{v}_z\right)\right)$$

$$= \frac{\gamma^3}{c^2}\vec{v}\cdot\dot{\vec{v}} = \frac{\gamma^3}{c^2}\vec{v}\cdot\vec{a}$$

Das Ergebnis enthält ein Skalarprodukt (→ Anhang Seite 248) aus der Geschwindigkeit $\vec{v}$ und der Beschleunigung

$$\vec{a} = \frac{d}{dt}\vec{v} = \dot{\vec{v}}.$$

Wirkt die Beschleunigung senkrecht zur Bewegungsrichtung, so ist das Skalarprodukt null, das heißt γ bleibt konstant. Auch die kinetische Energie $W_{\text{kin}} = (\gamma - 1)\, m_0 c^2$ bleibt unverändert, so wie wir das zum Beispiel von der klassischen Kreisbewegung (→ Seite 28) her kennen.

Mit diesem Zwischenergebnis folgt für die Kraft:

$$\vec{F} = \frac{d}{dt}\left(m_0 \cdot \gamma \cdot \vec{v}\right) = m_0 \cdot \gamma \cdot \frac{d}{dt}\vec{v} + m_0 \cdot \vec{v} \cdot \frac{d}{dt}\gamma = m_0 \cdot \gamma \cdot \dot{\vec{v}} + \frac{m_0}{c^2} \cdot \gamma^3 \left(\vec{v} \cdot \dot{\vec{v}}\right) \cdot \vec{v}$$

Wirkt die Beschleunigung senkrecht zur Bewegungsrichtung, so vereinfacht sich die Kraft zu:

$$F_{\text{orthogonal}} = m_0 \cdot \gamma \cdot \dot{v}_{\text{orthogonal}} = m_{\text{rel}} \cdot a_{\text{orthogonal}}$$

In der Bewegungsrichtung ergibt sich:

$$F_{\text{parallel}} = m_0 \cdot \gamma \cdot \dot{v}_{\text{parallel}}\left(1 + \frac{v^2}{c^2}\gamma^2\right) = m_0 \cdot \gamma^3 \cdot \dot{v}_{\text{parallel}}$$

$$= m_0 \cdot \gamma^3 \cdot a_{\text{parallel}} = m_{\text{rel}} \cdot \gamma^2 \cdot a_{\text{parallel}}$$

Wird ein Objekt mit konstanter Kraft beschleunigt, so nimmt die Beschleunigung a_{parallel} mit zunehmender Geschwindigkeit ab und verschwindet bei $v = c$ vollkommen.

Relative Kraft und Beschleunigung

Im relativistischen Fall lautet die NEWTON'sche Grundgleichung

$$\vec{F} = \frac{d}{dt}\left(m_{rel} \cdot \vec{V}\right) = \frac{d}{dt} p_{rel} = \frac{d}{dt}\left(\gamma \cdot m_0 \cdot \vec{V}\right) = m_0 \cdot \gamma \cdot \dot{\vec{V}} + \frac{m_0}{c^2} \cdot \gamma^3 \left(\vec{V} \cdot \dot{\vec{V}}\right) \cdot \vec{V}$$

$$F_{orthogonal} = m_0 \cdot \gamma \cdot \dot{V}_{orthogonal} = m_{rel} \cdot a_{orthogonal}$$

$$F_{parallel} = m_0 \cdot \gamma^3 \cdot V_{parallel} = m_0 \cdot \gamma^3 \cdot a_{parallel} = m_{rel} \cdot \gamma^2 \cdot a_{parallel}$$

Teilchenbeschleuniger

HERA (Hadron-Elektron-Ring-Anlage) ist der größte Teilchenbeschleuniger des Kernforschungszentrums DESY in Hamburg. Die Anlage hat einen Umfang von 6336 m und enthält zwei unterirdische, ringförmige Teilchenbeschleuniger, in denen Elektronen auf 27,5 GeV (Gigaelektronenvolt) bzw. Protonen auf 920 GeV bescheunigt werden.
An zwei Punkten werden die Teilchenstrahlen zur Kollision gebracht und die entstehenden Bruchstücke und neuen Teilchen (→ **Paarbildung**, Seite 167 f.) untersucht.
Betrachten wir nun die relevanten physikalischen Größen der Teilchen:

$$W_{kin} = (\gamma - 1) m_0 c^2 \Rightarrow \gamma = \frac{W_{kin}}{m_0 c^2} + 1$$

$$W_{kin,e} = 27{,}5 \cdot 10^9 \, eV \approx 4.4 \cdot 10^{-9} \, J \Rightarrow \gamma_e \approx 53\,817$$

$$W_{kin,p} = 920 \cdot 10^9 \, eV \approx 1{,}5 \cdot 10^{-9} \, J \Rightarrow \gamma_p \approx 982$$

$$\beta = \sqrt{1 - \frac{1}{\gamma^2}} \Rightarrow \beta_e \approx 1 - 1{,}7 \cdot 10^{-10} \text{ und } \beta_p \approx 1 - 5{,}2 \cdot 10^{-7}$$

$V = \beta \cdot c \Rightarrow$ beide Teilchen haben nahezu Lichtgeschwindigkeit, ihre Umlaufzeit beträgt damit:

$$T_{Umlauf} = \frac{U}{c} = \frac{6336\,m}{c} = 21\,\mu s$$

Dies entspricht einer Umlauffrequenz von 47 kHz.

$$m_{rel} = \gamma \cdot m_0$$

$$\Rightarrow m_{rel,e} = 53\,817 \cdot m_e = 4{,}9 \cdot 10^{-26}\,kg \quad \text{und} \quad m_{rel,p} = 982 \cdot m_p = 1{,}6 \cdot 10^{-24}\,kg$$

$$p_{rel} = m_{rel} \cdot V = m_{rel} \cdot \beta \cdot c = \gamma \cdot m_0 \cdot \beta \cdot c$$

$$\Rightarrow p_{rel,e} = 1{,}5 \cdot 10^{-17}\,kg\frac{m}{s} \quad \text{und} \quad p_{rel,p} = 4{,}9 \cdot 10^{-16}\,kg\frac{m}{s}$$

Im Teilchenbeschleuniger werden die Elektronen und Protonen durch ein Magnetfeld auf eine Kreisbahn gezwungen:

$F_Z = m_{rel} \frac{V^2}{R}$ (→ Zentrifugalkraft, Seite 28)

$F_L = B \cdot e \cdot V$ (→ LORENTZ-Kraft, Seite 50)

$$F_Z = F_L \Rightarrow B = \frac{m_{rel} \cdot V}{e \cdot R} = \frac{p}{e \cdot R} \text{ mit } R = \frac{6336\,m}{2\pi}$$

$$B_e = 9{,}1 \cdot 10^{-2}\,T \text{ und } B_p = 3{,}0\,T$$

Das Magnetfeld für die Protonen hat damit eine Stärke, die nur von supraleitenden Elektromagneten erreicht wird!

Überblick

Das MICHELSON-Experiment zeigt, dass elektromagnetische Wellen (Licht) zur Ausbreitung kein Medium benötigen und die Lichtgeschwindigkeit im Widerspruch zur Galilei-Transformation in allen **Inertialsystemen** gleich ist.

Die **spezielle Relativitätstheorie** basiert auf der Überlegung, dass es eine maximale Geschwindigkeit geben müsse, mit der sich Information ausbreiten könne (**Nahwirkungstheorie**). Experimente zeigen, dass dies die Vakuumlichtgeschwindigkeit c_0 ist.
Hieraus folgt die **LORENTZ-Tranformation:**

Σ' bewege sich mit der Geschwindigkeit V in x-Richtung gegenüber Σ:

Ort: $x = \frac{x' + V\cdot t'}{\sqrt{1-\beta^2}} = \gamma\cdot(x' + V\cdot t')$ mit $\beta = \frac{V}{c}$ und $\gamma = \frac{1}{\sqrt{1-\frac{V^2}{c^2}}} = \frac{1}{\sqrt{1-\beta^2}}$

Die übrigen Koordinaten bleiben unbeeinflusst ($y = y'$ und $z = z'$).

Geschwindigkeit: $w_x = \frac{w'_x + V}{1+\beta\cdot\frac{w'_x}{c}}$ und $w_{y,z} = \frac{w'_{y,z}}{\gamma\cdot\left(1+\beta\cdot\frac{w'_x}{c}\right)}$

Zeit: $t = \frac{t' + \beta\frac{x'}{c}}{\sqrt{1-\beta^2}} = \gamma\cdot\left(t' + \beta\frac{x'}{c}\right)$

In der speziellen Relativitätstheorie hängt die Zeit vom Bezugssystem ab, man definiert daher als Abstand zwischen zwei Ereignissen (Weltpunkten):
$s^2 := c^2(t_2-t_1)^2 - (x_2-x_1)^2 - (y_2-y_1)^2 - (z_2-z_1)^2$.

$s^2 > 0$ zeitartige Abstände	(absolute Zukunft / Vergangenheit)
$s^2 < 0$ raumartig Abstände	(absolut entfernt)
$s^2 = 0$ lichtartig Abstände	(Lichtkegel)

Zeitdilatation:	$t' = \frac{1}{\gamma}t$ mit $\gamma \geq 1$
Längenkontraktion:	$l' = \frac{1}{\gamma}l$ mit $\gamma \geq 1$
Masse:	$m_{rel}(V) = \gamma\cdot m_0$
Impuls:	$p_{rel}(V) = m_{rel}\cdot V = \gamma\cdot m_0\cdot V$
Ruheenergie:	$W_0 = m_0c^2$
Kinetische Energie:	$W_{kin} = (\gamma-1)\,m_0c^2 = \frac{\gamma^2}{\gamma+1}m_0V^2$
Gesamtenergie:	$W = m_{rel}c^2 = \sqrt{W_0^2 + p_{rel}^2c^2} = \sqrt{m_0^2c^4 + p_{rel}^2c^2}$
Kraft:	$F_{orthogonal} = m_0\cdot\gamma\cdot\dot{V}_{orthogonal} = m_{rel}\cdot a_{orthogonal}$ $F_{parallel} = m_0\cdot\gamma^3\cdot\dot{V}_{parallel} = m_0\cdot\gamma^3\cdot a_{parallel} = m_{rel}\cdot\gamma^2\cdot a_{parallel}$

Kern- und Teilchenphysik

7

Anfang des 20. Jahrhunderts hatte sich die Vorstellung eines Aufbaus der Materie aus Atomen durchgesetzt.
Joseph Thomson nahm eine homogene Verteilung der positiven Ladung und Masse der Atome an. Die negativen Elektronen sollten darin eingebettet sein wie Rosinen.
Rutherford widerlegte dies 1911 experimentell und entwickelte sein eigenes Atommodell, bei dem die positive Ladung und die Masse des Atoms in einem sehr kleinen Kern konzentriert sind.

Sir Joseph John Thomson
1856–1940,
Nobelpreis 1906

Ernest Rutherford
1871–1937,
1. Baron Rutherford of Nelson, Nobelpreis (Chemie) 1908

7.1 Grundlagen

Kern und Hülle

Atome bestehen aus einem sehr kompakten positiv geladenen **Kern** und einer weit ausladenden **Elektronenhülle**. Die Hülle besteht aus Elektronen, die sich im elektrischen Feld des Kerns bewegen. Ihr Verhalten wird durch die **Quantenmechanik** (→ Kapitel 5) bestimmt und ist ausschlaggebend für die chemischen Eigenschaften der Elemente (**Orbitalmodell**, → Glossar, Seite 230). Der Durchmesser eines Atoms hängt von der Anzahl seiner Elektronen und den chemischen Bindungen des Atoms ab. Das kleinste Atom ist das Wasserstoff-Atom mit einem mittleren Durchmesser von 1,6 Å (→ Seite 138). Die größten Atome haben Durchmesser von bis zu 5 Å. Der Atomkern nimmt nur einen sehr geringen Teil dieses Volumens ein, und hat einen Durchmesser in der Größenordnung von 10^{-4} Å. Obwohl die Elektronenhülle das meiste Volumen im Atom beansprucht, spielen die Elektronen ($m_e = 9{,}1 \cdot 10^{-31}$ kg) für die Masse eines Atoms keine Rolle. Wasserstoff mit einer Masse von $m_p = 1{,}67 \cdot 10^{-27}$ kg ist das leichteste Atom. Die schwersten Atomkerne haben Massen von bis über 10^{-25} kg.

1 Å = 0,1 nm

Rutherfords Streuversuch

Rutherford beschoss 1911 eine Goldfolie ($Z_{Au} = 79$) mit einen Strahl aus α-Teilchen ($Z_\alpha = 2$). Mit einem Szintillisationschirm detektierte er den Ablenkwinkel ϑ der gestreuten Teilchen. Analytisch wird seine Messkurve durch nachfolgenden differentiellen Wirkungsquerschnitt beschrieben:

$$\frac{d\sigma}{d\Omega} = \left(\frac{Z_\alpha \cdot Z_{Au} \cdot e^2}{16\pi\varepsilon_0 \cdot W_\alpha}\right)^2 \cdot \frac{1}{\sin^4\frac{\vartheta}{2}}$$

Die Streuwahrscheinlichkeit nimmt mit zunehmendem Streuwinkel schnell ab und ist umso niedriger, je höher die Energie W_α der α-Teilchen ist.

Aufbau des Atomkerns

(siehe auch → Kapitel 5, Seite 137)
Die Bausteine des Atomkerns nennt man **Nukleonen** (von lat. *nucleus* = Kern). Wir unterscheiden positiv geladene **Protonen** und ungeladene **Neutronen**. Die Anzahl *Z* der Protonen in einem Kern wird als **Kernladungszahl** bezeichnet. Sie ist für die Anzahl der Elektronen in der Hülle ausschlaggebend und bestimmt damit das chemische Verhalten des Elements. Im Periodensystem entspricht *Z* der **Ordnungszahl**.

Die Masse eines Kerns hängt von der Anzahl der Protonen *Z* und Neutronen *N* ab. Zur Kennzeichnung verschiedener Kerne des selben chemischen Elements verwendet man die **Massenzahl** $A = Z + N$.

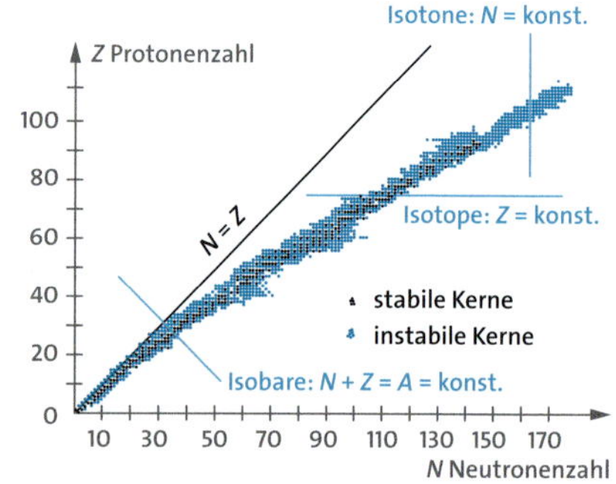

Abb. 7.1: Die Nuklidkarte zeigt alle bekannten stabilen und instabilen Atomkerne

Zur Beschreibung der chemischen Eigenschaften eines Elements genügt es, sein chemisches Symbol anzugeben, zum Beispiel U für Uran oder Pb für Blei. Die radioaktiven Eigenschaften hängen hingegen auch von der Masse des **Isotops** ab. Zur Kennzeichnung hängt man daher die Massenzahl an das chemische Element an, zum Beispiel U-238. Soll zusätzlich die Anzahl der Protonen hervorgehoben werden, so schreibt man *A* und *Z* hoch- bzw. tiefgestellt vor das Symbol, zum Beispiel $^{238}_{92}U$.

Massen und Masseeinheit

Atommassen werden in der Einheit $1\,u = 1{,}66054 \cdot 10^{-27}\,kg$ angegeben, die als $\frac{1}{12}$ der Masse des Isotops $^{12}_{6}C$ definiert ist.
Mit der relativistischen Beziehung $W = m \cdot c^2$ folgt:

$$1\,u = 1{,}66054 \cdot 10^{-27}\,kg = 931{,}49\,\frac{MeV}{c^2}$$

Elektronenmasse:	$m_e = 5{,}485799 \cdot 10^{-4}\,u$
Neutronenmasse:	$m_n = 1{,}0086649\,u$
Protonenmasse:	$m_p = 1{,}0072765\,u$
Wasserstoff-Atom:	$m_H = 1{,}0078250\,u$
α-Teilchen:	$m_\alpha = 4{,}0015063\,u$
He-Atom:	$m_{He} = 4{,}0026033\,u$

Bindungsenergie des Atomkerns

(siehe auch → Kapitel 5, Seite 137)

Die Masse eines Atomkerns m_K ist immer kleiner als die Summe der Massen seiner Bestandteile. Die Differenz $\Delta m = m_K - (Z \cdot m_p + N \cdot m_n)$ wird als **Massendefekt** bezeichnet und entspricht der Bindungsenergie $W = \Delta m c^2$ des Atomkerns (Äquivalenz von Masse und Energie → Seite 152).

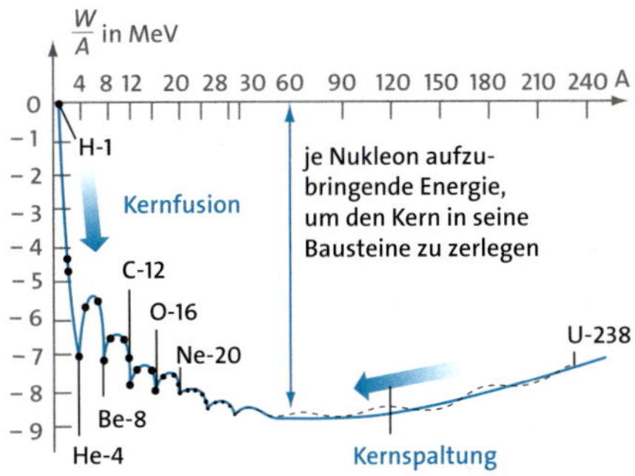

Abb. 7.2: Die Bindungsenergie je Nukleon W/A zeigt ein breites Minimum in der Nähe von $A = 60$ (Fe, Ni, Co).
Links davon wird durch Kernfusion Energie frei, rechts davon durch Kernspaltung.

Wird anstelle der Kernmasse die Atommasse m_A verwendet, so muss die Protonenmasse durch die Masse des Wasserstoff-Atoms m_H ersetzt werden: $\Delta m = m_A - (Z \cdot m_H + N \cdot m_n)$

Ein α-Teilchen (He-Kern) besteht aus $Z = 2$ Protonen und $N = 2$ Neutronen. **α-Teilchen**
Hieraus ergibt sich ein Massendefekt von

$$\Delta m = m_{He} - (2 \cdot m_H + 2 \cdot m_n) = -0{,}030\,377\,\mathrm{u}$$

Die Bindungsenergie beträgt damit

$$W = \Delta m \cdot c^2 = -0{,}030\,377\,\mathrm{u} \cdot 931{,}49 \frac{\frac{\mathrm{MeV}}{c^2}}{\mathrm{u}} = -28{,}3\,\mathrm{MeV}.$$

Die Nuklidkarte

In Gedanken lassen sich Atomkerne (Nuklide) aus einer beliebigen Anzahl an Protonen und Neutronen kombinieren. Die Erfahrung mit Teilchenbeschleunigern zeigt jedoch, dass nur sehr wenige Kombinationen dauerhaft stabil sind.

Die Nuklidkarte enthält alle bisher experimentell untersuchten Atomkerne. Die stabilen Kerne sind in schwarz eingezeichnet. Unter dem Namen des Kerns steht die Häufigkeit des Vorkommens dieses Nuklids auf der Erde. Nicht stabile Kerne sind farbig gekennzeichnet:

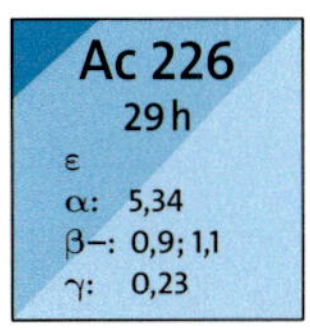

gelb: α-Zerfall (→ Seite 169), blau: β^--Zerfall (→ Seite 170), rot: β^+-Zerfall (→ Seite 170 f.), grün: spontaner Kernzerfall (→ Seite 171).

Unter dem Namen des Elements steht die Halbwertszeit. Die übrigen Zahlen in der Nuklidkarte geben an, welches die häufigsten Energien (in Megaelektronenvolt, MeV) der emittierten Partikel oder γ-Quanten sind.

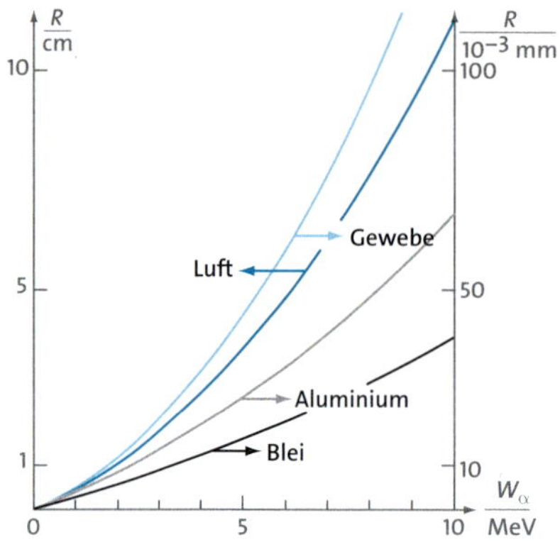

Abb. 7.3: Reichweite R von α-Strahlung der Energie W_α in verschiedenen Materialien

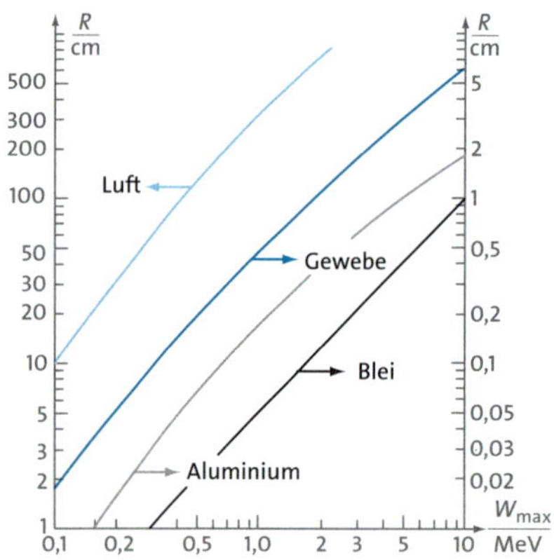

Abb. 7.4: Reichweite R von β-Strahlung der Energie W_{max} in verschiedenen Materialien

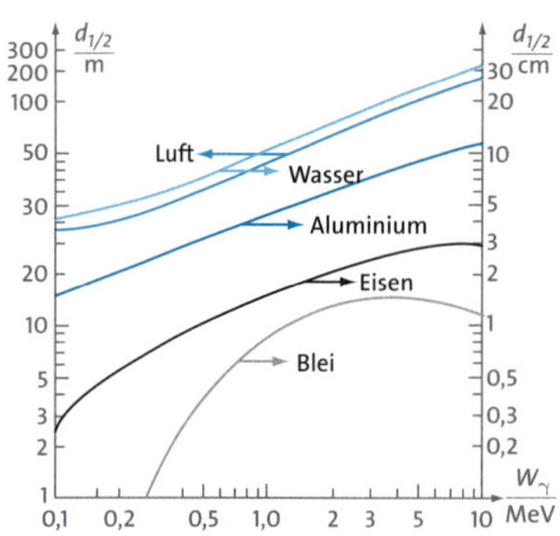

Abb. 7.5: Halbwertsdicke $d_{1/2}$ für γ-Strahlung der Energie W_γ in verschiedenen Materialien

Arten radioaktiver Strahlung

Die verschiedenen Arten radioaktiver Strahlung werden mit den ersten drei Buchstaben des griechischen Alphabets bezeichnet:

α-Strahlung

α-Strahlung besteht aus zweifach positiv geladenen Helium-Atomkernen ^4_2He. Bedingt durch ihre Größe und zweifache Ladung werden α-Teilchen in Materie sehr schnell abgebremst (→ Abb. 7.3). In Luft liegt ihre Reichweite bei unter 10 cm und in fester Materie bei unter 0,1 cm. α-Teilchen können Papier nicht durchdringen. In der Nebelkammer hinterlassen sie breite Spuren.

β-Strahlung

β-Strahlung besteht aus Elektronen oder Positronen. In Materie werden β-Teilchen nur langsam abgebremst. Ihre Reichweite kann in Luft einige Meter, in fester Materie einige Millimeter und im Körpergewebe bis zu 5 cm betragen. Erst ein 5 mm dickes Aluminiumblech können sie nicht mehr durchdringen. In der Nebelkammer hinterlassen sie nur sehr dünne Spuren, die meist erst an der Wand der Kammer enden. Durch Vielfachstreuungen sind die Bahnen von β-Teilchen in Materie nicht gradlinig. Ihre Reichweite ist somit individuell verschieden, sodass nur Mittelwerte angegeben werden können (→ Abb. 7.4).

γ-Strahlung

γ-Strahlung entspricht in Ihren Eigenschaften hochenergetischer **Röntgenstrahlung** (→ Seite 140). Der Unterschied besteht lediglich darin, dass Röntgenstrahlung in der Elektronenhülle entsteht, während γ-Strahlung aus einem durch radioaktive Prozesse oder energiereiche Stöße angeregten Atomkern emittiert wird. Die Reichweite von γ-Strahlung (γ-Quanten) ist sehr groß. Ihre Intensität nimmt in Materie mit zunehmendem Abstand exponentiell ab (→ Abb. 7.5).

Nachweis ionisierender Strahlung

Die **Wilson'sche Nebelkammer** ist eine mit Luft gefüllte Kammer, die mit Wasserdampf oder Alkohol gesättigt ist. Wird das Volumen durch das Herausziehen eines Zylinders oder Entspannen eines Gummiballs schnell vergrößert (adiabatische Expansion, → Seite 202), so kühlt sich die Luft ab und der Taupunkt (→ Glossar „relative Luftfeuchtigkeit", Seite 239) wird unterschritten. Luftmoleküle, die durch α- oder β-Teilchen ionisiert sind, wirken als **Kondensationskeime** für die Bildung von Nebeltröpfchen. Die Flugbahn der Teilchen wird so als Nebelspur sichtbar (→ Abb. 7.6). Durch das Anlegen von elektrischen oder magnetischen Feldern wird die Bahn der Teilchen gekrümmt, sodass Ladung, Masse und Geschwindigkeit des Teilchens bestimmt werden können (siehe Beispiel).

Charles Thomson Rees Wilson 1869–1959, Nobelpreis 1927

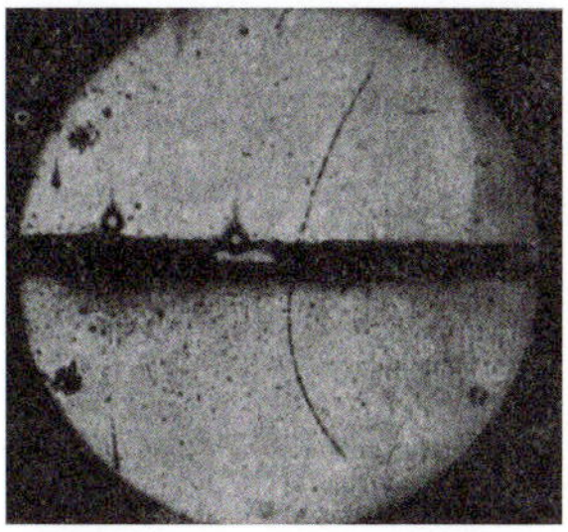

Abb. 7.6: Carl D. Anderson entdeckte 1932 in einer Nebelkammer das Positron
(Bild aus: www.wikipedia.de)

Carl D. Anderson 1905–1991, Nobelpreis 1936

Nebelspuren (relativistische Berechnung)

Nebelkammer

Ein homogenes Magnetfeld $(\vec{B} \perp \vec{v})$ führt in der Nebelkammer zu gekrümmten Teilchenbahnen. Durch Gleichsetzen der Lorentz-Kraft (→ Seite 50) mit der Zentrifugalkraft (→ Seite 28 f.) ergibt sich:

$$F_Z = m_{rel} \cdot \frac{v^2}{R} = B \cdot q \cdot v = F_L \Rightarrow R = \frac{m_{rel} \cdot v}{q \cdot B}$$

$$\Leftrightarrow \frac{q}{m_{rel} \cdot v} = \frac{q}{p_{rel}} = \frac{1}{R \cdot B} \Leftrightarrow \frac{q}{m_0} = \frac{\gamma \cdot v}{R \cdot B}$$

Für ein elektrisches Feld $(\vec{E} \perp \vec{v})$ folgt analog zur Braun'schen Röhre (→ Seite 43 f.):

$$x = v \cdot t \Leftrightarrow t = \frac{x}{v}; \quad a = \frac{F}{m_{rel}} = \frac{q \cdot E}{m_{rel}}; \quad y = \frac{1}{2} a t^2 = \frac{q \cdot E}{2 m_{rel} v^2} x^2 = \frac{q}{p_{rel}} \cdot \frac{E}{2v} x^2$$

Einsetzen des Messergebnisses für $\frac{q}{p_{rel}}$ vom magnetischen Feld und Auflösen nach v liefert:

$$v = \frac{E}{2R \cdot B} \frac{x^2}{y}$$

Hiermit lassen sich nun γ und damit auch $\frac{q}{m_0}$ berechnen. Ist die kinetische Energie der Teilchen aus einer anderen Messung (zum Beispiel mit einem Proportionalzählrohr) bekannt, so lässt sich aus $W_{kin} = (\gamma - 1) m_0 c^2$ die Ruhemasse und aus $\frac{q}{m_0}$ die Ladung bestimmen. Das Vorzeichen der Ladung ist von Beginn an aus der Krümmungsrichtung bekannt.

Fotoplatten oder **Filme** reagieren nicht nur empfindlich auf Licht, sondern auch auf alle Arten ionisierender Strahlen. Das klassische Röntgenbild in der Medizin ist ein typisches Beispiel hierfür. Im **Strahlenschutz** nutzt man diesen Effekt beim **Filmdosimeter** aus, das eine sehr hohe Empfindlichkeit von bis zu 400 µGy erreicht.

Ionisationskammern bestehen aus einem zylinderförmigen Kondensator. Ihr Aufbau entspricht weitestgehend einem GEIGER-MÜLLER-Zählrohr, jedoch wird nur eine sehr geringe Spannung angelegt. Anders als bei einem Zählrohr wird die Spannungsversorgung während der Messung abgeklemmt. Durch die Ionisation der Gasmoleküle kommt es zu einer langsamen Entladung des Kondensators. Der hierbei fließende Strom ist der Energiedosisleistung (→ Seite 165) proportional. Ionisationskammern werden als **Personendosimeter** im Strahlenschutz eingesetzt.
Gegenüber Filmdosimetern haben sie den Vorteil, dass sie vor Ort abgelesen werden können und nicht erst zur Analyse an ein Labor eingeschickt werden müssen.

Zählrohre sind gasgefüllte Detektoren zum Nachweis ionisierender Strahlung (→ Abb. 7.7). Sie bestehen, wie eine Ionisationskammer, aus einem zylinderförmigen Kondensator, der mit einer geringen Menge eines Edelgases (zum Beispiel 100 hPa Argon) gefüllt ist. An den beiden Kondensatorelektroden liegt eine Spannung von einigen hundert bis tausend Volt an. Durch ein sehr dünnes Fenster, zum Beispiel aus Glimmer oder Mylar, kann die ionisierende Strahlung in das Zählrohr eindringen, wo sie einige Edelgasatome ionisiert. Diese werden im elektrischen Feld so weit beschleunigt, dass sie bei Stößen weitere Ionenpaare erzeugen. Es kommt zu einer lawinenartigen Verstärkung der ursprünglichen Ionisation und einer Entladung des Kondensators, die als Stromstoß gemessen wird.
Bei einer kleinen Betriebsspannung ist die Höhe des Messsignals proportional zum Ionisationsvermögen der Strahlung. Ein solches **Proportionalzählrohr** ermöglicht die Unterscheidung von α-, β- und γ-Strahlung sowie eine Messung der Strahlungsenergie.

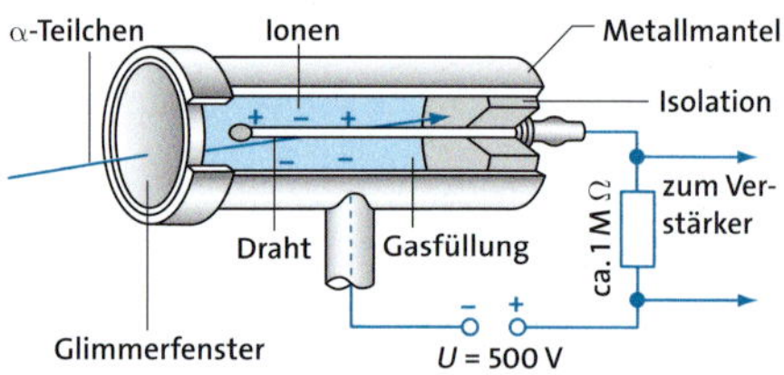

Abb. 7.7: Ein Zählrohr besteht aus einem zylinderförmigen Kondensator, der mit einer geringen Menge eines Edelgases (zum Beispiel 100 hPa Argon) gefüllt ist. Ionisierende Strahlung führt zu einer lawinenartigen Entladung, die als Strompuls gemessen wird.

Bei einer großen Betriebsspannung steigt die Empfindlichkeit für Strahlung mit geringem Ionisationsvermögen. Jedoch ist das Signal unabhängig von der auslösenden Strahlung. Ein solches **Geiger-Müller-Zählrohr** eignet sich daher nur zum Nachweis der Aktivität (→ Seite 168).

Hans (eigentlich Johannes) Wilhelm Geiger
1882–1945

Walther Müller
1905–1979

Ein **Halbleiterzähler** ist im Grunde nichts anderes als eine Fotodiode. Durchquert ein geladenes Teilchen den pn-Übergang, so entstehen dort Elektron-Loch-Paare und es fließt ein Fotostrom. Die Höhe des Strompulses ist wie beim Proportionalzählrohr proportional zum Ionisierungsvermögen der Strahlung.
Die besten Halbleiterzähler werden zurzeit aus großen schwach p-dotierten Germanium-Zylindern gefertigt, in die Lithium als schwache n-Dotierung ca. 20 mm tief eindiffundiert wird. Dadurch ergibt sich ein pn-Übergang mit einer Sperrschicht, die viele Millimeter breit ist. Wegen der großen Beweglichkeit der Lithiumatome müssen diese **Germanium-Lithium-Detektoren** dauerhaft auf die Siedetemperatur von flüssigem Stickstoff gekühlt werden, um nicht zerstört zu werden.

Szintillationszähler: Einige Materialien wie Zinksulfid (ZnS) oder Natriumjodid (NaI) senden sichtbares Licht aus, wenn sie von ionisierender Strahlung getroffen werden. Dieser Prozess ist vergleichbar mit der Entstehung von Röntgenstrahlung beim Beschuss schwerer Atome mit hochenergetischen Elektronen (Röntgenspektren, → Seite 140). In einem Szintillationszähler werden die Lichtblitze eines NaJ-Kristalls von einer **Photokathode** aufgefangen. Durch den äußeren lichtelektrischen Effekt (→ Seite 124 ff.) entstehen dabei einige Elektronen. Diese werden ähnlich wie in einem Zählrohr durch ein elektrisches Feld beschleunigt, sodass Sie ihrerseits **Photoelektronen** herauslösen. Die Anzahl der Elektronen wächst in diesem als **Photomultiplier** bezeichneten Aufbau lawinenartig an und kann an der **Anode** als Stromstoß gemessen werden. Die Höhe des gemessenen Stromstoßes ist proportional zum Ionisationsvermögen der Strahlung. Die Empfindlichkeit eines Szintillationszählers ist besonders für γ-Quanten und Teilchen mit niedriger Energie wesentlich höher als bei einem Proportionalzählrohr, jedoch deutlich schlechter als bei einem Germanium-Lithium-Detektor.

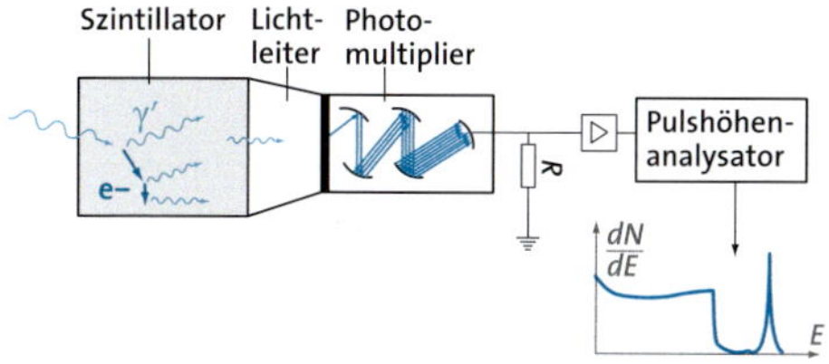

Abb. 7.8: Bei einem Szintillationszähler erzeugt ionisierende Strahlung in einem Szintillator-Kristall Lichtblitze, die durch einen Photomultiplier verstärkt und mit einem Pulshöhenanalysator ausgewertet werden.

Ein **(Im)pulshöhenanalysator** ist **kein Detektor**, sondern ein elektronisches Hilfsmittel, um die Messergebnisse von Proportionalzählrohren, Szintillationszählern oder Halbleiterdetektoren auszuwerten. Bei den genannten Detektoren ist die Höhe des Strom- bzw. Spannungspulses proportional zum Ionisationsvermögen und damit der Energie der ionisierenden Strahlung. Die Aufgabe des Pulshöhenanalysators besteht darin, zu zählen wie viele Pulse eine bestimmte Höhe haben. Das so entstehende Histogramm wird in der Regel grafisch ausgegeben, wobei die x-Achse auf die Teilchenenergie kalibriert ist.

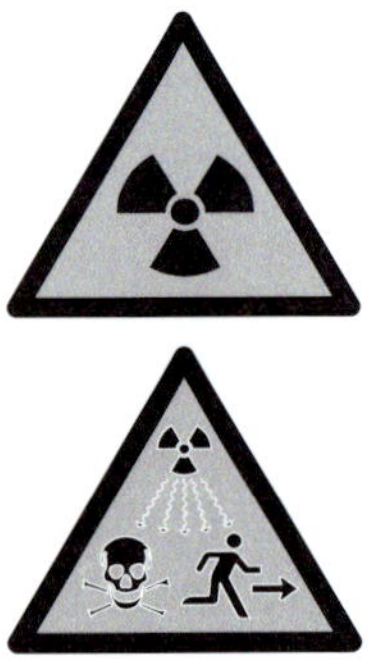

Abb. 7.9: Warnung vor Radioaktivität. Oberes Symbol (schwarz auf gelbem Grund) außen an abgeschirmten Behältern. unteres Symbol (schwarz auf rotem Grund) unmittelbar auf der strahlenden Substanz (seit Feb. 2007).

Wirkung ionisierender Strahlung

Unter **ionisierender Strahlung** versteht man alle Arten von Strahlung, die beim Wechselwirken mit Materie so viel Energie übertragen, dass Elektronen aus der chemischen Bindungen oder Atomhülle gerissen werden. Zur ionisierenden Strahlung gehören alle geladenen Teilchen, aber auch die elektromagnetische RÖNTGEN- oder Gammastrahlung, die durch den Fotoeffekt (→ Seite 124 ff.) und COMPTON-Effekt (→ Seite 127 f.) Elektronen herauslösen oder durch Paarbildung (→ Seite 167) erzeugen können.

Ungeladene Teilchen wie Neutronen gehören nicht zu den ionisieren Strahlen, da sie selbst nicht ionisieren können. Durch Wechselwirkungen mit Atomkernen können sie jedoch α-, β- oder γ-Strahlung erzeugen, die ihrerseits ionisierend sind.

Bei der Wechselwirkung mit biologischer Materie werden durch ionisierende Strahlung chemische Bindungen aufgebrochen. Die entstehenden Bruchstücke sind chemisch sehr reaktiv (freie Radikale) und reagieren dadurch mit anderen Molekülen. Die dabei entstehenden chemischen Substanzen können ungefährlich, aber auch hoch giftig sein. Aus Wasser kann sich zum Beispiel das Zellgift H_2O_2 bilden, wodurch die Zelle schnell abstirbt. Wird die DNS im Zellkern von ionisierender Strahlung getroffen, so besteht die Gefahr einer Krebserkrankung. Besonders gefährlich ist die Bestrahlung von Eizellen, Samenzellen oder Embryonen im Mutterleib, da diese sich permanent teilen und so den Defekt an viele Zellen weitergeben. Die Folge sind in der Regel schwere Behinderungen der Kinder.
Da es auf der Erde schon immer eine natürliche Strahlenexposition gegeben hat (→ Abb. 7.10), wurden die Zellen im Lauf der Evolution mit verschiedenen Reparaturmechanismen ausgestattet. Bei geringen Strahlenbelastungen werden Krankheiten so wirkungsvoll verhindert.

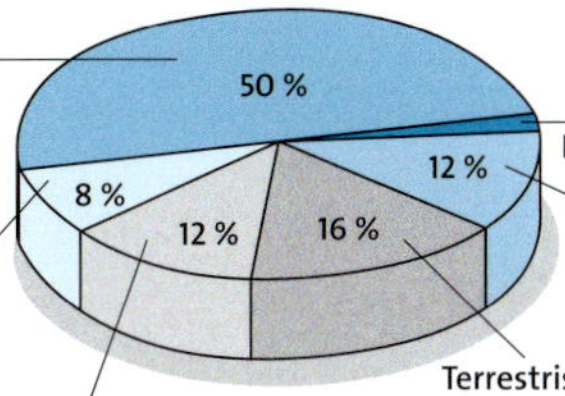

Abb. 7.10: Die durchschnittliche natürliche Strahlenexposition liegt in Deutschland bei 2,4 mSv effektiver Dosis. Durch medizinische Anwendungen ionisierender Strahlung, insbesondere Röntgen, steigt die Strahlenbelastung um durchschnittlich weitere 1,6 mSv/a.

Die biologische Strahlenwirkung lässt sich in zwei Kategorien einteilen:

- Die **stochastische Strahlenwirkung** (zum Beispiel Krebs) tritt zu einem willkürlichen späteren Zeitpunkt ein, die Wahrscheinlichkeit hängt von der Energiedosis (→ „Strahlenexposition“, siehe unten) ab, nicht jedoch die Schwere der Erkrankung.
- Die **deterministischen Strahlenwirkungen** treten bereits kurz nach der Exposition auf und werden **Strahlenkrankheit** genannt. Die Schwere der Symptome steigt mit der Energiedosis (→ „Strahlenexposition“). Unterhalb einer bestimmten Dosisschwelle treten keine Symptome auf.

Strahlenexposition

Die absorbierte Energie ΔW pro Kilogramm Materie wird als **Energiedosis** D mit der Einheit **Gray** bezeichnet.

$$1\,\text{Gray} = 1\,\text{Gy} = 1\frac{\text{J}}{\text{kg}}$$ Gray

Unter der **Energiedosisleistung** $\dot{D}$ versteht man die Energiedosis pro Sekunde. Die Wirkung ionisierender Strahlung auf biologisches Gewebe ist sehr unterschiedlich. α-Teilchen können in einer einzigen Zelle 10^4 bis 10^5 Ionenpaare erzeugen, β-Teilchen hingegen nur 10 bis 100. Da die natürlichen Reparaturmechanismen wenige Defekte viel leichter korrigieren können als sehr viele, ist die Wirkung von α-Strahlung trotz gleicher Energiedosis viel stärker als bei β- oder γ-Strahlung. Um diese unterschiedliche Wirkung zu erfassen, wird die Energiedosis D mit dem **Strahlungs-Wichtungsfaktor** w_R multipliziert. Die **Äquivalenzdosis** $\boldsymbol{H = w_R \cdot D}$ wird in der Einheit **Sievert** angegeben, → Tab. 7.1.

Louis Harold Gray 1905–1965

Rolf Maximilian Sievert 1896–1966

$$1\,\text{Sv} = 1\frac{\text{J}}{\text{kg}}$$ Sievert

Die unterschiedliche Wirkung der ionisierenden Strahlung auf die einzelnen Organe wird in der **effektiven Dosis** $\boldsymbol{E}$ berücksichtig: $E = \Sigma\, w_T \cdot H$, → Tab. 7.2.

Strahlenart	w_R
Röngen- oder γ-Strahlung	1
β-Strahlung, Myonen	1
Neutronen je nach Energie	5 bis 20
α-Strahlung, Schwerionen, Spaltfragmente	20

Tab. 7.1: Strahlungs-Wichtungsfaktor w_R verschiedener Strahlenarten

Organ	w_T
Keimdrüsen	0,20
Knochenmark	0,12
Dickdarm	0,12
Lunge	0,12
Magen	0,12
Blase	0,05
Brust	0,05
Leber	0,05
Speiseröhre	0,05
Schilddrüse	0,05
Haut	0,01
Knochenoberfl.	0,01
übrige Organe	0,05
$\Sigma\, w_T$	1

Tab. 7.2: Gewebe-Wichtungsfaktor w_T verschiedener Organe

Dosis [Gy]	**häufigste Symptome nach Ganzkörper-Exposition**
< 0,2	Äußerlich keine Strahlenschäden erkennbar.
0,2 bis 1	2 bis 6 Std. nach der Exposition gelegentlich Übelkeit und Erbechen
1 bis 3	Nach 2 Std. Erbrechen, kurzzeitige Kopfschmerzen; 12 bis 24 Std. nach der Exposition zeigen sich rötliche Hautverfärbungen; nach 2 Wochen Haarausfall; Jahre später können sich Augenlinsen trüben (Katarakte).
3 bis 6	Ausgeprägte Abgeschlagenheit schon nach 6 bis 12 Std.; Erbrechen nach 0,5 bis 2 Std., ständig Kopfschmerzen; in der 3. Woche Fieber, Entzündungen im Mund und Rachen, blutige Durchfälle; ohne aufwendige medizinische Versorgung stirbt jede 2. Person.
6 bis 8	Erbrechen nach 10 min; Durchfälle nach wenigen Stunden mit inneren und äußeren Blutungen, ständig bohrende Kopfschmerzen; beginnende Bewusstseinstrübung; der Tod erfolgt zumeist in der 2. Woche.
8 bis 15	Erbrechen nach 5 min; qualvolle Kopfschmerzen; Krämpfe bis zum Eintritt des Komas; in wenigen Tagen tritt der Tod ein.

Tab. 7.3: Deterministische Strahlenwirkung von ionisierender Strahlung

Strahlenexposition

Energiedosis: $D = \frac{\Delta W}{\Delta m}$ $\left[\mathrm{Gy} = \frac{\mathrm{J}}{\mathrm{kg}}\right]$

Energiedosisleistung: $\dot{D} = \frac{\Delta D}{\Delta t}$ $\left[\frac{\mathrm{Gy}}{\mathrm{s}}\right]$

Äquivalenzdosis: $H = w_R \cdot D$ $\left[\mathrm{Sv} = \frac{\mathrm{J}}{\mathrm{kg}}\right]$

Effektive Dosis: $E = \Sigma\, w_T \cdot H$ $\left[\mathrm{Sv} = \frac{\mathrm{J}}{\mathrm{kg}}\right]$

Die Wahrscheinlichkeit **stochastischer Strahlenwirkungen** (zum Beispiel Krebs) steigt mit der Energiedosis, nicht jedoch die Schwere der Krankheit. Die Symptome treten häufig erst nach Jahren auf.
Deterministische Strahlenwirkungen treten unmittelbar auf, ihre Schwere steigt mit der Energiedosis.

7.2 Radioaktive Prozesse

Paarbildung und Zerstrahlung

Bei der **Paarbildung** trifft ein **γ-Quant** ausreichender Energie auf einen Atomkern, z. B. eines Bleiatoms, und wandelt seine Energie in ein **Elektron-Positron-Paar** um. Aus dem Energieerhaltungssatz folgt:

$$W = h \cdot f = 2\,m_e \cdot c^2 + 2\,W_{kin}$$

Hierin ist W_{kin} die Bewegungsenergie des Elektrons bzw. Positrons.
Setzt man diese gleich null, so folgt:

$$W = 2\,m_e \cdot c^2 = 2 \cdot 9{,}1 \cdot 10^{-31}\,\text{kg} \cdot 9 \cdot 10^{16}\,\text{m}^2\,\text{s}^{-2} = 16{,}4 \cdot 10^{-14}\,\text{J} = 1{,}02\,\text{MeV}$$

Folglich können Quanten mit einer Energie von weniger als 1,02 MeV kein Elektron-Positron-Paar erzeugen.
Der Erhaltungssatz für die Ladung ist ebenfalls erfüllt, da das ungeladene Photon je eine positive und eine negative Elementarladung erzeugt. Es muss jedoch auch der Impulserhaltungssatz gelten, z. B. für $h \cdot f = 1{,}04\,\text{MeV}$.

$$p_{Ph} = m_{Ph} \cdot c = \frac{h \cdot f}{c} = 0{,}55 \cdot 10^{-21}\,\text{Ns}.$$

Der Impuls des Elektrons bzw. Positrons ergibt sich nichtrelativistisch aus

$$W_{kin} = \frac{1}{2}\,m_e \cdot v^2 = \frac{(m_e \cdot v)^2}{2\,m_e} \quad \Rightarrow \quad p = \sqrt{2\,m_e\,W_{kin}}.$$

$2\,W_{kin}$ ergibt sich aus der Energiedifferenz

$$\Delta W = h \cdot f - 2\,m_e \cdot c^2 = 1{,}04\,\text{MeV} - 1{,}02\,\text{MeV} = 20\,\text{keV} = 2 \cdot 1{,}6 \cdot 10^{-15}\,\text{J}.$$

Die Einzelimpulse betragen daher jeweils

$$p = \sqrt{2 \cdot 9{,}1 \cdot 10^{-31}\,\text{kg} \cdot 1{,}6 \cdot 10^{-15}\,\text{J}} = 5{,}4 \cdot 10^{-23}\,\text{Ns}.$$

Fliegen beide Teilchen in dieselbe Richtung, so haben sie den Gesamtimpuls $p = 1{,}1 \cdot 10^{-22}\,\text{Ns}$. Das ist nur 1/5 des Quantenimpulses. Den Rest übernimmt der Kern des Bleiatoms. Deshalb ist Paarbildung im Vakuum unmöglich.

Zerstrahlung ist das Gegenstück zur Paarbildung. Hierbei zerstrahlen ein Positron und ein Elektron zu zwei Photonen. Dazu trifft das Positron auf einen Metallblock z. B. aus Blei. In diesem wird es nahezu ganz abgebremst, bevor es mit einem Metallelektron zerstrahlt. Nach dem Impulserhaltungssatz müssen nun zwei Quanten entgegengesetzter Richtung entstehen, da der Gesamtimpuls von Elektron und Positron null ist.
Nach dem Energieerhaltungssatz ergibt sich für beide Quanten

$$W = h \cdot f = m_e \cdot c^2 = 0{,}511\,\text{MeV}.$$

Folglich haben sie die **COMPTON-Wellenlänge** (→ Seite 127).

Konstanten:

$h = 4{,}136 \cdot 10^{-15}\,\text{eVs}$
$= 6{,}626176 \cdot 10^{-34}\,\text{Js}$

$c = 299\,792\,456\,\text{m/s}$
$\approx 3 \cdot 10^8\,\text{m/s}$

$m_e = 9{,}109534 \cdot 10^{-31}\,\text{kg}$

β^+-Zerfall

Die beim β^+-Zerfall (→ Seite 170) entstehenden Positronen zerstrahlen kurz nach ihrer Entstehung mit einem Elektron, sodass stets eine intensive γ-Strahlung mit 511 keV auftritt.

Radioaktiver Zerfall

Der radioaktive Zerfall von Atomkernen ist ein quantenmechanischer Prozess (→ Quantenmechanik, Kapitel 5). Für einen einzelnen Atomkern lässt sich damit nicht vorhersagen, ob oder wann er zerfällt. Die Wahrscheinlichkeit λ mit der dies passiert, lässt sich jedoch experimentell bestimmen.

Aktivität

Antoine Henry Becquerel 1852–1908

Die Anzahl der Zerfälle pro Sekunde wird als **Aktivität** A oder **Zerfallsrate** mit der Einheit Becquerel ($1\,\text{Bq} = 1\,\text{s}^{-1}$) bezeichnet.
Gibt $N(t)$ die Anzahl der Kerne zum Zeitpunkt t an, so gilt:

$$A(t) = \lim_{\Delta t \to 0} \frac{\Delta N}{\Delta t} = -\dot{N}(t) = \lambda \cdot N(t)$$

Die Wahrscheinlichkeit λ, dass ein Kern in der nächsten Sekunde zerfällt, wird als **Zerfallskonstante** bezeichnet (siehe Halbwertszeit).

Poisson-Verteilung

Siméon Denis Poisson 1781–1840

Die Aktivität eines Präparats ist eine statistische Größe, die durch das Zählen einzelner zufälliger Zerfallsereignisse bestimmt wird.
Die Anzahl der Zählereignisse ΔN pro Zeiteinheit Δt schwankt mit der Standardabweichung σ um den Erwartungswert $A \cdot \Delta t$.
Die zugrunde liegende Wahrscheinlichkeitsverteilung wird in der Mathematik als **Poisson-Verteilung** bezeichnet:

$$P(\Delta N) = \frac{(A \cdot \Delta t)^{\Delta N}}{\Delta N!} \cdot e^{-A \cdot \Delta t} \quad \text{und} \quad \sigma = \sqrt{A \cdot \Delta t}$$

Bei einer realen Messung ist die Aktivität A bzw. der Erwartungswert $A \cdot \Delta t$ nicht bekannt. Wir schätzen also $A \cdot \Delta t \approx \Delta N$. Die Wahrscheinlichkeit, dass dieser Schätzwert um höchstens eine Standardabweichung σ falsch ist, liegt bei ca. 68 %. Für ein Vertrauensintervall von 2σ steigt die Wahrscheinlichkeit auf 95 % und für 3σ sogar auf über 99 %.
Da die Standardabweichung etwa der Wurzel aus ΔN entspricht, sind rund 10^4 Zählereignisse notwendig, um einen relativen Messfehler $\frac{\sigma}{\Delta N} \approx \frac{1}{\sqrt{\Delta N}}$ kleiner als 1 % zu erzielen.

Halbwertszeit

Die Halbwertszeit $T_{1/2}$ eines Kerns gibt an, wie lange es dauert, bis die Hälfte der Kerne zerfallen ist. Sind zu Beginn N_0 Kerne vorhanden, so sind davon zum Zeitpunkt t noch $N(t)$ Kerne übrig:

$$N(t) = N_0 \exp\left(-\frac{\ln 2}{T_{1/2}} \cdot t\right) = N_0 \exp(-\lambda \cdot t)$$

mit der **Zerfallskonstanten** $\lambda = \frac{\ln 2}{T_{1/2}}$ (siehe Aktivität)

Der α-Zerfall

Nähert sich ein α-Teilchen einem Kern, so wird die **potentielle Energie** zunächst durch die COULOMB-Abstoßung des positiv geladenen Kerns bestimmt. In unmittelbarer Kernnähe beginnen sich auch die Kernkräfte auszuwirken, die potentielle Energie nimmt schnell ab und wird schließlich sogar negativ (→ Abb. 7.11).
Die Nukleonen im Kern haben in der Regel Bindungsenergien von einigen **Megaelektronenvolt** (→ Abb. 7.2) und können das Kernpotential daher nicht verlassen.

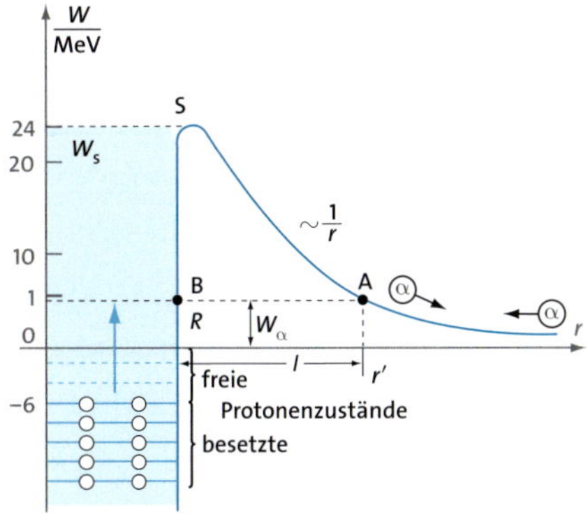

Abb. 7.11: Das Wechselspiel aus anziehenden Kernkräften mit kurzer Reichweite und abstoßender COULOMB-Wechselwirkung führt zur Ausbildung des COULOMB-Walls im Kernpotential. Beim α-Zerfall bilden zwei Protonen und zwei Neutronen ein α-Teilchen und tunneln durch Coulomb-Wall nach außen.

Zufällige Fluktuationen führen jedoch hin und wieder zu einer temporären Bildung eines α-Teilchen. Ist Summe der Bindungsenergien der beteiligten Nukleonen kleiner als die Bindungsenergie des α-Teilchen von 28,3 MeV (→ „Beispiel: α-Teilchen" auf Seite 159), so verfügt dieses über positive (kinetische) Energie und kann den COULOMB-Wall durchtunneln (→ Seite 134). Die Wahrscheinlichkeit, mit der dies geschieht, hängt von der Energie des α-Teilchens ab.

Experimentell wird dies durch die **GEIGER-NUTALL'sche Beziehung** zwischen der Energie eines α-Teilchens W_α und der Zerfallskonstante λ ausgedrückt:

JOHN MITCHEL NUTTALL 1890–1958

$$\ln\lambda = k_1 + k_2 \cdot \ln W_\alpha.$$

Die Konstanten k_1 und k_2 sind für die einzelnen **Zerfallsreihen** (→ Seite 172) charakteristisch.

α-Zerfall

Beim α-Zerfall durchtunnelt ein α-Teilchen den COULOMB-Wall des Atomkerns, sodass sich die Kernladungszahl um 2 und die Massenzahl um 4 verringert. Entsteht dabei ein angeregter Kern, so emittiert dieser ein γ-Quant, um in den Grundzustand zu gelangen. Die Energien der α-Teilchen zeigen ein für das jeweilige Nuklid charakteristisches Linienspektrum.

α-Teilchen, kin. Energie

Das Nuklid Ra-226 ist ein α-Strahler, der ohne Aussendung eines γ-Quants direkt in den Grundzustand des Tochterkerns übergeht.

$^{226}_{88}\text{Ra} \rightarrow {}^{222}_{86}\text{Rn} + {}^{4}_{2}\alpha + Q_\alpha$

Die **Massendifferenz** (→ „Massendefekt" auf Seite 159) entspricht in diesem Fall der kinetischen Energie, die beim Zerfall entsteht.

$$\Delta m = m\left({}^{226}_{88}\text{Ra}\right) - m\left({}^{222}_{86}\text{Rn}\right) - m\left({}^{4}_{2}\alpha\right)$$

$$= 226{,}0254026\,\text{u} - 222{,}0175705\,\text{u} - 4{,}0026033\,\text{u} = 0{,}0052288\,\text{u}$$

mit $1\,\text{u} = 931{,}49\,\frac{\text{MeV}}{c^2}$ folgt: $Q_\alpha = \Delta m\, c^2 = 4{,}87\,\text{MeV}$

Diese Energie teilt sich nach dem Energie- und Impulserhaltungssatz auf den Tochterkern und das α-Teilchen auf.

$$m_\alpha v_\alpha = m_K v_K \quad \text{und} \quad \frac{1}{2} m_\alpha v_\alpha^2 + \frac{1}{2} m_K v_K^2 = Q_\alpha$$

$$\Rightarrow \quad W_\alpha = \frac{1}{2} m_\alpha v_\alpha^2 = \frac{m_K}{m_\alpha + m_K} Q_\alpha = 0{,}98 \cdot Q_\alpha = 4{,}78\,\text{MeV}$$

Der β^--Zerfall

β^--Strahler senden ein kontinuierliches Spektrum an hochenergetischen Elektronen aus. Die maximale Energie der Elektronen ist für das jeweilige Nuklid charakteristisch. Gelegentlich werden einzelne scharfe β-Linien beobachtet, die sich dem kontinuierlichen Spektrum überlagern. Sie entstehen in der Elektronenhülle des Tochteratoms durch Absorption der gleichzeitig emittierten γ-Strahlung. Die β^--Strahlung entsteht im Atomkern durch Umwandlung eines Neutrons in ein Proton, ein Elektron und ein **Antineutrino**:

$\text{n} \rightarrow \text{p} + \text{e}^- + \bar{\nu} + \text{Energie}$

Die Entstehung des ungeladenen Antineutrinos wurde 1931 von Wolfgang Pauli postuliert, um das kontinuierliche Energiespektrum der Elektronen zu erklären ohne den Energie- und Impulserhaltungssatz zu verletzen. Experimentell nachgewiesen wurde das Antineutrino erst 20 Jahre später.

β^+-Zerfall und Elektroneneinfang

Der β^+-Zerfall erfolgt analog zum β^--Zerfall, jedoch zerfällt hier ein Proton in ein Neutron, ein Positron und ein **Neutrino**:

$\text{p} \rightarrow \text{n} + \text{e}^+ + \nu + \text{Energie}$

Die Positronen haben ebenfalls ein kontinuierliches Energiespektrum mit einer charakteristischen Maximalenergie. Durch die Zerstrahlung (→ Seite 167) der Positronen mit einem Elektron tritt immer γ-Strahlung mit einer Energie von 511 keV auf. Eine alternative Reaktion zum β^+-Zerfall ist der **Elektroneneinfang** (engl. abgekürzt EC). Ein Elektron aus der Atomhülle, meistens aus der K-Schale, wird vom Kern eingefangen und bildet mit einem Proton ein Neutron und ein Neutrino: $\text{p} + \text{e}^- \rightarrow \text{n} + \nu + \text{Energie}$

β-Zerfall

Beim β-Zerfall wird ein Nukleon umgewandelt, die Massenzahl *A* ändert sich nicht. Die β-Strahlung hat ein kontinuierliches Spektrum, dessen maximale Energie für das jeweilige Nuklid charakteristisch ist. Häufig zerfallen die Kerne in einen angeregten Zustand, der durch Emission eines γ-Quants in den Grundzustand übergeht.

β^--Zerfall: $n \rightarrow p + e^- + \bar{\nu}$ + Energie

β^+-Zerfall: $p \rightarrow n + e^+ + \nu$ + Energie

Beim β^+-Zerfall tritt immer Vernichtungsstrahlung von 511 keV auf!

Elektroneneinfang: $p + e^- \rightarrow n + \nu$ + Energie

Radioaktive Zerfallsreihen

Die meisten natürlich vorkommenden radioaktiven Elemente sind Folgeprodukte des Zerfalls natürlicher Radioisotope mit sehr langen Halbwertszeiten. Es werden insgesamt 4 Zerfallsreihen unterschieden (→ Abb. 7.12 bis Abb. 7.15 auf Seite 172):

- Uran/Radium-Reihe ausgehend von U-238
- Uran/Actinium-Reihe ausgehend von U-235
- Thorium-Reihe ausgehend von Th-232
- Neptunium-Reihe ausgehend von Np-237

Die Mitglieder der Neptunium-Reihe kommen heute nur noch als künstliche Nuklide vor, da die Halbwertszeit des Mutterelement Np-237 mit 2,1 Mio. Jahren im Vergleich zum Erdalter (etwa 4,6 Milliarden Jahre) kurz ist.

Spontane Kernspaltung

Die Bindungsenergie massereicher Kerne nimmt mit steigender Nukleonenzahl ab (→ Abb. 7.2 auf Seite 159). Nuklide mit Massenzahlen ab 210 sind nicht mehr stabil und zerfallen. Bei sehr schweren Elementen mit einer Massenzahl ab 232 kann es analog zum α-Zerfall zur Abspaltung eines oder mehrerer größerer Kernfragmente kommen.

Energetisch besonders günstig ist die Spaltung des Kerns in annähernd gleich große Bruchstücke, jedoch können auch beliebige andere Kombinationen auftreten. Da massereiche Kerne im Verhältnis mehr Neutronen enthalten als leichte Kerne, weisen die Tochterkern beim Kernzerfall im Mittel 7 bis 8 Neutronen „zuviel“ auf, die in der Regel durch β^--Zerfall abgebaut werden. Bei einem sehr hohen Überschuss ist auch eine direkte Emission von Neutronen möglich. Darüber hinaus werden bei der Kernspaltung bereits einzelne Neutronen freigesetzt. Es gibt nur extrem wenige Nuklide, die durch spontane Kernspaltung zerfallen. In der Nuklidkarte sind sie grün gekennzeichnet.

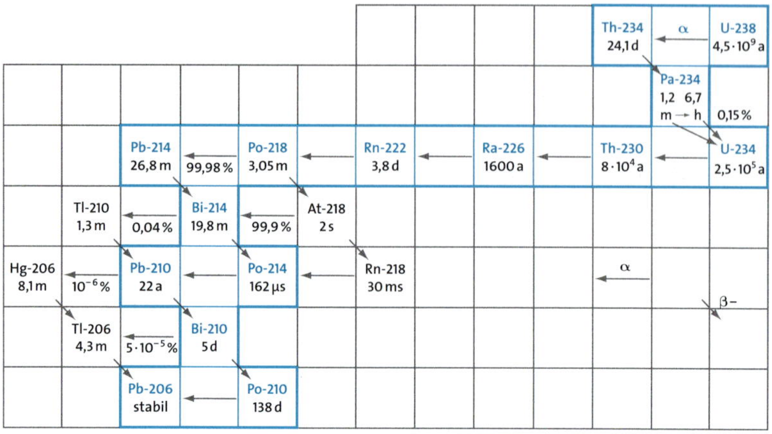

Abb. 7.12: Uran/Radium-Reihe ausgehend von U-238

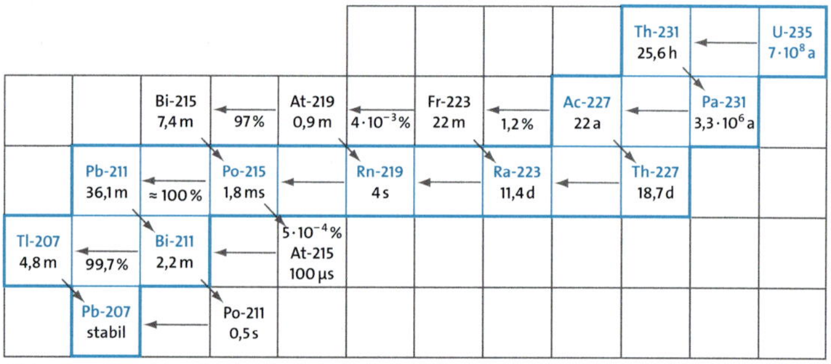

Abb. 7.13: Uran/Actinium-Reihe ausgehend von U-235

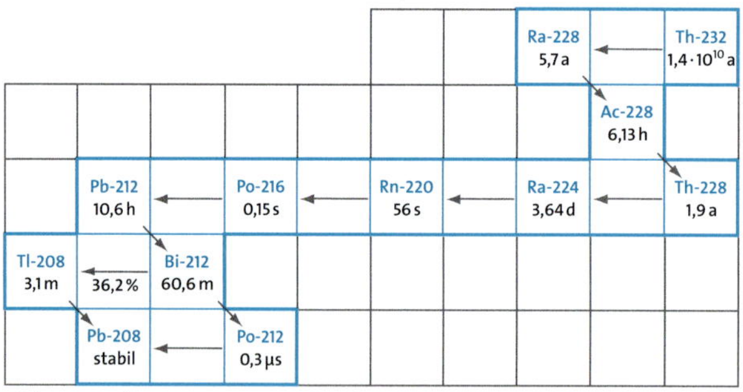

Abb. 7.14: Thorium-Reihe ausgehend von Th-232

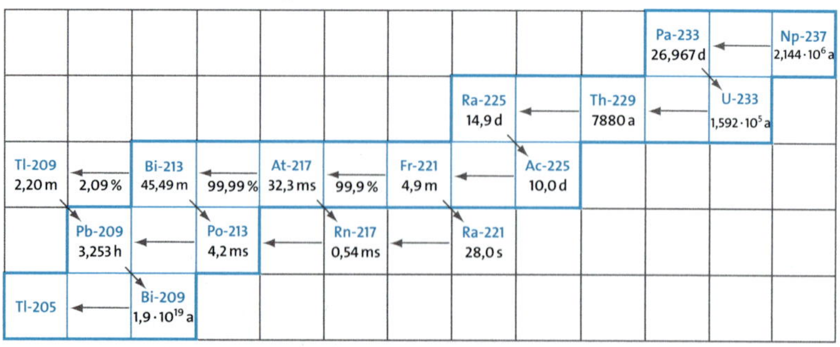

Abb. 7.15: Neptunium-Reihe ausgehend von Np-237

Kettenreaktion

Bei einer Kernspaltung werden typischer Weise 2 bis 3 schnelle Neutronen freigesetzt. Lösen diese Neutronen erneut eine Kernspaltung aus, so wird dies als **Kettenreaktion** bezeichnet.

Bei einer kleinen Menge des spaltbaren Materials verlassen die meisten Neutronen dieses ohne eine Kernspaltung auszulösen. Eine Kettenreaktion kommt so schnell wieder zum erliegen. Erst ab einer **kritischen Größe** des spaltbaren Materials führt mindestens ein Neutron aus jeder Kernspaltung zu einer neuen Spaltung.

kritische Massen:
Pu-239: 5 bis 10 kg
U-235: 15 bis 20 kg

Natürliches Uran besteht aus den Isotopen $^{235}_{92}U$ und $^{238}_{92}U$ im Verhältnis 1:140. Beides sind spaltbare Materialien, jedoch benötigt $^{235}_{92}U$ thermische Neutronen und $^{238}_{92}U$ welche mit hoher Energie. Die bei einer Spaltung freiwerdenden Neutronen sind für die Spaltung von $^{238}_{92}U$ meist zu langsam, aber für die Spaltung von $^{235}_{92}U$ zu schnell. Durch Stöße werden einige Neutronen hinreichend abgebremst, um $^{235}_{92}U$ zu spalten. Die meisten Neutronen reagieren jedoch mit $^{238}_{92}U$ zu Plutonium:

$$^{238}_{92}U + ^{1}_{0}n \rightarrow \; ^{239}_{92}U \xrightarrow{\beta^-} \; ^{239}_{93}Np \xrightarrow{\beta^-} \; ^{239}_{94}Pu$$

Um bei Uran eine Kettenreaktion zum Betrieb eines Reaktors (→ Seite 175) zu erzielen, muss das Isotop $^{235}_{92}U$ angereichert werden. Ein zusätzlicher Moderator zum Abbremsen der Neutronen erhöht die Effektivität der $^{235}_{92}U$-Spaltung und verringert die Menge des **erbrüteten** Plutoniums.

Thermische Neutronen

Neutronen sind elektrisch neutral und reagieren daher kaum mit Materie. Hin und wieder treffen sie jedoch auf einen Atomkern. Hier werden sie entweder gestreut oder vom Kern eingefangen. Kommt es zu einer Streuung, so gibt das Neutron einen Teil seiner Energie an den Stoßpartner ab. Diese Energieabnahme erfolgt so lange, bis die kinetische Energie des Neutrons im Gleichgewicht mit der thermischen Energie der Stoßpartner ist. Wir sprechen dann von **thermischen Neutronen**. Der Prozess des Abbremsens wird als „**moderieren**" und das Medium als „**Moderator**" bezeichnet.
Der Energieübertrag beim Stoß ist besonders effektiv, wenn beide Stoßpartner eine ähnliche Masse haben. Nach dieser Überlegung sind Protonen (Wasserstoff) $^{1}_{1}H$ die idealen Stoßpartner. Da sie das Neutron auch einfangen können, sind Deuteriumatome $^{2}_{1}H$ (häufig auch als $^{2}_{1}D$ bezeichnet) besser geeignet.
In Kernreaktoren werden „**leichtes Wasser**" H_2O, „**schweres Wasser**" D_2O und Graphit als Moderatoren eingesetzt.

Kernreaktionen – künstliche Kernumwandlung

Neutroneneinfang: Werden Atomkerne mit Neutronen beschossen, so können diese eingefangen werden. Dabei wird die Bindungsenergie des Neutrons (im Mittel 8 MeV) frei, und es entsteht ein angeregter Kern. Abhängig vom beschossenen Nuklid treten unterschiedliche Reaktionen auf:

(n,γ)-Reaktion: ${}^{1}_{1}H + {}^{1}_{0}n \rightarrow {}^{2}_{1}D + \gamma$

(n,p)-Reaktion: ${}^{14}_{7}N + {}^{1}_{0}n \rightarrow {}^{14}_{6}C + {}^{1}_{1}p$

(n,α)-Reaktion: ${}^{10}_{5}B + {}^{1}_{0}n \rightarrow {}^{7}_{3}Li + {}^{4}_{2}He$

Kernspaltung: ${}^{235}_{92}U + {}^{1}_{0}n \rightarrow {}^{89}_{36}Kr + {}^{144}_{56}Ba + 3\,{}^{1}_{0}n + \gamma$

Kernreaktionen existieren nicht nur mit Neutronen, sondern mit allen bekannten Teilchen. So beobachtete RUTHERFORD 1919 die Umwandlung Stickstoff in Sauerstoff bei einem Beschuss mit α-Teilchen:

${}^{14}_{7}N + {}^{4}_{2}\alpha \rightarrow {}^{17}_{8}O + {}^{1}_{1}p$

In modernen Teilchenbeschleunigern sind Kernreaktionen mit nahezu beliebigen Reaktionspartnern möglich.

Kernfusion: Leichte Atomkerne können unter Energieabgabe zu einem Kern verschmelzen. Die Reaktion verläuft analog zu einer Umkehrung des α-Zerfalls mit dem Unterschied, dass in diesem Fall der größere Kern energetisch günstiger ist (→ Abb. 7.2). Die zur Kernfusion notwendige Aktivierungsenergie ist gewaltig, sodass sie nur bei extremen Temperaturen abläuft. Im Innern der Sonne genügen bereits rund 10 Mio. Grad, während in einem Fusionsreaktor aufgrund des wesentlich geringen Drucks rund 100 Mio. Grad benötigt werden.

Deuterium – Deuterium: ${}^{2}_{1}D + {}^{2}_{1}D \rightarrow {}^{3}_{1}T + p + 4{,}0\,MeV$ oder

${}^{2}_{1}D + {}^{2}_{1}D \rightarrow {}^{3}_{2}He + n + 3{,}3\,MeV$

Deuterium – Tritium: ${}^{2}_{1}D + {}^{3}_{1}T \rightarrow {}^{4}_{2}He + n + 17{,}6\,MeV$

Lithium – Deuterium: ${}^{6}_{3}Li + {}^{2}_{1}D \rightarrow 2\,{}^{4}_{2}He + 22{,}4\,MeV$

alt. Schreibweise
${}^{2}_{1}D \Leftrightarrow {}^{2}_{1}H$
${}^{3}_{1}T \Leftrightarrow {}^{3}_{1}H$

Erzwungene Kernspaltung

Die Wahrscheinlichkeit einer spontanen Kernspaltung ist bei den meisten Nukliden im Grundzustand extrem gering, da die Energiebarriere sehr hoch ist. Angeregte Kerne verfügen über wesentlich mehr innere Energie und können daher leichter spalten. Die einfachste Möglichkeit, einen Kern anzuregen besteht darin, ihn mit Neutronen zu beschießen. Bei einigen Kernen wie ${}^{235}_{92}U$, ${}^{233}_{92}U$ und ${}^{239}_{94}Pu$ genügen hierzu langsame (thermische) Neutronen (→ Seite 173). Andere Kerne wie ${}^{238}_{92}U$ und ${}^{232}_{90}Th$ erfordern Neutronen mit einer Energie von etwa 1,1 MeV.

Energie einer Spaltung

Eine typische Kernspaltung verläuft zum Beispiel nach folgender Reaktion:

$$^{235}_{92}U + ^{1}_{0}n \rightarrow ^{89}_{36}Kr + ^{144}_{56}Ba + 3\,^{1}_{0}n + \gamma$$

Der Massendefekt für diese Reaktion beträgt:

$$\Delta m = (235{,}043\,923 + 1{,}008\,664\,9 - 88{,}917\,633 - 143{,}922\,940 - 3 \cdot 1{,}008\,664\,9)\,u$$
$$= 0{,}18602\,u = 173\,\frac{MeV}{c^2}$$

Bei der Kernspaltung wird somit eine Energie von rund 170 MeV frei.

Kernwaffen

Atombomben: Die ersten beiden Atombomben wurden im Manhatten-Projekt ab 1942 in Los Alamos im US-Bundestaat New Mexiko entwickelt und am 6. bzw. 9. August 1945 über Hiroshima und Nagasaki abgeworfen:

- **„Little Boy“**: Uranbombe bestehend aus zwei unterkritischen, mit 80 % $^{235}_{92}U$ angereicherten Massen, die durch eine konventionelle Explosion vereint werden.
- **„Fat Man“**: Plutoniumbombe basierend auf $^{239}_{94}Pu$. Aufgrund unvermeidbarer Verunreinigungen mit ca. 0,9 % stark strahlendem $^{240}_{94}Pu$ benötigen Plutoniumbomben einen komplexen Hohlkugelaufbau, der durch eine konventionelle Sprengladung zur Implosion gebracht wird (Implosionsbombe).

Fusionsbombe (thermonukleare Waffen): Fusionsreaktion aus Lithium und Deuterium mit einer Zündung durch eine klassische Atombombe.

Neutronenbombe: Fusionsbombe basierend auf Deuterium und Tritium mit geringer Explosionswirkung aber hoher Neutronen- und γ-Strahlung.

Kernreaktoren

In einem Kernreaktor verläuft die Spaltung von Uran-235 in einer kontrollierten Kettenreaktion. Die bei der Spaltung frei werdenden Neutronen werden außer beim **Schnellen Brüter** durch einen Moderator abgebremst und thermalisiert (→ „Thermische Neutronen“ auf Seite 173). Zur Steuerung der Kettenreaktion dienen **Regelstäbe** aus Bor oder Cadmium, die langsam Neutronen absorbieren. Nach ihrer Bauweise, Moderation und Art der Kühlung werden die Kernreaktoren in verschiedene Gruppen unterteilt.

Leichtwasserreaktor: Bei diesem Reaktortyp wird normales (leichtes) Wasser als Moderator verwendet. Beim **Siedewasserreaktor** (→ Abb. 7.16) ist der Druckbehälter zu zwei Dritteln mit Wasser gefüllt, das durch die freiwerdende Energie bei 71 bar und 286 °C siedet. Mit dem entstehenden Dampf wird unmittelbar eine Turbine angetrieben. Eine häufigere Bauart ist der **Druckwasserreaktor** (→ Abb. 7.17) zu dem über 75 % aller weltweit gebauten Atomreaktoren gehören. Das Wasser des primären Kühlkreislaufs steht hier unter einem Druck von 154 bis 160 bar, sodass es bei der Betriebstemperatur von 325 °C noch nicht siedet. Über einen Wärmetauscher wird ein sekundärer Kühlkreislauf betrieben, in dem das Wasser nur einen Druck von 65 bar aufweist und bei rund 280 °C siedet. Der so entstehende Dampf treibt wiederum eine Turbine an. Vorteilhaft an diesem Konzept ist die Trennung des radioaktiv verunreinigten Moderator-Wassers von der Energieerzeugung in der Turbine. Leichtwasserreaktoren arbeiten in der Regel mit Uran, das bis zu 3 % mit U-235 angereichert ist. Bei diesem Reaktortyp bricht die Kettenreaktion ab, wenn das als Moderator wirkende Kühlmittel entweicht. Eine Kernschmelze kann dennoch auftreten, wenn die Nachwärme (ca. 5 % der Reaktorleistung) nicht effektiv abgeführt wird (Reaktorunfall am 11.3.2011 in Fukushima nach einer Zerstörung der Pumpen durch einen Tsunami).

Schwerwasser-Reaktor: Wesentliches Merkmal ist die Kühlung und Moderation mit schwerem Wasser (D_2O). Da Deuterium ^2_1H weniger Neutronen einfängt als normaler Wasserstoff ^1_1H, können Schwerwasser-Reaktoren mit natürlichem oder niedrig angereichertem Uran (≤ 2 % U-235) betrieben werden. Reaktoren dieses Typs sind vor allem in Kanada und Indien anzutreffen, da diese Länder über eigene Uranvorkommen, nicht jedoch über die Möglichkeit einer Urananreicherung verfügen. Für einen weltweiten Einsatz ist die Herstellung von schwerem Wasser zu aufwendig und zu teuer.

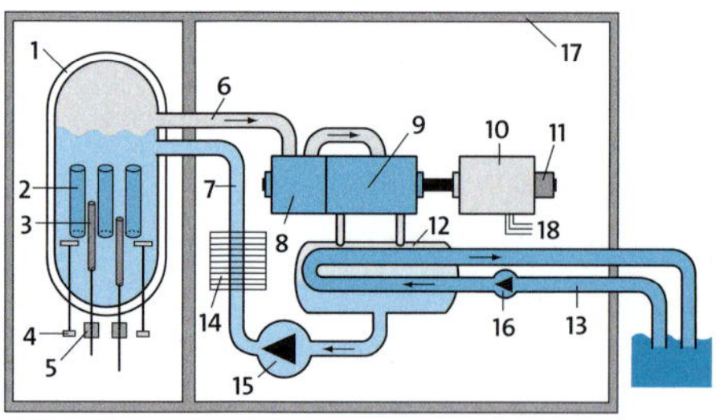

1 Reaktordruckbehälter
2 Brennelemente
3 Steuerstäbe
4 Umwälzpumpen
5 Steuerstabantriebe
6 Heißdampf
7 Speisewasser
8 Hochdruckturbine
9 Niederdruckturbine
10 Generator
11 Erregermaschine
12 Kondensator
13 Kühlwasser
14 Vorwärmer
15 Speisewasserpumpe
16 Kühlwasserpumpe
17 Betonabschirmung
18 Leitung zum Stromnetz

Abb. 7.16: Prinzipskizze eines Siedewasserreaktors

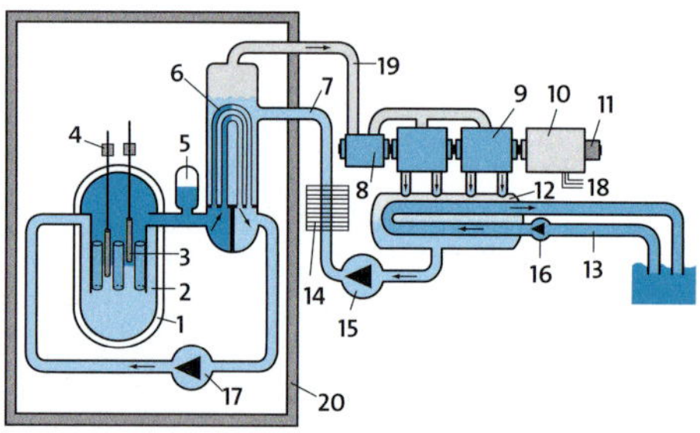

1 Reaktordruckbehälter
2 Brennelemente
3 Steuerstäbe
4 Steuerstabantriebe
5 Druckhalter
6 Dampferzeuger
7 Speisewasser
8 Hochdruckturbine
9 Niederdruckturbine
10 Generator
11 Erregermaschine
12 Kondensator
13 Kühlwasser
14 Vorwärmer
15 Sekundärwasserpumpe
16 Kühlwasserpumpe
17 Primärwasserpumpe
18 Leitung zum Stromnetz
19 Frischdampf
20 Betonabschirmung

Abb. 7.17: Prinzipskizze eines Druckwasserreaktors

Graphitmoderierte Reaktoren: Bei diesem Reaktortyp werden große Graphitblöcke als Moderator eingesetzt, in welche die Brennstäbe hineingeschoben werden. Bei einem Verlust des Kühlmittels überhitzt der Reaktorkern. Bei dem Reaktorunfall am 26.04.1986 in Tschernobyl führte dies zu einem Graphitbrand, wodurch die Reaktorhülle schließlich zerstört wurde und große Mengen an radioaktiven Nukliden in die Atmosphäre geschleudert wurden.

Kugelhaufenreaktor: Bei diesem Reaktortyp ist der Brennstoff in tennisballgroßen Graphitkugeln als Granulat (ca. 5%) fein verteilt. Das Graphit wirkt wie bei einem Graphitreaktor als Moderator. Als Kühlmittel wird He-Gas bei einer Betriebstemperatur von bis zu 900 °C eingesetzt, weshalb der Reaktor auch als **Hochtemperaturreaktor** bezeichnet wird. Dadurch steigt einerseits der Wirkungsgrad (→ Seite 204) bei der Gewinnung elektrischer Energie

$$\eta = \frac{-\Delta W}{\Delta Q} \approx \eta_C = 1 - \frac{T_2}{T_1};$$

und anderseits die Sicherheit des Reaktors, da mit steigender Betriebstemperatur die Einfangwahrscheinlichkeit für Neutronen durch U-238 steigt, sodass die Kettenreaktion verlangsamt wird. Selbst bei einem vollständigen Ausfall des Kühlmittels kann der Reaktor daher eine maximale Betriebstemperatur nicht überschreiten. Dieser Reaktortyp gilt daher als die sicherste Bauweise überhaupt. Bei einem Leichtwasserreaktor funktioniert diese Regelung hingegen nicht, da es bereits bei kleineren Temperaturen zu einer Wasserdampfexplosion kommt, zumal die Kernleistungsdichte mit 100 MW/m^3 rund 16-mal größer ist als bei einen Kugelhaufenreaktor.

Schneller Brüter: Bei diesem Typ werden schnelle Neutronen zur Umwandlung von U-238 in Pu-239 verwendet, sodass mehr spaltbares Material entsteht als verbraucht wird. Als Kühlmittel wird meist flüssiges Natrium verwendet, das einen hohen Wärmetransport garantiert und gleichzeitig nicht als Moderator wirkt. Der Vorteil des Schnellen Brüters besteht in der Nutzung des häufig vorkommenden, sonst aber wertlosen U-238.

Durch die Verwendung und Herstellung von waffenfähigem, hoch giftigem Pu-239 ist diese Reaktortechnologie sehr umstritten. Hinzu kommen Sicherheitsbedenken durch die hohe Reaktivität von Natrium speziell mit Wasser.

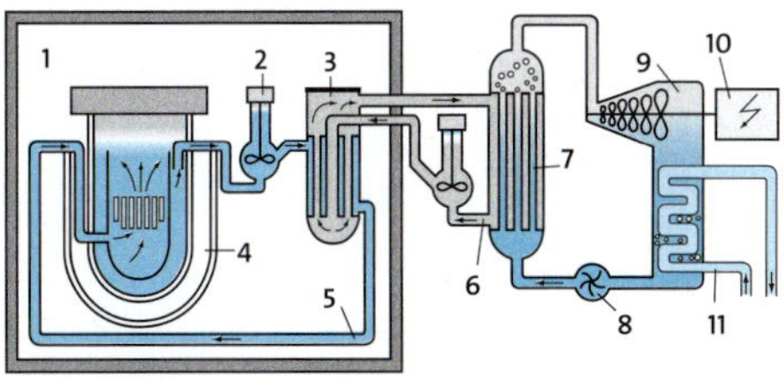

1 Inneres Containment mit Stickstoff geflutet
2 Natriumpumpe
3 Zwischenwärmetauscher
4 Reaktordoppeltank
5 Primärnatriumkreislauf
6 Sekundärnatriumkreislauf
7 Dampferzeuger
8 Speisewasserpumpe
9 Turbine
10 Generator
11 Rückkühlung

Abb. 7.18: Prinzipskizze eines „Schnellen Brüters"

Überblick

RUTHERFORDS Streuversuch: $\frac{d\sigma}{d\Omega} = \left(\frac{Z_\alpha \cdot Z_{Au} \cdot e^2}{16\pi\varepsilon_0 \cdot W_\alpha}\right)^2 \cdot \frac{1}{\sin^4\frac{\vartheta}{2}}$

Massendefekt: $\Delta m = m_K - (Z \cdot m_p + N \cdot m_n)$

$\Rightarrow$ Bindungsenergie: $W = \Delta m \cdot c^2$

Atomare Masseneinheit: $1\,u = 1{,}66054 \cdot 10^{-27}\,kg = 931{,}49\,MeV/c^2$

Energiedosis: $D = \frac{\Delta W}{\Delta m}$ $\left[Gy = \frac{J}{kg}\right]$

Energiedosisleistung: $\dot{D} = \frac{\Delta D}{\Delta t}$ $\left[\frac{Gy}{s}\right]$

Äquivalenzdosis: $H = w_R \cdot D$ $\left[Sv = \frac{J}{kg}\right]$

Effektive Dosis: $E = \Sigma\, w_T \cdot H$ $\left[Sv = \frac{J}{kg}\right]$

Paarbildung für $W_{Ph} = h \cdot f \geq 2\,m_e \cdot c^2 = 1{,}02\,MeV$

Einzelimpuls: $p_e = \frac{1}{2}\sqrt{2m_e W_{kin}} = \sqrt{\frac{1}{2}m_e(W_{Ph} - 1{,}02\,MeV)} > p_{Ph} = \frac{W_{Ph}}{c}$

Zerstrahlung: $W_{Ph} = h \cdot f = m_e \cdot c^2 = 0{,}511\,MeV$

Zerfallsgesetz: $N(t) = N_0 \exp\left(-\frac{\ln 2}{T_{1/2}} \cdot t\right) = N_0 \exp(-\lambda \cdot t)$ mit $\lambda = \frac{\ln 2}{T_{1/2}}$

Aktivität (Zerfallsrate): $A(t) = \lim_{\Delta t \to 0} \frac{\Delta N}{\Delta t} = -\dot{N}(t) = \lambda \cdot N(t)$

POISSON-Verteilung: $P(\Delta N) = \frac{(A \cdot \Delta t)^{\Delta N}}{\Delta N!} \cdot e^{-A \cdot \Delta t}$

mit $\sigma = \sqrt{A \cdot \Delta t}$ und $\frac{\sigma}{\Delta N} \approx \frac{1}{\sqrt{\Delta N}}$

α-Zerfall: Ein α-Teilchen durchtunnelt den COULOMB-Wall des Atomkerns, sodass sich die Kernladungszahl um 2 und die Massenzahl um 4 verringert. Entsteht ein angeregter Kern, so emittiert dieser ein γ-Quant.
Die Energien der α-Teilchen zeigen ein für das jeweilige Nuklid charakteristisches Linienspektrum.

GEIGER-NUTALL'sche Beziehung: $\ln\lambda = k_1 + k_2 \cdot \ln W_\alpha$

β-Zerfall: Umwandlung eines Nukleons ohne Änderung der Massenzahl *A*. Die β-Strahlung hat ein kontinuierliches Spektrum, dessen maximale Energie für das jeweilige Nuklid charakteristisch ist. Häufig entsteht ein angeregter Kern, der einen γ-Quants emittiert.

β^--Zerfall: $p \rightarrow p + e^- + \overline{\nu}$ + Energie

β^+-Zerfall: $p \rightarrow n + e^+ + \nu$ + Energie immer Vernichtungsstrahlung mit 511 keV!

Elektroneneinfang: $p + e^- \rightarrow n + \nu$ + Energie

Kernspaltung: Spontan oder nach Neutronenbeschuss gegebenenfalls Kettenreaktion.

8 Thermodynamik (Wärmelehre)

Die Thermodynamik beschäftigt sich mit allen Phänomenen, bei denen Wärme eine Rolle spielt. Insbesondere beschreibt sie das Verhalten von realen und idealen Gasen bei Druck-, Temperatur-, und Volumenänderung.

8.1 Kinetische Gastheorie

Kinetische Gastheorie

Die kinetische Gastheorie beschreibt das Verhalten von (idealen) Gasen auf atomarer Skala. Die makroskopischen Größen wie Druck und Temperatur werden aus den statistischen Eigenschaften der Gasteilchen berechnet.

Stoffmenge

Die Anzahl von Atomen oder Molekülen N wird in der Einheit Mol angegeben. Definitionsgemäß entspricht 1 Mol exakt der Anzahl von Atomen in 12 g des Kohlenstoffisotops $^{12}_{6}C$. Diese Anzahl an Teilchen wird als **Avogadro-Konstante** N_A und gelegentlich falsch als **Loschmidt-Zahl** N_L bezeichnet. Die **atomare Masseneinheit** $1\,u = 1{,}660\,54 \cdot 10^{-27}\,kg$ basiert ebenfalls auf dem Kohlenstoffisotop $^{12}_{6}C$ und bezeichnet $\frac{1}{12}$ der Masse eines $^{12}_{6}C$-Atoms: $\Rightarrow\ 1\,u = \frac{1\,g}{6{,}022\,136\,7 \cdot 10^{23}} = 1{,}660\,54 \cdot 10^{-24}\,g$

Amedeo Avogadro 1776–1856

Josef Loschmidt 1821–1895

Stoffmenge

Avogadro-Konstante: $N_A = 6{,}022\,136\,7 \cdot 10^{23}\,mol^{-1}$

Loschmidt-Konstante: $N_L = N_A/V_n$ mit $V_n = 22{,}41\,\frac{l}{mol}$

atomare Masseneinheit: $1\,u = 1{,}660\,54 \cdot 10^{-27}\,kg$

Stoffmenge: $\nu = N/N_A$

Teilchenzahl: $N = \nu \cdot N_A$

Teilchendichte: $n = N/V$

Normvolumen → Seite 185

Vorsicht: Falle Formelbuchstaben

	Thermodynamik	sonst
V	Volumen	Geschwindigkeit des Inertialsystems
n	Teilchendichte	Brechungsindex oder Abzählindex
p	Druck	Impuls
Q	Wärmemenge	Ladung

Tab. 8.1: Achtung: Die Grundeinheit des Drucks ist Pascal (Pa) und nicht bar. Bei Berechnungen muss der Druck daher immer in Pascal umgerechnet werden: $1\,bar = 10^5\,Pa$ bzw. $1\,mbar = 100\,Pa = 1\,hPa$.

Druck

Der **Druck** p eines Gases ist definiert als die Kraft F, die pro Fläche A durch Stöße der Gasteilchen auf die Wand übertragen wird. Anstelle der Kraft kann der Impulsübertrag Δp pro Zeitintervall Δt verwendet werden, das heißt

$$p = \frac{F}{A} = \frac{\Delta p}{A \cdot \Delta t}.$$

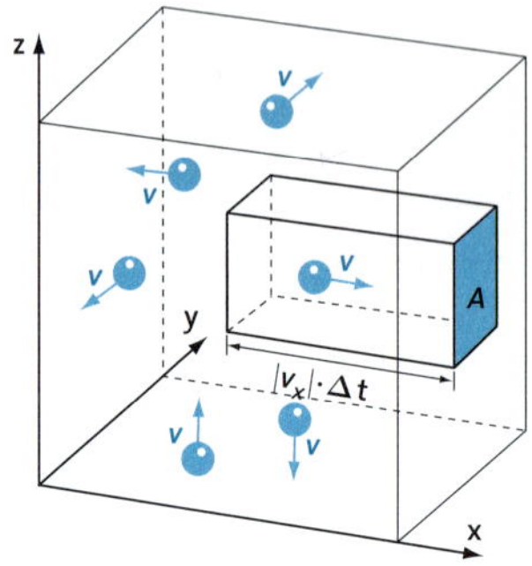

Abb. 8.1: Zum Druckgesetz eines Gases

Der Impulsübertrag Δp lässt sich aus der mittleren Teilchengeschwindigkeit herleiten: Die vektorielle Geschwindigkeit eines Teilchens i lautet $\vec{v}_\mathrm{i} = (v_{\mathrm{i,x}}, v_{\mathrm{i,y}}, v_{\mathrm{i,z}})$. Bei einem elastischen Stoß überträgt das Teilchen auf eine Wand parallel zur yz-Ebene den Impuls

$$\Delta p_\mathrm{i} = 2 \cdot m_\mathrm{i} \cdot |v_{\mathrm{i,x}}|.$$

Befinden sich N_i Teilchen mit der Geschwindigkeit $|v_{\mathrm{i,x}}|$ in einem Volumen V, so treffen $\frac{1}{2}\frac{N_\mathrm{i}}{V} \cdot |v_{\mathrm{i,x}}| \cdot \Delta t \cdot A$ Teilchen pro Zeitintervall Δt auf die Fläche A. Dabei berücksichtigt der Faktor $\frac{1}{2}$, dass nur die Hälfte aller Teilchen auf die Wand zufliegen. Der Impulsübertrag aller Teilchen N ergibt sich durch Summation über alle Geschwindigkeiten v_i:

$$\Delta p = \sum_i \left(\frac{1}{2}\frac{N_\mathrm{i}}{V} \cdot |v_{\mathrm{i,x}}| \cdot \Delta t \cdot A\right) \cdot \left(2 \cdot m \cdot |v_{\mathrm{i,x}}|\right) = \Delta t \cdot A \cdot m \cdot \frac{1}{V} \sum_\mathrm{i} N_\mathrm{i} v_{\mathrm{i},x}^2$$

Die Summe kann nun durch den Mittelwert $N \cdot \overline{v_x^2}$ ersetzt werden. Wird noch die isotrope Geschwindigkeitsverteilung der Teilchen berücksichtigt, so folgt

$$\overline{v_x^2} = \frac{1}{3}\left(\overline{v_x^2} + \overline{v_y^2} + \overline{v_z^2}\right) = \frac{1}{3}\overline{v_x^2 + v_y^2 + v_z^2} = \frac{1}{3}\overline{v^2}.$$

m: Teilchenmasse, ν: Anzahl der Mole, ϱ: Dichte, M: Molmasse

Insgesamt ergibt sich somit:

$$p = \frac{\Delta p}{A \cdot \Delta t} = \frac{1}{3} m \cdot \frac{N}{V} \cdot \overline{v^2} = \frac{1}{3} m \cdot n \cdot \overline{v^2} = \frac{1}{3}\varrho \cdot \overline{v^2} \quad \text{mit} \quad m = \frac{M}{N_\mathrm{A}}$$

Gasdruck nach Bernoulli
Daniel Bernoulli
1700–1782

$$p = \frac{1}{3}\varrho \cdot \overline{v^2} \quad \text{mit} \quad \varrho = m\frac{N}{V} = m\,n = \nu\frac{M}{V}$$

Befinden sich in dem Volumen verschiedene Gase j, so wird mit dieser Formel für jedes Gas ein individueller **Partialdruck** p_j berechnet. Der Gesamtdruck ergibt sich schließlich durch Summation über die Partialdrücke:

Gesetz von Dalton
John Dalton
1766–1844

$$p = \sum_\mathrm{j} p_\mathrm{j}$$

Komponente	Anteil	Partialdruck	
	%	hPa (mbar)	Torr (mmHg)
Luft	100,000	1013,25	759,96
Stickstoff	78,090	791,25	593,45
Sauerstoff	20,950	212,28	159,21
Argon	0,927	9,39	7,07
Kohlendioxid	0,033	0,33	0,25

Tab. 8.2: Partialdrücke trockener Luft in Meereshöhe. Für feuchte Luft muss der Wasserdampfdruck vom Luftdruck abgezogen und der Restdruck im Verhältnis der Gase in trockener Luft aufgeteilt werden.

Druckeinheiten

Die Einheit des Drucks ist **Pascal** [1 Pa = 1 N/m^2]. Ebenso oft wird jedoch auch in **bar** gerechnet. Die veraltete Einheit **Torr** (= mm Hg) findet man noch häufig auf internationaler Ebene. Die mittlerweile nur noch selten anzutreffende Einheit „Atmosphäre" [**atm**] wird häufig fälschlicherweise mit „bar" gleichgesetzt, sie entspricht jedoch dem Normaldruck von 1,013 25 bar. Tab. 8.3 zeigt die Umrechnung zwischen den Einheiten für den Druck.

1 Pa =	1 bar =	1 torr =	1 atm =
–	100 000 Pa	133,32 Pa	101 325 Pa
0,01 mbar	–	1,3332 mbar	1,013 25 bar
7,5 mtorr	750 torr	–	760 torr
$7{,}6 \cdot 10^{-3}$ atm	0,987 atm	$1{,}32 \cdot 10^{-3}$ atm	–

Tab. 8.3: Umrechnung verschiedener Druckeinheiten (Tipp: 1 mbar = 1 hPa)

Temperatur, innere Energie und Gleichverteilungssatz

Die Temperatur T wird in der Thermodynamik stets in **Kelvin** gemessen, sie ist ein Maß für die mikroskopische, kinetische Energie U eines Systems. Dies meint nicht die Geschwindigkeit mit der sich das gesamte System bewegt (kinetische Energie des Schwerpunkts), wohl aber die Geschwindigkeit der einzelnen Atome zueinander. Eine der wesentlichen Aussagen der Thermodynamik ist der **Gleichverteilungssatz**: Die **innere Energie** pro Molekül U/N ist proportional zur Anzahl der Freiheitsgrade f und der Temperatur T.

$$U/N = \frac{f}{2} k_B T \quad \Leftrightarrow \quad U = \frac{f}{2} N k_B T = \frac{f}{2} \nu R T$$

mit $\nu = \frac{N}{N_A}$, $k_B = 1{,}380\,658 \cdot 10^{-23} \frac{\mathrm{J}}{\mathrm{K}}$ und $R = N_A \cdot k_B = 8{,}314\,510 \frac{\mathrm{J}}{\mathrm{mol \cdot K}}$

Die Proportionalitätskonstante k_B wird als **Boltzmann-Konstante** und R als **molare Gaskonstante** bezeichnet.

Als Freiheitsgrade (→ Abb. 8.2) werden die Bewegungsmöglichkeiten der Atome bezeichnet. Ein einatomiges Gas (Edelgas) hat drei Translations-Freiheitsgrade, da die Atome sich in drei Raumrichtungen bewegen können. Ein zweiatomiges Gas (N_2 oder O_2) hat zusätzlich zwei Rotations-Freiheitsgrade (senkrecht zur Molekülachse) sowie einen Vibrations-Freiheitsgrad in Richtung der Molekülachse.

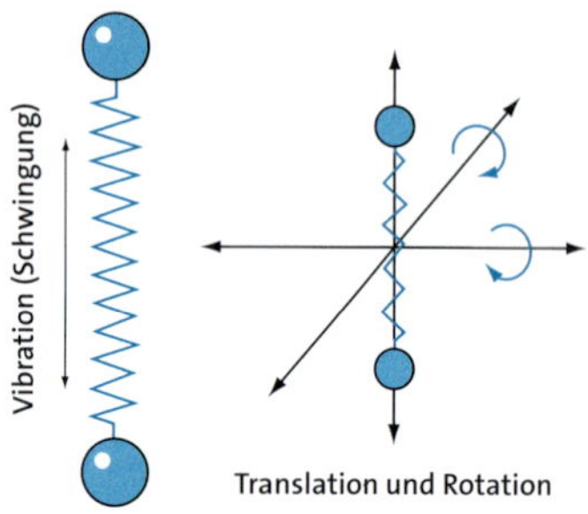

Abb. 8.2: Freiheitsgrade

Ein typisches Luftmolekül (N_2 oder O_2) hat somit $f = 3 + 2 + 1 = 6$ Freiheitsgrade. Dies ergibt eine gesamte, mittlere, innere Energie von $U_{kin} = \frac{6}{2} k_B T$ pro Molekül. Die Translationsenergie beträgt die Hälfte dieses Wertes $U_{Tr} = \frac{3}{2} k_B T$.

Beachte: Die Anzahl der Freiheitsgrade eines Moleküls ist von der Temperatur abhängig. Zum Beispiel zeigen O_2- bzw. N_2-Moleküle bei Raumtemperatur noch keine Schwingungen. Die Ursache hierfür ist die **Quantenmechanik** (→ Kapitel 5), die zur Berechnung der Energien der Moleküle verwendet werden muss. Dabei zeigt sich, dass für die Rotations- und Vibrationsenergie nur diskrete Werte möglich sind, wobei für eine Rotation des Moleküls viel weniger Energie notwendig ist als für eine Schwingung. Molekülschwingungen treten daher nur bei hohen Temperaturen (hohe mittlere kinetische Energie) auf. Bei sehr niedrigen Temperaturen reicht die kinetische Energie auch für die Rotation nicht mehr aus, sodass nur die Translation übrig bleibt.

Temperatur

Die historische Einheit Grad Celsius (°C) orientiert sich am Gefrierpunkt (0 °C) und Siedepunkt (100 °C) des Wassers.
Die in der Thermodynamik übliche Einheit Kelvin (K, ohne Gradzeichen „°“) ist hiervon abgeleitet, ihr Nullpunkt ist der **absolute Nullpunkt** (quantenmechanischer Grundzustand aller Moleküle):

$$T[\mathrm{K}] = \vartheta[°\mathrm{C}] - 273{,}15$$

Gleichverteilungssatz

BOLTZMANN-Konstante $k_B = 1{,}380\,658 \cdot 10^{-23} \frac{\mathrm{J}}{\mathrm{K}}$

molare Gaskonstante: $R = N_A \cdot k_B = 8{,}314\,510 \frac{\mathrm{J}}{\mathrm{mol \cdot K}}$

Die innere (mikroskopische, kinetische) Energie U eines Systems ist proportional zur Anzahl der Freiheitsgrade f und der Temperatur T:

$$U = \frac{f}{2} N k_B T = \frac{f}{2} \nu R T$$

Dabei ist N die Anzahl der Moleküle und ν die Stoffmenge in Mol.

Die Maxwell-Boltzmann-Verteilung

Die Geschwindigkeit der Atome/Moleküle in einem Gas ist statistisch verteilt. Die Wahrscheinlichkeit, ein Teilchen mit der Masse m im Geschwindigkeitsintervall $[v \ldots v+\mathrm{d}v]$ anzutreffen, wird durch die **Maxwell-Boltzmann-Verteilung** beschrieben:

$$f(v)\,\mathrm{d}v = 4\pi v^2 \left(\frac{m}{2\pi k_B T}\right)^{\frac{3}{2}} \exp\left(\frac{-\frac{1}{2}m v^2}{k_B T}\right) \mathrm{d}v$$

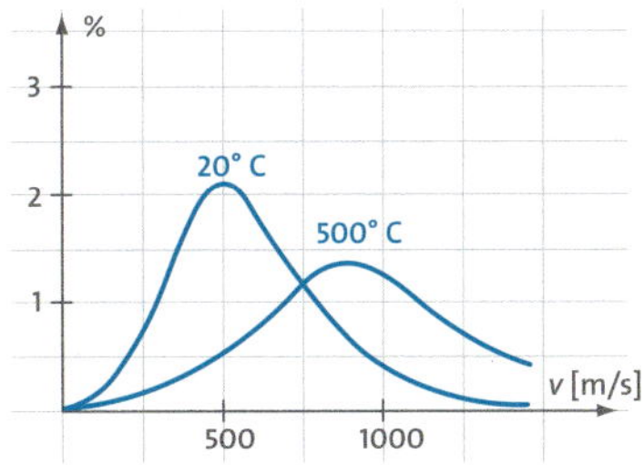

Abb. 8.3: Geschwindigkeitsverteilung im realen Gas

James Clerk Maxwell 1831–1879

Ludwig Eduard Boltzmann 1844–1906

Durch Integration ergibt sich hieraus die mittlere quadratische Geschwindigkeit der Teilchen:

$$\overline{v^2} = \int_0^\infty v^2 f(v)\,\mathrm{d}v = 3\frac{k_B T}{m}$$

In Übereinstimmung mit dem Gleichverteilungssatz folgt hieraus

$$\frac{U_{Tr}}{N} = \frac{1}{2} m \overline{v^2} = \frac{3}{2} k_B T.$$

Die mittlere Teilchengeschwindigkeit $\overline{v}$ wird analog zur mittleren quadratischen Geschwindigkeit durch Integration gewonnen:

mittlere Geschwindigkeit

$$\overline{v} = \int_0^\infty v f(v)\,\mathrm{d}v = \frac{2}{\sqrt{\pi}}\sqrt{\frac{2 k_B T}{m}}$$

Das Maximum der Verteilung, also die wahrscheinlichste Geschwindigkeit eines Teilchens beträgt

$$v_{max} = \sqrt{\frac{2 k_B T}{m}} = \sqrt{\frac{2}{3}\overline{v^2}} = \frac{\sqrt{\pi}}{2}\overline{v} \;\Rightarrow\; W_{kin,max} = \frac{1}{2} m v_{max}^2 = k_B T.$$

Durch Substitution von $W = \frac{1}{2} m v^2$ und $\frac{\mathrm{d}W}{\mathrm{d}v} = m v$ lässt sich die Maxwell-Boltzmann-Verteilung in eine **Energieverteilung** umrechnen:

Energieverteilung

$$f(W)\,\mathrm{d}W = \frac{2\sqrt{W}}{\sqrt{\pi}\,(k_B T)^{\frac{3}{2}}} \exp\left(\frac{-W}{k_B T}\right) \mathrm{d}W$$

Eine solche Energieverteilung ist in der Physik sehr häufig anzutreffen, auch wenn die beteiligten Teilchen im eigentlichen Sinne kein Gas darstellen. Besonders interessant ist die Frage, wie groß die Wahrscheinlichkeit ist, dass ein Teilchen eine Energie hat, die größer als ein Schwellenwert $W_0 \gg k_B T$ ist. Wir erhalten diesen Wert durch Integration über die Energieverteilung:

Boltzmann-Faktor

$$P(W \geq W_0) = \frac{\int_{W_0}^\infty f(W)\,\mathrm{d}W}{\int_0^\infty f(W)\,\mathrm{d}W} \cong \frac{2}{\sqrt{\pi}}\sqrt{\frac{W_0}{k_B T}} \exp\left(-\frac{W_0}{k_B T}\right).$$

Die Größenordnung dieser Wahrscheinlichkeit wird durch die Exponentialfunktion bestimmt, die häufig auch als **Boltzmann-Faktor** bezeichnet wird.

Zusatzwissen

1D-Maxwell-Boltzmann

Die bekannte Maxwell-Boltzmann-Verteilung bezieht sich auf den Betrag der Teilchengeschwindigkeit v, über die Richtung der Bewegung macht sie hingegen keine Aussage. Interessiert nur die Geschwindigkeitskomponente v_x in x-Richtung, so lautet die Verteilung:

1D
$$f(v_x)\,dv_x = \left(\frac{m}{2\pi k_B T}\right)^{\frac{1}{2}} \exp\left(\frac{-\frac{1}{2}m v_x^2}{k_B T}\right) dv_x$$

Hieraus folgt:

$$\overline{v_x} = \int_0^\infty v_x f(v_x)\,dv_x = \sqrt{\frac{k_B T}{2\pi m}} \quad \text{und} \quad \overline{v_x^2} = \int_{-\infty}^\infty v_x^2 f(v_x)\,dv_x = 2\int_0^\infty v_x^2 f(v_x)\,dv_x = \frac{k_B T}{m}$$

Die 3D-Maxwell-Boltzmann-Verteilung ergibt sich durch Multiplikation der Verteilungen für v_x, v_y und v_z:

$$f(v)\,dv = f(v_x)\,f(v_y)\,f(v_z)\,dv_x\,dv_y\,dv_z$$

Kugelkoordinaten
Anhang → Seite 244

Wird das Volumenelement $dv_x\,dv_y\,dv_z$ in Kugelkoordinaten geschrieben und über die Winkel integriert, so folgt:

$$dv_x\,dv_y\,dv_z = v^2 \sin\vartheta\,dv\,d\vartheta\,d\varphi = 4\pi v^2\,dv$$

3D
$$\Rightarrow f(v)\,dv = 4\pi v^2 \left(\frac{m}{2\pi k_B T}\right)^{\frac{1}{2}} \exp\left(\frac{-\frac{1}{2}m v^2}{k_B T}\right) dv$$

Auftreffende Gasteilchen

Die Anzahl der Gasteilchen ΔN, die pro Zeiteinheit Δt auf eine Fläche A treffen, entspricht dem Produkt aus dem auftreffenden Volumen $\Delta t \cdot \overline{v}_x \cdot A$ und der Teilchendichte N/V.

$$\Delta N = \underbrace{(\Delta t \cdot \overline{v}_x)}_{\text{Strecke}} \cdot \underbrace{A}_{\text{Fläche}} \cdot \frac{N}{V}$$

Strecke · Fläche = Volumen

Einsetzen der 1D-Maxwell-Boltzmann-Verteilung ergibt:

$$\Delta N = \Delta t \cdot A \cdot \frac{N}{V} \int_0^\infty v_x f(v_x)\,dv_x = \Delta t \cdot A \cdot \frac{N}{V} \overline{v_x} = \Delta t \cdot A \cdot \frac{N}{V} \sqrt{\frac{k_B T}{2\pi m}}$$

Nach dem **idealen Gasgesetz** (→ Seite 185) gilt:

$$\frac{N}{V} = \frac{p}{k_B T} \quad \Rightarrow \quad \dot{n}_{2D} := \frac{\Delta N}{\Delta t \cdot A} = \frac{p}{\sqrt{2\pi m k_B T}}.$$

Mit $\Delta t = 1$ Sekunde, $A = 1\,\text{cm}^2$, p in mbar und $T = 20\,°\text{C} = 293{,}15\,\text{K}$ vereinfacht sich die Formel für Stickstoff mit

$$m_{N_2} = \frac{28\,\frac{\text{g}}{\text{mol}}}{N_A} = 4{,}65 \cdot 10^{-23}\,\text{g} = 4{,}65 \cdot 10^{-26}\,\text{kg} \quad \text{zu} \quad \dot{n}_{2D}\left[\frac{N_2}{\text{s}\,\text{cm}^2}\right] = 3 \cdot 10^{20} \cdot p\,[\text{mbar}].$$

Geht man davon aus, dass eine geschlossene Schicht, eine sogenannte **Monolage**, ca. 10^{15} Atome pro cm^2 enthält und alle Atome haften bleiben, so beträgt die Zeitdauer für diese Bedeckung:

$$t_{\text{mono}}\,[\text{s}] = \frac{10^{15}\,\text{cm}^{-2}}{\dot{n}_{2D}} = \frac{3{,}36 \cdot 10^{-6}\,\frac{\text{s}}{\text{mbar}}}{p\,[\text{mbar}]}$$

Für Experimente mit atomar „sauberen“ Oberflächen wird daher ein sehr gutes Vakuum von mindestens 10^{-9} mbar benötigt.

Mittlere freie Weglänge

Zusatzwissen

Die mittlere Entfernung, die ein Gasmolekül zwischen zwei Stößen zurücklegt, wird als **mittlere freie Weglänge** λ bezeichnet.
Für einen Moleküldurchmesser d beträgt sie:

$$\lambda = \frac{1}{\sqrt{2}\,\pi d^2}\frac{k_B T}{p} = \frac{1}{\sqrt{2}\,\pi d^2}\frac{V}{N}$$

Für Luft bei 20 °C gilt näherungsweise:

$$\lambda[\text{m}] = \frac{6{,}8 \cdot 10^{-5}\,\frac{\text{m}}{\text{mbar}}}{p[\text{mbar}]}$$

Druckbereich	**p [mbar]**	**λ**	**t_{mono}**
Grobvakuum	10^3 bis 10^0	< 100 µm	< 5 µs
Feinvakuum	10^0 bis 10^{-3}	< 100 mm	< 5 ms
Hochvakuum	10^{-3} bis 10^{-7}	< 1000 m	< 1 min
Ultrahochvakuum	$< 10^{-7}$	< 1 km	> 1 min

Tab. 8.4: Einteilung technischer Vakuumbereiche

8.2 Ideales und reales Gas

Das ideale Gasgesetz

In der Thermodynamik ist es üblich, Gase als punktförmige Teilchen zu idealisieren, die untereinander keine Wechselwirkung zeigen. Dieses als **ideales Gas** bezeichnete Modell ist eine gute Näherung für niedrige Drücke und schwach wechselwirkende Teilchen (leichte Edelgase). Die Abweichungen sind für Luft (bei Raumtemperatur und normalem Luftdruck) sehr gering und können daher im Allgemeinen vernachlässigt werden. Durch Einsetzen des aus der MAXWELL-BOLTZMANN-Verteilung im vorigen Abschnitt ermittelten mittleren Geschwindigkeitsquadrats $\overline{v^2} = 3\frac{k_B T}{m}$ in die Definitionsgleichung des **Drucks** (→ Seite 180) $p = \frac{\Delta p}{A \cdot \Delta t} = \frac{1}{3} m \cdot n \cdot \overline{v^2}$ folgt das ideale Gasgesetz:

$$p = n k_B T = \frac{N}{V} k_B T \Leftrightarrow p \cdot V = N \cdot k_B \cdot T \Leftrightarrow p \cdot V = \underbrace{\frac{N}{N_A}}_{\nu} \cdot \underbrace{N_A \cdot k_B}_{R} \cdot T = \nu \cdot R \cdot T$$

ideales Gasgesetz

Normvolumen

Eine wichtige Größe ist das **Normvolumen** V_n. Dies ist das Volumen, das 1 Mol eines beliebigen idealen Gases unter Normbedingungen ($p_n = 1013{,}25\,\text{hPa}$, $T_n = 273{,}15\,\text{K} = 0\,°\text{C}$) einnimmt:

$$V_n = \frac{R \cdot T_n}{p_n} = 22{,}41 \frac{\text{l}}{\text{mol}}$$

Van-der-Waals-Gleichung

Bei hohem Druck oder Gasen mit starker Wechselwirkung können die Abweichungen vom idealen Gas nicht mehr vernachlässigt werden. Die korrigierte Gasgleichung wird als **Van-der-Waals-Gleichung** bezeichnet:

Johannes Diderik van der Waals 1837–1923, Nobelpreis 1910

$$\left(p + a\left(\frac{\nu}{V}\right)^2\right) \cdot (V - \nu \cdot b) = \nu \cdot R \cdot T$$

Gas	a $\left[\frac{\mathrm{N\,m^4}}{\mathrm{mol^2}}\right]$	b $\left[\frac{\mathrm{m^3}}{\mathrm{mol}}\right]$
Helium	0,0035	$2{,}38 \cdot 10^{-5}$
Kohlendioxid	0,366	$4{,}28 \cdot 10^{-5}$
Sauerstoff	0,138	$3{,}18 \cdot 10^{-5}$
Stickstoff	0,141	$3{,}92 \cdot 10^{-5}$
Wasserstoff	0,0245	$2{,}66 \cdot 10^{-5}$
Wasserdampf	0,555	$3{,}05 \cdot 10^{-5}$

Tab. 8.5: Van-der-Waals-Konstanten einiger Gase

Der Term $a\left(\frac{\nu}{V}\right)^2$ heißt **Binnendruck** und ist eine Folge der Wechselwirkungskräfte zwischen den Gasteilchen. Der Term $\nu \cdot b$ berücksichtigt das **Eigenvolumen** *b* der Gasteilchen. Die beiden Konstanten *a* und *b* sind eine spezifische Eigenschaft des jeweiligen Gases. Zur Vereinfachung führen wir noch das **Molvolumen** $V_\mathrm{m} = V/\nu$ ein.

Van-der-Waals-Gleichung

$$\left(p + \frac{a}{V_\mathrm{m}^2}\right) \cdot (V_\mathrm{m} - b) = R \cdot T$$

Zu beachten ist in jedem Fall, dass die Koeffizienten *a* und *b* eine geringe Abhängigkeit von der Temperatur und dem Druck zeigen. Die Van-der-Waals-Gleichung, wie auch die **normierte Van-der-Waals-Gleichung**, bleiben daher immer eine Näherung für einen eingeschränkten Bereich! Für eine genauere Beschreibung realer Gase werden komplexere Näherungen, wie z. B. die **Zustandsgleichung** nach Redlich und Kwong verwendet.

Zusatzwissen

Normierte Van-der-Waals-Gleichung

Die Van-der-Waals-Gleichung lässt sich in eine materialunabhängige (normierte) Form bringen, indem die Materialkonstanten *a* und *b* durch die Temperatur T_K, den Druck p_K und das Volumen V_K am **kritischen Punkt** (→ Seite 188) ausgedrückt werden:

$$T_\mathrm{K} = \frac{8a}{27Rb} \quad \text{und} \quad p_\mathrm{K} = \frac{a}{27b^2} \quad \text{und} \quad V_\mathrm{m,K} = 3b$$

Werden die Zustandsgrößen *T*, *p* und *V* durch ihre kritischen Werte T_K, p_K und V_K geteilt, so erhält man die sogenannten **normierten** oder auch **reduzierten Variablen** der Van-der-Waals-Gleichung:

$$\widetilde{T} = \frac{T}{T_\mathrm{K}} \quad \text{und} \quad \widetilde{p} = \frac{p}{p_\mathrm{K}} \quad \text{und} \quad \widetilde{V}_\mathrm{m} = \frac{V_\mathrm{m}}{V_\mathrm{m,K}}$$

Mit dieser Definition wird die Van-der-Waals-Gleichung materialunabhängig:

$$\left(\widetilde{p} + \frac{3}{\widetilde{V}_m^2}\right) \cdot \left(\widetilde{V}_\mathrm{m} - 1\right) = 8 \cdot \widetilde{T}$$

Maxwell-Konstruktion

Im Gegensatz zum idealen Gas können reale Gase zu Flüssigkeiten kondensieren. Diese Eigenschaft wird ebenfalls durch die van-der-Waals-Gleichung beschrieben. In Abb. 8.4 ist für Kohlendioxid die Abhängigkeit des Drucks vom Molvolumen dargestellt, wobei die durchgezogenen Linien der van-der-Waals-Gleichung entsprechen. Rechts im Bild zeigen die Linien erwartungsgemäß einen Druckanstieg bei zunehmender Volumenverkleinerung. Dieses Verhalten entspricht weitestgehend dem eines idealen Gases. Links im Bild ist diese Druckabhängigkeit wesentlich stärker, dies entspricht dem Verhalten einer Flüssigkeit! Im mittleren grau hinterlegten Bereich weicht die berechnete Kurve vom gemessenen Verhalten (gestrichelte Linie) ab. In diesem Bereich existieren flüssige und gasförmige Phase gleichzeitig. Zur Berechnung der gestrichelten Linie dient die **Maxwell-Konstruktion**: Sie besagt, dass die beiden (blauen) Flächen zwischen der gestrichelten Linie und dem Minimum bzw. Maximum der berechneten Kurve gleich groß sein müssen. Die Lage der gestrichelten Linie entspricht dem **Sättigungsdampfdruck** der Flüssigkeit, also dem Partialdruck, der sich in einem geschlossenen Gefäß über der Flüssigkeit einstellt.

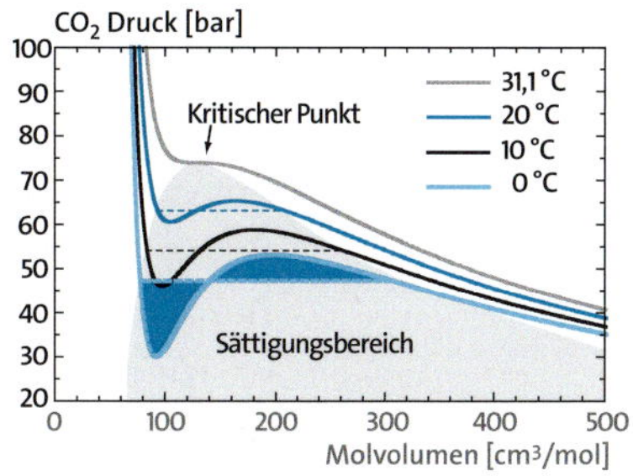

Abb. 8.4: *pV*-Diagramm des Kohlendioxids nach der van-der-Waals-Gleichung. Im Sättigungsbereich liegen flüssige und gasförmige Phase gemeinsam vor. Die gestrichelten Linien der Maxwell-Kontruktion kennzeichnen diesen Bereich.

Siede- und Kondensationsverzug

Wird ein Gas sehr vorsichtig (keine Kondensationskeime, keine Erschütterungen) isotherm, also bei konstanter Temperatur, komprimiert, so kann man der durchgezogenen Kurve in Abb. 8.5 fast bis zum Maximum folgen (blaue Linie). Dieses Verhalten wird **Kondensationsverzug** genannt. Der gleiche Effekt kann auch durch eine vorsichtige Abkühlung erzielt werden (**unterkühlter Dampf**). Bereits eine kleine Störung führt in jedem Fall zu eine sofortigen Kondensation. Die freiwerdende Bindungsenergie (van-der-Waals-Wechselwirkung oder Wasserstoffbrücken-Bildung) führt dabei zu einer Erwärmung der Flüssigkeit und wirkt der Kondensation dadurch (leicht) entgegen. Wird eine Flüssigkeit sehr vorsichtig erhitzt, so wird auch hier ein instabiler Bereich erreicht, der als **Siedeverzug** bezeichnet wird. Durch weitere Erhitzung oder eine andere Störung beginnt die **überhitzte Flüssigkeit** schlagartig zu sieden. Um dies zu vermeiden, werden entweder Siedesteine als Kondensationskeime zugefügt oder die Flüssigkeit wird gerührt.

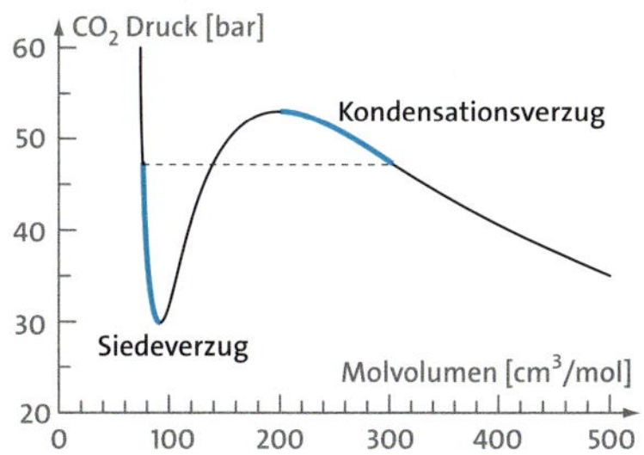

Abb. 8.5: Siedeverzug und Kondensationsverzug im *pV*-Diagramm am Beispiel von Kohlendioxid.

Wärmekissen

Die heute weit verbreiteten wiederverwendbaren Handwärmer enthalten eine Natriumacetat-Trihydrat-Lösung ($NaCH_3COO \cdot 3\,H_2O$), deren Schmelzpunkt bei 58 °C liegt.
Analog zum „unterkühlten Dampf" liegt die Chemikalie als **unterkühlte Flüssigkeit** vor.
Durch das Knicken eines Metallplättchens entstehen Kondensationskeime, welche die Kristallisation auslösen. Durch die freiwerdende Kristallsationswärme (Bindungsenergie des Kristalls) erwärmt sich die Flüssigkeit, ohne dabei jedoch ihre Schmelztemperatur ganz zu erreichen.

Der kritische Punkt

Nach den Ausführungen des vorigen Abschnitts sollte sich ein reales Gas durch Kompression verflüssigen, sobald der Sättigungsdampfdruck erreicht ist. Für CO_2 ist dieser Punkt bei Raumtemperatur etwa bei 64 bar erreicht (→ Abb. 8.4, Übergang von der durchgezogenen zur gestrichelten Linie).

Bei einer Temperatur von mehr als 31 °C tritt hingegen keine Verflüssigung mehr ein. Die Ursache hierfür ist die mit steigender Temperatur abnehmende Dichte der Flüssigkeit. Bei einer **kritischen Temperatur** T_K von 31,0 °C und einem **kritischen Druck** p_K von 73,8 bar (Sättigungsdampfdruck) haben die flüssige und die gasförmige Phase die gleiche sogenannte **kritische Dichte** ϱ_K von 0,468 g/cm³, sodass der Unterschied zwischen den Phasen verschwindet (→ kritischer Punkt, Abb. 8.4 und Abb. 8.6). Für jedes Gas existiert eine solche kritische Temperatur, oberhalb derer eine Verflüssigung durch Druck nicht mehr möglich ist (→ Tab. 8.6).

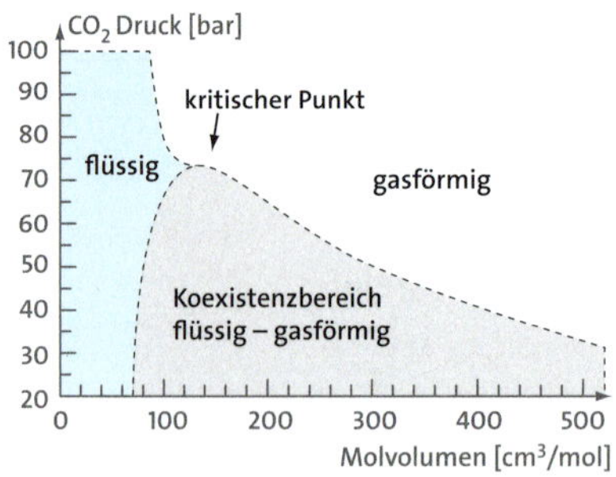

Abb. 8.6: *pV*-Diagramm für Kohlendioxid mit Phasengrenzen berechnet nach der VAN-DER-WAALS-Gleichung

Stoff	T_K in K	p_K in bar	ϱ_K in $\frac{g}{cm^3}$
He	5,20	2,29	0,0693
Kohlendioxid	304,15	73,8	0,468
Sauerstoff	154,77	50,4	0,4630
Stickstoff	126,25	34,0	0,311
Wasserstoff	33,25	13,0	0,0310
Wasserdampf	647,3	220,6	0,328

Tab. 8.6: Kritische Zustandsgrößen einiger Gase

Phasenübergänge und Tripelpunkt

Stoff	T_T in K	p_T in mbar
Kohlendioxid	216,56	5180
Sauerstoff	54,36	1,5
Stickstoff	63,18	125,3
Wasserstoff	13,84	70,4
Wasserdampf	273,16	6,1

Tab. 8.7: Druck und Temperatur am Tripelpunkt

Bei normalem Luftdruck schmilzt Eis bei 0 °C und Wasser siedet bei 100 °C. Diese Prozesse werden als **Phasenübergänge** bezeichnet. Beim **Schmelzen** oder **Gefrieren** erfolgt der Phasenübergang zwischen dem festen und dem flüssigen **Aggregatzustand**, während beim **Sieden** oder **Kondensieren** der Übergang zwischen flüssig und gasförmig erfolgt. Bei Temperaturen unterhalb des sogenannten **Tripelpunkt**s (→ Tab. 8.7), an dem alle drei Aggregatzustände koexistieren, existiert ein direkter Phasenübergang zwischen fest und gasförmig, der als **Sublimation** bzw. **Resublimation** bezeichnet wird. Je nach Umgebungsdruck finden diese Phasenübergänge bei verschieden Temperaturen statt. Die **Siedekurve** ist z. B. dadurch gekennzeichnet, dass der **Sättigungsdampfdruck** genauso groß ist wie der Umgebungsdruck (→ Abb. 8.7).

Dichteanomalie des Wassers

Wasser hat unter Normaldruck (1013,25 hPa) seine größte Dichte (0,999 972 g/cm^3) bei 3,98 °C. Von dieser Temperatur ausgehend dehnt sich das Wasser sowohl bei einer Erwärmung (das ist normal) als auch bei Abkühlung (Anomalie) aus. Durch dieses ungewöhnliche Verhalten schwimmt Eis auf dem Wasser, während bei anderen Schmelzen der Festkörper auf den Boden sinkt. Da Eis ein guter Isolator ist, verhindert dies ein Durchfrieren von Seen im Winter.
Eine andere Konsequenz ist die Verflüssigung von Eis oder Schnee durch Druck (→ Abb. 8.8). Beim Ski- und Schlittschuhlaufen entsteht dadurch ein Wasserfilm, auf dem wir gleiten können.

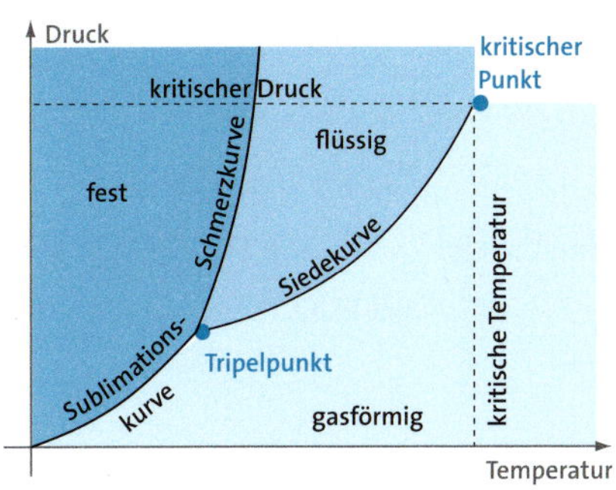

Abb. 8.7: *pT*-Phasendiagramm eines gewöhnlichen Stoffes (kein Wasser)

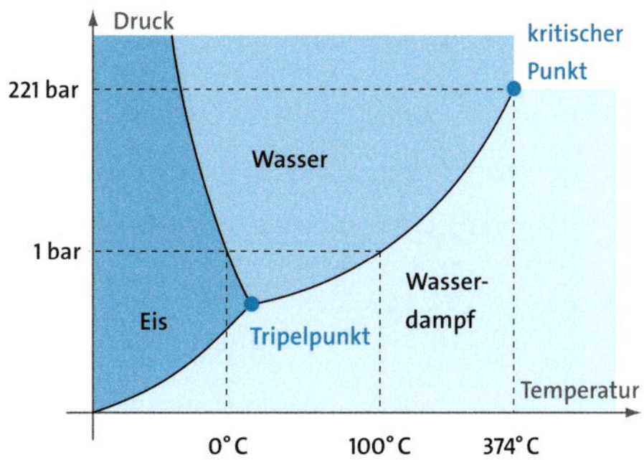

Abb. 8.8: Vereinfachtes schematisches *pT*-Diagramm von Wasser

Der JOULE-THOMSON-Effekt

Dehnt sich ein ideales Gas aus, ohne dabei **Arbeit** zu verrichten oder Wärme mit der Umgebung auszutauschen, so hat dies keinen Einfluss auf die kinetische Energie der Moleküle, das heißt die Temperatur bleibt konstant. Bei einem realen Gas macht sich hingegen die Wechselwirkung zwischen den Molekülen bemerkbar und es kommt zu einer geringen Temperaturänderung.

JAMES PRESCOTT JOULE 1818–1889

SIR WILLIAM THOMSON 1824–1907, 1892 Erhebung in den erblichen Adelsstand 1. Baron KELVIN OF LARGS genannt LORD KELVIN

In Abb. 8.9 ist ein experimenteller Aufbau zum Nachweis dieses **JOULE-THOMSON-Effekts** gezeigt. Das Gas wird aus einem Kolben mit dem Druck p_1 durch eine poröse Wand in einem zweiten Kolben mit dem niedrigeren Druck p_2 gepresst.

Abb. 8.9: Versuchsaufbau zum JOULE-THOMSON-Effekt

Bei realen Gasen stellt sich dabei eine Temperaturdifferenz ein. Für CO_2 und Luft wird eine Temperaturerniedrigung von einem $\frac{3}{4}$K bzw. $\frac{1}{4}$K pro bar Druckdifferenz beobachtet. Bei Wasserstoff steigt die Temperatur hingegen um $\frac{1}{40}$K pro bar. Diese Temperaturänderung wird durch den JOULE-THOMSON-Koeffizienten μ_{JT} beschrieben, der sich mit etwas Mühe aus der VAN-DER-WAALS-Gleichung ableiten lässt:

$$\mu_{JT} = \frac{\frac{2a}{RT} - b}{C_{p,mol}} \text{ mit } \mu_{JT} \text{ in } \frac{K}{Pa}$$

Bei Temperaturen unterhalb der **Inversionstemperatur** $T_i = \frac{2a}{Rb} = 6{,}75 \cdot T_K$ ist der Koeffizient positiv, das heißt das Gas kühlt sich bei der Ausdehnung ab. Oberhalb der Inversionstemperatur erwärmt sich das Gas bei der Ausdehnung, wie zum Beispiel Wasserstoff bei Raumtemperatur (Inversionstemperatur −80 °C).

Bei einer genaueren Betrachtung zeigt sich, dass der JOULE-THOMSON-Koeffizient und die Inversionstemperatur von der Temperatur bzw. dem Druck abhängen:

$$\mu_{JT} = \frac{V}{C_{p,mol}}(T\alpha - 1) \text{ mit } \alpha = \frac{1}{V}\frac{dV}{dT}\bigg|_{p = \text{konst.}}$$

Bei einem idealen Gas wird dieser Ausdruck null, da für den Ausdehnungskoeffizient $\alpha = T^{-1}$ gilt. Bei einem realen Gas ist zudem die Druckabhängigkeit der **Wärmekapazität** (→ Seite 194 f.) zu berücksichtigen.

Für die Inversionstemperatur erhält man:

$$T_i(p) = \frac{2a}{9bR}\left(2 \pm \sqrt{1 - \frac{3b^2}{a}p}\right)^2$$

Beispiele

Trockeneis

Eine Gasflasche mit Kohlendioxid enthält bei Raumtemperatur flüssiges CO_2. Wird dieses mit einem Steigrohr aus der Flasche herausgeleitet, so kühlt es sich durch den JOULE-THOMSON-Effekt bei der Entspannung ab und es bildet sich Kohlensäureschnee. Bei normalem Luftdruck **sublimiert** er (→ Seite 189) bei 194,7 Kelvin (bzw. −78,5 °C), ohne vorher flüssig zu werden. Gepresst wird er als „Trockeneis" bezeichnet. Bei Wasser ist dieser Effekt im Vakuum zu beobachten.

Verflüssigung von Luft

In der **LINDE-Maschine** wird Luft (Stickstoff) in einem Kompressor auf 200 bar verdichtet. Durch das Drosselventil D entspannt sie sich auf etwa 20 bar. Dabei tritt durch den JOULE-THOMSON-Effekt eine Abkühlung um $(200\,\text{bar} - 20\,\text{bar}) \cdot \frac{1}{4}\,\text{K/bar} = 45\,\text{K}$ ein. Die abgekühlte Luft wird zurückgeleitet und kühlt dabei die nachströmende komprimierte Luft, sodass die Temperatur allmählich sinkt, bis eine Verflüssigung eintritt. Die verflüssigte Luft kann in einer unverschlossenen Thermoskanne mit einem verspiegelten evakuierten Glaseinsatz (druckloses **DEWAR-Gefäß**) für einige Stunden aufbewahrt werden. Die Temperatur der Flüssigkeit entspricht dabei exakt der Siedetemperatur von 78,8 Kelvin für Luft bzw. 77,3 Kelvin für Stickstoff. Um andere Gase zu verflüssigen, ist es häufig nötig, diese zunächst mit einem anderen verflüssigten Gas unter ihre Inversionstemperatur vorzukühlen. Verflüssigte Gase werden häufig als **kryogene** oder **tiefkalte Gase** bezeichnet.

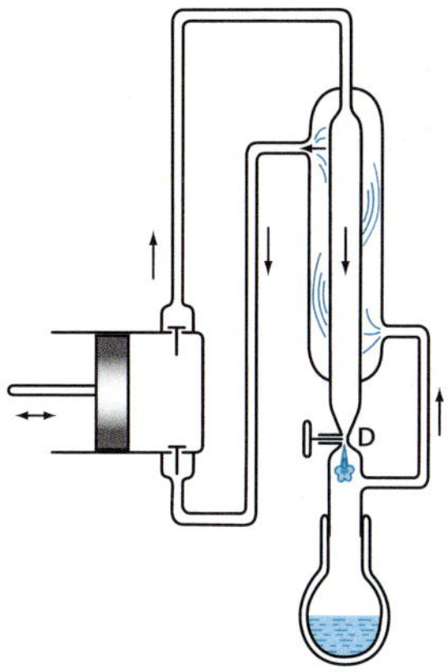

Abb. 8.10: Schema der Luftverflüssigungsmaschine von LINDE

CARL PAUL GOTTFRIED LINDE
ab 1897
Ritter von Linde
1842–1934

SIR JAMES DEWAR
1842–1923

Achtung: Da der Siedepunkt von Stickstoff niedriger als der von Sauerstoff ist, reichert sich in flüssiger Luft Sauerstoff an, sodass leicht explosive Mischungen entstehen.

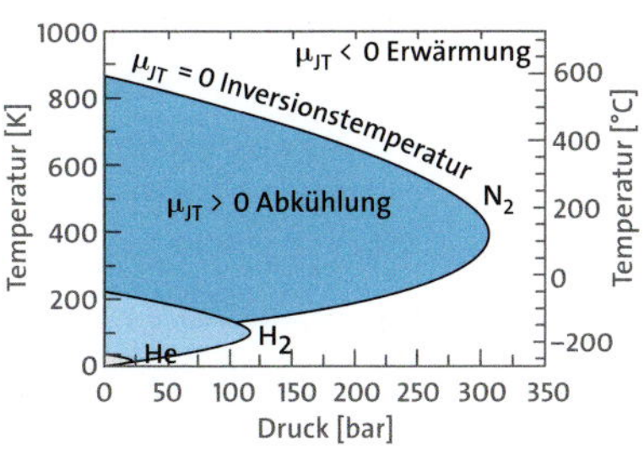

Abb. 8.11: Aus den VAN-DER-WAALS-Konstanten berechnete Inversionstemperatur für Stickstoff, Wasserstoff und Helium als Funktion des Drucks

Gas	T_G	T_S	T_i
Helium	2 K (25bar)	4,2 K	40 K
Wasserstoff	13,8 K	20,3 K	193 K
Stickstoff	63,1 K	77,3 K	622 K
Luft	–	78,8 K	603 K
Sauerstoff	54,4 K	90,2 K	761 K
Kohlendioxid	195 K	195 K	1500 K

Tab. 8.8: Gefrier-, Siede- und Inversionstemperaturen einiger Gase. Die Inversionstemperaturen für Stickstoff, Sauerstoff und Kohlendioxid betragen nur etwa 75 % des theoretischen Wertes von $6.75 \cdot T_K$ und variieren zwischen verschiedenen Literaturquellen stark.

8.3 Hauptsätze der Thermodynamik

Erster Hauptsatz (Energieerhaltungssatz)

⦿ Die Erhöhung ΔU der **inneren Energie** U eines Systems ist gleich der Summe aus zugeführter **Wärme** ΔQ und zugeführter **Arbeit** ΔW:
$\Delta U = \Delta Q + \Delta W$

Im → Abschnitt „Temperatur, innere Energie und Gleichverteilungssatz" auf Seite 181 wurde gezeigt, dass die Temperatur ein Maß für die mikroskopische kinetische Energie der Teilchen ist. Die Wärmemenge ΔQ wird ebenso wie die anderen Energieformen in Joule gemessen. Der Abschnitt „8.4 Wärme und Energie" auf Seite 194 beschäftigt sich näher mit dem Thema Wärme. Mechanische Arbeit ΔW kann einem Gas auf verschiedene Weise zugeführt werden. Die effektivste Methode ist die Kompression. Der Druck eines Gases (→ Seite 180) ist definiert als Kraft F pro Fläche A. Wird die Wand eines gasgefüllten Behälters um Δs verschoben, so verringert sich das Gasvolumen um $\Delta s \cdot A$. Dabei wird die Arbeit $\Delta W = \Delta s \cdot F = \Delta s \cdot p \cdot A = -p \cdot \Delta V$ zugeführt. (ΔV ist negativ, da das Volumen um $\Delta s \cdot A$ abnimmt.) Zusammengesetzt ergibt sich der zu Anfang zitierte Energiesatz der Thermodynamik

$$\Delta U = \Delta Q - p \cdot \Delta V.$$

→ Erhaltungssätze, Seite 9

Wie bereits in der Mechanik festgestellt wurde, kann Energie nicht erzeugt, sondern lediglich umgewandelt werden. Bezogen auf die Thermodynamik liefert dies eine andere Formulierung des 1. Hauptsatzes:

⦿ Es gibt kein **Perpetuum Mobile 1. Art**, das heißt es ist nicht möglich, eine Maschine zu bauen, die Energie erzeugt, ohne ihre Umgebung dabei zu verändern.

Zweiter Hauptsatz

⦿ Die **Entropie** S nimmt im Gleichgewicht ein Maximum an.

Die Entropie S ist ein Maß für die Unordnung eines Systems. Ein Festkörper, zum Beispiel Eis, hat eine hohe Ordnung und somit eine niedrige Entropie. Beim Schmelzen nimmt die Bewegungsmöglichkeit der Moleküle erheblich zu, sodass die Entropie ansteigt. Nach weiterer Erwärmung verdampft die Flüssigkeit. In einem Gas können sich die Moleküle noch wesentlich ungestörter bewegen, die Entropie ist somit erneut wesentlich größer. Steigt die Temperatur weiter, so wächst auch die Entropie, da der mögliche Geschwindigkeitsbereich der Moleküle größer wird. Bei sehr hohen Temperaturen schließlich dissoziieren die Moleküle und es entsteht ein Plasma; mit der Anzahl der Teilchen wächst auch die Entropie.

Mit steigender Temperatur, das heißt steigender innerer Energie, nimmt die Entropie zu, da die Anzahl der Möglichkeiten steigt, die Energie auf die Teilchen zu verteilen. Bei einer Vergrößerung des Volumens oder der Teilchenzahl nimmt die Entropie gleichfalls zu, da hier die Anzahl der möglichen Orte der Teilchen zunimmt. Aufgrund dieses Zusammenhanges kann der 2. Hauptsatz auch folgendermaßen formuliert werden:

- **Prinzip von BOLTZMANN:** Jedes abgeschlossene makroskopische System strebt nach dem wahrscheinlichsten Zustand, das heißt dem Zustand mit den meisten mikroskopischen Realisierungsmöglichkeiten, also der größten Entropie. Nimmt die Anzahl der Realisierungsmöglichkeiten bei einem Prozess zu, so ist dieser **irreveribel**, anderenfalls **reversibel** (→ Abschnitt „Reversible und irreversible Prozesse" auf Seite 200).

Eine dritte mögliche Formulierung ist die folgende:

- Es gibt kein **Perpetuum Mobile 2. Art**, das heißt, es ist nicht möglich, eine Maschine zu bauen, die nichts anderes tut, als unter Abkühlung eines Reservoirs Arbeit zu liefern. (Es ist stets ein zweites Reservoir notwendig, das erwärmt wird.)

Anders ausgedrückt: Arbeit kann zum Beispiel durch Reibung vollständig in Wärme umgewandelt werden, umgekehrt funktioniert dies jedoch immer nur teilweise. Wärme lässt sich daher nicht so universell einsetzen wie andere Energieformen, sie ist für uns daher weniger wert.

Dritter Hauptsatz

- Es gibt ein absolutes Minimum der Temperatur.

Dieser absolute Nullpunkt hat die Temperatur 0 Kelvin bzw. −273,15 °C. Bei dieser Temperatur sind die Entropie *S* und die Wärmekapazität *C* jedes Körpers null und die innere Energie hat ihren kleinsten Wert (quantenmechanische Nullpunktsenergie).

Hauptsätze der Thermodynamik

1. **Hauptsatz:** $\Delta U = \Delta Q + \Delta W = \Delta Q - p \cdot \Delta V$.
   Es gibt kein **Perpetuum Mobile 1. Art**: Es ist nicht möglich, eine Maschine zu bauen, die Energie erzeugt, ohne ihre Umgebung dabei zu verändern.
2. **Hauptsatz/Prinzip von BOLTZMANN:** Jedes abgeschlossene System strebt nach dem wahrscheinlichsten Zustand (max. Entropie).
   Es gibt kein **Perpetuum Mobile 2. Art**, das heißt, es ist nicht möglich, eine Maschine zu bauen, die nichts anderes tut, als unter Abkühlung eines Reservoirs Arbeit zu liefern. (Es ist stets ein zweites Reservoir erforderlich, das erwärmt wird.)
3. **Hauptsatz:** Es gibt ein absolutes Minimum der Temperatur bei 0 Kelvin bzw. −273,15 °C.

8.4 Wärme und Energie

Die Wärmekapazität

Im → Abschnitt „Temperatur, innere Energie und Gleichverteilungssatz“ auf Seite 181 wurde gezeigt, dass die Temperatur ein Maß für die innere kinetische Energie ist. Was bisher fehlt, ist ein Zusammenhang zwischen der Temperaturerhöhung ΔT eines Körpers und der zugeführten Wärmemenge ΔQ. Hierzu wird der Begriff der Wärmekapazität C verwendet:

$$\Delta Q = \nu \cdot C_{V,\text{mol}} \cdot \Delta T = m \cdot c_V \cdot \Delta T.$$

Der Index mol kennzeichnet dabei eine Normierung auf eine Stoffmenge von 1 mol (**molare Wärmekapazität**), während im anderen Fall 1 kg als Bezugsgröße verwendet wird (**spezifische Wärmekapazität**).

Stoff	$c_P\left[\frac{J}{gK}\right]$	$c_V\left[\frac{J}{gK}\right]$	$\lambda\left[\frac{W}{m \cdot K}\right]$
Luft	1,005	0,718	0,02454
Wasserdampf (100 °C)	1,842	1,381	0,016
Wasser	4,187	–	0,60
Eis	2,09	–	2,33
Diamant	0,472	–	2300
Silizium	0,741	–	148
Ethylalkohol	2,38	–	–
PVC	0,9...2	–	0,16
Gummi	1,6 bis 2,1	–	15 bis 17
V2A-Stahl	0,51	–	14
unlegierter Stahl	0,49	–	47 bis 58
Normalbeton	0,88	–	1,4 bis 1,5
Holz	1,4 bis 2,4	–	0,14 bis 0,17
Fensterglas	0,84	–	0,81

Tab. 8.9: Wärmekapazität und Wärmeleitzahl einiger weitverbreiteter Materialien

Bisher wurde davon ausgegangen, dass das Volumen bei der Erwärmung konstant gehalten wird (daher der Index V). Häufig ist jedoch der äußere Druck p konstant und das Volumen vergrößert sich bei der Erwärmung proportional zur Temperaturerhöhung:

$$\Delta V = \gamma \cdot V \cdot \Delta T$$

Für diese Ausdehnung wird die Arbeit $\Delta W = -p\,\Delta V$ aufgewendet.
Die Wärmekapazität erhält daher einen etwas größeren Wert:

$$\Delta Q = \nu \cdot C_{p,\text{mol}} \cdot \Delta \text{T} = m \cdot c_p \cdot \Delta T$$

Für das ideale Gas werden die Werte für $C_{p,\text{mol}}$ und $C_{V,\text{mol}}$ im → Abschnitt „Reversible Prozesse“ auf Seite 200 hergeleitet. Für reale Gase liefert die **Van-der-Waals-Gleichung**, → Seite 186) eine Korrektur für hohe Drücke:

$$C_{p,\text{mol}}^{\text{real}}(p) = C_{p,\text{mol}}^{\text{ideal}} + \frac{2a}{RT^2}p$$

Der Quotient $\kappa = \frac{c_\text{p}}{c_\text{v}} = \frac{C_\text{p,mol}}{C_\text{v,mol}}$ wird als **Adiabatenkoeffizient** bezeichnet und hat für Luft den Wert 1,4.

Wärmekapazität

Um einen Körper um ΔT zu erwärmen ist die Wärmemenge (Energie) ΔQ notwendig:

$$\Delta Q = \nu \cdot C_{mol} \cdot \Delta T = m \cdot c \cdot \Delta T \quad \text{mit} \quad C_{mol} = c \cdot M$$

Isochorer Prozess V = konst.: $C_{v,mol} = \frac{f}{2} R$

Isobarer Prozess p = konst.: $C_{p,mol} = \left(\frac{f}{2} + 1\right) R$

reale Gase: $C_{p,mol}^{real}(p) = C_{p,mol} + \frac{2a}{RT^2} p$

Adiabatenkoeffizient: $\kappa = 1 + \frac{2}{f}$

Freiheitsgrade: $f_{Festkörper} = 3$ und $f_{Luft} = 5$

$\Rightarrow C_{V,mol,Festkörper} \approx 25 \frac{J}{mol \cdot K}$ und $C_{V,mol,Luft} \approx 20{,}8 \frac{J}{mol \cdot K}$ und $\kappa_{Luft} = 1{,}4$

zur Herleitung: → „Reversible Prozesse idealer Gase“ auf Seite 200 f.

Beispiel

Mischen von Flüssigkeiten oder Gasen

Werden zwei Flüssigkeiten oder Gase unterschiedlicher Temperatur (T_1, T_2) miteinander gemischt, so findet ein Wärmeaustausch statt und es stellt sich eine einheitliche Mischtemperatur ein:

$$\Delta Q_1 = m_1 \cdot c_1 \cdot (T_1 - T_M) = m_2 \cdot c_2 \cdot (T_M - T_2) = \Delta Q_2 \quad \Rightarrow \quad T_M = \frac{m_1 c_1 T_1 + m_2 c_2 T_2}{m_1 c_1 + m_2 c_2}$$

Für zwei gleiche Stoffe vereinfacht sich die Formel, da sich die Wärmekapazität herauskürzt:

$$\Rightarrow \quad T_M = \frac{m_1}{m_1 + m_2} T_1 + \frac{m_2}{m_1 + m_2} T_2$$

Wärmetransport

Der Transport von Wärme kann durch drei Mechanismen erfolgen:

- **Konvektion:** Die Wärmeenergie wird von einem strömenden Fluid (einem Gas oder einer Flüssigkeit) transportiert. Dies ist die effektivste Form der Wärmeübertragung. Beispiele sind der Golfstrom, der warmes Meerwasser aus den Tropen nach Europa transportiert; der Kühler von Autos oder auch Heizkörper.
- **Wärmeleitung** (→ Seite 196): Befinden sich zwei Stoffe in unmittelbarem Kontakt, so wird Wärmeenergie unmittelbar durch Stöße der Atome übertragen. Beispiele sind die Wärmeübertra gung durch Fenster und Wände oder von einer elektrischen Herdplatte auf einen Topf.
- **Wärmestrahlung** (→ Seite 197): Jeder Körper strahlt Wärmeenergie in Form von elektromagnetischer Strahlung ab. Relevant ist diese Form der Wärmeübertragung nur bei hohen Temperaturen oder im Vakuum, da die anderen Transportmechanismen sonst effektiver sind. Beispiele sind das Sonnenlicht oder das Leuchten einer Glühbirne.

Wärmeleitung

Der Transport von Wärme durch Wärmeleitung wird durch eine materialspezifische Wärmeleitzahl λ beschrieben (→ Tab. 8.9 auf Seite 194). Die transportierte Wärmemenge ΔQ ist proportional zur Temperaturdifferenz ΔT, der Zeit Δt und der Querschnittsfläche A. Mit zunehmender Materialdicke s nimmt sie hingegen antiproportional ab:

$$\Delta Q = \lambda \cdot \frac{A}{s} \cdot \Delta T \cdot \Delta t \quad \Rightarrow \quad \text{Wärmestromdichte } \Phi = \frac{dQ}{dt} = \lambda \cdot \frac{A}{s} \cdot \Delta T$$

In Analogie zur Elektrizitätslehre definiert man den Wärmewiderstand $R_{th} = \frac{s}{\lambda A}$. Für den Wärmetransport durch mehrere Schichten (Reihenschaltung) oder gleichzeitig durch verschiedene Flächen (Parallelschaltung) gelten dann die vom elektrischen Widerstand bekannten Gesetze:

Analogien zur Elektrizitätslehre

Temperaturdifferenz ΔT	⇔	Spannung U
Wärmestrom Φ	⇔	Stromstärke I
Wärmewiderstand R_{th}	⇔	el. Widerstand R
Wärmeleitwert λ	⇔	el. Leitfähigkeit κ

Reihenschaltung: $R_{ges} = \sum_i R_i$

Parallelschaltung: $\frac{1}{R_{ges}} = \sum_i \frac{1}{R_i}$

OHM'sches Gesetz: $\Delta T = R_{th} \cdot \Phi$

In Flüssigkeiten und Gasen erfolgt die Wärmeleitung durch Stöße zwischen den Molekülen. In Festkörpern hingegen wird Wärme durch Schwingungen der Atome, sogenannte **Phononen** (→ Beispiel auf Seite 135), übertragen. Bei einem perfekten Festkörper mit starken atomaren Bindungen (Diamant, monokristallines Silizium) kann dies sehr effektiv sein. In der Regel ist diese Form der Wärmeleitung jedoch schlecht, sodass Isolatoren im Allgemeinen schlechte Wärmeleiter sind. Bei Metallen hingegen tragen die frei beweglichen Elektronen erheblich zum **Wärmetransport** bei. Die Wärmekapazität des Elektronengases ist zwar viel geringer als die des Phononensystems, jedoch wird dies durch die große mittlere Geschwindigkeit der Elektronen (HALL-Effekt, → Seite 51) mehr als kompensiert. Empirisch wird der Einfluss des Elektronengases auf die Wärmekapazität von Metallen durch das **WIEDEMANN-FRANZ'sche Gesetz** näherungsweise beschrieben:

GUSTAV HEINRICH WIEDEMANN 1826–1899

RUDOLPH FRANZ 1826–1902

$$\lambda_{el} = \frac{\pi^2 k_B^2}{3e} \cdot \kappa \cdot T,$$

wobei κ die elektrische Leitfähigkeit und T die Temperatur angibt.

Wärmestrahlung

Strahlungsgesetz von Kirchhoff

Jeder Körper strahlt Wärme in Form von elektromagnetischer Strahlung ab. Ebenso absorbiert jeder Körper zumindest einen Teil der auf ihn treffenden Strahlung. Ein **„schwarzer Körper“** absorbiert per Definition die gesamte auftreffende Strahlung, der Absorptionsgrad beträgt $\varepsilon = 1 = 100\,\%$. Ein perfekter Spiegel hingegen hat einen Reflexionsgrad $1 - \varepsilon$ von 100 %, also $\varepsilon = 0$.

Schwarzer Körper

Eine mit Ruß bedampfte rauhe Oberfläche kommt der Vorstellung eines „schwarzen Körpers“ bereits recht nahe, erfüllt die Bedingung $\varepsilon = 1$ jedoch nur unvollkommen. Wird hieraus ein Hohlkörper mit einer kleinen Öffnung gefertigt, so erfüllt diese Öffnung die Bedingung nahezu perfekt, da eintretende Strahlung im Innern mehrfach reflektiert und dabei (fast) vollkommen absorbiert wird. Die aus dem Loch austretende Strahlung ist identisch zu der Strahlung eines idealen schwarzen Körpers der gleichen Temperatur. Man spricht daher von **Hohlraumstrahlung**. Für das menschliche Auge wird sie erst oberhalb von 700 °C bis 800 °C sichtbar.

Um die Frage zu beantworten, welchen Einfluss der Absorptions-/Reflektionsgrad eines Körpers auf dessen Wärmestrahlung hat, führen wir ein Gedankenexperiment durch: Wir stellen uns zwei Platten vor, die sich in einem ringsum ideal verspiegelten Vakuumgefäß einander gegenüberstehen. Beide Platten haben die gleiche Temperatur, jedoch einen unterschiedlichen Absorptionsgrad ε. Würden beide Platten die gleiche Leistung emittieren, so würde sich die Platte mit dem höheren Absorptionsgrad aufheizen und die andere abkühlen. Dies wäre ein **Perpetuum Mobile 2. Art** und widerspricht dem zweiten Hauptsatz der Thermodynamik, → Seite 192). Hieraus folgt, dass die abgestrahlte Leistung P_ε proportional zum Absorptionsgrad ε ist und die größte Leistung P_S von einem „schwarzen Körper“ abgestrahlt wird.

Strahlungsgesetz von G. Kirchhoff: $P_\varepsilon = \varepsilon \cdot P_S$

Gustav Robert Kirchhoff 1824–1887

Diese Beziehung gilt sowohl für die gesamte abgestrahlte Leistung als auch für jede einzelne Frequenz (Wellenlänge).

Planck'sches Strahlungsgesetz

Max Karl Ernst Ludwig Planck 1858–1947, Nobelpreis 1918

Die Abhängigkeit der abgestrahlten Leistung P_S von der Wellenlänge λ und der Temperatur des schwarzen Strahlers T wird durch das Planck'sche Strahlungsgesetz beschrieben.

$$\frac{1}{\text{Fläche}} \frac{dP_S}{d\lambda}(\lambda, T) = \frac{2\pi h c^2}{\lambda^5 \cdot \left(\exp\left(\frac{hc}{\lambda \cdot k_B T}\right) - 1\right)}$$

In der hier gewählten Darstellung wurde über alle Winkel des Halbraumes integriert. In der winkelabhängigen Darstellung wird π durch
$\cos\vartheta\,\mathrm{d}\Omega = \cos\vartheta\sin\vartheta\,\mathrm{d}\vartheta\,\mathrm{d}\varphi$ ersetzt.

Strahlungsgesetz von Rayleigh und Jeans

John William Strutt 1842–1919 erbte 1873 den Titel 3. Baron Rayleigh, Nobelpreis 1904

James Hopwood Jeans 1877–1946

Für sehr große Wellenlängen $\lambda \gg \frac{hc}{k_B T}$ kann die Exponentialfunktion im Planck'schen Strahlungsgesetz durch die Näherung $\exp\left(\frac{hc}{\lambda \cdot k_B T}\right) \approx 1 + \frac{hc}{\lambda \cdot k_B T}$ ersetzt werden. Die Gleichung vereinfacht sich dadurch zu dem experimentell von **Rayleigh und Jeans** aufgestellten Gesetz:

$$\frac{1}{\text{Fläche}}\frac{\mathrm{d}P_S}{\mathrm{d}\lambda}(\lambda, T) = \frac{2\pi c}{\lambda^4} k_B T$$

Wien'sches Strahlungsgesetz

Wilhelm Carl Werner Otto Fritz Franz Wien 1864–1928, Nobelpreis 1911

Für sehr kleine Wellenlängen $\lambda \ll \frac{hc}{k_B T}$ ist die Exponentialfunktion hingegen groß gegen 1 und aus dem Planck'schen Strahlungsgesetz wird das experimentell gefundene **Wien'sche Strahlungsgesetz**.

$$\frac{1}{\text{Fläche}}\frac{\mathrm{d}P_S}{\mathrm{d}\lambda}(\lambda, \mathrm{T}) = \frac{2\pi h c^2}{\lambda^5}\exp\left(-\frac{hc}{\lambda \cdot k_B T}\right)$$

Wien'sches Verschiebungsgesetz

Das Planck'sche Strahlungsgesetz weist ein Maximum der abgestrahlten Leistung auf, dessen Wellenlänge von der Temperatur abhängt, daher auch der Begriff **Farbtemperatur**. Durch Nullsetzen der Ableitung des Planck'schen Strahlungsgesetzes und numerisches Auflösen nach λ folgt:

$$\lambda_{max} = \frac{2897{,}8\,\mu\mathrm{m\,K}}{T}$$

Vorsicht: Falle

Durch den nichtlinearen Zusammenhang $\lambda \cdot f = c$ zwischen Wellenlänge und Frequenz ist die Umrechnung zwischen der Wellenlängen- und Frequenzdarstellung nicht trivial. Zum Beispiel folgt für die Frequenz mit der höchsten Leistung pro Frequenzintervall:

$$f_{max} = 5{,}878\,933 \cdot 10^{10}\,\frac{\mathrm{Hz}}{\mathrm{K}} \cdot T \neq \frac{c}{\lambda_{max}}$$

Stefan-Boltzmann-Gesetz

Josef Stefan 1835–1893

Ludwig Eduard Boltzmann 1844–1906

Durch Integration des Planck'schen Strahlungsgesetzes über alle Wellenlängen ergibt sich für die gesamte abgestrahlte Leistung das **Stefan-Boltzmann-Gesetz**:

$$\frac{1}{\text{Fläche}} P_S(T) = \frac{2\pi^5 k_B^4}{15 h^3 c^2} T^4 = \sigma \cdot T^4$$

mit der **Stefan-Boltzmann-Konstanten**

$$\sigma = \frac{2\pi^5 k_B^4}{15 h^3 c^2} = 5{,}6704 \cdot 10^{-8}\,\frac{\mathrm{W}}{\mathrm{m^2 K^4}}$$

Solare Strahlungskonstante

Durch den großen Abstand zur Sonne gelangt zur ein kleiner Teil der von der Sonne abgestrahlten Energie bis zur Erde. Im Jahresmittel beträgt die auf die Erde auftreffende Strahlungsleistung $S_E = 1{,}367\,\frac{\text{kW}}{\text{m}^2}$ (solare Strahlungskonstante).

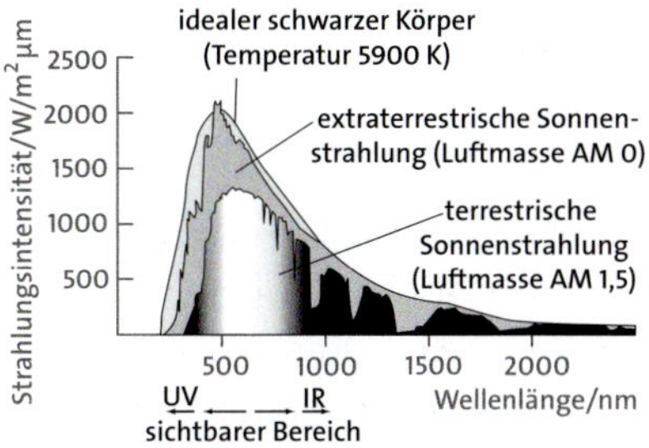

Abb. 8.12: Strahlungsintensität eines schwarzen Körpers im Vergleich zur extraterrestrischen und terrestrischen Sonnenstrahlung

Durch die leicht elliptische Bahn der Erde um die Sonne (Exzentrizität) schwankt dieser Wert um 3 bis 4 % in beide Richtungen. Der Einfluss des Sonnenfleckenzyklus (Sonnenintensität) beträgt hingegen nur 0,1 %. Von der Atmosphäre wird eine großer Teil des Sonnenlichts absorbiert.
Bis zum Meeresniveau gelangen daher nur rund 800 W/m², auf 3000 bis 4000 m hohen Bergen sind es hingen rund 1000 W/m².

Treibhauseffekt

Glas ist für sichtbares Licht und kurzwellige Infrarotstrahlung transparent, für langwelliges Infrarot hingegen undurchsichtig. Sonnenlicht mit seinem Strahlungsmaximum im grünen Licht kann das Glas zu einem großen Teil durchdringen. Beim Auftreffen der Strahlung auf den Boden, Pflanzen usw. wird das Licht zumindest teilweise absorbiert und in Wärme umgewandelt. Die hieraus resultierende Wärmestrahlung hat ihr Intensitätsmaximum im langwelligen Infrarot. In diesem Bereich ist das Glas nicht mehr transparent sondern absorbiert die Strahlung. Ein Teil der Wärmeenergie wird durch Wärmeleitung nach außen transportiert und dort durch Wärmestrahlung und Wärmeleitung abgegeben. Der größte Teil wird jedoch als Wärmestrahlung wieder nach innen abgestrahlt. Dadurch kommt es zu einer Erwärmung des Innenraums, die als **Treibhauseffekt** bezeichnet wird. Bei einem echten Treibhaus spricht man auch vom **Glashauseffekt** im Gegensatz zum **atmosphärischen Treibhauseffekt** und dem **anthropogenen**, also vom Menschen verursachten atmosphärischen Treibhauseffekt. Der atmosphärische Treibhauseffekt wird durch Treibhausgase wie Wasserdampf, Kohlenstoffdioxid, Methan und Ozon verursacht. Einen wesentlichen Einfluss haben darüber hinaus Wolken, da sie viel Licht reflektieren. Insgesamt ergibt sich durch den atmosphärischen Treibhauseffekt eine Erwärmung der Erde um rund 33 °C.
Der anthropogene Treibhauseffekt wird durch einen Anstieg der Treibhausgase CO_2 (fossile Brennstoffe) und Methan (Reisanbau, Rinderzucht, Müllfäulnis) verursacht und beträgt zurzeit rund 0,5 bis 0,7 °C.

8.5 Reversible Zuständsänderungen

Reversible und irreversible Prozesse

Ein Prozess heißt **reversibel**, wenn ohne sonstige bleibende Veränderung in der Natur der Ausgangszustand des Systems wiederhergestellt werden kann, sonst heißt der Prozess **irreversibel**. Elastische Stöße sind ein Beispiel für reversible Prozesse. Bei Zeitumkehr verläuft der Prozess im Einklang mit allen physikalischen Gesetzen in umgekehrter Richtung. Wärmeleitung ist ein Beispiel für einen irreversiblen Prozess, da die Umkehrung den 2. Hauptsatz der Thermodynamik verletzt (Prinzip von BOLTZMANN, Seite 193). Analog sind auch alle übrigen von selbst laufenden Prozesse irreversibel!

Bei reversiblen Prozessen können zugeführte Wärme ΔQ_{rev} und Entropiezuwachs ΔS als äquivalent betrachtet werden. Es gilt:

Wärme ist Entropie

$$\Delta Q_{rev} = T \cdot \Delta S_{rev}$$

Bei einem irreversiblen Prozess ist der Entropiezuwachs größer als durch die Wärmezufuhr gerechtfertigt ist, sodass gilt:

$$\Delta Q_{irrev} < T \cdot \Delta S_{irrev}$$

Reversible Prozesse idealer Gase

Langsame Zustandsänderungen (Druck, Temperatur, Volumen) eines idealen Gases sind reversible Prozesse, sofern die Teilchenzahl konstant bleibt und Volumenänderungen durch **Arbeit** $\Delta W = -p \cdot \Delta V$ herbeigeführt werden (keine Ventile, keine chemischen Reaktionen). Die Voraussetzung einer langsamen Zustandsänderung ist notwendig, damit sich das System zu jedem Zeitpunkt im thermodynamischen Gleichgewicht befindet (andernfalls ist der Prozess nicht reversibel).

Zur Beschreibung der verschiedenen Prozesse genügen einige wenige Gleichungen, die in den vorigen Abschnitten hergeleitet wurden.

Grundgleichungen

1. Hauptsatz:	$\Delta U = \Delta Q + \Delta W$	(0)	
Innere Energie:	$U = \frac{f}{2} N k_B T = \frac{f}{2} \nu R T$	(1)	
Arbeit:	$\Delta W = -p \cdot \Delta V$	(2)	
ideales Gasgesetz:	$p V = N k_B T = \nu R T$	(3)	
Wärmekapazität:	$\Delta Q = \nu C_{V,mol} \Delta T = m c_V \Delta T;$	(4)	isochorer Prozess
	$\Delta Q = \nu C_{p,mol} \Delta T = m c_p \Delta T$	(5)	isobarer Prozess
Entropie:	$\Delta Q_{rev} = T \cdot \Delta S$		

Die Kennzeichnung (0), (1), (2) ... dient Verweisen im Text.

Isothermer Prozess: T = konst.

(1) $\Rightarrow$ U = konst. bzw. $\Delta U = 0$

(3) $\Rightarrow$ pV = konst.

(Gesetz von Boyle und Mariotte)

(0) $\Rightarrow$ $dQ \overset{(2)}{=} p \cdot dV \overset{(3)}{=} N k_B T \frac{dV}{V}$

$$\Rightarrow \Delta Q = N k_B T \ln \frac{V_2}{V_1} \overset{(3)}{=} N k_B T \ln \frac{p_1}{p_2} \overset{(0)}{=} -\Delta W$$

$$\overset{(3)}{\Leftrightarrow} \Delta Q = \nu R T \ln \frac{V_2}{V_1} = \nu R T \ln \frac{p_1}{p_2} = -\Delta W$$

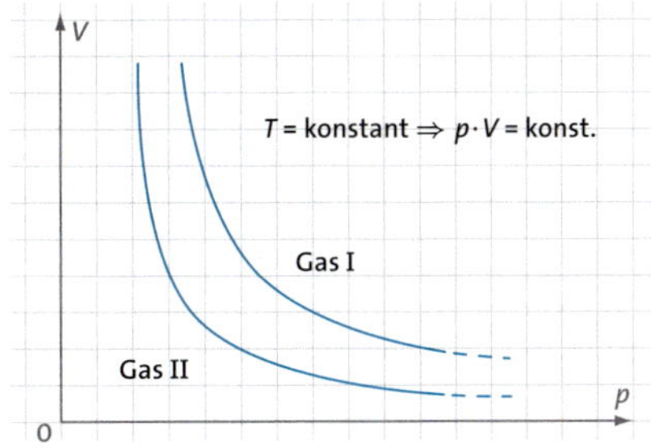

Abb. 8.13: Gesetz von Boyle und Mariotte

Robert Boyle
1627–1692

Edme Mariotte
um 1620–1684

- Gesetz von Boyle und Mariotte: $p \cdot V$ = konst.
- $\Delta Q = \nu R T \ln \frac{V_2}{V_1} = \nu R T \ln \frac{p_1}{p_2} = -\Delta W$ bzw.
  $\Delta Q = p_i V_i \ln \frac{V_2}{V_1} = p_i V_i \ln \frac{p_1}{p_2} = -\Delta W$ mit $i = 1$ oder 2
- $\Delta U = 0$

Isothermer Prozess: T = konst.

Isochorer Prozess: V = konst.

(2) $\Rightarrow$ $\Delta W = 0$

(3) $\Rightarrow$ $\frac{p}{T}$ = konst.

(Gesetz von Amontons)

$$(0, 1) \Rightarrow \Delta Q = \frac{f}{2} N k_B \cdot \Delta T = \frac{f}{2} \nu R \cdot \Delta T = \nu C_{V,\text{mol}} \cdot \Delta T$$

$$\Rightarrow C_{V,\text{mol}} = \frac{f}{2} R \qquad (*)$$

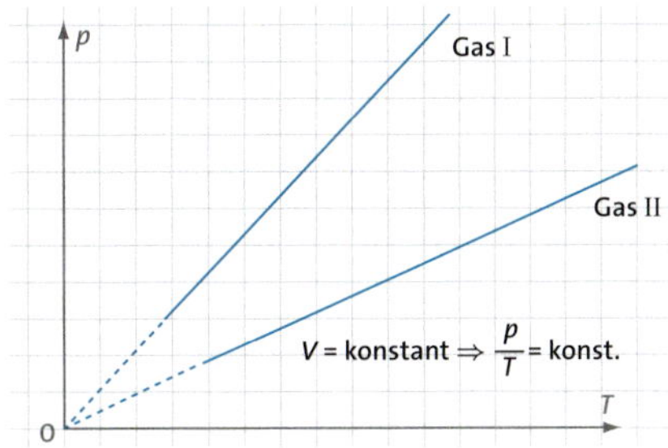

Abb. 8.14: Gesetz von Amontons

Guillaume Amontons
1663–1705

Da ein Festkörper 3 Freiheitsgrade der Translation und 3 Freiheitsgrade der Vibration hat, folgt hieraus das **Dulong-Petit'sche Gesetz:**

$$c_{V,\text{ mol, Festkörper}} = 3R \approx 25 \frac{\text{J}}{\text{mol} \cdot \text{K}}$$

Pierre Luis Dulong
1785–1838

Alexis Thérès e Petit
1791–1820

Luft besteht im Wesentlichen aus N_2 und O_2. Bei Raumtemperatur haben diese Moleküle 3 Translations- und 2 Rotationsfreiheitsgrade; die Vibration wird erst bei höheren Temperaturen angeregt.

Für die Wärmekapazität folgt somit:

$$C_{V,\text{mol,Luft}} = \frac{5}{2} R \approx 20{,}8 \frac{\text{J}}{\text{mol} \cdot \text{K}}$$

- Gesetz von Amontons: $\frac{p}{T}$ = konst.
- $\Delta Q = \nu C_{V,\text{mol}} \cdot \Delta T$ mit $C_{V,\text{mol}} = \frac{f}{2} R$
- Dulong-Petit'sches Gesetz: $C_{V,\text{mol,Festkörper}} = 3R \approx 25 \frac{\text{J}}{\text{mol} \cdot \text{K}}$
- $\Delta W = 0$

Isochorer Prozess: V = konst.

Isobarer Prozess: p = konst.

$(3) \Rightarrow \frac{V}{T} = \text{konst.}$

$$\Rightarrow V(T) = V_0\left(1 + \frac{T - T_0}{T_0}\right)$$

$$\text{und } p(T) = p_0 \cdot \left(1 + \frac{T - T_0}{T_0}\right)$$

Diese drei Formeln werden als **Gesetze von Gay-Lussac** bezeichnet.

Josef Louis Gay-Lussac 1778–1850

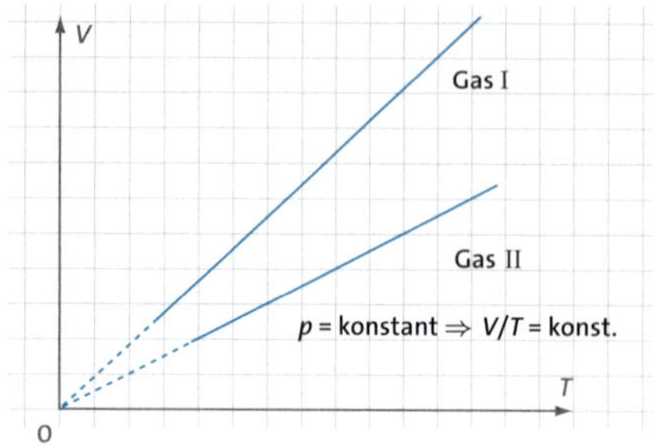

Abb. 8.15: Gesetz von Gay-Lussac

$$(0, 1, 2) \Rightarrow \Delta Q = \frac{f}{2}\nu R \cdot \Delta T + p \cdot \Delta V$$

$$= \nu C_{V,\text{mol}}\Delta T + \nu R \Delta T \overset{(5)}{=} \nu C_{p,\text{mol}}\Delta T$$

$$\Rightarrow C_{p,\text{mol}} = C_{V,\text{mol}} + R \Rightarrow c_p = c_V + \frac{R}{M_\text{mol}}$$

Aus diesen Beziehungen lässt sich der **Adiabatenkoeffizient** für ein ideales Gas berechnen:

$$\kappa = \frac{c_p}{c_V} = \frac{C_{p,\text{mol}}}{C_{V,\text{mol}}} = 1 + \frac{R}{C_{V,\text{mol}}} \overset{(*)}{=} 1 + \frac{2}{f}$$

Für Luft (3 Translations- und 2 Rotationsfreiheitsgrade bei Raumtemperatur) folgt:

$$\kappa_\text{Luft} = 1 + \frac{2}{5} = 1{,}4$$

Isobarer Prozess: p = konst.

- Gesetz von Gay-Lussac: $\frac{V}{T} = \text{konst.}$

  $V(T) = V_0 \cdot \left(1 + \frac{T - T_0}{T_0}\right)$ und $p(T) = p_0 \cdot \left(1 + \frac{T - T_0}{T_0}\right)$

- $\Delta Q = \nu C_{p,\text{mol}}\Delta T$ mit $C_{p,\text{mol}} = C_{V,\text{mol}} + R = \left(\frac{f}{2} + 1\right)R$

Adiabatischer Prozess: $\Delta Q = 0 \Leftrightarrow S = \text{konst.}$

$$(0,1,2) \Rightarrow \frac{f}{2}N k_B \, dT = -p\,dV = -N k_B T \frac{1}{V} dV \Rightarrow \frac{f}{2}\frac{dT}{T} = -\frac{dV}{V} \Rightarrow \frac{f}{2}\ln\frac{T_2}{T_1} = -\ln\frac{V_2}{V_1}$$

$$\Leftrightarrow \left(\frac{T_2}{T_1}\right)^{\frac{f}{2}} = \left(\frac{V_1}{V_2}\right) \overset{(3)}{\Leftrightarrow} \left(\frac{p_2 V_2}{p_1 V_1}\right)^{\frac{f}{2}} = \frac{V_1}{V_2} \Leftrightarrow \frac{p_2}{p_1} = \left(\frac{V_1}{V_2}\right)^{\frac{f}{2}+1} = \left(\frac{V_1}{V_2}\right)^{\kappa} \Leftrightarrow p \cdot V^\kappa = \text{konst.}$$

Das Ergebnis dieser Rechnung wird als **Adiabatengleichung** bezeichnet.

Adiabatischer Prozess: $\Delta Q = 0$

- Entropie S = konst. (isentroper Prozess)
- $\left(\frac{T_2}{T_1}\right)^{\frac{f}{2}} = \left(\frac{V_1}{V_2}\right) \Leftrightarrow \left(\frac{p_2}{p_1}\right) = \left(\frac{V_1}{V_2}\right)^{\frac{f}{2}+1} = \left(\frac{V_1}{V_2}\right)^{\kappa}$

  $\Leftrightarrow p \cdot V^\kappa = \text{konst.}$ (Adiabatengleichung)

Kompressionsfeuerzeug

Beispiele

Ein Wattebausch wird mit Äther getränkt und in einen Kolben gegeben. Wird nun der Kolben mit der Hand adiabatisch komprimiert, so kommt es zur Entzündung (Kompressionsfeuerzeug). Hierfür ist eine Zündtemperatur von rund 180 °C erforderlich!

Zur Erklärung dieses Effekts setzen wir die ideale Gasgleichung $p \cdot V = N k_B T$ in die Adiabatengleichung ein und formen um:

$$p \cdot V^{\kappa} = p \cdot \left(\frac{N k_B T}{p}\right)^{\kappa} = \text{konst.} \quad \Rightarrow \quad T^{\kappa} p^{1-\kappa} = \text{konst.}$$

$$\Leftrightarrow \quad T = \text{konst.} \cdot p^{\frac{\kappa-1}{\kappa}} = \text{konst.} \cdot p^{\frac{2}{2+f}} \quad \Leftrightarrow \quad \frac{T_2}{T_1} = \left(\frac{p_2}{p_1}\right)^{\frac{\kappa-1}{\kappa}} = \left(\frac{p_2}{p_1}\right)^{\frac{2}{2+f}}$$

Mit $f = 5$ bzw. $\kappa = 1{,}4$ für Luft folgt:

$$T_2 = T_1 \cdot \left(\frac{p_2}{p_1}\right)^{\frac{2}{7}} = 300\,\text{K} \cdot \left(\frac{5\,\text{bar}}{1\,\text{bar}}\right)^{\frac{2}{7}} = 475\,\text{K}$$

Das Experiment setzt somit eine adiabatische Druckerhöhung auf mehr als 5 bar voraus. Der gleiche Effekt führt beim Dieselmotor zum Zünden des Diesels. Auch die Erwärmung beim Befüllen eines Fahrradreifens oder einer Druckgasflasche geht auf eine adiabatische Kompression zurück.

Achtung: Die beobachtete Abkühlung beim Entleeren eines Druckbehälters hat mit diesem Effekt nichts zu tun, da dies kein adiabatischer Prozess ist: Die Moleküle können sich beim Verlassen des Ventils im ganzen Raum verteilen, folglich nimmt ihre Entropie zu und der Prozess ist nicht adiabatisch. Die Ursache für die Abkühlung ist hingegen der **JOULE-THOMSON-Effekt** (→ Seite 190), der natürlich auch bei der adiabatischen Kompression realer Gase einen kleinen Beitrag zur Erwärmung liefert $\left(\text{bei Luft } \frac{1}{4}\,\text{K pro bar}\right)$.

Föhn-Wetterlage

Bei einer Föhn-Wetterlage treibt der Wind feuchte Luft vom Mittelmeer über die Alpen nach Süddeutschland. Auf der windzugewandten Seite weicht die Luft den Alpen nach oben aus und kühlt sich dabei adiabatisch ab. Nach der barometrischen Höhenformel nimmt der Druck dabei je 100 m um etwa 12 mbar ab (siehe Kompressionsfeuerzeug):

$$T_2 = T_1 \cdot \left(\frac{p_2}{p_1}\right)^{\frac{2}{7}} = 288{,}2\,\text{K} \cdot \left(\frac{1001\,\text{mbar}}{1013\,\text{mbar}}\right)^{\frac{2}{7}} = 287{,}2\,\text{K}$$

Die Temperaturabnahme beträgt somit 1 K je 100 Höhenmeter.

Wird der Taupunkt unterschritten, kondensiert die Luftfeuchtigkeit und es regnet. Die bei der Kondensation freiwerdende Wärme nimmt die Luft mit auf die andere Seite der Alpen. Die tatsächliche Abkühlung beträgt dadurch nur 0,65 K je 100 m. Auf dem Weg ins Flachland erwärmt sich die Luft erneut adiabatisch und die Wolken lösen sich auf. Die getrocknete Luft ist jetzt deutlich wärmer als die feuchte Luft auf der anderen Seite der Alpen.

Der CARNOT'sche Kreisprozess

NICOLAS LÉONARD SADI CARNOT 1796–1832

Der **CARNOT'sche Kreisprozess** ist eine periodische Abfolge reversibler Zustandsänderungen eines idealen Gases mit dem Zweck, Wärme in mechanische Arbeit umzuwandeln. Maschinen, die diesen Zweck verfolgen, werden als **Wärmekraftmaschinen** bezeichnet. (Die Erzeugung von Strom in einem Kohlekraftwerk ist ein typisches Beispiel für eine Wärmekraftmaschine.) Der CARNOT'sche Kreisprozess ist eine Idealisierung, bei der Verluste realer Maschinen durch Reibung, schlechte Isolierung usw. nicht berücksichtigt werden. Da zudem alle Prozesse reversibel verlaufen, ist der **Wirkungsgrad** $\eta_C = \frac{-\Delta W}{\Delta Q}$ größer als der jeder anderen denkbaren Wärmekraftmaschine vgl. → „Stirlingmotor" auf Seite 205! In Abb. 8.16 ist der Ablauf dargestellt.

Der Prozess beginnt am Punkt ① mit einer isothermen Dekompression an die in Punkt ② eine adiabatische Dekompression anschließt. Am Punkt ③ erfolgt eine Umkehr des Prozesses durch eine isotherme Kompression. Den Abschluss bildet eine adiabatische Kompression.

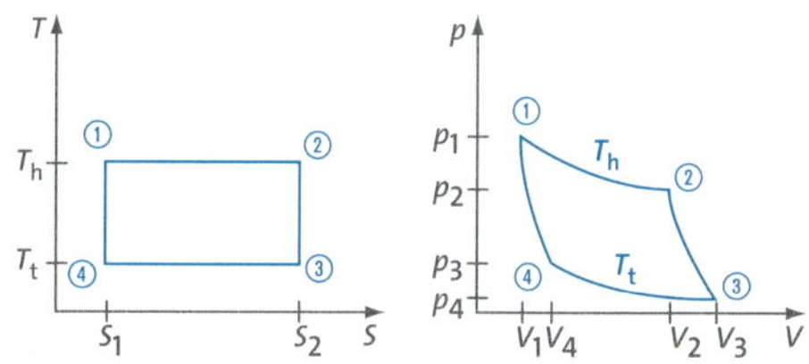

Abb. 8.16: CARNOT'scher Kreisprozess im S/T- und im V/p-Diagramm

Aus dem S/T-Diagramm kann der Wirkungsgrad des CARNOT'schen Kreisprozesses sehr einfach bestimmt werden:

Nach dem 1. Hauptsatz gilt: $\Delta U = T \cdot \Delta S + \Delta W$

Da die innere Energie U zu Beginn und Ende der Prozesse gleich ist ($\Delta U = 0$) folgt:

$$-\Delta W = T_h(S_2 - S_1) + T_t(S_1 - S_2) = (S_2 - S_1)\cdot(T_h - T_t)$$

Die zugeführte Wärmemenge ist gegeben durch

$$\Delta Q = (S_2 - S_1)\,T_h \;\Rightarrow\; \eta_C = \frac{-\Delta W}{\Delta Q} = 1 - \frac{T_t}{T_h}$$

Der Wirkungsgrad ist somit umso größer, je höher die Ausgangstemperatur T_h bzw. je niedriger die Endtemperatur T_t ist.

Wirkungsgrad

Wirkungsgrad von Wärmekraftmaschinen (CARNOT'scher Kreisprozess)

Beim CARNOT'schen Kreisprozess wird durch eine periodische Abfolge reversibler Zustandsänderungen (isotherme Dekompression, adiabatische Dekompression, isotherme Kompression, adiabatische Kompression) Wärme in Arbeit umgewandelt. Der Wirkungsgrad $\eta_C = \frac{-\Delta W}{\Delta Q} = 1 - \frac{T_t}{T_h}$ kann von keiner realen Wärmekraftmaschine (Kraftwerk) vollständig erreicht oder gar übertroffen werden. Der Wirkungsgrad ist umso höher, je größer die Ausgangstemperatur T_h und je niedriger die Endtemperatur T_t ist.

Stirlingmotor

ROBERT STIRLING erfand 1816 eine Wärmekraftmaschine, der ein vollständig reversibler Kreisprozess zugrunde liegt. Der Motor besteht aus einem Zylinder mit zwei über ein Schwungrad verbundenen Kolben. Der Arbeitskolben schließt den Zylinder dicht ab und dient der Kompression und Dekompression des eingeschlossenen Gases. Der Verdrängerkolben bewegt innerhalb des eingeschlossenen Gases zwischen dem Arbeitskolben und dem gegenüberliegenden Ende des Zylinders. Die Aufgabe des Verdrängerkolbens besteht darin, das Gas zwischen der beheizten und der gekühlten Seite des Zylinders isochor, also ohne Volumenänderung, zu bewegen. Die Abbildungen Abb. 8.17 und Abb. 8.18 zeigen den Ablauf des Stirling-Kreisprozesses.

ROBERT STIRLING
1790–1878

Während des Arbeitstaktes von Teilbild ① zu Teilbild ② dehnt sich das Gas im Zylinder isotherm aus und verrichtet dabei am Arbeitskolben die Arbeit

$$W_{\text{Dekompression}} = -Q_1 = -\nu R T_{\text{h}} \ln \frac{V_2}{V_1},$$

wobei die Wärmemenge Q_1 der Heizung entnommen wird. Beim idealen Stirlingmotor bewegt sich dabei der Verdrängerkolben zusammen mit dem Arbeitskolben nach außen.

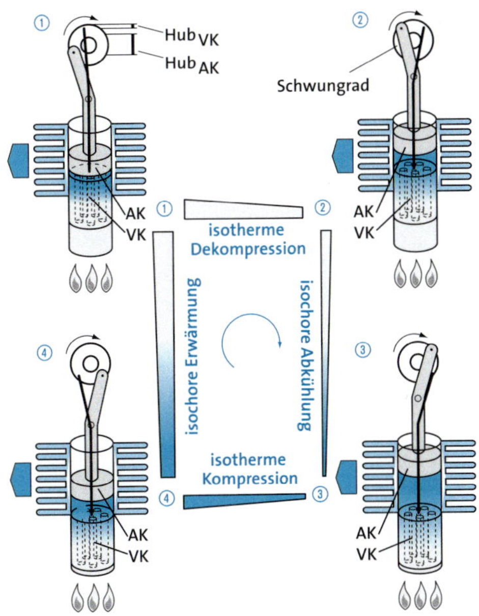

Abb. 8.17: Funktionsprinzip des Stirlingmotors

abgegebene technische Arbeit (Nutzarbeit):
$-\Delta W = W_{\text{Dekompression}} + W_{\text{Kompression}} = Q_1 + Q_3$;

innerer Wärmeaustausch mit dem Verdrängerkolben:
$Q_2 = -Q_4$

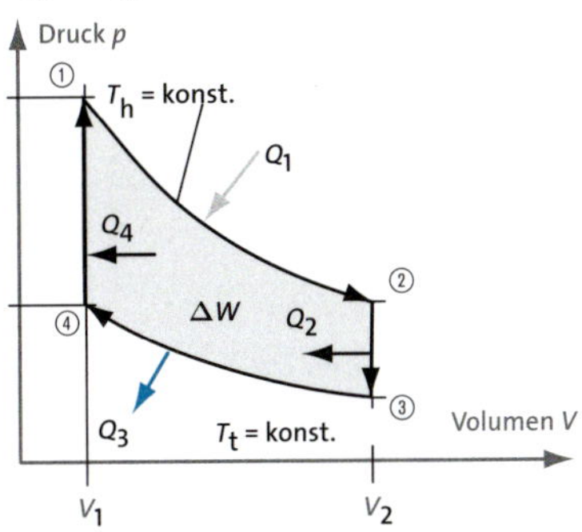

Abb. 8.18: Der Stirling-Prozess im pV-Diagramm
① → ② isotherme Dekompression, Bild ①
② → ③ isochore Abkühlung, Bild ②
③ → ④ isotherme Kompression, Bild ③
④ → ① isochore Erwärmung, Bild ④

Von Teilbild ② zu Teilbild ③ folgt eine isochore Abkühlung des Gases durch eine Verschiebung des Verdrängerkolbens an das heiße Ende des Zylinders. Dabei wird die Wärmemenge $Q_2 = \nu C_{V,mol} \cdot (T_t - T_h)$ an den Verdrängungskolben abgegeben.

Zwischen Teilbild ③ und Teilbild ④ erfolgt eine isotherme Kompression, wobei die Arbeit

$$W_{Kompression} = -\nu R T_t \ln \frac{V_1}{V_2} = -Q_3$$

vom Schwungrad auf den Arbeitszylinder übertragen und am Gas verrichtet wird. Die Wärmemenge Q_3 wird dabei an das Kühlwasser abgegeben.

Im letzten Arbeitstakt von Teilbild ④ zu Teilbild ① erfolgt eine isochore Erwärmung des Gases durch Verschieben des Verdrängerkolbens zum kalten Ende des Zylinders. Dabei wird die Wärmemenge

$$Q_4 = \nu C_{V,mol} \cdot (T_h - T_t)$$

vom Verdrängungskolben auf das Gas übertragen.

Während eines vollständigen Kreisprozesses wird die Nutzarbeit $-\Delta W$ verrichtet:

$$-\Delta W = -W_{Dekompression} - W_{Kompression}$$
$$= \nu R T_h \ln \frac{V_2}{V_1} + \nu R T_t \ln \frac{V_1}{V_2} = \nu R (T_h - T_t) \ln \frac{V_2}{V_1}$$

Hierzu wird die Wärmemenge ΔQ von der Heizung entnommen:

$$\Delta Q = Q_1 = \nu R T_h \ln \frac{V_2}{V_1}.$$

Der Wirkungsgrad beträgt damit wie beim CARNOT'schen Kreisprozess:

$$\eta_C = \frac{-\Delta W}{\Delta Q} = 1 - \frac{T_t}{T_h}$$

Kraftwerke

GuD-Kraftwerk (Erdgas)	50 bis 60 %
Wärmekraftwerk (Kohle)	30 bis 40 %
Wasserkraftwerk	80 bis 90 %
Windkraftanlage	bis 50 %
Solarmodule (kristallin)	15 bis 19 %
Brennstoffzellen	20 bis 60 %

Maschinen

Dampfmaschine	3 bis 44 %
Ottomotor	35 bis 38 %
Dieselmotor	35 bis 40 %
Stirlingmotor	10 bis 66 %
Elektromotor	90 bis 99 %
Mensch (Skelettmuskulator)	20 bis 30 %

Tab. 8.10: Wirkungsgrade einiger Kraftwerke und Maschinen

Überblick

BOLTZMANN-Konstante $k_B = 1{,}380\,658 \cdot 10^{-23} \frac{J}{K}$

molare Gaskonstante: $R = N_A \cdot k_B = 8{,}314\,510 \frac{J}{mol \cdot K}$

STEFAN-BOLTZMANN-Konstante: $\sigma = \frac{2\pi^5 k_B^4}{15 h^3 c^2} = 5{,}6704 \cdot 10^{-8} \frac{W}{m^2 K^4}$

Gleichverteilungssatz: $U = \frac{f}{2} N k_B T = \frac{f}{2} \nu R T$

Ideales Gasgesetz: $p \cdot V = N \cdot k_B \cdot T = \nu \cdot R \cdot T$

VAN-DER-WAALS-Gleichung: $\left(p + \frac{a}{V_m^2}\right) \cdot (V_m - b) = R \cdot T$ mit Molvolumen $V_m = \frac{V}{n}$

MAXWELL-Konstruktion, JOULE-THOMSON-Effekt,
Kritischer Punkt, Tripelpunkt

1. **Hauptsatz:** $\Delta U = \Delta Q + \Delta W = \Delta Q - p \cdot \Delta V$.
   Es gibt kein Perpetuum Mobile 1. Art (Energieerhaltungssatz)
2. **Hauptsatz/Prinzip von BOLTZMANN:** Maximierung der Entropie
   Wärme kann nicht vollständig umgewandelt (für Arbeit genutzt) werden. $\Delta Q_{rev} = T \cdot \Delta S_{rev}$ (reversibel) $\Delta Q_{irrev} < T \cdot \Delta S_{irrev}$ (irreversibel)
   maximaler Wirkungsgrad $\eta_C = \frac{-\Delta W}{\Delta Q} = 1 - \frac{T_t}{T_h}$
3. **Hauptsatz:** Absolutes Temperaturminimum bei 0 Kelvin bzw. −273,15°C.

PLANCK'sches Strahlungsgesetz: $\frac{1}{\text{Fläche}} \frac{dP_S}{d\lambda}(\lambda, T) = \frac{2\pi h c^2}{\lambda^5 \cdot \left(\exp\left(\frac{hc}{\lambda \cdot k_B T}\right) - 1\right)}$

RAYLEIGH und JEANS: $\frac{1}{\text{Fläche}} \frac{dP_S}{d\lambda}(\lambda, T) = \frac{2\pi c}{\lambda^4} k_B T$ für $\lambda \gg \frac{hc}{k_B T}$

WIEN: $\frac{1}{\text{Fläche}} \frac{dP_S}{d\lambda}(\lambda, T) = \frac{2\pi h c^2}{\lambda^5} \exp\left(-\frac{hc}{\lambda \cdot k_B T}\right)$ für $\lambda \ll \frac{hc}{k_B T}$

WIEN'sches Verschiebungsgesetz: $\lambda_{max} = \frac{2897{,}8\,\mu m\,K}{T}$

STEFAN-BOLTZMANN-Gesetz: $\frac{1}{\text{Fläche}} P_S(T) = \frac{2\pi^5 k_B^4}{15 h^3 c^2} T^4 = \sigma \cdot T^4$

Isothermer Prozess: T = konst.; $\Delta U = 0$; $p \cdot V$ = konst. (BOYLE und MARIOTTE)

$$\Delta Q = p_i V_i \ln \frac{V_2}{V_1} = p_i V_i \ln \frac{p_1}{p_2} = -\Delta W$$

Isochorer Prozess: V = konst.; $\Delta W = 0$; $\frac{p}{T}$ = konst. (AMONTONS)

$$\Delta Q = \nu C_{V,mol} \cdot \Delta T \text{ mit } C_{V,mol} = \frac{f}{2} R$$

Isobarer Prozess: p = konst.; $\frac{V}{T}$ = konst $\Rightarrow \frac{V(T)}{V_0} = \frac{p(T)}{p_0} = \frac{T}{T_0}$ (GAY-LUSSAC)

$$\Delta Q = \nu C_{p,mol} \cdot \Delta T \text{ mit } C_{p,mol} = C_{V,mol} + R = \left(\frac{f}{2} + 1\right) R$$

reale Gase: $C_{p,mol}^{real}(p) = C_{p,mol} + \frac{2a}{RT^2} p$

Adiabatischer (isentroper) Prozess: $\Delta Q = \Delta S = 0 \Rightarrow T^{\frac{f}{2}} \cdot V$ = konst.

Adiabatengleichung: $p \cdot V^\kappa$ = konst mit $\kappa = 1 + \frac{2}{f}$

Glossar

Um dieses Glossar auch zum Überprüfen des Wissens beim thematischen Lernen verwenden zu können, ist es nach Kapiteln sortiert. Mit → Pfeilen versehene Stichworte finden sich, falls nicht mit einem Kapitelverweis versehen, an anderer Stelle im Glossar desselben Kapitels erklärt. Griechische Buchstaben sind vor lateinischen sortiert. Hat ein zweiter Begriff die gleiche Bedeutung, so steht dieser in Klammern dahinter.

1 Mechanik

Aktionsprinzip
NEWTON's zweites Axiom, Kraft und Beschleunigung sind zueinander proportional mit der Masse als Proportionalitätskonstante.

Arbeit
Mechanische Form der → Energie. Skalarprodukt von Kraft und Weg.

Astronomische Einheit
Mittlerer Abstand zwischen Erde und Sonne (149,6 Mio. km).

Astronomische Näherung
Aufgrund der großen Entfernungen im Weltall können Himmelskörper meist als punktförmige Masse betrachtet werden.

Beschleunigtes Bezugssystem
Im Gegensatz zum → Inertialsystem (Glossar zu Kapitel 6) gilt NEWTONS → Trägheitsprinzip nicht, d. h. es treten → Trägheitskräfte auf, die keine Ursache innerhalb des Bezugssystems haben. Insbesondere sind alle rotierenden Systeme beschleunigte Bezugssysteme.

Beschleunigung
Zeitliche Veränderung der → Geschwindigkeit; im mathematischen Sinn die Ableitung der Geschwindigkeit bzw. die zweite Ableitung des Ortes nach der Zeit.

Bezugssystem
System aus gleichbleibenden Grundgrößen, z. B. ein Koordinatensystem, das für die Beschreibung eines Vorgangs verwendet wird.

CORIOLIS-Effekt
Bewegt sich in einem rotierenden System eine Masse in radialer Richtung, so beobachtet man innerhalb des Systems eine Beschleunigung in tangentialer Richtung.

COULOMB-Reibung
Die COULOMB-Reibung hängt nur von der Normalkraft zwischen den reibenden Flächen und materialabhängigen Reibungskoeffizienten ab. Man unterscheidet zwischen der → Haftreibung, der → Gleitreibung und der → Rollreibung.

Drehimpuls
Analog zum translatorischen → Impuls wird für rotierende Massen ein Drehimpuls definiert. Er ist gleichermaßen eine → Erhaltungsgröße.

Drehmoment
Produkt aus der tangential wirkenden Komponente einer Kraft und ihrem Abstand zur Drehachse. In vektorieller Form zeigt das Drehmoment in Richtung der Drehachse. Merkhilfe: → Rechte-Hand-Regel der Rotation.

Drittes KEPLER'sches Gesetz
Das Quadrat der Umlaufzeit eines Planeten um ein Zentralgestirn ist proportional zur dritten Potenz der großen Halbachse seiner → Umlaufbahn.

Ellipsensatz
Das erste der → KEPLER'schen Gesetze besagt, dass die → Umlaufbahn eines Trabanten stets eine Ellipse ist, deren einer Brennpunkt im Schwerpunkt des Systems liegt.

Energie
Energie ist eine → Erhaltungsgröße, kann jedoch in vielerlei Formen auftreten und zwischen diesen wechseln. Die Energieerhaltung gilt meistens nur näherungsweise, da durch → Reibung Energie in Wärme umgewandelt wird. In der Mechanik kennt man die → potentielle und die → kinetische Energie.

Erhaltungsgrößen
In einem geschlossenen System bleibt die Summe folgender physikalischer Eigenschaften stets konstant: → Energie, → Masse (nur in der → klassischen Mechanik), → Impuls, → Drehimpuls sowie die elektrische Ladung.

Flächensatz
Das zweite der → KEPLER'schen Gesetze besagt, dass der Fahrstrahl (also die Verbindungslinie zwischen dem Trabanten und dem Schwerpunkt) stets die gleiche Fläche pro Zeit überstreicht; und zwar unabhängig davon ob die → Umlaufbahn elliptisch oder hyperbolisch ist.

FOUCAULT'sches Pendel
Versuchsanordnung zum Nachweis der Erdrotation: Ein langsam schwingendes Pendel zeichnet dabei eine rosettenförmige Bahn auf, die Zeit für eine vollständige Rosette hängt vom Breitengrad ab.

Geschwindigkeit
Zeitliche Veränderung eines Ortes; im mathematischen Sinn die Ableitung des Ortsvektors nach der Zeit.

Gleichförmige Bewegung
Unbeschleunigte Translation bzw. Rotation, d.h. ein Bewegungsverlauf mit konstantem Geschwindigkeitsvektor bzw. konstanter → Winkelgeschwindigkeit.

Gleitreibung
→ COULOMB-Reibung zwischen zwei aufeinander gleitenden Oberflächen, sie ist stets kleiner als die → Haftreibung.

Gravitation
Schwache Anziehung zwischen Körpern aufgrund ihrer „schweren" → Masse. Die Graviatation ist proportional zum Produkt ihrer Massen und umgekehrt proportional zum Quadrat ihres Abstande (vgl. → Schwerebeschleunigung). In der Astronomie ist die Gravitation die dominierende Kraft, da die Ladungsneutralität große elektrische Felder verhindert.

Haftreibung
Um zwei ruhende Oberflächen aufeinander gleiten zu lassen, muss zunächst die Adhäsion überwunden werden. Die Haftreibung ist deshalb i.d.R. größer als die → Gleitreibung. Wie diese ist sie proportional zur Normalkraft und wird daher als → COULOMB-Reibung bezeichnet.

Hauptträgheitsachse
Für jeden Körper lassen sich drei senkrecht aufeinander stehende Hauptträgheitsachsen mit den dazugehörigen (Haupt-) → Trägheitsmomenten definieren. Bei symmetrischen Körpern fallen sie mit den Symmetrieachsen zusammen.

Hebelgesetz
Praktischer Anwendungsfall für das → Drehmoment: Durch die Verlängerung eines Hebelarms kann eine höhere Kraft aufgebracht werden, wie z.B. bei einer Zange.

Impuls
Produkt aus der → Geschwindigkeit und der → Masse eines Körpers. Der Impuls ist eine → Erhaltungsgröße.

KEPLER'sche Gesetze
Beschreibung der → Umlaufbahnen von Himmelskörpern nach JOHANNES KEPLER. Der → Ellipsen- und → Flächensatz entsprechen der exakten Lösung des Zweikörperproblems im Rahmen der → klassischen Mechanik. Das → Dritte KEPPLER'sche Gesetz ist eine sehr gute Näherung für das Mehrkörperproblem, sofern einer der Körper wesentlich massereicher ist als alle anderen.

Kinematik
Lehre über die Bewegung von Masseobjekten im Sinne der → klassischen Mechanik.

Kinetische Energie
Bezeichnet die in einer Bewegung (→ Impuls, → Drehimpuls) gespeicherte → Energie.

Klassische Mechanik
Grundlehre der Mechanik, in der alle Bewegungsvorgänge von Masseobjekten durch → Newtons drei Axiome erklärt werden. Bei Geschwindigkeiten nahe der Lichtgeschwindigkeit gelten dagegen die Gesetze der Relativitätstheorie.

Leistung
→ Arbeit pro Zeiteinheit.

Laminare Strömung
Strömung ohne Turbulenzen, deren Geschwindigkeitsverteilung nur durch die innere → viskose Reibung bestimmt wird. Im Gegensatz hierzu steht die turbulente Strömung.

Masse
Grundeigenschaft der Materie. Historisch wird zwischen der „trägen Masse“ (→ Trägheitsprinzip) und der „schweren Masse“ (→ Gravitation) unterschieden, jedoch sind beide Größen identisch. In der klassischen Mechanik ist die Masse eine → Erhaltungsgröße, sie entspricht der Ruhemasse in der Speziellen Relativitätstheorie (→ Glossar zu Kapitel 6).

Newtons Axiome
Mit diesen drei Axiomen lassen sich alle mechanischen Vorgänge erklären: → Trägheitsprinzip, → Aktionsprinzip, → Reaktionsprinzip.

Newton-Reibung
Die Reibungskraft ist zum Quadrat der Geschwindigkeit proportional. Sie tritt vor allem bei schneller Bewegung eines Objekts in einem Medium, also turbulenter Strömung (die bei hohen Strömungsgeschwindigkeiten auftritt), auf. Der Reibungskoeffizient ist proportional zur Dichte des Mediums.

Nutation
Weicht die Drehachse eines Kreisels von dessen Symmetrieachse ab, dann entsteht der Eindruck einer Taumelbewegung. Die Nutation ist jedoch nicht mit der → Präzession zu verwechseln!

Potentielle Energie / Potential
Die potentielle Energie (Lageenergie) gibt an, welche → Arbeit verrichtet werden muss, um ein Objekt an seine momentane Position zu bringen. Sie ist unabhängig von dem Weg oder der Geschwindigkeit mit welcher der Ort erreicht wurde. Der Bezugspunkt (Nullpunkt) der potentiellen Energie kann frei gewählt werden. Eine Funktion, welche die Abhängigkeit der potentiellen Energie vom Ort beschreibt, wird Potential genannt.

Präzession
Wirkt auf einen Kreisel, z. B. durch sein Eigengewicht, ein Drehmoment, so bewirkt dieses eine Bewegung der Drehachse auf einem Kegelmantel. Die Präzession darf nicht mit der → Nutation verwechselt werden.

Reaktionsprinzip
Newtons drittes Axiom, „Actio gleich Reactio“.

Rechte-Hand-Regel der Rotation
Zeigt der Daumen in die Richtung des Drehimpulses/Drehmoments, so zeigen die Finger die Richtung der (verursachten) Rotation an.

Reibung
Man unterscheidet die geschwindigkeitsunabhängige → Coulomb-Reibung, die geschwindigkeitsproportionale → viskose Reibung und die zum Quadrat der Geschwindigkeit proportionale → Newton-Reibung.

Rollreibung
Energieverlust durch Adhäsion der Oberflächen bei einer Rollbewegung. Die Rollreibung ist proportional zur Normalkraft und daher eine → Coulomb-Reibung.

Satz von Steiner
Erlaubt das Verwenden eines z. B. tabellarisch ermittelten Massenträgheitsmoments, wenn die Drehachse aus dem Schwerpunkt heraus verschoben wird.

Schiefer Wurf
Idealisierte Beschreibung der freien Bewegung eines Massepunktes in einem Gravitationsfeld, ohne Berücksichtigung von → Reibung oder aerodynamischen Auftriebskräften. Durch eine konstante horizontale Geschwindigkeitskomponente und die vertikale → Schwerebeschleunigung ergibt sich eine Parabelbahn (Wurfparabel).

Schwereanomalie
Ungleichmäßige Masseverteilungen im Inneren der Erde bewirken eine lokale Abweichung der → Schwerebeschleunigung gegenüber dem berechneten Wert. Schwereanomalien können daher auf Bodenschätze hinweisen.

Schwerebeschleunigung
Lokal definierte Beschleunigung, die eine fallende → Masse auf einem Himmelskörper erfährt. Neben der Gravitationskonstante gehen auch die Planetenmasse, die → Zentrifugalkraft und lokale Dichteschwankungen des Himmelskörpers ein.

Schwerpunktsystem
Koordinatensystem dessen Ursprung im Schwerpunkt liegt. Bei → Stoßvorgängen vereinfacht sich dadurch die Berechnung, da die Summe aller Impulse null ist.

Statik
Lehre des Gleichgewichts der Kräfte gemäß NEWTONS → Reaktionsprinzip „Actio = Reactio", hat grundlegende Bedeutung z. B. in der Architektur.

Stoßvorgang
Mechanischer Vorgang, bei dem ein Impuls von einer Masse auf eine andere übertragen wird. Bleibt die Energie dabei erhalten, nennt man den Stoß elastisch, sonst unelastisch. Bei einem zentralen Stoß wirken die Kräfte in Richtung des Schwerpunkts, sodass kein → Drehmoment auftritt.

Trägheitskräfte
Kräfte die in einem → beschleunigten Bezugssystem auftreten und innerhalb dieses Systems nicht durch → NEWTONS Axiome erklärt werden können, z. B. die → Zentrifugalkraft und der → CORIOLIS-Effekt.

Trägheitsmoment
Anders als bei der Translation ist bei Rotationsbewegungen die Masseverteilung zu berücksichtigen. Für einfache Grundkörper existieren Tabellen für eine Rotation um die → Hauptträgheitsachsen, die mit dem → Satz von STEINER verschoben werden können.

Trägheitsprinzip
NEWTONS 1. Axiom: Masse ist träge, d. h. ein Körper verharrt in einem Zustand der Ruhe oder gleichmäßigen Bewegung, solange die Summe aller auf ihn einwirkenden Kräfte null ist. Das Trägheitsprinzip entspricht dem Impulserhaltungssatz.

Umlaufbahn
Elliptische bzw. kreisförmige Bahn eines Trabanten (Planet, Mond, Satellit), auf der sich die → Gravitation und die → Zentrifugalkraft aufheben. Die geostationäre Umlaufbahn ist ein Sonderfall, bei dem der Satellit an einem festen Punkt über dem Äquator steht, da er synchron zur Erdrotation diese genau einmal am Tag umrundet.

Viskose Reibung oder STOKES-Reibung
Viskose Reibungskräfte treten vor allem bei langsamer Bewegung eines Objekts in einem Medium auf und sind proportional zur Geschwindigkeit. Der Reibungskoeffizient ist proportional zur → Viskosität des Mediums.

Viskosität
Zähigkeit einer Flüssigkeit oder eines Gases. Mit steigender Viskosität nimmt die innere (→ viskose) Reibung des Mediums zu. Honig hat eine sehr große Viskosität, Wasser eine geringe.

Winkelbeschleunigung
Zeitliche Veränderung der → Winkelgeschwindigkeit; im mathematischen Sinn die Ableitung der Winkelgeschwindigkeit bzw. die zweite Ableitung des Drehwinkels nach der Zeit.

Winkelgeschwindigkeit
Zeitliche Veränderung des Drehwinkels; im mathematischen Sinn die Ableitung des Drehwinkels nach der Zeit. Entspricht vom Betrag her bei gleichförmiger Rotation der Kreisfrequenz.

Zentrifugal- und Zentripetalkraft
Aufgrund des → Trägheitsprinzips streben Objekte stets aus rotierenden Systemen hinaus (Impulserhaltung). Durch die Zentripetalkraft werden sie auf ihrer → Umlaufbahn gehalten. Vom rotierenden System aus betrachtet, scheint die Kraft hingegen nach außen zu wirken und wird als Zentrifugal- oder Fliehkraft bezeichnet.

2 Elektrisches und magnetisches Feld

Ampere
Im →MKSA-System die Einheit der elektrischen Stromstärke. Per Definition wirkt im Vakuum zwischen zwei parallelen Leitern im Abstand von einem Meter eine Kraft von $2 \cdot 10^{-7}$ Newton pro Ampere.

Ampère'sches Gesetz (Durchflutungssatz)
Jeder elektrische Stromfluss verursacht ein magnetisches →Wirbelfeld. Maxwell ergänzte: Auch eine Änderung des →elektrischen Flusses verursacht ein magnetisches Wirbelfeld.

Anode
Positiv geladene Elektrode z. B. bei der →Braun'schen Röhre.

Anodenspannung
Beschleunigungsspannung in einer Elektronenröhre zwischen →Anode und →Glühkathode. Bei der →Braun'schen Röhre mehrere kV, im Fadenstrahlrohr reichen einige 100 V. Treffen die beschleunigten Elektronen auf einen Festkörper, so entsteht bei der Abbremsung →Bremsstrahlung. Spätestens bei Beschleunigungsspannungen von mehr als 20 kV müssen geeignete Schutzmaßnahmen wie Abschirmungen oder ein geeigneter Sicherheitsabstand eingehalten werden.

Antiferromagnetismus
Antiferromagnete haben trotz ihrer hohen magnetischen Ordnung kein resultierendes magnetisches Moment: Ihr kristallines Gefüge besteht aus zwei ferromagnetischen Untergittern, deren gleich starke magnetische Momente sich antiparallel ausrichten (vgl. →Ferrimagnetismus).

Atomares magnetisches Moment
Die Bewegung der Elektronen in der Atomschale (→Orbitalmodell, Glossar zu Kapitel 5) verursacht ein atomares Magnetfeld. Die Stärke dieses Magnetfelds ist für jedes chemische Element charakteristisch. Durch die Wechselwirkung dieser atomaren Magnetfelder in einem Kristall ergeben sich die makroskopischen magnetischen Eigenschaften →Paramagnetismus, →Ferromagnetismus und →Ferrimagnetismus.

Braun'sche Röhre
Vorläufer der Fernseh-Bildröhre, die heute noch in analogen Oszilloskopen Verwendung findet. In einem Vakuum werden Elektronen an einer →Glühkathode freigesetzt und mittels einer →Anode auf einen Leuchtschirm beschleunigt. Ablenkplatten erzeugen elektrische Felder und lenken so den Leuchtfleck an beliebige Positionen auf dem Schirm.

Bremsstrahlung
Erfährt eine Ladung eine Beschleunigung, so strahlt sie Energie in Form von →elektromagnetischen Wellen ab (→Synchrotronstrahlung). Erfolgt die Abbremsung sehr abrupt, z. B. durch das Beschießen eines Metalltargets mit Elektronen, so entsteht ein kontinuierliches Spektrum an →Röntgenstrahlung (Glossar zu Kapitel 7). Je nach Target wird diese überlagert von →Spektrallinien (Glossar zu Kapitel 5) kernnaher Elektronen.

Coulomb-Feld
Radialsymmetrisches elektrisches Feld einer Punktladung. Die Kraft (Coulomb-Kraft) auf eine Probeladung wird durch das Coulomb'sche Gesetz beschrieben.

Coulomb-Potential
→Potential einer punktförmigen Ladung.

Curie-Temperatur
Oberhalb der Curie-Temperatur wechselt der →Ferromagnetismus zum →Paramagnetismus.

Diamagnetismus ($\mu_r < 1$)
Eigenschaft jedes beliebigen Materials, entsprechend der →Lenz'schen Regel durch →Induktion atomarer Ringströme ein Magnetfeld aufzubauen, das dem äußeren Magnetfeld entgegengerichtet ist. Diamagneten werden daher in inhomogenen magnetischen Feldern in Bereiche geringer Feldstärke abgedrängt. Der Diamagnetismus lässt sich nur bei Materialien beobachten, die keinen →Paramagnetismus, →Ferromagnetismus oder →Ferrimagnetismus zeigen. Durch die in →Supraleitern auftretenden makroskopischen Ringströme verhalten sich diese wie ideale Diamagneten.

Dielektrikum
Bezeichnung für einen Isolator, der sich in einem → elektrischen Feld befindet. Aufgrund von → Polarisation durch → elektrische Influenz ist die Feldstärke im Innern eines Dielektrikums geringer als außerhalb. Diese Eigenschaft wird durch die materialabhängige → Permittivität beschrieben.

Dipol
Es gibt elektrische und magnetische Dipole. In einem elektrischen Dipol herrscht auf einer Seite ein Elektronenüberschuss, auf der anderen ein Mangel. Ein magnetischer Dipol weist einen ausgeprägten → magnetischen Nord- und Südpol auf.

Divergent
„auseinanderlaufend"; Feldlinien, die nicht parallel verlaufen, sind divergent bzw. divergieren.

Drei-Finger-Regel
Zeigt der Daumen der linken Hand in die Richtung der Elektronenbewegung und der Zeigefinger in die des magnetischen Feldes, so zeigt der Mittelfinger in Richtung der → LORENTZ-Kraft.

Driftgeschwindigkeit
Die Elektronen in einem → Leiter werden durch das → elektrische Feld einer angelegten → Spannung kontinuierlich beschleunigt. Durch Stöße mit dem Kristallgitter und untereinander werden sie im Mittel auf die sog. Driftgeschwindigkeit abgebremst. Ist diese proportional zur angelegten Spannung, so folgt das → OHM'sche Gesetz.

Elektrische Feldkonstante ε_0
Entspricht der → Permittivität des Vakuums. MAXWELL sagte korrekt voraus, dass das Produkt aus der elektrischen und der → magnetischen Feldkonstante dem Kehrwert der Lichtgeschwindigkeit zum Quadrat entspricht. Die elektrische Feldkonstante hängt vom gewählten → Maßsystem ab. Sie tritt nur im → MKSA-System auf, nicht jedoch im → GAUSS'schen CGS-System.

Elektrische Feldstärke *E*
Felder werden durch die Richtung und den Betrag einer physikalischen Wechselwirkung beschrieben. Im → elektrischen Feld beschreibt die Feldstärke die Kraft auf eine positive Probeladung.

Elektrische Flussdichte *D* (Verschiebungsdichte)
Die elektrische Flussdichte berücksichtigt den Einfluss der → Permittivität auf das elektrische Feld. An der Oberfläche von Metallen entspricht sie der → Flächendichte ϱ_A.

Elektrische Influenz
Durch die Wirkung eines → elektrischen Feldes werden in einem Körper → Ladungen verschoben, ohne dass es zu einem Austausch von Ladungsträgern kommt. Der Begriff Influenz wird nur für Metalle verwendet, während man bei → Dielektrika von → Verschiebungspolarisation oder → Orientierungspolarisation spricht.

Elektrischer Fluss
Produkt aus der → elektrischen Flussdichte und der vom → elektrischen Feld senkrecht durchströmten Fläche. Der elektrische Fluss ist ein Maß für die Anzahl der → Feldlinien, welche eine Fläche durchsetzen. Eine Änderung des elektrischen Flusses verursacht ein magnetisches → Wirbelfeld.

Elektrisches Feld
Gleichnamige → Ladungen stoßen sich ab, entgegengesetzte ziehen sich an – das elektrische Feld vermittelt diese Kräfte. Auch ohne Gegenwart von Ladung können elektrische → Wirbelfelder existieren.

Elektrodynamik
Während sich die → Elektrostatik und die → Magnetostatik mit konstanten Feldern beschäftigen, beschreibt die Elektrodynamik das Verhalten veränderlicher Felder durch die → MAXWELL-Gleichungen.

Elektromagnet
Ein stromdurchflossener Leiter ist stets von einem magnetischen → Wirbelfeld umgeben. Wird ein Draht zu einer Spule aufgewickelt, so überlagern sich die Felder der einzelnen Windungen und es entsteht ein Elektromagnet, dessen Effizienz meist noch durch einen ferromagnetischen Kern (→ Ferromagnetismus) verbessert wird.

Elektromagnetismus
Die →MAXWELL-Gleichungen zeigen, dass Elektrizität und →Magnetismus untrennbar miteinander verbunden sind. Der Elektromagnetismus betrachtet die Wechselwirkung zwischen Strömen und magnetischen Feldern, z.B. die →LORENTZ-Kraft. Den Einfluss veränderlicher elektrischer Felder berücksichtigt hingegen erst die →Elektrodynamik.

Elektromotor
Eine Maschine, die elektrische Energie in mechanische Rotation umsetzt, also eine Umkehrung eines →Generators.

Elektronenvolt
Einheit für die →kinetische Energie (Glossar zu Kapitel 1) eines geladenen Teilchens. Sie ergibt sich aus dem Produkt der durchlaufenen →Spannung und der →Ladung des Teilchens. Aus praktischen Gründen wird die Einheit häufig in der Halbleiterphysik oder Teilchenforschung eingesetzt.

Elektroskop und Elektrometer
Mechanische Instrumente zum Nachweis von →Ladung und →elektrischer Influenz. Ein Elektrometer hat eine Skala, ein Elektroskop nicht.

Elektrostatik
Lehre über das statische Verhalten elektrischer Felder. Das dynamische Verhalten ist mit der →Elektrodynamik gekoppelt.

Elementarladung *e*
Kleinste existierende Ladungsmenge, entspricht dem Betrag der Elektronenladung. Alle Ladungen sind ganzzahlige Vielfache der Elementarladung.

Elementarmagnet
Modellvorstellung für die mikroskopische Organisation von Permanentmagneten: Da jedes Teilstück eines Magneten einen Nord- und einen Südpol hat, stellt man ihn sich aus Elementarmagneten aufgebaut vor. Bei einer genaueren Betrachtung entsprechen die Elementarmagneten den WEISS'schen Bezirken eines Ferromagneten (→Ferromagnetismus).

Energiedichte
Quotient aus →Feldenergie und Volumen.

Fadenstrahlrohr
Glaskolben, in dem ein Elektronenstrahl erzeugt und durch Anregung eines Gases sichtbar gemacht wird.

FARADAY'sches Induktionsgesetz
Eine Änderung des →magnetischen Flusses verursacht eine →Induktionsspannung.

FARADAY-Käfig
Durch →elektrische Influenz wird ein äußeres elektrisches Feld von einem FARADAY-Käfig vollständig abgeschirmt.

Feldenergie
Felder sind in der Lage, Kräfte zu vermitteln. In ihrem Volumen ist somit Energie gespeichert.

Feldlinien
Gedachte Linien, entlang derer sich ein Probekörper aufgrund der Feldkräfte bewegen würde. Feldlinien kreuzen sich nie. Ihre Dichte ist ein Maß für die →Feldstärke. Elektrische Feldlinien verlaufen von der positiven zur negativen Ladung und enden dort (vgl. →GAUSS'scher Satz). Magnetische Feldlinien sind immer geschlossen und verlaufen auch durch das Innere eines →Magneten. Ihre Richtung zeigt dorthin, wo auch der Nordpol einer Kompassnadel hinzeigen würde.

Feldstärke
Maß für die Kraft eines Feldes auf einen Probekörper, z.B. →elektrische Feldstärke *E* oder magnetische Feldstärke *H* (→magnetische Flussdichte).

Ferrimagnetismus
→Antiferromagnetische Materialien, bei denen die magnetischen Momente der beiden Untergitter unterschiedlich groß sind. Ferrimagnete haben ein kleines effektives magnetisches Moment. Ein typischer Vertreter ist das natürlich vorkommende Mineral Magnetit (Fe_2O_3), das zur Herstellung von kleinen Permanentmagneten wie Tafelmagneten oder Kompassnadeln eingesetzt wird.

Ferrit
Keramischer Werkstoff aus →ferrimagnetischem Material, dessen hoher spezifischer Widerstand die störenden Wirbelströme in Spulenkernen wirkungsvoll unterdrückt.

Ferromagnetismus ($\mu_r \gg 1$)
Eigenschaft von →paramagnetischen Materialien wie Eisen, Nickel, Kobalt und deren Legierungen, bei denen die →atomaren magnetischen Momente miteinander stark wechselwirken und sich dadurch unterhalb der →CURIE-Temperatur parallel ausrichten. Ohne äußeres Magnetfeld erfolgt die Ausrichtung nur in räumlich begrenzten Domänen. Diese sogenannten WEISS'schen Bezirke entsprechen etwa der Modellvorstellung der →Elementarmagnete. In einem äußeren Magnetfeld können sie ihre Richtung sprunghaft ändern (BARKHAUSEN-Sprünge) und dann auch ohne äußeres Magnetfeld beibehalten (→Remanenz).

Flächendichte ϱ_A
Dichte elektrischer →Ladungen pro Flächeneinheit, z. B. auf der Oberfläche einer Kondensatorplatte.

Freilaufdiode
Eine Diode, die in Sperrrichtung parallel zu einer Spule betrieben wird. Die beim Abschalten des Spulenstroms durch →Selbstinduktion hervorgerufene →Induktionsspannung wird dadurch kurzgeschlossen.

GAUSS'scher Satz
Die elektrischen Ladungen sind die Quellen des elektrischen Feldes.

GAUSS'sches CGS-System
Ein von GAUSS eingeführtes →Maßsystem, das im Gegensatz zum →MKSA-System als mechanische bzw. elektrischen Grundgrößen **C**entimeter, **G**ramm und **S**ekunde verwendet. Durch das Fehlen einer Grundeinheit für die Stromstärke entfallen die →elektrische und →magnetische Feldkonstante.

Generator
Maschine zur Umwandlung mechanischer in elektrische Energie, meist durch →Induktion in Folge einer Rotation, also eine Umkehrung des →Elektromotors.

Glühelektrischer Effekt
Überschreitet die →kinetische Energie (Glossar zu Kapitel 1) eines →Elektrons (Glossar zu Kapitel 7) die →Austrittsarbeit (Glossar zu Kapitel 5) eines Festkörpers, so kann es diesen verlassen. Beim glühelektrischen Effekt beruht die Energie der Elektronen auf der →Temperatur (Glossar zu Kapitel 8). Siehe auch →äußerer Fotoeffekt (Glossar zu Kapitel 5).

Glühkathode
Elektronenquelle der →BRAUN'schen Röhre, die auf dem →glühelektrischen Effekt beruht. Man verwendet Materialien mit geringer →Austrittsarbeit (Ionisationsenergie, Glossar zu Kapitel 5), die dies schon ab etwa 700°C ermöglichen.

HALL-Effekt
Der Stromfluss durch einen Festkörper wird durch ein äußeres Magnetfeld abgelenkt. Quer zur Stromrichtung baut sich damit ein elektrisches Feld auf, dass nach seinem Entdecker als HALL-Spannung bezeichnet wird. Der HALL-Effekt bei Halbleitern wird heute häufig zur Messung statischer Magnetfelder eingesetzt. Die Größe der HALL-Spannung hängt vom Magnetfeld und dem materialabhängigen HALL-Faktor ab. In einer einfachen Modellvorstellung ist die HALL-Spannung der Kehrwert des Produkts aus der →Elementarladung und der →Ladungsträgerkonzentration.

HELMHOLTZ-Spulenpaar:
Parallele Anordnung von zwei kurzen Spulen, also Spulen, deren Radius wesentlich größer ist als ihre Länge. In der Helmholtz-Anordnung entspricht der Abstand der Spulen ihrem Radius, wodurch sich zwischen den Spulen ein sehr homogenes Magnetfeld ergibt.

Homogenes Feld
Feld konstanter Stärke mit parallel verlaufenden →Feldlinien.

Induktion
Erzeugung eines Stromflusses oder eines →elektrischen Feldes in einem →Leiter durch ein veränderliches äußeres Magnetfeld.

Induktionsspannung
Elektrische →Spannung, die durch →Induktion hervorgerufen wird.

Induktivität

Charakteristisches Maß für die →Selbstinduktion einer Spule.

Ion
Atom mit einem Überschuss oder Mangel an Elektronen.

Joch
Ferromagnetischer Körper (→ Ferromagnetismus), der die Enden eines → Magneten verbindet.

Kapazität *C*
Maß für die Aufnahmefähigkeit eines → Kondensators für elektrische Ladungen bei einer gegebenen → Spannung.

Kathode
Quelle von Elektronen, d. h. eine negativ geladene Elektrode, z. B. die → Glühkathode bei der → BRAUN'schen Röhre.

Kondensator
Elektrisches Bauteil mit definierter → Kapazität, zur Speicherung elektrischer Energie. Aufgrund des frequenzabhängigen Blindwiderstands werden Kondensatoren häufig als Frequenzfilter eingesetzt.

Kugelkondensator
Ein → Kondensator aus zwei ineinander geschachtelten Kugeln. Das radiale → elektrische Feld entspricht dem Feld einer Punktladung (→ COULOMB-Feld).

Ladung
Grundeigenschaft der Materie, die aus positiv geladenen → Atomkernen (Glossar zu Kapitel 7) und negativ geladenen → Elektronen (Glossar zu Kapitel 7) aufgebaut ist. Im Normalfall enthält jeder Körper gleich viele positive und negative Ladungen, er ist neutral. Ein geringfügiges Ungleichgewicht dieser Ladungsverteilungen führt zu Feldkräften, die makroskopische Auswirkungen haben.

Ladungserhaltung
In einem geschlossenen System bleibt die Summe der → Ladungen stets konstant. Dies gilt selbst dann, wenn sich die Anzahl der Teilchen durch → Paarbildung (Glossar zu Kapitel 7) oder → Zerstrahlung (Glossar zu Kapitel 7) ändert. Atome sind nach außen hin neutral. Das Universum als Ganzes gilt ebenfalls als neutral.

Ladungsträger
Für den Stromtransport verantwortliche geladene Teilchen, i. d. R. → Elektronen (Glossar zu Kapitel 7). Die Anzahl der Ladungsträger pro Volumen wird als Ladungsträgerkonzentration bezeichnet.

Leiter
In einem Leiter ermöglichen frei bewegliche Elektronen einen Stromfluss. Metalle sind grundsätzlich Leiter, es gibt jedoch auch leitende organische Verbindungen. Salzlösungen sind ebenfalls gute Leiter. Der Stromtransport erfolgt hier durch geladene → Ionen.

LENZ'sche Regel
Der induzierte Strom ist immer so gerichtet, dass sein Magnetfeld der Induktionsursache entgegenwirkt.

Linke-Faust-Regel
Zeigt der Daumen der linken Hand in Richtung des Elektronenflusses, so zeigen die Finger in Richtung der magnetischen → Feldlinien.

LORENTZ-Kraft
Ein Magnetfeld lenkt bewegte Elektronen senkrecht zu ihrer Bahn und senkrecht zu den Feldlinien ab, siehe auch → Elektromagnetismus; → Drei-Finger-Regel.

Magnet
→ Permanentmagnet oder → Elektromagnet, der → Elementarmagnet existiert nur als Modellvorstellung.

Magnetische Feldkonstante μ_0
Proportionalitätsfaktor für die Berechnung der → magnetischen Flussdichte im Vakuum, ansonsten ist die → Permeabilitätszahl als Faktor einzubeziehen. Die magnetische Feldkonstante ergibt sich aus der Wahl der Grundeinheiten beim → MKSA-System.

Magnetische Flussdichte und Feldstärke
Maß für die Stärke eines Magnetfeldes. Über die → Permeabilität ist die Flussdichte im Inneren einer Spule mit dem Stromfluss gekoppelt. Die Definition der magnetischen → Feldstärke verzichtet auf diesen Faktor und eignet sich eher für rein elektrische Betrachtungen (z. B. → Transformator).

Magnetischer Fluss
Produkt aus der → magnetischen Flussdichte und der vom Magnetfeld senkrecht durchströmten Fläche. Der magnetische Fluss ist ein Maß für die Anzahl der → Feldlinien, welche eine Fläche durchsetzen. Eine Änderung des magnetischen Flusses verursacht ein elektrisches → Wirbelfeld und dadurch eine → Induktionsspannung.

Magnetische Influenz
Wird ein → ferromagnetisches, → ferrimagnetisches oder → paramagnetisches Material in ein äußeres Magnetfeld gebracht, so wird das Material zu einem magnetischen → Dipol. Bei ferromagnetischen Materialien bleibt die Magnetisierung auch nach dem Entfernen des äußeren Feldes zumindest teilweise erhalten (→ Remanenz).

Magnetischer Monopol
Die → Feldlinien eines → elektrischen Feldes beginnen und enden an → Ladungen. In Analogie hierzu könnte man „magnetische Ladungen" vermuten, die als Monopole bezeichnet werden. Experimente zeigen, dass es diese magnetischen Monopole nicht gibt, sodass jeder noch so kleine → Magnet einen → magnetischen Nord- und Südpol aufweist. Magnete werden daher als → Dipole bezeichnet.

Magnetischer Nord- und Südpol
Magnetische Dipole werden entsprechend ihrer bevorzugten Ausrichtung im Magnetfeld der Erde benannt: Der Nordpol zeigt zum geografischen Nordpol, der damit ein magnetischer Südpol ist. Die farbliche Kennzeichnung des Nordpols ist rot, die des Südpols grün.

Magnetisches Feld
Das magnetische Feld vermittelt Kräfte zwischen → Magneten, aber auch zwischen Magneten und → Ladungen (→ LORENTZ-Kraft). Physikalisch gesehen sind alle magnetischen Felder die Folge bewegter Ladungen.

Magnetismus
Kraftwirkung zwischen → Magneten; im Zusammenhang mit elektrischen Feldern und Ladungen siehe → Elektromagnetismus.

Magnetostatik
Betrachtung unveränderlicher magnetischer Felder. Streng genommen gehört der → Elektromagnetismus nicht mehr zur Magnetostatik, sondern zur → Elektrodynamik.

Maßsystem (Einheitensystem)
Festlegung einiger physikalischer Messgrößen, von denen alle anderen Einheiten abgeleitet werden können. In der Physik üblich sind das → MKSA-System und das → GAUSS'sche CGS-System.

MAXWELL-Gleichungen
Ein Satz aus vier Gleichungen, mit denen sich das Verhalten von elektrischen und magnetischen Feldern vollständig beschreiben lässt, → Elektrodynamik.

MEISSNER-OCHSENFELD-Effekt (MEISSNER-Effekt)
Kühlt man einen → Supraleiter in einem äußeren Magnetfeld unter seine Sprungtemperatur ab, so werden alle Feldlinien aus dem Innern des Supraleiters verdrängt. Dabei bildet sich ein Abschirmstrom an der Oberfläche des Supraleiters, der das Magnetfeld im Innern kompensiert.

MILLIKAN-Versuch
Experiment zur Bestimmung der → Elementarladung.

MKSA-System
International gebräuchliches Einheitensystem (→ SI-System), basierend auf den Grundeinheiten **M**eter, **K**ilogramm, **S**ekunde, **A**mpere, Kelvin, Candela und Mol. In der Physik ebenfalls gebräuchlich ist das → GAUSS'sche CGS-System.

MuMetall
Nickel-Eisen-Legierung mit sehr hoher Permeabilität, auch Permalloy (engl. *alloy*: Legierung) genannt.

OHM'sches Gesetz
Die → Spannung U über einem elektrischem → Leiter ist proportional zum Strom I. Der Proportionalitätsfaktor heißt elektrischer → Widerstand R: $U = R \cdot I$. Das OHM'sche Gesetz gilt nicht für Spulen und Kondensatoren.

Orientierungspolarisation
Ausrichtung elektrischer Dipolmoleküle in einem äußeren elektrischen Feld, siehe auch → elektrische Influenz, → Polarisation.

Parallelschaltung
Parallele Anordnung mehrerer elektrischer Bauelemente. Bei einer Parallelschaltung liegt an allen Bauelemente die gleiche → Spannung an.

Paramagnetismus ($\mu_r > 1$)
Eigenschaft eines Materials, seine → atomaren magnetischen Momente in einem äußeren Magnetfeld auszurichten (→ magnetische Influenz). Da die magnetischen Momente der einzelnen Atome nicht miteinander wechselwirken, verschwindet die Ausrichtung, sobald das äußere Feld entfernt wird. In einem inhomogenen Magnetfeld werden paramagnetische Substanzen zur größeren Feldstärke hingezogen.

Permanentmagnet
Natürliche oder künstliche Permanentmagnete sind aus → ferromagnetischen oder → ferrimagnetischen Materialien. Sie zeigen ein permanentes Magnetfeld, das auf den atomaren Eigenschaften des Materials beruht. Als einfache Modellvorstellung denkt man sich das Material zusammengesetzt aus → Elementarmagneten, deren Ausrichtung sich im statistischen Mittel als äußeres → magnetisches Feld bemerkbar macht und durch → magnetische Influenz beeinflusst werden kann.

Permeabilität μ
Maß für die „Durchdringbarkeit" eines Stoffes für den → magnetischen Fluss. Die Permeabilität setzt sich aus der → magnetischen Feldkonstante und der materialabhängigen Permeabilitätszahl zusammen. Vakuum hat die Permeabilitätszahl $\mu_r = 1$. In einem Material mit hoher Permeabilität erreicht man eine hohe magnetische → Flussdichte.

Permittivität ε
Maß für die „Durchlässigkeit" eines Mediums für elektrische Felder; wird als Proportionalitätsfaktor zwischen der → elektrischen Feldstärke und der → elektrischen Flussdichte definiert und setzt sich zusammen aus der → elektrischen Feldkonstante und der materialabhängigen Dielektrizitätszahl. Vakuum hat die Dielektrizitätszahl $\varepsilon = 1$.

Plattenkondensator
→ Kondensator mit zwei plattenförmigen Elektroden, die in geringem Abstand parallel zueinander angeordnet sind. Das elektrische Feld im Innern eines Plattenkondensators ist sehr homogen.

Polarisation
Bildung von → Dipolen durch ein externes elektrisches oder magnetisches Feld, siehe auch → Influenz.

Potential φ
Gibt an, welche Energie aufgewendet werden muss, um eine Probeladung von weit außerhalb des elektrischen Feldes an den jeweiligen Ort zu bringen.

Quellenfreiheit des magnetischen Feldes
Es gibt keine → magnetischen Monopole.

Radiales Feld
Feld mit divergierenden → Feldlinien, die → Feldstärke nimmt mit der Entfernung ab.

Reibungselektrizität
Durch Reibung können aus Isolatoren Elektronen herausgerissen werden. So entstehen elektrostatische Felder (→ Elektrostatik) von mehreren Kilovolt, die sich häufig in Form von Blitzen entladen. Die Ladungsmenge ist meist zu klein, um Menschen zu schaden, aber für elektronische Schaltkreise oft fatal. Die Entladung wird hierbei als ESD (engl. electro static discharge) bezeichnet. In Gewitterblitzen ist die Stromstärke dagegen gewaltig und kann sowohl beim Einschlag als auch durch → Induktion große Schäden verursachen.

Remanenz
Stärke der Magnetisierung eines Ferromagneten (→ Ferromagnetismus) nach dem Entfernen eines äußeren Magnetfeldes. Materialien mit einer hohen Remanenz werden als hartmagnetisch bezeichnet. Materialien mit kleiner Remanenz nennt man weichmagnetisch.

Selbstinduktion
Ändert sich der Strom einer Spule, so führt die Änderung des magnetischen Flusses in derselben Spule zu einer → Induktionsspannung, die nach der → LENZ'schen Regel der ursprünglichen Änderung entgegenwirkt und diese abschwächt.

Serienschaltung (Reihenschaltung)
Verkettung von elektrischen Bauelementen, sodass der Strom nacheinander durch alle Bauelemente fließt. In einer Serienschaltung ist die Stromstärke in allen Bauelementen gleich groß.

SI-System
Abkürzung für die französische Bezeichnung des MKSA-Systems: „**S**ystème **i**nternational d'unités". Die Bezeichung des SI-Systems verweist darauf, dass man sich 1954 international auf das → MKSA-System als → Maßsystem verständigt hat.

Spannung *U*
Die elektrische Spannung beschreibt in einem elektrischen Feld den Energieunterschied (Potentialdifferenz) einer Probeladung zwischen zwei Punkten.

Spezifische Ladung
Quotient aus Ladung und Masse.

Strom
Die elektrische Stromstärke gibt an, wie viele → Ladungen pro Zeiteinheit durch einen elektrischen → Leiter fließen.

STOKES'sches Reibungsgesetz
Reibungskraft bei der langsamen Bewegung einer Kugel in einem Medium, siehe auch → viskose Reibung (Glossar zu Kapitel 1).

Supraleiter
Materialien, deren elektrischer Widerstand unterhalb einer bestimmten Temperatur (Sprungtemperatur) vollständig verschwindet. Äußere Magnetfelder verursachen durch → Induktion permanente makroskopische Ringströme, durch die das äußere Magnetfeld vollständig kompensiert wird. Supraleiter sind daher perfekte → Diamagnete ($\mu_r = 0$), siehe auch → MEISSNER-OCHSENFELD-Effekt.

Synchrotronstrahlung
Beschleunigte Ladungen strahlen Energie in Form von → elektromagnetischen Wellen (Glossar Kapitel 4) ab. Zwingt man Elektronen in einem Synchrotron auf eine Kreisbahn, so entsteht eine langwellige → Röntgenstrahlung (Glossar zu Kapitel 7), die man Synchrotronstrahlung nennt.

Technische Stromrichtung
Übliche Definition der elektrischen Stromrichtung von Plus nach Minus, d.h. entgegen der Elektronenrichtung.

Transformator
Transformatoren wandeln eine Wechselspannung durch → Induktion in eine oder mehrere andere um, indem das von einer Primärspule erzeugte → magnetische Feld in eine oder mehrere Sekundärspulen mit verschiedener Windungszahl eingekoppelt wird.

Vektorpotential
Ursprünglich eine Hilfsgröße zur Berechnung magnetischer Felder, die sicherstellt, dass bei der Berechnung keine → magnetischen Monopole auftreten. Die Quantenmechanik zeigt die physikalische Bedeutung dieser Größe (AHARONOV-BOHM-Effekt).

Verschiebungspolarisation
Bei einem Isolator führt → elektrische Influenz zur Verschiebung der Elektronenhülle gegenüber dem Atomkern, sodass sich ein Gegenfeld aufbaut.

WEHNELT-Zylinder
Negativ geladener Zylinder (ca. 0,5V), der die → Glühkathode in der Elektronenstrahlröhre umgibt und so die „Wolke" der austretenden Elektronen fokussiert. Dadurch kann die → Anodenspannung einer → BRAUN'schen Röhre verringert werden.

Widerstand
Eigenschaft eines Materials, den elektrischen Stromfluss zu behindern, z.B. durch Kollisionen auf atomarer Ebene. Siehe auch → OHM'sches Gesetz, → Driftgeschwindigkeit, → OHM'scher Widerstand (Glossar zu Kapitel 3).

Wien'sches Geschwindigkeitsfilter
Sind ein elektrisches und ein magnetisches Feld senkrecht zueinander und zur Bewegungsrichtung eines → Ions oder → Elektrons ausgerichtet, so wird dieses nur bei einer einzigen Geschwindigkeit nicht abgelenkt. Bei dieser sind die → Lorentz-Kraft und die elektrische Feldkraft gleich groß.

Wirbelfeld
Geschlossene Feldlinie ohne Anfang und Ende. Magnetische Wirbelfelder entstehen um bewegte Ladungen, elektrische Wirbelfelder dagegen durch Veränderung des → magnetischen Flusses.

Wirbelstrom
Kreisbewegung von → Ladungsträgern, die durch ein magnetisches Wechselfeld hervorgerufen wird. Bei der Wirbelstrombremse wird die Energie in Wärme umgewandelt. Bei → Elektromotoren und → Transformatoren werden zur Vermeidung dieser Verluste Stapel aus isolierten Blechen eingesetzt.

Zyklotronfrequenz
Elektrische Ladungen kreisen in einem Magnetfeld unabhängig von ihrer kinetischen Energie mit der Zyklotronfrequenz.

3 Schwingungen

Abtasttheorem
Für die verlustfreie Digitalisierung eines Signals muss die Abtastung (engl. *sampling*) mindestens mit der doppelten Frequenz des zu übertragenden Signals erfolgen.

Amplitude oder Scheitelwert
Betrag der maximalen Auslenkung einer Schwingung.

Amplitudenmodulation, AM
Zur → analogen Signalübertragung wird die Amplitude einer Trägerwelle mit dem Signal moduliert.

Analog
Übertragung von Daten durch kontinuierliche Signale. Im Gegensatz zur diskreten → digitalen Signalübertragung.

Anharmonische Schwingungen
→ Schwingungen, die sich nicht durch eine Sinusfunktion beschreiben lassen. Mit der → Fourier-Analyse lassen sich anharmonische Schwingungen in eine Überlagerung von Sinusschwingungen zerlegen.

Aperiodischer Grenzfall
Spezialfall der viskosen → Dämpfung. Übergang der Schwingung zu einer Kriechbewegung und zwar derjenigen, die am schnellsten in die → Ruhelage zurückkehrt. Die Dämpfung mechanischer Messgeräte wird häufig auf diesen Fall ausgelegt.

Arithmetischer Mittelwert
Summe aller Zahlen dividiert durch deren Anzahl. Der arithmetische Mittelwert → harmonischer Schwingungen entspricht der → Ruhelage.

Auslenkung oder Elongation
Bezeichnet die Abweichung eines schwingenden Systems von seiner → Ruhelage.

Bandbreite e. schwingungsfähigen Systems
Maß für die Frequenzabhängigkeit der Amplitude eines zu erzwungem Schwingen angeregten Systems mit viskoser Dämpfung. Man unterscheidet die technische und die physikalische Bandbreite (B bzw. β) nach der Abnahme ihrer Amplitude gemessen am Resonanzfall $\left(\frac{1}{10} = -20\,\text{dB bei} \pm\frac{B}{2} \text{ bzw. } \frac{1}{\sqrt{2}} \text{bei} \pm\frac{\beta}{2}\right)$.

Bandbreite eines Senders
Frequenzabstand zu benachbarten Sendern, der für eine ungestörte Übertragung eingehalten werden muss. Bei der → Amplitudenmodulation beträgt die Bandbreite das Doppelte der maximal zu übertragenden Frequenz. Bei der → Frequenzmodulation wird die Bandbreite durch die → Carson-Formel abgeschätzt.

Carson-Formel
Formel zur Abschätzung der benötigten → Bandbreite eines Senders bei der → Frequenzmodulation.

Dämpfung
Amplitudenabnahme (Energieverlust) einer Schwingung. Bei mechanischen Systemen häufig durch → Reibung (Glossar zu Kapitel 1) verursacht, dementsprechend unterscheidet man die von der Geschwindigkeit unabhängige COULOMB-Dämpfung und die zur Geschwindigkeit proportionale viskose Dämpfung.

Digital
Übertragung von Daten durch eine endliche Anzahl verschiedener Zeichen, im Gegensatz zur → analogen Signalübertragung.

Drehschwingung
Rotationsschwingung wie sie z. B. die Spiral-Unruh einer mechanischen Uhr ausführt.

Effektivwert
→ quadratischer Mittelwert. Bei Wechselspannungen bzw. Strömen gibt der Effektivwert an, bei welcher Gleichspannung bzw. Gleichstrom an einem → OHM'schen Widerstand die gleiche Leistung abfällt.

Elektomagnetischer Schwingkreis
Reihen- oder Parallelschaltung aus einem Kondensator und einer Spule.

Flüssigkeitspendel
Schwingung einer Flüssigkeitssäule in einem U-Rohr.

FOURIER-Analyse
Zerlegung eines periodischen Signals in eine Summe aus Sinus- und Cosinusfunktionen mit dem Vielfachen der Grundfrequenz. Die → Amplituden dieser Funktionen nennt man FOURIER-Koeffizienten. In der mathematisch völlig äquivalenten spektralen Darstellung treten nur Sinusfunktionen auf, die jedoch gegenüber der Grundfrequenz individuell in der Phase verschoben sind. Als Koeffizienten erhält man ein Amplituden- und ein Phasenspektum.

Freie Schwingung
Eine Schwingung, die keine Anregung oder Störung von außen erfährt.

Frequenz, f
Anzahl der Schwingungen pro Sekunde, die Frequenz entspricht dem Kehrwert der → Periodendauer.

Frequenzmodulation, FM
Zur → analogen Signalübertragung wird die Frequenz einer Trägerwelle mit einem Signal moduliert. Die Frequenzmodulation ist äquivalent zu einer Phasenmodulation.

Gütefaktor, Q
Verhältnis der Schwingungsenergie zum Energieverlust in einer Periode (multipliziert mit 2π). Der → aperiodische Grenzfall entspricht einem Gütefaktor von $\frac{1}{2}$.

Harmonische Schwingung
→ Schwingung, die sich durch eine Sinusfunktion beschreiben lässt.

Harmonischer Oszillator
Systeme mit einem parabelförmigen Potential werden als harmonische Oszillatoren bezeichnet, da sie → harmonische Schwingungen ausführen können. Da sich jede Potentialmulde in der Spitze durch eine Parabel annähern lässt, spielen harmonische Oszillatoren in Natur und Technik eine große Rolle.

HOOKE'sches Gesetz
Die → Rückstellkraft einer → harmonischen Schwingung ist zur → Auslenkung proportional. Die Proportionalitätskonstante nennt man Richtgröße.

Isochronismus
Eigenschaft eines schwingenden Systems, seine Frequenz nicht durch äußere Störeinflüsse zu ändern, z. B. Temperaturkompensation bei Pendeluhren.

Kreisfrequenz, ω
→ Frequenz multipliziert mit 2π.

OHM'scher Widerstand
Ein elektrischer Widerstand für den das → OHM'sche Gesetz (Glossar zu Kapitel 2) gilt (Siehe auch → Scheinwiderstand).

Pendel
Die → Drehschwingung eines physikalischen Pendels wird durch sein → Trägheitsmoment (Glossar zu Kapitel 1) bestimmt. Durch die Idealisierung zu einem mathematischen Fadenpendel mit einer punktförmigen Masse wird die Schwingungsdauer unabhängig von der Masse des Pendels und hängt nur noch von dessen Länge ab.

Periodendauer, *T*
Zeitdauer für eine vollständige Schwingung; die Periodendauer entspricht dem Kehrwert der → Frequenz.

Quadratischer Mittelwert
Wurzel aus dem Mittelwert der quadrierten Zahlen (häufig auch engl. *root mean square*, RMS). Bei Strömen und Spannungen spricht man vom → Effektivwert.

Resonanzfrequenz
1) Eigenfrequenz einer → freien Schwingung.
2) Frequenz, bei der eine erzwungene Schwingung ihre maximale Amplitude erreicht. Bei geringer → Dämpfung kann es zur → Resonanzkatastrophe kommen.

Resonanzkatastrophe
Wird ein schwingungsfähiges System kontinuierlich angeregt, so kann sich die → Amplitude aufschaukeln, bis das System zerstört wird. Dieser Effekt ist am größten in der Nähe der → Resonanzfrequenz und nimmt mit steigender → Dämpfung ab.

Rückkopplung
Steuerung eines Systems durch dessen eigenes Verhalten, z. B. Steuerung der periodischen Energiezufuhr einer Schwingung.

Rückstellkraft
Rücktreibende Kraft bei einer Schwingung.

Ruhelage
Position, in der eine viskos gedämpfte Schwingung (→ Dämpfung) zum Stehen kommt.

Scheinwiderstand (Blindwiderstand)
Wird an eine Spule oder einen Kondensator eine Wechselspannung angelegt, so ist der resultierende Strom gegenüber der → Spannung (Glossar zu Kapitel 2) in der Phase verschoben, sodass – anders als bei → OHM'schen Widerständen – keine Leistung umgesetzt wird.

Schwebung
Werden zwei Schwingungen mit ähnlicher Frequenz überlagert, so ändert sich die Amplitude der resultierenden Schwingung periodisch, wobei die Anzahl der Schwebungsmaxima pro Sekunde der Differenz der Frequenzen entspricht.

Schwingungen oder Oszillationen
Ortsfeste, zeitlich periodische Zustandsänderungen, die auftreten, wenn ein System durch eine äußere Störung aus dem Gleichgewicht gebracht wird und Kräfte wirksam werden, die das System in Richtung Gleichgewicht bewegen.

Seitenbänder
Durch die → Amplitudenmodulation oder → Frequenzmodulation treten im Spektrum der → FOURIER-Analyse neben der Trägerfrequenz weitere benachbarte Frequenzen auf.

Ungedämpfte Schwingung
Eine Schwingung, bei der keine → Reibung (Glossar zu Kapitel 1) auftritt und somit die Energie erhalten bleibt.

4 Wellen

$\lambda/4$-Plättchen
Eine dünner Kristall mit → Doppelbrechung, der so orientiert ist, dass eine Polarisationsrichtung um $\lambda/4$ verzögert wird. Durch ein $\lambda/4$-Plättchen lässt sich Licht mit → linearer und → zirkularer Polarisation ineinander umwandeln.

ABBE'sche Beugungsgrenze
Von ERNST ABBE 1873 hergeleitete → Auflösungsgrenze optischer Geräte aufgrund von → Beugungsscheibchen, die durch den Objektivdurchmesser bestimmt sind.

Achromat
Kombination einer Sammellinse mit einer schwächeren Zerstreuungslinse aus einem Material mit höherem Brechungsindex. Durch diese Kombination werden Farbfehler durch die → chromatische Aberration unterdrückt.

Anisotrop
Bezeichnung für einen Stoff, insbesondere einen Kristall, dessen physikalische Eigenschaften von der Richtung abhängen.

Antenne
Ein elektrischer Leiter durch den → elektromagnetische Wellen aufgefangen oder abgestrahlt werden. Übliche Bauformen sind die → Dipolantenne und die → Yagi-Antenne.

Auflösungsgrenze
Kleinste Struktur, die sich mit einem optischen System (Mikroskop) noch erkennen lässt. Die Auflösungsgrenze wird durch die → numerische Apertur bestimmt und liegt typischerweise bei etwa einer Wellenlänge.

Ausbreitungsgeschwindigkeit
Geschwindigkeit, mit der sich eine → Welle fortpflanzt. Gemeint ist in der Regel die für → Wellenphänomene verantwortliche → Phasengeschwindigkeit der Welle und nicht die → Gruppengeschwindigkeit, mit der sich die Energie ausbreitet.

Beugung
Richtungsänderung einer Welle an einem Hindernis. Trifft eine → ebene Welle z. B. auf einen → Einzelspalt, so breitet sich die → Wellenfront von hier aus kreisförmig aus, da der Spalt der Ausgangspunkt einer → Elementarwelle ist. Nach dem → HUYGENS'schen Prinzip ist ein ähnliches Verhalten auch an scharfen Kanten zu beobachten.

Beugungsscheibchen (AIRY-Scheibchen)
Breite des Hauptreflexes bei der Beugung an einer Lochblende. Seine Größe bestimmt die → Auflösungsgrenze eines optischen Systems (ABBE'sches Auflösungskriterium bzw. → ABBE'sche Beugungsgrenze).

BRAGG-Reflexion
Reflexion von → Röntgenstrahlen (Glossar zu Kapitel 7) an den Netzebenen von Kristallen. Durch → Interferenz ergeben sich analog zum → Gitter ausgeprägte Intensitätsmaxima (Glanzwinkel). Siehe auch → DEBYE-SCHERRER-Verfahren.

Brechung
Trifft eine Welle auf ein anderes Medium, in dem sie sich ausbreiten kann, so wird ein Teil der Intensität reflektiert (→ Reflexion), der Rest breitet sich in dem neuen Medium mit einer veränderten Ausbreitungsrichtung aus (Brechung).

Brechungsgesetz (SNELLIUS-Gesetz)
Beschreibt die Ausbreitungsrichtung einer gebrochenen Welle (→ Brechung) in Abhängigkeit vom → Brechungsindex der beteiligten Medien.

Brechungsindex
Verhältnis der Vakuum- → Lichtgeschwindigkeit zur → Phasengeschwindigkeit der → elektromagnetischen Welle in einem Medium.

BREWSTER-Winkel
Bei der → Reflexion im BREWSTER-Winkel an einem dichteren Medium wird das reflektierte Licht vollständig linear polarisiert. Für andere Reflexionswinkel tritt eine teilweise → lineare Polarisation auf, die sich mit den → FRESNEL'schen Formeln berechnen lässt.

Chromatische Aberration
Farbfehler von Linsen durch → Dispersion. Abhilfe schafft ein → Achromat.

DEBYE-SCHERRER-Verfahren
Durch → BRAGG-Reflexion an kristallinem Pulver lässt sich die Kristallstruktur untersuchen und insbesondere der Netzebenenabstand (Gitterabstand) messen.

Dichroismus
Eigenschaft optisch → anisotroper Kristalle, abhängig von der Richtung der → Polarisation unterschiedliche Frequenzen zu absorbieren. Da diese → Eigenfrequenzen in der Regel außerhalb des sichtbaren Spektralbereichs liegen, erscheinen die Kristalle trotzdem ungefärbt. Ist der Effekt hingegen sichtbar, so spricht man in der Mineralogie von Pleochroismus.

Dipolantenne
Einfachste Bauform einer → Antenne, häufig ausgeführt als Faltdipol. Früher auch „HERTZ'scher Dipol" oder „HERTZ'scher Oszillator" genannt. Die optimale Länge einer idealen Antenne beträgt eine halbe → Wellenlänge. In der Praxis ist die optimale Länge etwas kürzer, was durch den von der Bauform abhängigen Verkürzungsfaktor beschrieben wird.

Dispersion
Hängt die → Ausbreitungsgeschwindigkeit einer Welle von der → Wellenlänge ab, so wird

dies als Dispersion bezeichnet. Da für Licht die → Phasengeschwindigkeit im Allgemeinen mit steigender Wellenlänge zunimmt, wird dies als normale Dispersion bezeichnet. Den umgekehrten Fall nennt man anomale Dispersion. Zeigt ein Medium Dispersion, so weicht die → Gruppengeschwindigkeit von der → Phasengeschwindigkeit ab.

Doppelbrechung
Von der Richtung der → Polarisation abhängige Lichtgeschwindigkeit im Innern von → anisotropen Kristallen.

Doppelspalt
Anordnung von zwei eng benachbarten → Einzelspalten.

DOPPLER-Effekt
Bewegt sich der Ausgangspunkt einer Welle auf einen Beobachter zu, so misst dieser eine größere Frequenz bzw. kleinere Wellenlänge. Bewegt sich die Quelle fort, so erscheint die Frequenz kleiner und die Wellenlänge größer.

Ebene Welle
Eine ebene → Wellenfront ist das Resultat eines sehr weit entfernten → Erregers einer → Elementarwelle oder die Überlagerung vieler Elementarwellen (→ HUYGENS'sches Prinzip).

Eigenfrequenzen
Alle Frequenzen, bei denen ein schwingungsfähiges System → freie Schwingungen (Glossar zu Kapitel 3) ausführen kann. Die Schwingung mit der niedrigsten Frequenz wird als → Grundfrequenz bezeichnet. Alle übrigen Frequenzen nennt man → Oberwellen oder Harmonische. Siehe auch → Schwingungsmoden.

Einzelspalt
Spaltförmige Blende mit einer Breite in der Größenordnung der Wellenlänge.

Elektromagnetische Welle
Ausbreitung von sich gegenseitig erzeugenden elektrischen und magnetischen Feldern. Je nach Frequenz und Entstehung wird unterschieden zwischen → Radiowellen, → Mikrowellen, → Licht, → Röntgenstrahlung (Glossar zu Kapitel 7) und → γ-Strahlung (Glossar zu Kapitel 7).

Elektrosmog
→ Radiowellen, die in elektrischen Geräten entstehen, ohne beabsichtigt zu sein.

Elementarwelle
Nach dem → HUYGENS'schen Prinzip kann jede Wellenfront durch sich → isotrop ausbreitende Elementarwellen (Kreiswellen, Kugelwellen) nachgebildet werden.

Erreger
Ausgangspunkt einer Welle, insbesondere bei mechanischen Wellen. Bei → Radiowellen wird der Erreger als Sender bezeichnet.

FABRY-PÉROT-Interferometer
Parallele Anordnung von zwei verspiegelten Glasplatten.

FERMAT'sches Prinzip
Die Ausbreitung einer Welle erfolgt stets auf dem Weg, der die geringste Zeit benötigt, also die geringste → optische Weglänge hat. Die wichtigste Konsequenz des FERMAT'schen Prinzips ist die Umkehrbarkeit des Strahlengangs.

FRESNEL'sche Formeln
Sie dienen zur Berechnung des → Reflexions- und → Transmissionskoeffizienten in Abhängigkeit von der → Polarisation. Siehe auch → BREWSTER-Winkel.

Gangunterschied
Phasenverschiebung → kohärenter Wellen aufgrund eines unterschiedlichen Weges.

Gitter
Periodische Anordnung von → Einzelspalten.

Grenzwinkel
Beim Überschreiten dieses Einfallswinkels tritt innerhalb des dichteren Mediums → Totalreflexion auf.

Grundfrequenz
Niedrigste → Eigenfrequenz eines schwingungsfähigen Systems. Im Allgemeinen ist die → Dämpfung (Glossar zu Kapitel 3) bei der Grundfrequenz wesentlich kleiner als bei den höheren Eigenfrequenzen. Bei Musikinstrumenten bestimmt die Grundfrequenz die Tonhöhe und die → Oberwellen den Klang.

Gruppengeschwindigkeit
Geschwindigkeit, mit der sich die Energie einer Welle ausbreitet. Sie ist in der Regel kleiner als die → Phasengeschwindigkeit der Welle. Zeigt ein Medium keine → Dispersion, so sind Phasengeschwindigkeit und Gruppengeschwindigkeit identisch.

HUYGENS'sches Prinzip
In einer Welle kann jedes schwingende Teilchen als Ausgangspunkt der Welle angesehen werden. Bei zwei- oder dreidimensionaler Ausbreitung wird die → Wellenfront hierzu durch rotationssymmetrische → Elementarwellen nachgebildet.

Immersionsöl
Eine Flüssigkeit mit einem hohen Brechungsindex, die in der Mikroskopie eingesetzt wird, um eine höhere Auflösung zu erzielen, siehe → ABBE'sche Beugungsgrenze.

Infrarot (IR-Strahlung)
→ Licht mit einer größeren Wellenlänge als das rote Licht, das noch vom Auge gesehen werden kann.

Infraschall
Schall unterhalb der menschlichen Hörschwelle von etwa 16 bis 20 Hz (vgl. → Ultraschall).

Interferenz
Ortsfeste Auslöschung und Verstärkung → kohärenter Wellen durch Überlagerung. Bei einer Intensitätsabschwächung spricht man von destruktiver Interferenz, bei Verstärkung von konstruktiver.

Interferenzfilter
Ein optisches Filter, das nur einen sehr schmalen Wellenlängenbereich durchlässt. Die Funktionsweise beruht auf einem → FABRY-PÉROT-Interferometer mit einem Abstand der Spiegel von einer Wellenlänge.

Isotrop
Bezeichnung für einen Stoff, dessen physikalische Eigenschaften unabhängig von der Richtung sind.

Kohärent
Wellen, die zueinander in einer zeitlich unveränderlichen Phasenbeziehung stehen, nennt man kohärent; → Kohärenzlänge.

Kohärenzlänge
Länge eines zeitlich begrenzten Wellenzuges. → Interferenz tritt nur bei Wellenzügen auf, deren Wege sich höchstens um die Kohärenzlänge unterscheiden.

KUNDT'sches Rohr
Experimentelle Anordnung zur Messung der Schallgeschwindigkeit durch das Ausmessen von stehenden Schallwellen, siehe auch → stehende Welle.

Laser
engl. *light amplification by stimulated emission of radiation*. Durch eine äußere Anregung, z. B. der Absorption eines → Photons (Glossar zu Kapitel 5), wird ein Elektron auf ein höheres → Energieniveau (Glossar zu Kapitel 5) angehoben. Von hier aus erfolgt in der Regel ein schneller Übergang zu einem etwas niedrigeren Energieniveau, in dem das Elektron zunächst verweilt. Durch die Wechselwirkung mit einer → elektromagnetischen Welle springt das Elektron schließlich in den → Grundzustand (Glossar zu Kapitel 5) und emittiert dabei ein Photon. Durch diese induzierte Emission hat das Photon genau die gleich Wellenlänge und Phase wie die auslösende elektromagnetische Welle, sodass deren Intensität um ein Photon anwächst. Abhängig von der Qualität des verwendeten → Resonators bildet sich im Idealfall nur eine einzige → Schwingungsmode mit sehr hoher Intensität aus.

Licht
→ Elektromagnetische Wellen mit einem Frequenzbereich, der vom menschlichen Auge wahrgenommen werden kann oder daran anschließt. Licht entsteht durch die Anregung von Elektronen in der Atomhülle, siehe auch → Spektrallinien (Glossar zu Kapitel 5).

Lichtgeschwindigkeit
Ausbreitungsgeschwindigkeit des Lichts, in der Regel auf das Vakuum bezogen.

Lineare Polarisation
Zeitlich konstante Ausrichtung der Schwingungsrichtung von → Transversalwellen.

Longitudinalwellen
→ Wellen, deren Schwingung in der Ausbreitungsrichtung verläuft, wie z. B. → Schallwellen in Gasen.

MACH-Kegel
Bewegt sich der Ausgangspunkt einer Welle schneller als die → Phasengeschwindigkeit der Welle, so überlagern sich die → Wellenfronten entlang eines Kegelmantels konstruktiv. Die resultierende Wellenfront nennt man MACH-Welle. Siehe auch → Überschallknall.

MICHELSON-Interferometer
Experimenteller Aufbau zur Längenmessung durch Abzählen von Interferenzmaxima.

Mikrowellen
Zumeist technisch erzeugte → elektromagnetische Wellen. Die häufigsten Anwendungsgebiete sind das Radar und der Mikrowellenherd.

Mischfarben
Das menschliche Auge nimmt das Sonnenspektrum als weiß wahr. Fehlen eine oder mehrere → Spektralfarben, so erscheint das Licht farbig in der sogenannten Komplementärfarbe.

Numerische Apertur
Von der Bauform abhängige Eigenschaft eines Objektivs, welche die → Auflösungsgrenze bestimmt.

Oberwellen
→ Eigenfrequenzen eines schwingungsfähigen Systems oberhalb der → Grundfrequenz. Näherungsweise haben harmonische Oberwellen ein ganzzahliges Vielfaches der Grundfrequenz. Bei Musikinstrumenten bestimmen Oberwellen die charakteristische Klangfarbe.

Optische Dichte
Medien mit einem hohen → Brechungsindex nennt man „optisch dicht", sonst „optisch dünn".

Optische Weglänge
Produkt aus → Brechungsindex und geometrischer Weglänge. Die optische Weglänge ist zur Laufzeit des Lichts proportional und wird daher zur Berechnung des → Strahlengangs nach dem → FERMAT'schen Prinzip verwendet.

Phasengeschwindigkeit
Geschwindigkeit, mit der sich die Schwingungen einer Welle fortpflanzen. Die Phasengeschwindigkeit ist verantwortlich für alle → Wellenphänomene. Siehe auch → Gruppengeschwindigkeit.

Phasensprung
Änderung der Phase einer Welle um π bei der → Reflexion an einem festen Ende bzw. an einem Medium höherer → optischer Dichte.

Polarisation
Ausrichtung der Schwingungsrichtung von → Transversalwellen. Je nach zeitlicher Änderung der Schwingungsrichtung wird zwischen → linearer, → zirkularer oder elliptischer Polarisation unterschieden.

Polarisationsfilter
Im Idealfall ein Metallgitter mit einem Gitterabstand, der wesentlich kleiner ist als die Wellenlänge, meist aber Folien aus langkettigen parallel ausgerichteten Molekülen (→ Dichroismus). Polarisationsfilter erzeugen immer eine → lineare Polarisation. Die bekannten zirkularen Polarisationsfilter sind mit einem → $\lambda/4$-Plättchen verklebt.

POYNTING-Vektor
Vektorprodukt aus der elektrischen und magnetischen Feldstärke einer → elektromagnetischen Welle. Der POYNTING-Vektor zeigt immer in die Ausbreitungsrichtung. Multipliziert mit einer Fläche gibt sein Betrag die Leistung an, die von der Welle transportiert wird.

Prisma
Dreieckiges optisches Element. Ein rechtwinkliges Prisma erlaubt die Umlenkung eines Wellenstrahls durch → Totalreflexion um 90° oder 180°. Mit einem gleichseitigen Prisma lässt sich Licht durch → Dispersion in die Spektralfarben zerlegen.

Radiowellen
→ Elektromagnetische Wellen, die durch Wechselspannungen in elektrischen Geräten entstehen.

RAYLEIGH-Streuung
Streuung von Licht an Atomen und Molekülen. Da sie proportional zur 4. Potenz der Frequenz ist, wird blaues Licht stärker gestreut als rotes,

sodass der Himmel blau erscheint. Das durch RAYLEIGH-Streuung reflektierte Licht hat eine → lineare Polarisation.

Reflexion
Trifft eine Welle auf ein anderes Medium, so wird ein Teil ihrer Intensität reflektiert, während der Rest gebrochen und gegebenenfalls absorbiert wird. Bei der Reflexion an einem festen Ende bzw. an einem Medium höherer → optischer Dichte erfährt die Welle einen → Phasensprung um π bzw. $\frac{\lambda}{2}$.

Reflexionsgesetz
Bei einer Reflexion sind Einfallswinkel und Ausfallswinkel gleich groß.

Reflexionskoeffizient
Verhältnis der reflektierten Intensität zur auftreffenden Intensität. Siehe auch → Transmissionskoeffizient und → FRESNEL'sche Formeln.

Resonanzfrequenz
Ein schwingungsfähiges System, das zu erzwungenen Schwingungen angeregt wird, zeigt bei den Resonanzfrequenzen die größte Schwingungsamplitude. Jede Resonanzfrequenz entspricht einer → Eigenfrequenz und damit einer → Schwingungsmode des Systems. Durch die erzwungene Schwingung weichen Eigenfrequenz und Resonanzfrequenz leicht voneinander ab. Häufig ist mit der Resonanzfrequenz die → Grundfrequenz einer Schwingung gemeint.

Resonator
Ein dämpfungsarmes System mit ausgeprägten → Schwingungsmoden, denen von außen Energie zugeführt werden kann. Bei → Lasern wird der Resonator häufig als → FABRY-PÉROT-Interferometer ausgeführt.

Schallmauer
Erreicht ein Flugkörper eine Geschwindigkeit in der Nähe der Schallgeschwindigkeit, so bilden sich an seinem Bug und Heck Stoßwellen aus, da sich das Strömungsverhalten der Luft ändert. Da der Strömungswiderstand in der Nähe der Schallgeschwindigkeit ein Maximum erreicht, spricht man von der Schallmauer. Beim Durchbrechen der Schallmauer bildet sich ein → MACH-Kegel, den der Beobachter als → Überschallknall wahrnimmt.

Schallwellen
Ausbreitung von Druckschwankungen in elastischen Medien. In Gasen und Flüssigkeiten breiten sich Schallwellen als → Longitudinalwellen aus, in Festkörpern auch als → Transversalwellen.

Schwingungsbauch bzw. -knoten
Geometrischer Ort, an dem die → Amplitude (Glossar zu Kapitel 3) einer → stehenden Welle dauerhaft maximal bzw. null ist.

Schwingungsenergie
→ Kinetische Energie (Glossar zu Kapitel 1) einer Schwingung.

Schwingungsmode
Bedingt durch die verschiedenen → Eigenfrequenzen eines schwingungsfähigen Systems können sich bei mehreren Frequenzen → stehende Wellen ausbilden, die als Resonanzen oder Moden bezeichnet werden. Siehe auch → Resonanzfrequenz und → Resonator.

Spektralfarben
Das menschliche Auge nimmt monochromatisches Licht farbig war. Diese von der Wellenlänge abhängigen Farben werden Spektralfarben genannt. Den Gegensatz hierzu bilden die → Mischfarben.

Stehende Welle
Wird eine Welle in sich selbst zurückreflektiert, so bilden sich bei bestimmten Abständen des Reflektors vom Erreger feststehende → Schwingungsbäuche und -knoten aus

Strahlengang
Geometrischer Verlauf der → Wellenstrahlen, insbesondere bei optischen Geräten in denen → Reflexion und → Brechung eine Rolle spielen.

Strahlteiler
In der Regel ein halbdurchlässiger Spiegel, der verwendet wird, um einen Lichstrahl in zwei kohärente Teilstrahlen aufzuteilen oder diese wieder zu vereinigen.

Stufengitter
An einer periodischen treppenförmigen Oberfläche tritt je nach → Wellenlänge konstruktive oder destruktive → Interferenz auf. Die Flügel von Schmetterlingen erhalten durch diesen Effekt ihre intensive Farbe.

Totalreflexion
An der Grenzfläche zu einem dünneren Medium wird die gesamte Intensität einer Welle reflektiert, wenn der Einfallswinkel einen →Grenzwinkel überschreitet.

Transmissionskoeffizient
Verhältnis von transmittierter (durchgelassener) Intensität zur auftreffenden Intensität. Solange keine Absorption stattfindet, ist die Summe aus Transmissionskoeffizient und →Reflexionskoeffizient immer eins. Siehe auch →FRESNEL'sche Formeln.

Transversalwellen
Wellen, deren Schwingung quer zur Ausbreitungsrichtung verläuft, wie z.B. →elektromagnetische Wellen.

Überschallknall
Bewegt sich ein Flugkörper schneller als die Schallgeschwindigkeit, so bilden sich an Bug und Heck Stoßwellen (→Schallmauer), die sich als →MACH-Kegel ausbreiten. Auf der Rückseite dieser Stoßfront folgt eine schmale Zone geringeren Luftdrucks. Da Kompression und Ausdehnung der Luft adiabatisch erfolgen, kondensiert bei hoher Luftfeuchtigkeit der Wasserdampf in der Atmosphäre im hinteren Bereich des Flugkörpers zu einer Wolkenscheibe, die den Flugkörper begleitet. Den bekannten Überschallknall hört ein Beobachter, wenn ihn die Stoßfront passiert.

Ultraschall
Schall oberhalb der menschlichen Hörschwelle mit einer Frequenz zwischen 20 kHz und 1 GHz. Töne mit höherer Frequenz nennt man Hyperschall, während Töne unterhalb der menschlichen Hörschwelle als →Infraschall bezeichnet werden. Zwischen 400 kHz und 2 MHz spricht man häufig auch von Megaschall.

Ultraviolettes Licht (UV-Strahlung)
→Licht mit einer kürzeren Wellenlänge als das als das für menschliche Augen noch sichtbare Violett.

Wellen
Zeitlich und räumlich periodische Zustandsänderungen, die auftreten, wenn ein System aus vielen miteinander gekoppelten schwingfähigen Teilsystemen besteht und ein Teilsystem durch eine äußere Anregung in Schwingung versetzt wird.

Wellenfront
Geometrischer Ort aller Teilchen mit der gleichen Schwingungsphase. Die Wellenfront verläuft senkrecht zur Ausbreitungsrichtung der Welle, dem Wellenstrahl.

Wellenlänge
Räumlicher Abstand zweier Teilchen mit der gleichen Schwingungsphase (synchrone Bewegung).

Wellenphänomene
→Brechung, →Beugung, →Interferenz, →Polarisation und →Doppelbrechung. Diese Phänomene treten nur bei Wellen auf und können bei allen Wellen beobachtet werden, wobei Polarisation und Doppelbrechung nur bei →Transversalwellen auftreten.

Wellenstrahl
Ausbreitungsrichtung einer Welle.

Wellenzahl
2π dividiert durch die Wellenlänge.

Yagi-Antenne
→Antenne für den Fernsehempfang, die durch zusätzliche passive Elemente eine Richtcharakteristik und Intensitätsverbesserung gegenüber einer normalen →Dipolantenne erzielt.

Zirkulare Polarisation
Durch die Überlagerung von zwei gegeneinander in der Phase verschobenen →linear polarisierten Wellen mit unterschiedlicher Polarisationsrichtung entsteht eine resultierende Welle, deren Polarisationsrichtung rotiert. Hängt die →Amplitude (Glossar zu Kapitel 3) der resultierenden Welle nicht von der Polarisationsrichtung ab, so spricht man von zirkularer Polarisation, sonst von elliptischer.

5 Quantenmechanik

Äußerer Fotoeffekt

→ Photonen können aus einer Oberfläche Elektronen auslösen, wenn ihre Energie die Bindungsenergie der Elektronen überschreitet (→ Austrittsarbeit). Die Energie der emittierten Fotoelektronen kann durch Anlegen einer negativen → Spannung (Glossar zu Kapitel 2) zwischen Auffangring und Fotoelektrode bestimmt werden (Gegenfeldmethode). Es zeigt sich, dass die Photonen unterhalb einer von der Austrittsarbeit abhängigen Grenzfrequenz keine Fotoelektronen mehr erzeugen können.

Austrittsarbeit

Energie, die erforderlich ist, um durch den → äußeren Fotoeffekt ein Elektron aus einem Festkörper zu lösen. Sie ist besonders gering bei den schweren Elementen der ersten Hauptgruppe. Bei einzelnen Atomen oder Molekülen wird die Austrittsarbeit als → Ionisationsenergie bezeichnet.

BALMER-Serie

→ Spektrallinien des Wasserstoffs zu $n_1 = 2$.

COMPTON-Effekt

→ Photonen mit der → COMPTON-Wellenlänge werden sehr effektiv von freien (schwach gebundenen) Elektronen gestreut, wobei das Photon – analog zu einem Billardstoß – einen Teil seiner Energie an das Elektron abgibt.

COMPTON-Wellenlänge

Photonen mit der COMPTON-Wellenlänge von 2,4263 pm (→ Röntgenstrahlung, Glossar zu Kapitel 7) haben die gleiche → relativistische Masse (Glossar zu Kapitel 6) wie ein ruhendes Elektron. Gleichzeitig entspricht die COMPTON-Wellenlänge der → DE-BROGLIE-Wellenlänge eines Elektrons.

DE-BROGLIE-Wellenlänge

Entsprechend dem → Welle-Teilchen-Dualismus können sich kleine Teilchen wie Wellen verhalten. Zur Beschreibung dieses Verhaltens dient die DE-BROGLIE-Wellenlänge. Im täglichen Leben spielt sie keine Rolle, da sie mit steigendem Impuls umgekehrt proportional abnimmt. Die → Gruppengeschwindigkeit (Glossar zu Kapitel 4) einer DE-BROGLIE-Materiewelle entspricht der Teilchengeschwindigkeit, ihre → Phasengeschwindigkeit (Glossar zu Kapitel 4) ist hingegen für die → Wellenphänomene (Glossar zu Kapitel 4) verantwortlich.

Eigenfunktion

Die Lösungen einer Differentialgleichung werden als Eigenfunktionen und die dazugehörigen Integrationskonstanten als Eigenwerte bezeichnet. Bei der → SCHRÖDINGER-Gleichung entsprechen die Eigenwerte der Teilchenenergie, sodass sie auch als Energie-Eigenwerte bezeichnet werden.

Energieniveau

Teilchen können aufgrund ihrer Welleneigenschaften in einem → Potentialtopf nur diskrete Energiewerte annehmen, die als Energieniveaus bezeichnet werden.

Grundzustand

Unterstes Energieniveau in einem → Potentialtopf. Die Energie eines Teilchens im Grundzustand wird als → Nullpunktsenergie bezeichnet.

Harmonischer Oszillator

Übliche Bezeichnung für ein Teilchen in einem parabelförmigen Potential (siehe auch Kapitel 3). Die besondere Bedeutung harmonischer Oszillatoren beruht darauf, dass sich jedes Potentialminimum näherungsweise durch eine Parabel beschreiben lässt. Die Energie-Eigenwerte eines harmonischen Oszillators sind äquidistant, seine → Eigenfunktionen entsprechen HERMITE'schen Polynomen.

HEISENBERG'sche Unbestimmtheitsrelation

Es ist nicht möglich, den Ort und den Impuls eines Teilchens gleichzeitig exakt zu kennen. Das gleiche gilt für die Werte Energie und Zeit.

Impulsunschärfe

Ungenauigkeit der Impulsbestimmung nach der → HEISENBERG'schen Unbestimmtheitsrelation.

Ionisationsenergie
Energie, die notwendig ist, um ein Elektron aus der Elektronenhülle herauszulösen und damit das Atom oder Molekül zu ionisieren. Siehe auch → Austrittsarbeit.

LYMAN-Serie
→ Spektrallinien des Wasserstoffs zu $n_1 = 1$.

Nullpunktsenergie
Minimale Energie eines Teilchens in einem → Potentialtopf. Die Nullpunktsenergie entspricht der Energie des → Grundzustands.

Orbital
Bezeichnung für die → Wellenfunktion eines Elektrons in der Elektronenhülle eines Atoms. Die verschiedenen Orbitale entsprechen den → Eigenfunktionen der → SCHRÖDINGER-Gleichung. Siehe auch → Orbitalmodell.

Orbitalmodell
Das Orbitalmodell beschreibt den Aufbau des Periodensystems durch → Orbitale, die nacheinander entsprechend ihrer Energie mit Elektronen besetzt werden. Zur Charakterisierung dienen vier → Quantenzahlen: Die Hauptquantenzahl n bezeichnet die Elektronenschale und damit die Zeile im Periodensystem. Historisch werden die einzelnen Schalen mit den Buchstaben K, L, M usw. bezeichnet.
Die einzelnen Schalen werden durch die Nebenquantenzahl (Bahndrehimpulsquantenzahl) l in n verschiedene Unterschalen gegliedert, die historisch durch die Hauptquantenzahl und einen kleinen Buchstaben, in der Reihenfolge s, p, d, e, f ... bezeichnet werden. Die Nebenquantenzahl ist maßgeblich für die Geometrie des Orbitals: s-Orbitale sind rund, p-Orbitale hantelförmig usw. Jede diese Unterschalen enthält ihrerseits $2l+1$ Zustände, die durch die magnetische Quantenzahl gekennzeichnet werden. Schließlich kann jeder Zustand zwei Elektronen mit unterschiedlichem Spin aufnehmen.

Ortsunschärfe
Ungenauigkeit der Ortsbestimmung nach der → HEISENBERG'schen Unbestimmtheitsrelation.

PASCHEN-Serie
→ Spektrallinien des Wasserstoffs zu $n_1 = 3$.

Phononen
Die Gitterschwingungen in einem Kristall zeigen charakteristische Resonanzen. Zur Anregung dieser Schwingungen sind diskrete Energieportionen notwendig, die in Analogie zum Licht als Phononen bezeichnet werden.

Photonen
Die Energie einer elektromagnetischen Welle (Licht) setzt sich aus winzigen unteilbaren Energieportionen der Größe $W_{Ph} = h \cdot f$ zusammen (→ PLANCK'sches Wirkungsquantum), die als Photonen bezeichnet werden. Zur Betonung des Teilchencharakters (→ Welle-Teilchen-Dualismus) spricht man auch von Licht-, Röntgen- oder γ-Quanten.

PLANCK'sches Wirkungsquantum *h*
Naturkonstante, welche die Energie eines → Photons mit dessen Frequenz verknüpft. Eine Bestimmung des PLANCK'schen Wirkungsquantums ist mit dem → äußeren Fotoeffekt möglich.

Potentialtopf
Idealisiertes Modell für eine Potentialmulde, aus der ein Teilchen nicht entweichen kann; dient vor allem zur Veranschaulichung der → Wellenfunktion.

Quantensprung
Übergang zwischen zwei → Energieniveaus.

Quantenzahl
Die → Eigenfunktionen der → SCHRÖDINGER-Gleichung werden durch Quantenzahlen charakterisiert, die jeweils einer physikalischen Eigenschaft (Energie, Drehimpuls usw.) zugeordnet sind. Im Gegensatz zu den Beschreibungsgrößen der Mechanik können sie nur diskrete Werte annehmen. Siehe auch → Orbitalmodell.

RITZ'sches Kombinationsprinzip
Alle Spektrallinien des Wasserstoffs ergeben sich aus den Summen oder Differenzen der Frequenzen der → LYMAN-Serie (Spektrallinien des Grundzustands).

RYDBERG-Frequenz
Konstante zur Berechnung der Spektrallinien des Wasserstoffs.

SCHRÖDINGER-Gleichung
Die Lösungen dieser Differentialgleichung (→ Eigenfunktionen) sind die → Wellenfunktionen und die Energie-Eigenwerte eines Teilchens in einem → Potentialtopf. Die SCHRÖDINGER-Gleichung lässt sich nur in sehr wenigen, einfachen Fällen analytisch lösen. In den meisten Fällen werden Computer mit numerischen Lösungsverfahren eingesetzt.

Spektrallinien
Die Elektronen in der Schale eines Atoms (→ Orbitalmodell) können durch die Absorption von Licht auf ein höheres → Energieniveau angeregt werden, sofern die Energie des → Photons genau der Energiedifferenz der beiden Energieniveaus entspricht. Durch diesen Effekt lassen sich in weißem Licht Absorptionslinien beobachten. Werden die Elektronen z. B. durch Stöße in höhere Energieniveaus angeregt, so senden sie beim Übergang in ein niedrigeres freies Energieniveau Licht aus. Auf diese Weise entstehen Emissionslinien, wie z. B. bei einer Quecksilberdampflampe. Siehe auch → RITZ'sches Kombinationsprinzip beim Wasserstoff.

Tunneleffekt
Der Betrag der → Wellenfunktion eines Teilchens nimmt innerhalb einer Potentialbarriere exponentiell ab. Bei einem sehr dünnen oder niedrigen Potentialwall gibt es jedoch auch auf der anderen Seite der Barriere eine endliche Aufenthaltswahrscheinlichkeit, d. h. es kann diese überwinden, obwohl seine kinetische Energie hierzu klassisch nicht ausreicht.

Wahrscheinlichkeitsdichte
Betragsquadrat der → Wellenfunktion. Die Wahrscheinlichkeitsdichte ist ein Maß für die Aufenthaltswahrscheinlichkeit eines Teilchens. Das Integral über die Wahrscheinlichkeitsdichte ist immer eins.

Wellenfunktion
Entsprechend dem → Welle-Teilchen-Dualismus können jedem Teilchen Welleneigenschaften zugeordnet werden. In der Quantenmechanik wird daher grundsätzlich jedes Teilchen als Welle aufgefasst. Die Wellenfunktion beschreibt die Intensität und Phase dieser Welle als Funktion des Ortes. Das Betragsquadrat der Wellenfunktion wird als → Wahrscheinlichkeitsdichte bezeichnet und gibt Aufschluss über den Ort des Teilchens. Zur Berechnung der Wellenfunktion dient die → SCHRÖDINGER-Gleichung.

Welle-Teilchen-Dualismus
Teilchen mit sehr geringer Masse, z. B. Elektronen, verhalten sich je nach Experiment wie ein klassisches Teilchen (Billardkugel) oder eine Welle (Beugungseffekte, Interferenz). Die Wellennatur der Teilchen wird durch die → DE-BROGLIE-Wellenlänge beschrieben.

6 Spezielle Relativitätstheorie

Äther
Da mechanische Wellen zur Ausbreitung ein Medium brauchen, nahm man an, dass dies auch für → elektromagnetische Wellen (Kapitel 4) gilt und bezeichnete dieses Medium als Äther. Das → MICHELSON-Experiment hat dies widerlegt.

Allgemeine Relativitätstheorie
Verallgemeinerung der → speziellen Relativitätstheorie auf beliebige Bezugsysteme, die keine → Inertialsysteme zu sein brauchen. Die Gravitation wird in ihr als eine Krümmung der Raumzeit beschrieben.

CERENKOV-Strahlung
Geladene Teilchen, die sich in einem Medium schneller als die → Phasengeschwindigkeit (Glossar zu Kapitel 4) des Lichts bewegen erzeugen in Analogie zum → Überschallknall (Glossar zu Kapitel 4) ein bläuliches Licht.

GALILEI-Transformation
Sie beschreibt in der klassischen Mechanik den Übergang von einem → Inertialsystem zu einem anderen. Die Gleichungen ergeben sich aus der → LORENTZ-Transformation für $V \ll c$.

Inertialsystem
Ein Bezugssystem, in dem das → Trägheitsprinzip (Glossar zu Kapitel 1) gilt.

Längenkontraktion
Von einem bewegten Koordinatensystem aus betrachtet, wirkt ein ruhender Stab in der Bewegungsrichtung verkürzt.

Lichtartig
Die Menge aller lichtartigen Vektoren bilden den → Lichtkegel.

Lichtkegel
→ Weltpunkte innerhalb des Lichtkegels stehen zu einem Ursprung in → zeitartiger Beziehung, die Punkte außerhalb in → raumartiger.

Lorentz-Transformation
Sie beschreibt den Übergang von einem → Inertialsystem zu einem anderen. Als Spezialfall für niedrige Geschwindigkeiten erhält man die → Galilei-Transformation.

Michelson-Experiment
Experimenteller Nachweis der Unabhängigkeit der Lichtgeschwindigkeit vom → Inertialsystem und Widerlegung des → Äthers.

Nahwirkungstheorie
Jedes Signal (also auch Licht) kann sich nur mit einer endlichen Geschwindigkeit ausbreiten.

Raumartig
Der Verbindungsvektor zwischen zwei → Weltpunkten heißt raumartig, wenn es kein → Inertialsystem gibt, in dem beide Ereignisse am gleichen Ort stattfinden. Siehe auch → Lichtkegel.

Raum-Zeit-Diagramm
Grafische Darstellung der Lorentz-Transformation.

Relativistische Masse
Die Masse eines bewegten Objekts nimmt mit steigender Geschwindigkeit zu.

Relativistischer Doppler-Effekt
→ Doppler-Effekt (Glossar zu Kapitel 4) unter Berücksichtigung der → Längenkontraktion.

Relativitätsprinzip
Alle physikalischen Gesetze bleiben beim Übergang von einem → Inertialsystem in ein anderes erhalten.

Ruheenergie
Energiemenge, die bei der → Zerstrahlung (Glossar zu Kapitel 7) frei wird. Über die Beziehung $E = m_0 c^2$ ist sie mit der → Ruhemasse verknüpft.

Ruhemasse
Masse eines unbewegten Objekts im Gegensatz zur → relativistischen Masse.

Spezielle Relativitätstheorie
Spezialfall der → Allgemeinen Relativitätstheorie für → Inertialsysteme.

Weltpunkt
Jedes Ereignis wird durch einen Ort und einen Zeitpunkt bestimmt. Die dazugehörigen Koordinaten $(c \cdot t, x, y, z)$ in der 4-dimensionalen Raumzeit (Minkowski-Raum) werden als Weltpunkte bezeichnet.

Zeitartig
Der Verbindungsvektor zwischen zwei → Weltpunkten heißt zeitartig, wenn es kein → Inertialsystem gibt, in dem beide Ereignisse zur gleichen Zeit stattfinden, siehe auch → Lichtkegel.

Zeitdilatation
Von einem ruhenden Koordinatensystem aus betrachtet, vergeht die Zeit in einem bewegten Koordinatensystem langsamer.

Zwillings-Paradoxon
Gedankenexperiment zur → Zeitdilatation.

7 Kern- und Teilchenphysik

α-Strahlung
Radioaktive Strahlung aus α-Teilchen, d. h. zweifach positiv geladenen Helium- → Atomkernen. Ihre Reichweite in Luft liegt bei unter 10 cm und in fester Materie bei unter 0,1 cm, ein Blatt Papier kann sie nicht durchdringen. Durch ihr starkes Ionisationsvermögen ist α-Strahlung 20-mal gefährlicher für organische Zellen als → β- oder → γ-Strahlung. Die Energien der α-Teilchen zeigen ein für das jeweilige → Nuklid charakteristisches Linienspektrum.

α-Zerfall
Beim α-Zerfall durchtunnelt ein α-Teilchen den → COULOMB-Wall des Atomkerns, sodass sich die Kernladungszahl (→ Ordnungszahl) um 2 und die → Massenzahl um 4 verringert.

β^+-Zerfall
Zerfall eines → Protons in ein → Neutron, ein → Positron und ein → Neutrino. Die Kernladungszahl (→ Ordnungszahl) erhöht sich dabei um 1.

β^--Zerfall
Zerfall eines → Neutrons in ein → Proton, ein → Elektron und ein → Antineutrino. Die Kernladungszahl (→ Ordnungszahl) erniedrigt sich dabei um 1.

β-Strahlung
Radioaktive Strahlung aus → Elektronen oder → Positronen. Ihre Reichweite kann in Luft einige Meter, in fester Materie einige Millimeter und im Körpergewebe bis zu 5 cm betragen, erst 5 mm Aluminium kann sie nicht mehr durchdringen. Die β-Strahlung hat ein kontinuierliches Energiespektrum dessen maximale Energie für das jeweilige → Nuklid charakteristisch ist.

γ-Quanten
Hochenergetische → Photonen (Glossar zu Kapitel 5) der → γ-Strahlung, die von angeregten → Atomkernen emittiert werden.

γ-Strahlung
Sie entspricht in ihren Eigenschaften hochenergetischer → Röntgenstrahlung, wird im Gegensatz zu dieser jedoch vom Atomkern emittiert. γ-Strahlung hat eine sehr große Reichweite. Sie lässt sich nur schlecht abschirmen, ihre Intensität nimmt beim Durchdringen von Materie exponentiell ab.

γ-Zerfall
Übergang eines angeregten Atomkerns in seinen Grundzustand unter Aussendung eines oder mehrerer γ-Quanten.

Aktivität (Zerfallsrate)
Anzahl der Zerfälle pro Sekunde. Gleichbedeutend mit dem Begriff Zerfallsrate.

Antimaterie
Zu jedem Materie-Teilchen existiert auch ein Antiteilchen mit der gleichen Masse und der entgegengesetzten Ladung. Die Energien für die → Paarbildung und → Zerstrahlung sind jedoch wesentlich höher als bei den beiden leichtesten Teilchen → Elektron und → Positron.

Antineutrino
→ Antimaterie-Teilchen zum → Neutrino, das beim → β^--Zerfall auftritt.

Äquivalenzdosis
Produkt aus der → Energiedosis und einem Strahlungs-Wichtungsfaktor, der die biologische Wirksamkeit aufgrund des unterschiedlichen Ionisationsvermögens der verschiedenen Strahlenarten berücksichtigt. Einheit: 1 Sievert = 1 Sv = 1 J/kg

Atombombe
Explosivwaffe, die auf → erzwungener Kernspaltung oder → Kernfusion beruht.

Atomkern
Der Kern eines Atoms enthält fast die gesamte Masse eines Atoms, obwohl sein Durchmesser nur rund 10^{-4} Å (10^{-5} nm) beträgt. Er besteht aus positiv geladenen → Protonen und ungeladenen → Neutronen. Die Anzahl der positiven Ladungen im Atomkern entspricht der → Ordnungszahl des Atoms.

COULOMB-Wall
Ein α-Teilchen, das auf einen Atomkern zufliegt, wird zunächst durch die COULOMB-Wechselwirkung abgestoßen, in unmittelbarer Kernnähe wirken die Kernkräfte hingegen anziehend. Das so entstehende Potentialmaximum wird als COULOMB-Wall bezeichnet.

Deterministische Strahlenwirkungen
Sie treten innerhalb von einigen Stunden nach der Strahlenexposition auf. Die Schwere der Symptome steigt mit der → Strahlenexposition. Unterhalb einer bestimmten Dosisschwelle treten keine Symptome auf.

Druckwasserreaktor
Ein → Leichtwasserreaktor, dessen Kühlmittel (Wasser) unter sehr hohen Druck steht, sodass es nicht siedet. Die Turbine wird über einen Wärmetauscher von einem zweiten Kühlkreislauf angetrieben.

Effektive Dosis
Summe der → Äquivalenzdosen der einzelnen Organe multipliziert mit einem Gewebe-Wichtungsfaktor, der die Strahlenempfindlichkeit der einzelnen Organe berücksichtigt, wobei die Summe aller Gewebe-Wichtungsfaktor eins ergibt.
Einheit: 1 Sievert = 1 Sv = 1 J/kg

Elektron
Punktförmiges elektrisch negativ geladenes Elementarteilchen. Elektronen bilden die → Elektronenhülle der Atome.

Elektroneneinfang
(engl. abgekürzt als EC) Ein → Elektron aus der → Elektronenhülle wird vom → Atomkern eingefangen und bildet mit einem → Proton ein → Neutron und ein → Neutrino.

Elektronenhülle (Atomhülle)
Die → Elektronen in der Hülle eines Atoms bestimmen die chemischen Eigenschaften des Elements. Bei einem neutralen Atom entspricht die Anzahl der Elektronen in der Hülle der → Ordnungszahl des Elements. Siehe auch → Orbitalmodell (Glossar zu Kapitel 5).

Element
Ein chemisches Element ist durch die Anzahl seiner → Protonen (→ Ordnungszahl, Kernladungszahl) gekennzeichnet. Die Anzahl der → Neutronen bleibt unberücksichtig.

Energiedosis
Absorbierte Energie pro Kilogramm Materie.
Einheit: 1 Gray = 1 Gy = 1 J/kg

Energiedosisleistung
→ Energiedosis pro Sekunde.

Erbrüten
Entstehung von → Nukliden durch → Neutroneneinfang.

Erzwungene Kernspaltung
Einige schwere → Atomkerne können durch den Einfang von → Neutronen in einen angeregten Zustand gelangen, der zu einem Kernzerfall führt, analog zur → spontanen Kernspaltung bei Atomkernen im Grundzustand.

Fallout
Auswaschung radioaktiver → Nuklide aus der Atmosphäre durch Regen.

Fusionsbombe
Durch die Verwendung einer auf → erzwungener Kernspaltung basierenden → Atombombe zur Zündung einer → Kernfusion wird eine sehr große Sprengwirkung erzielt.

GEIGER-NUTALL'sche Beziehung
Zusammenhang zwischen der → Zerfallskonstanten und der Teilchenenergie beim → α-Zerfall.

Halbwertszeit
Nach dieser Zeit ist die Hälfte der Kerne eines radioaktiven → Nuklids zerfallen.

Ionisierende Strahlung
Alle Arten von Strahlung, die beim Wechselwirken mit Materie so viel Energie übertragen, dass → Elektronen aus chemischen Bindungen oder der → Atomhülle gerissen werden. Zur ionisierenden Strahlung gehören alle geladenen Teilchen, aber auch → Röntgen- oder → γ-Strahlung.

Isotope
→ Atomkerne (→ Nuklide) mit gleicher → Ordnungszahl aber verschiedener → Neutronen-Anzahl.

Kernfusion
Umkehrprozess zur Kernspaltung. Durch die Verschmelzung leichter → Atomkerne wird Energie freigesetzt.

Kernkraftwerk (Kernreaktor)
Kraftwerke, die durch → erzwungene Kernspaltung Wärme und daraus über Turbinen elektrische Energie gewinnen.

Kettenreaktion
Sowohl bei einer → spontanen als auch bei einer → erzwungenen Kernspaltung werden einzelne → Neutronen freigesetzt. Führen diese zu einer erneuten Kernspaltung, so wird dies als Kettenreaktion bezeichnet.

Kritische Größe (kritische Masse)
Menge eines spaltbaren Materials, die notwendig ist, um eine kontinuierliche → Kettenreaktion zu starten.

Korpuskulare Strahlung (Teilchenstrahlung)
Ein Strom von Teilchen, der sich geradlinig wie ein Strahl ausbreitet. Die → α-Strahlung und → β-Strahlung sind typische Beispiele. Teilchenstrahlung steht im Gegensatz zur Ausbreitung als → Welle (Glossar zu Kapitel 4). In der Quantenmechanik wird der Unterschied durch den → Welle-Teilchen-Dualismus (Glossar zu Kapitel 5) aufgeweicht.

Kugelhaufenreaktor
Der Kernbrennstoff ist in Graphitkugeln eingebettet und benötigt daher keinen zusätzlichen → Moderator. Durch die sehr hohe Betriebstemperatur ist eine unkontrollierte → Kettenreaktion ausgeschlossen, da eine weitere Temperaturerhöhung die Wahrscheinlichkeit einer Kernspaltung verringert und die Kettenreaktion abbricht.

Leichtwasserreaktor
Kernkraftwerk mit normalem (leichten) Wasser als Moderator. Man unterscheidet → Siedewasserreaktoren und → Druckwasserreaktoren. Siehe auch → Schwerwasserreaktor.

Massendefekt
Differenz zwischen der Masse eines → Atomkerns und der Masse einer entsprechenden Anzahl einzelner → Nukleonen. Der Massendefekt entspricht der Bindungsenergie.

Massenzahl
Anzahl der → Nukleonen im Kern. Näherungsweise entspricht die Massenzahl eines → Nuklids seiner Masse in der → atomaren Masseneinheit ($1\,u = 1{,}660\,54 \cdot 10^{-27}\,kg$, Glossar zu Kapitel 8).

Moderator
Ein Material, dass möglichst keine → Neutronen einfängt und dazu verwendet wird, Neutronen durch Stöße mit den → Atomkernen des Moderators abzubremsen (moderieren), z. B. Wasser oder Graphit.

Neutrino
Neutrales Elementarteilchen, das beim → β^+-Zerfall und → Elektroneneinfang auftritt.

Neutron
Ungeladener Baustein der → Atomkerne. Neutronen werden ebenso wie → Protonen als → Nukleonen bezeichnet.

Neutronenbombe
→ Fusionsbombe mit geringer Explosionswirkung, aber hoher Neutronen- und → γ-Strahlung.

Neutroneneinfang
Werden → Atomkerne mit → Neutronen beschossen, so können diese eingefangen werden. Abhängig vom beschossenen → Nuklid kommt es zu unterschiedlichen Kernreaktionen.

Nukleon
Die Kernbausteine → Neutronen und → Protonen werden als Nukleonen bezeichnet (von lat. *nucleus* = Kern).

Nuklid
Ein Nuklid wird durch die Anzahl seiner → Protonen und → Neutronen festgelegt (→ Isotope). Im Gegensatz hierzu wird ein chemisches → Element nur durch die Anzahl der Protonen (→ Ordnungszahl, Kernladungszahl) definiert.

Ordnungszahl (Kernladungszahl)
Die Anzahl der → Protonen im Atomkern wird als Ordnungszahl oder Kernladungszahl bezeichnet. Im Periodensystem sind die Elemente nach der Ordnungszahl sortiert.

Paarbildung
Umwandlung eines → γ-Quants der → COMPTON-Wellenlänge (Glossar zu Kapitel 5) in ein → Elektron und ein → Positron.

Poisson-Verteilung
Mathematische Wahrscheinlichkeitsverteilung, mit der das Zählen radioaktiver Zerfälle beschrieben wird. Als Konsequenz sind rund 10^4 Zählereignisse notwendig, um die Aktivität eines Präparats mit einem Fehler von unter 1% zu bestimmen.

Positron
→ Antimaterie-Teilchen zum → Elektron.

Proton
Atomkern des Wasserstoff-Atoms und positiv geladener Baustein der übrigen Kerne. Die Anzahl der Protonen im Kern wird durch die → Ordnungszahl (Kernladungszahl) angegeben. → Protonen werden ebenso wie → Neutronen als → Nukleonen bezeichnet.

Röntgenstrahlung
→ Elektromagnetische Wellen (Glossar zu Kapitel 4) mit einer sehr kurzen Wellenlänge im Bereich von 5 pm bis 10 nm. Sie entsteht durch die Anregung kernnaher → Elektronen in der → Elektronenhülle (K-Schale) oder durch die Abbremsung schneller Elektronen (→ Bremsstrahlung, Glossar zu Kapitel 2). Der Übergang zur kurzwelligeren → γ-Strahlung ist fließend, wobei diese im → Atomkern freigesetzt wird.

Rutherford'scher Streuversuch
Von Rutherford 1911 durchgeführtes Experiment mit dem der Aufbau der Atome aus einem positiv geladenen → Atomkern und einer → Elektronenhülle nachgewiesen wurde.

Schneller Brüter
Der einzige Reaktortyp, der das häufige Uran-238 verbrennen kann. Durch das → Erbrüten von waffenfähigem, hoch giftigen Plutonium-239 ist die Technologie sehr umstritten.

Schwerwasserreaktor
Kernkraftwerk mit schwerem Wasser (D_2O) als → Moderator.

Siedewasserreaktor
Ein → Leichtwasserreaktor, dessen Kühlmittel (Wasser) siedet und unmittelbar eine Turbine antreibt.

Spontane Kernspaltung
→ Nuklide mit einer → Massenzahl ab 232 können analog zum → α-Zerfall spontan in zwei oder mehr Bruchstücke zerfallen. Es gibt nur sehr wenige Nuklide, bei denen dieser Prozess beobachtet wird, in der Nuklidkarte sind sie grün gekennzeichnet.

Stochastische Strahlenwirkung
→ Ionisierende Strahlung kann Krankheiten wie z. B. Krebs auslösen. Die Wahrscheinlichkeit für das Auftreten der Krankheit hängt von der → Strahlenexposition ab, nicht jedoch der Zeitpunkt der Erkrankung oder die Schwere der Krankheit.

Strahlenexposition
Bestrahlung von Objekten mit → ionisierender Strahlung.

Thermische Neutronen
Schnelle → Neutronen, die durch Stöße mit einem → Moderator bis auf die thermische Energie der Stoßpartner abgebremst (moderiert) worden sind.

Wilson'sche Nebelkammer
Eine mit Luft gefüllte Kammer, die mit Wasserdampf oder Alkohol gesättigt ist. Durch eine adiabatische Expansion (→ adiabatischer Prozess, Glossar zu Kapitel 8) kühlt die Luft ab und der Taupunkt (→ relative Luftfeuchtigkeit, Glossar zu Kapitel 8) wird unterschritten. Werden Luftmoleküle durch → α- oder → β-Teilchen ionisiert, so wirken sie als Kondensationskeime. Die Flugbahn von Teilchen wird dadurch als Nebelspur sichtbar.

Zerfallskonstante
Quotient aus ln 2 und der → Halbwertszeit.

Zerfallsreihen
Die meisten natürlich vorkommenden radioaktiven Elemente sind Folgeprodukte des Zerfalls der natürlichen Radioisotope U-238 (Uran/Radium-Reihe), U-235 (Uran-Actinium-Reihe), Th-232 (Thorium-Reihe). Eine vierte Zerfallsreihe, beginnend bei Np-237 (Neptunium-Reihe), ist inzwischen vollständig zerfallen.

Zerstrahlung
Vernichtung eines Teilchens mit dem dazugehörigen Antiteilchen unter Aussendung von zwei → γ-Quanten.

8 Thermodynamik (Wärmelehre)

Absoluter Temperaturnullpunkt
Da die → Temperatur ein Maß für die → innere Energie ist, gibt es ein absolutes Minimum (quantenmechanische → Nullpunktsenergie, Glossar zu Kapitel 5), das den Nullpunkt der Kelvinskala auf –273,25 °C festlegt. Siehe auch → Hauptsätze der Thermodynamik.

Adiabatengleichung
Bei einem → adiabatischen Prozess ist das Produkt $p \cdot V^{\kappa}$ konstant. Der Exponent κ wird als Adiabatenkoeffizient bezeichnet und entspricht dem Quotienten der → Wärmekapazitäten bei konstantem → Druck und konstantem Volumen.

Adiabatischer Prozess
Ein Prozess, bei dem die Wärmemenge und damit die → Entropie konstant bleibt. Es gilt die → Adiabatengleichung.

Aggregatzustand
Im Allgemeinen werden die Aggregatzustände fest, flüssig und gasförmig unterschieden. Gelegentlich wird Plasma (ionisiertes Gas) als vierter Aggregatzustand aufgeführt.

AMONTONS, Gesetz von
Bei einem → isochoren Prozess ist der Quotient aus → Druck und → Temperatur konstant.

atm, physikalische Atmosphäre
veraltete Druckeinheit; 1 atm = 1,013 25 bar

Atomare Masseneinheit
$1\,u = \frac{1}{12}$ der Masse eines $^{12}_{6}C$-Atoms = $1{,}660\,54 \cdot 10^{-27}$ kg

AVOGADRO-Konstante N_A
Anzahl von Atomen in 12 g des Kohlenstoffisotops $^{12}_{6}C$.

Bar
Druckeinheit, 1 bar = 10^5 Pa → Pascal

BOLTZMANN-Konstante k_B
Proportionalitätskonstante zur Umrechnung der → Temperatur in die → innere Energie von Gasteilchen.

BOYLE und MARIOTTE, Gesetz von
Bei einem → isothermen Prozess ist das Produkt aus → Druck und Volumen konstant.

CARNOT'scher Kreisprozess
Eine periodische Abfolge → reversibler Prozesse mit der → Wärme in mechanische Arbeit umgewandelt wird. Der CARNOT'sche Kreisprozess ist ein Beispiel für eine ideale → Wärmekraftmaschine.

DALTON, Gesetz von
Häufig auch Gesetz von HENRY DALTON. Der → Druck eines Gasgemisches entspricht der Summe der → Partialdrücke der einzelnen Komponenten.

Dampfdruck (Sättigungsdampfdruck)
→ Partialdruck, der durch die Verdunstung einer Flüssigkeit entsteht. Zu jeder Temperatur existiert ein maximaler Dampfdruck, der als Sättigungsdampfdruck bezeichnet wird.

Dichteanomalie des Wassers
Die Dichte von Wasser ist bei 3,98 °C maximal. Bei anderen Substanzen steigt die Dichte hingegen kontinuierlich mit sinkender Temperatur.

Druck
Kraft pro Flächeneinheit, z. B. durch einseitige mechanische Krafteinwirkung oder permanente Stöße von Gasmolekülen (Kraft = Impulsübertragung/Zeit). Bei Gasen und Flüssigkeiten ist der Druck aus jeder Richtung gleich groß (→ isotrop, Glossar zu Kapitel 4).

DULONG-PETIT'sches Gesetz
Die molare → Wärmekapazität eines Festkörpers beträgt das dreifache der → molaren Gaskonstante.

Entropie
Maß für die Unordnung in einem System. Je größer die Entropie ist, umso mehr mikroskopische Möglichkeiten gibt es, diesen Zustand zu realisieren. Siehe auch → Hauptsätze der Thermodynamik.

Farbtemperatur
Nach dem → WIEN'schen Verschiebungsgesetz kann jeder → Temperatur eine Frequenz bzw. Wellenlänge zugeordnet werden, bei der die abgestrahlte Leistung der → Wärmestrahlung maximal ist.

GAY-LUSSAC, Gesetz von
Bei einem → isobaren Prozess ist der Quotient aus Volumen und → Temperatur konstant.

Glashauseffekt
Durchdringt kurzwelliges Licht ein Glasdach, so wird es vom Boden absorbiert und als langwellige → Wärmestrahlung wieder emittiert. Da diese vom Glas absorbiert wird, kommt es zu einer Erwärmung des Innenraumes, dem → Treibhauseffekt.

Gleichverteilungssatz
Die → innere Energie eines Moleküls ist proportional zur Anzahl seiner Freiheitsgrade und der → Temperatur.

Hauptsätze der Thermodynamik
1. Energieerhaltungssatz: Die Erhöhung der inneren Energie eines Systems ist gleich der Summe aus zugeführter → Wärme und zugeführter Arbeit. Damit existiert auch keine Maschine, die Energie erzeugt, ohne ihre Umgebung dabei zu verändern (Perpetuum Mobile 1. Art).
2. Prinzip von BOLTZMANN: Jedes abgeschlossene System strebt nach dem wahrscheinlichsten Zustand, also jenem mit den meisten mikroskopischen Realisierungsmöglichkeiten bzw. der größten → Entropie. Daher kann auch keine Maschine existieren, die Wärme vollständig in Arbeit umwandelt (Perpetuum Mobile 2. Art)
3. Es gibt einen → absoluten Temperaturnullpunkt.

HENRY, Gesetz von
Die in einer Flüssigkeit gelöste Menge eines Gases ist proportional zum → Partialdruck des Gases an der Oberfläche der Flüssigkeit.

Ideales Gas
Idealisierung der Gasatome als punktförmige Teilchen, die untereinander keine Wechselwirkung zeigen. Die → Zustandsgleichung wird als ideales Gasgesetz bezeichnet.

Innere Energie
Kinetische Energie von Gasteilchen, bestehend aus Translations-, Rotations- und Schwingungsenergie der Moleküle. Siehe auch → Gleichverteilungssatz.

Inversionstemperatur
Unterhalb der Inversionstemperatur kühlt sich ein → reales Gas durch den → JOULE-THOMSON-Effekt bei Ausdehnung ab, darüber erwärmt es sich. Bei sehr tiefen Temperaturen existiert noch eine zweite untere Inversionstemperatur, bei der es sich genau umgekehrt verhält.

Isobarer Prozess
Ein Prozess, bei dem der → Druck konstant bleibt. Es gilt das Gesetz von → GAY-LUSSAC

Isochorer Prozess
Ein Prozess bei dem das Volumen konstant bleibt. Es gilt das Gesetz von → AMONTONS.

Isothermer Prozess
Ein Prozess bei dem die → Temperatur konstant bleibt. Es gilt das Gesetz von → BOYLE und MARIOTTE.

JOULE-THOMSON-Effekt
Durch die Wechselwirkungskräfte zwischen den Molekülen → realer Gase ändert sich die → Temperatur des Gases, wenn es sich ausdehnt, selbst wenn es dabei keine Arbeit verrichtet. Ob es sich dabei abkühlt oder erwärmt hängt von der → Inversionstemperatur ab. Der JOULE-THOMSON-Effekt wird zur Verflüssigung von Luft und zur Herstellung anderer → kryogener Gase genutzt (LINDE-Maschine).

Kinetische Gastheorie
Beschreibung (idealer) Gase auf atomarer Skala. Die makroskopischen Größen wie → Druck und → Temperatur werden aus den statistischen Eigenschaften der Gasteilchen berechnet.

KIRCHHOFF, Strahlungsgesetz von
Die Leistung der abgestrahlten → Wärmestrahlung ist proportional zum Absorptionsgrad der Oberfläche und damit für einen → schwarzen Körper maximal.

Kondensationsverzug
Abkühlung eines Gases unter die Siedetemperatur (unterkühlter Dampf).

Konvektion
Wärmetransport durch die Bewegung einer Flüssigkeit oder eines Gases.

Kritischer Punkt
Bei dieser Kombination aus → Druck und → Temperatur haben die flüssige und die gasförmige Phase die gleiche, sogenannte kritische Dichte. Oberhalb dieser kritischen Temperatur gibt es keinen Koexistenzbereich aus flüssiger und gasförmiger Phase mehr.

Kryogene Gase
Gase, die durch den → JOULE-THOMSON-Effekt verflüssigt worden sind. Sie können in der Regel nur in offenen Gefäßen gelagert werden und haben stets eine Temperatur, die ihrer Siedetemperatur entspricht.

Internationale Höhenformel
Näherungsformel für die Abnahme des atmosphärischen Luftdrucks bis in ca. 11 km Höhe.

LOSCHMIDT-Konstante N_L
Quotient aus → AVOGADRO-Konstante und → Normvolumen. In der Literatur wird die AVOGADRO-Konstante häufig falsch als LOSCHMIDT-Zahl N_L bezeichnet.

MAXWELL-BOLTZMANN-Verteilung
Geschwindigkeits- bzw. Energieverteilung der Moleküle in einem Gas.

MAXWELL-Konstruktion
Um das Gebiet der Koexistenz von flüssiger und gasförmiger Phase aus der → VAN-DER-WAALS-Gleichung zu ermitteln, werden im *pV*-Diagramm die lokalen Extrema durch eine Gerade ersetzt, wobei die beiden abgeschnittenen Flächen gleich groß sind.

Mittlere freie Weglänge
Entfernung, die ein Gasmolekül im Mittel zwischen zwei Stößen zurücklegt.

Molare Gaskonstante
→ BOLTZMANN-Konstante bezogen auf ein Mol.

Molvolumen
Volumen, das ein Mol eines Gases einnimmt.

Normbedingungen
$p_n = 1013{,}25\,\text{mbar}$, $T_n = 273{,}15\,\text{K} = 0\,°\text{C}$

Normvolumen
Volumen, das 1 Mol eines → idealen Gases unter → Normbedingungen einnimmt.

Partialdruck
→ Druck, der bei einem Gasgemisch von einer Gassorte verursacht wird. Siehe auch Gesetz von → DALTON.

Pascal, Pa
Einheit des Drucks, $1\,\text{Pa} = 1\,\frac{\text{N}}{\text{m}^2}$

Phasenübergang
In der Thermodynamik der Übergang von einem → Aggregatzustand in einen anderen. Allgemein der reversible Übergang von einem Ordnungszustand in einen anderen.

PLANCK'sches Strahlungsgesetz
Formel zur Berechnung der abgestrahlten Leistung der → Wärmestrahlung eines → schwarzen Körpers in Abhängigkeit von der Frequenz oder Wellenlänge.

RAYLEIGH und JEANS, Strahlungsgesetz von
Experimentell gefundene Näherung des → PLANCK'schen Strahlungsgesetzes für große Wellenlängen.

Reale Gase
Gase, deren Verhalten unter den gegebenen Bedingungen von dem eines → idealen Gases abweichen. Insbesondere können reale Gase kondensieren. Als → Zustandsgleichung wird häufig die → VAN-DER-WAALS-Gleichung verwendet.

Relative Luftfeuchtigkeit
Quotient aus dem Wasserdampf-→ Partialdruck und dem Sättigungsdampfdruck (→ Dampfdruck) von Wasser bei dieser Temperatur. Die relative Luftfeuchtigkeit sinkt bei Erwärmung und steigt bei Abkühlung, da der Sättigungsdampfdruck sich mit der Temperatur ändert. Die Temperatur, bei der die relative Luftfeuchtigkeit 100 % erreicht, wird als Taupunkt bezeichnet.

Resublimation
Kondensation eines Festkörpers aus der Dampfphase; Umkehrprozess zur → Sublimation.

Reversibel und irreversibel
Ein Prozess heißt reversibel, wenn er ohne bleibende Veränderung in der Natur umgekehrt werden kann, sonst irreversibel. Insbesondere verlaufen reversible Prozesse bei Zeitumkehr im Einklang mit allen physikalischen Gesetzen. Mikroskopisch nimmt die Anzahl der Realisierungsmöglichkeiten (→ Entropie) bei einem irreversiblen Prozess zu, während sie bei einem reversiblen Prozess konstant bleibt.

Schwarzer Körper
Ein Körper, dessen Oberfläche sämtliche elektromagnetische Strahlung (Licht) absorbiert.

Sieden
→ Phasenübergang von einer Flüssigkeit in die Dampfphase. Durch Temperaturerhöhung oder Druckerniedrigung. Bei der Siedetemperatur sind der Sättigungsdampfdruck (→ Dampfdruck) und der Umgebungsdruck (Luftdruck) gleich groß.

Siedeverzug
Erhitzen einer Flüssigkeit über die Siedetemperatur (überhitzte Flüssigkeit). Die Flüssigkeit kann jederzeit unter starker Dampfentwicklung spontan sieden.

Solare Strahlungskonstante
Im Jahresmittel auf die Erde auftreffende Strahlungsleistung der Sonne.

STEFAN-BOLTZMANN-Gesetz
Die abgestrahlte Leistung der → Wärmestrahlung ist proportional zur Temperatur hoch 4.

STEFAN-BOLTZMANN-Konstante
Kombination von Naturkonstanten, die im → Stefan-Boltzmann-Gesetz auftritt.

STIRLING-Motor
Ein Motor, der durch eine periodische Abfolge reversibler Prozesse Wärme in mechanische Arbeit umwandelt. Der STIRLING-Motor ist ein Beispiel für eine ideale → Wärmekraftmaschine.

Stoffmenge
Anzahl der Gasteilchen in Vielfachen der → AVOGADRO-Konstanten N_A.
Einheit: 1 Mol = N_A Gasteilchen.

Sublimation
→ Phasenübergang von einem Festkörper in die Dampfphase. Sublimation tritt nur bei → Temperaturen unterhalb des → Tripelpunkts auf, da hier keine flüssige Phase mehr existiert.

Temperatur
Maß für die → innere Energie von Gasteilchen. Zur Umrechnung dient die → BOLTZMANN-Konstante. Die historische Einheit Grad Celsius orientiert sich am Siede- und Gefrierpunkt von Wasser. Die physikalische Einheit Kelvin ist gegenüber der Celsius-Skala so verschoben, dass ihr Nullpunkt mit dem → absoluten Temperaturnullpunkt zusammenfällt: 0 K = −273,15 °C.

Thermodynamisches Gleichgewicht
Gleichgewichtszustand, der sich durch langes Warten einstellt. Insbesondere ändern sich → Druck und → Temperatur nicht mehr mit der Zeit.

Torr, mmHg
veraltete Druckeinheit, 1 bar = 750 Torr

Treibhauseffekt
Verallgemeinerung des → Glashauseffekts. Wird oft in Zusammenhang mit dem durch Wasserdampf, Kohlendioxid, Methan und Ozon verursachten atmosphärischen Treibhauseffekt oder dem vom Menschen verursachten anthropogenen Treibhauseffekt verwendet.

Tripelpunkt
Bei dieser Kombination aus Druck und Temperatur existieren alle drei → Aggregatzustande nebeneinander.

Trockeneis
Gepresster Kohlendioxidschnee, der bei −78,5 °C → sublimiert.

Unterkühlte Flüssigkeit
Abkühlung einer Flüssigkeit unter die Schmelztemperatur. Das Auftreten eines Kondensationskeimes führt zum sofortigen Erstarren der gesamten Flüssigkeit, wodurch sich die Flüssigkeit erwärmt, ohne jedoch die Schmelztemperatur ganz zu erreichen.

Vakuum
(von lat. *vacuus* = leer). Sobald der → Druck unter den Umgebungsluftdruck fällt sprechen wir von einem Unterdruck (physikalisch nicht exakt definiert). Fällt der Druck deutlich darunter, so spricht man von Vakuum. Je nach Druckbereich unterscheidet man zwischen Grob-, Fein-, Hoch- und Ultrahochvakuum.

Van-der-Waals-Gleichung
→ Zustandsgleichung für → reale Gase. Gegenüber dem → idealen Gasgesetz berücksichtigt sie die Wechselwirkung der Moleküle untereinander (Binnendruck) sowie deren Eigenvolumen.

Wärme
Energieform, die der → inneren Energie eines Körpers, also seiner → Temperatur zugeordnet ist.

Wärmekapazität
Materialkonstante die angibt, wie viel → Wärme notwendig ist, um einen Körper um 1 °C bzw. 1 K zu erwärmen.

Wärmekraftmaschine
Ein Gerät, das Wärme in mechanische Arbeit umwandelt, wie z. B. Kraftwerke. Der → Wirkungsgrad einer realen Wärmekraftmaschine ist immer kleiner als der einer idealen Wärmekraftmaschine, wie dem → Stirling-Motor oder dem → Carnot'schen Kreisprozess.

Wärmeleitung
Wärmetransport durch direkten Kontakt.

Wärmestrahlung
Jeder Körper strahlt elektromagnetische Wellen aus, deren Spektrum von der Temperatur abhängt (→ Planck'sches Strahlungsgesetz).

Wiedemann-Franz'sches Gesetz
Die Wärmeleitfähigkeit von Metallen ist proportional zu deren elektrischer Leitfähigkeit und der Temperatur.

Wien'sches Strahlungsgesetz
Experimentell gefundene Näherung des → Planck'schen Strahlungsgesetzes für kleine Wellenlängen. Darf nicht mit dem → Wien'schen Verschiebungsgesetz verwechselt werden.

Wien'sches Verschiebungsgesetz
Beschreibt die Verschiebung des Maximums des → Planck'schen Strahlungsgesetzes mit der → Temperatur. Dies definiert die → Farbtemperatur. Darf nicht mit dem → Wien'schen Strahlungssgesetz verwechselt werden.

Wirkungsgrad
Quotient aus erzeugter mechanischer Arbeit und zugeführter Energie bzw. → Wärme bei einer → Wärmekraftmaschine.

Zustandsgleichung
Eine Gleichung, die den Zusammenhang zwischen Teilchenzahl, → Druck, Volumen und → Temperatur beschreibt. Die Zustandsgleichung für → ideale Gase ist das ideale Gasgesetz, für → reale Gase wird meistens die → Van-der-Waals-Gleichung verwendet.

Literaturhinweise

Die aufgeführten Bücher zeichnen sich durch eine kompakte und umfassende Darstellung aus.

Stöcker: „Taschenbuch der Physik“ Verlag Harri Deutsch, ISBN: 978-3-817-11860-1. Diese Formelsammlung enthält neben ausführlichen Erläuterung zahlreiche Tabellen mit Materialeigenschaften. Das Buch eignet sich daher für jeden, der physikalische Eigenschaften berechnen möchte.

Bronstein, Semendjajew, Musiol: „Taschenbuch der Mathematik“, Harri Deutsch Verlag, ISBN: 978-3-817-12007-9. Der „Bronstein“ ist das am weitesten verbreitete Nachschlagewerk der Mathematik. Die hier angegebene Ausgabe ist eine wesentlich erweiterte Neuauflage des im Teubner Verlag erschienenen „blauen Bronstein“.

Merziger, Wirth: „Repetitorium der höheren Mathematik“ Binomi Verlag, ISBN: 978-3-923-92334-2. Durch seine vielen Beispiele ist dieses Nachschlagewerk eine gelungene Mischung aus einem Lehrbuch und einer Formelsammlung, ideal als Ergänzung zum „Bronstein“.

Gerthsen: „Physik“ Springer Verlag, ISBN: 978-3-642-12893-6. Dieses Lehrbuch liefert detaillierte Erklärungen und Herleitungen zu fast allen physikalischen Phänomenen.

Mathematischer Anhang

1 Fehlerrechnung

Durch Mittelwertbildung lässt sich der Einfluss zufälliger (statistischer) Fehler auf ein Messergebnis reduzieren. Die Fehlerrechnung ermöglicht eine Abschätzung der Genauigkeit des Mittelwerts und der daraus berechneten Größen.

1.1 Mittelwerte von Messreihen

Arithmetischer Mittelwert: $\overline{x} = \frac{1}{n}\sum_{i=1}^{n} x_i$

Ist die Messunsicherheit bei allen Werten x_i gleich groß, so ist der arithmetische Mittelwert die beste mögliche Schätzung des wahren Werts x.

Median: $\tilde{x} = \begin{cases} x_{n/2} + x_{n/2+1} & \text{für } n \text{ gerade} \\ x_{(n+1)/2} & \text{für } n \text{ ungerade} \end{cases}$

Der Median einer Messreihe ist dadurch definiert, dass es genauso viele größere wie kleinere Messwerte gibt. Gegenüber dem arithmetischen Mittelwert hat der Median den Vorteil, dass einzelne „Ausreißer" keine Rolle spielen. Eine bessere, wenn auch aufwendigere Methode um unerwünschte oder fehlerhaft Messpunkte zu eliminieren ist das **CHAUVENET'sche Kriterium** (→ Seite 243).

Mittlerer Fehler: $\eta_x = \frac{1}{n}\sum_{i=1}^{n} |x_i - \overline{x}|$

Der mittlere Fehler ist ein Maß für die typische Größe der Messunsicherheit. In der Physik wird dieser Wert nur selten verwendet.

Standardabweichung: $\sigma_x = \sqrt{\frac{1}{n-1}\sum_{i=1}^{n}(x_i - \overline{x})^2}$

Die **mittlere quadratische Abweichung** wird als Standardabweichung bezeichnet, da sie für die GAUSS'sche Normalverteilung von großer Bedeutung ist.

Varianz: $\sigma_x^2 = \frac{1}{n-1}\sum_{i=1}^{n}(x_i - \overline{x})^2$

Das Quadrat der Standardabweichung wird in der mathematischen Statistik als Varianz bezeichnet.

VORSICHT FALLE: Streuung

Der Begriff „Streuung" wird in der Literatur sowohl für die Standardabweichung σ_x als auch für die Varianz σ_x^2 verwendet.

1.2 Histogramm und GAUSS-Verteilung

Bei einer großen Anzahl von Messwerten hilft häufig eine grafische Auswertung, um Auffälligkeiten zu entdecken. Hierzu teilt man den Wertebereich zwischen dem größten und dem kleinsten Messwert in gleich breite Bereiche auf, die als **Klassen** bezeichnet werden. Nun zählt man, wie viele Messwerte in der jeweiligen Klasse liegen und stellt das Ergebnis als **Balkendiagramm** dar. Eine solche grafische Darstellung einer **Häufigkeitsverteilung** wird als **Histogramm** bezeichnet. Ist die Messung in Ordnung, so zeigt die Häufigkeitsverteilung genau ein Maximum, das zu beiden Seiten hin gleichmäßig abfällt (→ Abb. 1). Ist das Diagramm hingegen vollkommen asymmetrisch oder zeigt mehrere ausgeprägte Maxima, so sollte dies zum Anlass genommen werden nach der Ursache zu suchen.

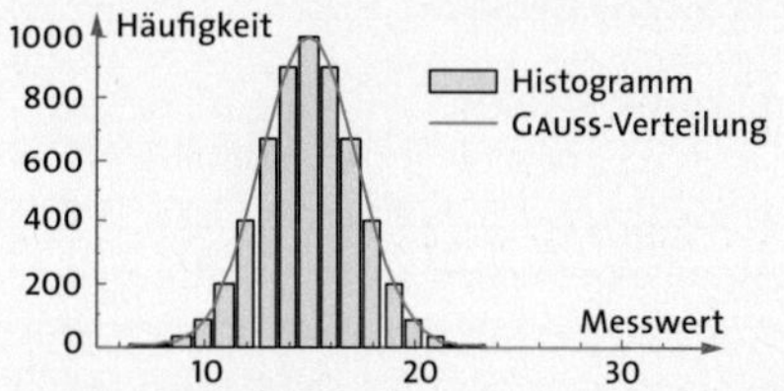

Abb. 1: Balkendiagramm und GAUSS-Verteilung

Erhöhen wir gedanklich die Anzahl der Messungen immer weiter, so kann die Breite der Klassen kontinuierlich verkleinert werden. Aus dem diskreten Balkendiagramm wird so eine kontinuierliche Kurve, die als **GAUSS'sche Normalverteilung** oder kurz **GAUSS-Verteilung** bezeichnet wird.

GAUSS-Verteilung: $p(x) = \frac{1}{\sigma\sqrt{2\pi}} e^{-\frac{(x-\overline{x})^2}{2\sigma^2}}$

Diese Häufigkeitsverteilung ist symmetrisch zu Ihrem Maximum bei $x = \overline{x}$. Durch den Vorfaktor ist ihre Fläche, also das Integral von $-\infty$ bis $+\infty$, stets gleich eins, unabhängig davon welche Breite σ sie hat.

Die Wahrscheinlichkeit einen Wert x zu messen, der kleiner ist als X entspricht dem Integral über die GAUSS-Verteilung von $-\infty$ bis X:

$$P(X) := P(x < X) = \frac{1}{\sigma\sqrt{2\pi}} \int_{-\infty}^{X} e^{-\frac{(t-\overline{x})^2}{2\sigma^2}} dt$$

In der Literatur findet man häufig die normierten Funktion Φ bzw. Φ_0, die als **Wahrscheinlichkeitsintegral** oder **GAUSS'sches Fehlerintegral** bezeichnet werden. Ebenfalls gebräuchlich sind die englischen Bezeichnungen „**erf** = **error function**" und „**erfc** = **complementary error function**".

$$\Phi(x) = \frac{1}{\sqrt{2\pi}} \int_{-\infty}^{x} e^{-\frac{t^2}{2}} dt$$

$$\Phi_0(x) = \frac{1}{\sqrt{2\pi}} \int_{0}^{x} e^{-\frac{t^2}{2}} dt = \Phi(x) - \frac{1}{2}$$

$$\operatorname{erf}(x) = \frac{2}{\sqrt{\pi}} \int_{0}^{x} e^{-t^2} dt = 2 \cdot \Phi_0(\sqrt{2}x)$$

$$\operatorname{erfc}(x) = \frac{2}{\sqrt{\pi}} \int_{x}^{\infty} e^{-t^2} dt = 1 - \operatorname{erf}(x)$$

$$P(x) = \Phi\left(\frac{x-\bar{x}}{\sigma}\right) = \Phi_0\left(\frac{x-\bar{x}}{\sigma}\right) + \frac{1}{2}$$

$$= \frac{1}{2}\operatorname{erf}\left(\frac{x-\bar{x}}{\sqrt{2}\sigma}\right) + \frac{1}{2} = 1 - \frac{1}{2}\operatorname{erfc}\left(\frac{x-\bar{x}}{\sqrt{2}\sigma}\right)$$

$$P(\bar{x}-x) = 1 - P(\bar{x}+x) \Leftrightarrow \Phi(-x) = 1 - \Phi(x)$$

$$P(|x-\bar{x}| < n\sigma) = P(\bar{x}+n\sigma) - P(\bar{x}-n\sigma)$$

Streuen Messwerte zufällig, so entspricht ihre Häufigkeitsverteilung einer GAUSS-Verteilung um den Mittelwert $\bar{x}$, wobei die Breite σ der Standardabweichung entspricht.
Der mittlerer Fehler η_x beträgt in diesem Fall:

$$\eta_x = \sqrt{\frac{2}{\pi}}\,\sigma_x$$

	$n = 1$	$n = 2$	$n = 3$
$P\|x-\bar{x}\| < n\sigma$	68,27 %	95,45 %	99,73 %
$P\|x-\bar{x}\| < n\eta$	57,51%	88,95 %	98,33 %

Tab. 1: Wahrscheinlichkeit einen Wert zu messen, der weniger als n Standardabweichungen σ bzw. mittlere Fehler η vom wahren Wert abweicht.

WISSEN: CHAUVENET'sches Kriterium

Die Wahrscheinlichkeit einen Messwert zu erhalten, der um mehr als n Standardabweichungen vom wahren Wert abweicht, beträgt:

$$P(|x-\bar{x}| > n\sigma) = 1 - (P(\bar{x}+n\sigma) - P(\bar{x}-n\sigma))$$
$$= 2 \cdot P(\bar{x}-n\sigma)$$

Nach dem CHAUVENET'schen Kriterium gilt ein Punkt als Ausreißer, wenn diese Wahrscheinlichkeit multipliziert mit der Anzahl der Datenpunkte N kleiner als $p = \frac{1}{2}$ ist.
In einem typischen Datenverarbeitungsprogramm sieht diese Formel so aus:

Origin™: $n\sigma = -\sqrt{2} \cdot \sigma \cdot \operatorname{inverf}\left(\frac{p}{N} - 1\right)$ oder

$n\sigma = -\sqrt{2} \cdot \operatorname{invprob}\left(\frac{p}{N} - 1\right)$

Excel™: $n\sigma = \bar{x}\text{-}\operatorname{norminv}\left(\frac{p}{2N}; \bar{x}; \sigma\right)$ oder

$n\sigma = \sqrt{N} \cdot \operatorname{konfidenz}\left(\frac{p}{N}; \sigma; N\right)$

1.3 Fehlerfortpflanzung

Häufig ist es nicht möglich, unmittelbar den Wert zu messen, der bestimmt werden soll. Zum Beispiel ergibt sich die Geschwindigkeit aus dem Quotienten von Weg und Zeit. Die **Fehlerfortpflanzung** beschreibt, wie sich die Messunsicherheiten der Einzelmessungen auf das Gesamtergebnis auswirken.

Abschätzung des maximalen Fehlers

Ist Δx_i der maximale Fehler der Messgröße x_i und $y = f(x_1, x_2, ...)$ eine Funktion die von den verschiedenen Messgrößen x_i abhängt, dann beträgt der maximale Fehler Δy des Funktionswerts:

$$\Delta y = \sum_i \left|\frac{d}{dx_i} f(x_1, x_2, ...)\right| \cdot \Delta x_i$$

Für die Grundrechenarten vereinfacht sich diese Rechenvorschrift wie folgt:

Addition: $y = x_1 + x_2 \Rightarrow \Delta y = \Delta x_1 + \Delta x_2$

Bei der Addition addieren sich die **absoluten Fehler** der einzelnen Messgrößen.

Multiplikation:

$y = x_1 \cdot x_2$ oder $y = \frac{x_1}{x_2} \Rightarrow \frac{\Delta y}{y} = \frac{\Delta x_1}{x_1} + \frac{\Delta x_2}{x_2}$

Bei der Multiplikation oder Division addieren sich die **relativen Fehler** der einzelnen Messgrößen.

WISSEN: Näherungsformel für erfc

Näherungsformel für erfc(x) mit einem relativen Fehler kleiner $1{,}2 \cdot 10^{-7}$ aus dem Buch „Numerical recepies in C" 2nd edition, Cambridge University Press, 2002.

$$\operatorname{erfc}(x \text{ für } x > 0) = 2 - t \cdot \exp(-|x|^2 - 1{,}26551223 + t \cdot (1{,}000\,023\,68 + t \cdot (0{,}374\,091\,96$$
$$+ t \cdot (0{,}096\,784\,18 + t \cdot (-0{,}186\,288\,06 + t \cdot (0{,}278\,868\,07 + t \cdot (-1{,}135\,203\,98$$
$$+ t \cdot (1{,}488\,515\,87 + t \cdot (-0{,}822\,152\,23 + t \cdot 0{,}170\,872\,77))))))))$$

mit $t = \frac{1}{1+\frac{|x|}{2}}$ für $x < 0$ gilt: $\operatorname{erfc}(-x) = 2 - \operatorname{erfc}(x)$

Abschätzung des wahrscheinlichen Fehlers
Lassen sich die verschiedenen Messgrößen x_i durch GAUSS-Verteilungen beschreiben, so gilt dies auch für die Funktionswerte $y = f(x_1, x_2, ...)$ C.F. GAUSS stellte basierend auf dieser Annahme ein Fehlerfortpflanzungsgesetz für die Standardabweichungen voneinander unabhängiger Messwerte auf:

$$\sigma_y = \sqrt{\sum_i \left(\frac{d}{dx_i} f(x_1, x_2, ...)\right)^2 \cdot \sigma_i^2}$$

Für die Grundrechenarten vereinfacht sich diese Rechenvorschrift wie folgt:

Addition: $y = x_1 + x_2 \Rightarrow \sigma_y = \sqrt{\sigma_1^2 + \sigma_2^2}$
Bei der Addition addieren sich die Quadrate der Standardabweichungen.
Hieraus folgt für die Standardabweichung des arithmetischen Mittelwerts:

$$y = \frac{1}{n}\sum_{i=1}^{n} x_i \Rightarrow \sigma_y = \frac{1}{n}\sqrt{\sum_{i=1}^{n}\sigma^2} = \frac{1}{n}\sqrt{n\sigma^2} = \frac{\sigma}{\sqrt{n}}$$

Multiplikation: $y = x_1 \cdot x_2$ oder $y = \frac{x_1}{x_2}$

$$\Rightarrow \frac{\sigma_y}{y} = \sqrt{\left(\frac{\sigma_1}{x_1}\right)^2 + \left(\frac{\sigma_2}{x_2}\right)^2}$$

Bei der Multiplikation oder Division addieren sich die Quadrate der relativen Standardabweichungen.

2 Koordinatensysteme

Kartesische Koordinaten: Punkte werden durch Achsabschnitte rechtwinkliger Koordinatenachsen beschrieben.
Polare Koordinaten: Punkte werden durch den Abstand r und den Winkel φ zu einer willkürlich gewählten Bezugsachse beschrieben.
polar → kartesisch
$x = r \cdot \cos\varphi$ und $y = r \cdot \sin\varphi$
kartesisch → polar
$r = \sqrt{x^2 + y^2}$ und $\varphi = \arctan\frac{y}{x} + C$
mit $C = \begin{cases} 0 & \text{für } x > 0 \\ \pi & \text{für } x < 0 \end{cases}$

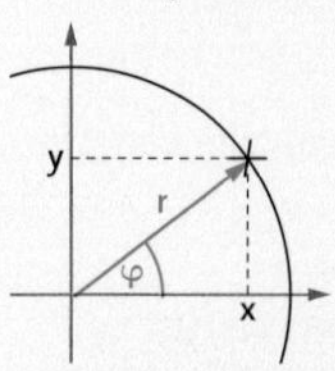

Abb. 2: Kartesische (schwarz) und polare (blau) Koordinaten eines Punktes

Zylinderkoordinaten: Kombination aus Polarkoordinaten (r, φ) und einer kartesischen Höhe (z).

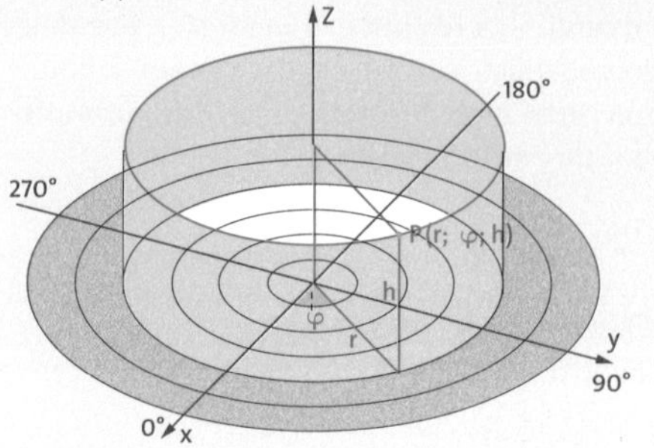

Abb. 3: Zylinderkoordinaten bestehen aus dem Radius, der Höhe und einer Winkelangabe.

Kugelkoordinaten: Erweiterung des Polarkoordinatensystems der Ebene (r, φ) um einen zusätzlichen Winkel θ.
Kugel → Kartesisch
$x = r \cdot \sin\theta \cdot \cos\varphi$ und $y = r \cdot \sin\theta \cdot \sin\varphi$ und $z = r \cdot \cos\theta$
Kartesisch → Kugel
$r = \sqrt{x^2 + y^2 + z^2}$ und $\theta = \operatorname{arccot}\frac{z}{\sqrt{x^2 + y^2}}$

$$\varphi = \begin{cases} \arccos\frac{x}{\sqrt{x^2+y^2}} & \text{für } y \geq 0 \\ 2\pi - \arccos\frac{x}{\sqrt{x^2+y^2}} & \text{für } y < 0 \end{cases}$$

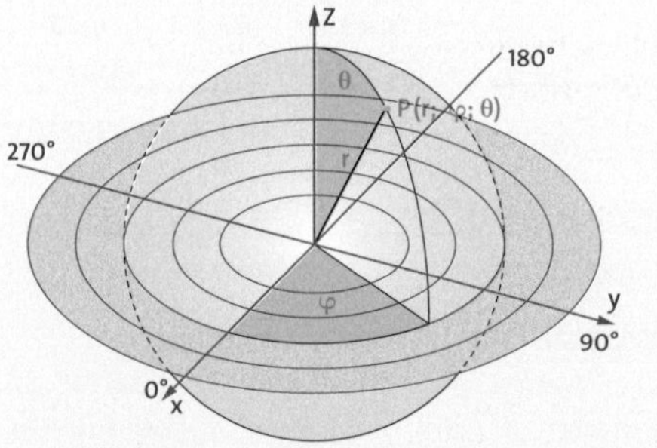

Abb. 4: Kugelkoordinaten bestehen aus dem Radius und zwei Winkelangaben.

Geografische Koordinaten: Spezielles Kugelkoordinatensystem mit dem Äquator als „nulltem Breitengrad" und dem durch die Sternwarte von Greenwich verlaufenden nulltem Längengrad (**Nullmeridian**). Gezählt wird von hier aus jeweils symmetrisch nach Nord und Süd bzw. Ost und West.

3 Potenzen und Logarithmen

a: Basis mit $0 < a \neq 1$

$a^{x+y} = a^x a^y$ $\quad$ $\log_a xy = \log_a x + \log_a y$

$a^{-x} = \frac{1}{a^x}$ $\quad$ $\log_a \frac{1}{x} = -\log_a x$

$\frac{a^x}{a^y} = a^{x-y}$ $\quad$ $\log_a \frac{x}{y} = \log_a x - \log_a y$

$a^0 = 1$ $\quad$ $\log_a 1 = 0$

$(a^x)^y = a^{x \cdot y}$ $\quad$ $\log_a x^y = y \cdot \log_a x$

$a^{\frac{1}{x}} = \sqrt[x]{a}$ $\quad$ $\log_a \sqrt[x]{y} = \frac{1}{x} \log_a y$

Logarithmen zu verschiedenen Basen

$\log_a x = \frac{\log_b x}{\log_b a}$

Dekadischer Logarithmus

Basis: 10

Symbol: log seltener lg

Natürlicher Logarithmus

Basis: e = 2,718 281... (EULER'sche Zahl)

Symbol: ln

4 Dreiecke und Winkelfunktionen

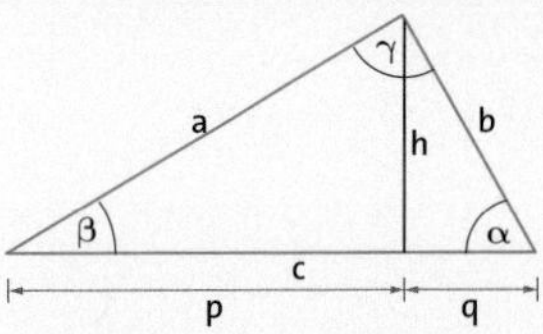

Abb. 5: Bezeichnung der Seiten und Winkel

Winkelsumme: $\alpha + \beta + \gamma = \pi$ bzw. 180°

Cosinussatz: $c^2 = a^2 + b^2 - 2a \cdot b \cdot \cos\gamma$

Sinussatz: $\frac{\sin\alpha}{a} = \frac{\sin\beta}{b} = \frac{\sin\gamma}{c}$

Flächeninhalt: $S = \frac{ch}{2} = \frac{\text{Grundfläche} \cdot \text{Höhe}}{2}$

4.1 Rechtwinkliges Dreieck

$\gamma = \frac{\pi}{2}$ bzw. 90°

Satz des THALES: Der Scheitel des rechten Winkels liegt auf dem Halbkreis über der Hypotenuse (lange Seite).

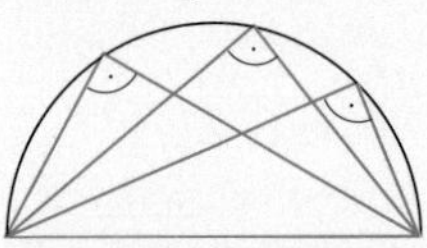

Abb. 6: Satz des THALES

Satz des PYTHAGORAS: $a^2 + b^2 = c^2$

Sätze des EUKLID: $h^2 = p \cdot q$ und $a^2 = p \cdot c$ und $b^2 = q \cdot c$

Flächeninhalt: $S = \frac{ch}{2} = \frac{ab}{2} = \frac{a^2}{2}\tan\beta = \frac{c^2}{4}\sin 2\beta$

4.2 Winkelfunktionen

WISSEN: Grad- und Bogenmaß

Beim Rechnen mit trigonometrischen Funktionen ist es üblich, Winkel in der natürlichen Einheit *Radian* anzugeben. Ein Vollkreis von 360° entspricht hier dem Wert 2π.

$\varphi_{\text{DEG}} = \varphi_{\text{RAD}} \cdot \left(\frac{360°}{2\pi}\right)$

Achtung: Taschenrechner:

DEG = Grad (engl. *degree*),

RAD = Bogenmaß (engl. *radian*)

Definitionen am rechtwinkligen Dreieck

$\sin\alpha = \frac{a}{c}$; $\quad$ $\sin\beta = \frac{b}{c}$

$\cos\alpha = \frac{b}{c}$; $\quad$ $\cos\beta = \frac{a}{c}$

$\tan\alpha = \frac{a}{b} = \frac{\sin\alpha}{\cos\alpha} = \frac{1}{\tan\beta}$; $\tan\beta = \frac{b}{a} = \frac{\sin\beta}{\cos\beta} = \frac{1}{\tan\alpha}$

$\sin^2\alpha + \cos^2\alpha = \frac{a^2 + b^2}{c^2} = 1$ (PYTHAGORAS)

Sinus und Cosinus

$\sin\varphi = -\sin(-\varphi)$ und $\cos\varphi = \cos(-\varphi)$

$\Rightarrow \tan\varphi = -\tan(-\varphi)$

$\sin\varphi = \cos\left(\frac{\pi}{2} - \varphi\right) = \cos\left(\varphi - \frac{\pi}{2}\right)$

$\cos\varphi = \sin\left(\frac{\pi}{2} - \varphi\right) = -\sin\left(\varphi - \frac{\pi}{2}\right)$

Umkehrfunktionen

$\arcsin\left(\frac{a}{c}\right) = \alpha$; $\arccos\left(\frac{b}{c}\right) = \beta$; $\arctan\left(\frac{a}{b}\right) = \gamma$

Additionstheoreme

$\sin\alpha + \sin\beta = 2\sin\frac{\alpha+\beta}{2}\cos\frac{\alpha-\beta}{2}$

$\sin\alpha - \sin\beta = 2\sin\frac{\alpha-\beta}{2}\cos\frac{\alpha+\beta}{2}$

$\cos\alpha + \cos\beta = 2\cos\frac{\alpha+\beta}{2}\cos\frac{\alpha-\beta}{2}$

$\cos\alpha - \cos\beta = -2\sin\frac{\alpha+\beta}{2}\sin\frac{\alpha-\beta}{2}$

$\sin(\alpha \pm \beta) = \sin\alpha \cdot \cos\beta \pm \cos\alpha \cdot \sin\beta$

$\cos(\alpha \pm \beta) = \cos\alpha \cdot \cos\beta \mp \sin\alpha \cdot \sin\beta$

$A\cos\alpha \pm B\sin\alpha = \sqrt{A^2 + B^2}\cos\left(\alpha \mp \arctan\frac{B}{A}\right)$

$A\cos\alpha \pm B\sin\alpha = \pm\sqrt{A^2 + B^2}\sin\left(\alpha \pm \arctan\frac{A}{B}\right)$

$\tan(\alpha \pm \beta) = \frac{\tan\alpha \pm \tan\beta}{1 \mp \tan\alpha \cdot \tan\beta}$

$\cos\frac{\alpha}{2} = \pm\sqrt{\frac{1}{2}(1 + \cos\alpha)}$ Vorzeichen je nach Quadrant

$\sin\frac{\alpha}{2} = \pm\sqrt{\frac{1}{2}(1 - \cos\alpha)}$ Vorzeichen je nach Quadrant

Multiplikation von Sinusgrößen

$\sin\alpha \cdot \sin\beta = \frac{1}{2}(\cos(\alpha - \beta) - \cos(\alpha + \beta))$

$\cos\alpha \cdot \cos\beta = \frac{1}{2}(\cos(\alpha - \beta) + \cos(\alpha + \beta))$

$\sin\alpha \cdot \cos\beta = \frac{1}{2}(\sin(\alpha - \beta) + \sin(\alpha + \beta))$

5 Komplexe Zahlen

Um auch aus negativen Zahlen die Wurzel ziehen zu können, werden die reellen Zahlen $x \in \mathbb{R}$ um die imaginären Zahlen $\mathrm{i} \cdot y$ zu den komplexen Zahlen $z \in \mathbb{C}$ erweitert.
Die Imaginäre Einheit i ist definiert als $\mathrm{i}^2 := -1$. In der Elektrotechnik wird die imaginäre Einheit häufig mit j bezeichnet.

VORSICHT FALLE:
Die häufig anzutreffende Definition $\mathrm{i} = \sqrt{-1}$ ist falsch, wie man leicht an folgender Zeile sieht.

$1 = \sqrt{1} = \sqrt{(-1)\cdot(-1)} = \sqrt{-1}\cdot\sqrt{-1} = \mathrm{i}\cdot\mathrm{i} = (\sqrt{-1})^2 = -1$

Korrekt muss diese Rechnung lauten:

$1 = \sqrt{1} = \sqrt{(-1)\cdot(-1)} = \sqrt{-1}\cdot\sqrt{-1}$
$= (\pm\mathrm{i})\cdot(\pm\mathrm{i}) = \pm(\sqrt{-1})^2 = \pm 1$

Zur Verdeutlichung ein analoges Beispiel mit reellen Zahlen:

$9 = \sqrt{81} = \sqrt{9\cdot 9} = \sqrt{9}\cdot\sqrt{9}$
$= (\pm 3)\cdot(\pm 3) = \pm(3)^2 = \pm 9$

Darstellung komplexer Zahlen
Es ist üblich, komplexe Zahlen als Zeiger darzustellen, wobei auf der x-Achse der Realteil und auf der y-Achse der Imaginärteil der Zahl aufgetragen wird: $z = x + \mathrm{i}\cdot y$
Polarkoordinaten sind ebenfalls gebräuchlich:
$z = |z|\cdot(\cos\varphi + \mathrm{i}\cdot\sin\varphi)$ mit Winkel (Phase)
$\varphi = \arctan\frac{y}{x}$ und Betrag $|z| = z\cdot z^* = x^2 + y^2$
mit $z^* = x - \mathrm{i}\cdot y$
Die Zahl z^* wird als konjungiert komplex zu z bezeichnet. In der grafischen Darstellung entspricht sie einer Spiegelung an der x-Achse.
Eine besondere Bedeutung bei den komplexen Zahlen kommt der Exponentialfunktion zu, da sie mit der Darstellung in Polarkoordinaten korrespondiert:

$\mathrm{e}^{\mathrm{i}\varphi} = \cos\varphi + \mathrm{i}\cdot\sin\varphi$ (EULER'sche Formel)
$\Rightarrow z = |z|\cdot\mathrm{e}^{\mathrm{i}\varphi}$

Rechenregeln für komplexe Zahlen

$(x_1 + \mathrm{i}\cdot y_1) \pm (x_2 + \mathrm{i}\cdot y_2) = (x_1 \pm x_2) + \mathrm{i}\cdot(y_1 \pm y_2)$

$(x_1 + \mathrm{i}\cdot y_1)\cdot(x_2 + \mathrm{i}\cdot y_2)$
$= (x_1\cdot x_2 - y_1\cdot y_2) + \mathrm{i}\cdot(x_1 y_2 + x_2 y_1)$

$$\frac{x_1 + \mathrm{i}\cdot y_1}{x_2 + \mathrm{i}\cdot y_2} = \frac{(x_1 + \mathrm{i}\cdot y_1)\cdot(x_2 - \mathrm{i}\cdot y_2)}{(x_2 + \mathrm{i}\cdot y_2)\cdot(x_2 - \mathrm{i}\cdot y_2)} = \frac{x_1 x_2 + y_1 y_2}{x_2^2 + y_2^2} + \mathrm{i}\cdot\frac{x_2 y_1 - x_1 y_2}{x_2^2 + y_2^2}$$

6 Differentiation und Integration

6.1 Ableitungsregeln

Seien u, v und w differenzierbare Funktionen:

$(u \pm v)' = u' \pm v'$ Summenregel
$(a\cdot u)' = a\cdot u'$ mit $a \in \mathbb{R}$ konst. Faktor
$(u\cdot v)' = u'\cdot v + u\cdot v'$ Produktregel
$(u\cdot v\cdot w)' = u'\cdot v\cdot w + u\cdot v'\cdot w + u\cdot v\cdot w'$
$\left(\frac{u}{v}\right)' = \frac{u'\cdot v - u\cdot v'}{v^2}$ Quotientenregel

Kettenregel:
Seien $u(v)$ und $v(x)$ differenzierbare Funktionen:

$\frac{du}{dx} = \frac{du}{dv}\cdot\frac{dv}{dx} \Leftrightarrow [u(v(x))]' = u'(v(x))\cdot v'(x)$

6.2 Ableitungen und Stammfunktionen

$f'(x) = \frac{d}{dx}f(x)$ und $f(x) = \frac{d}{dx}F(x)$

$\int_a^b f'(x)\,dx = [f(x)]_a^b = f(b) - f(a)$

und $\int_a^b f(x)\,dx = [F(x)]_a^b = F(b) - F(a)$

$f'(x)$	$f(x)$	$F(x)$
c	$c\cdot x$	$\frac{1}{2}cx^2$
nx^{n-1}	x^n	$\frac{1}{n+1}x^{n+1}$
$-\frac{1}{(x+c)^2}$	$\frac{1}{x+c}$	$\ln\lvert x+c\rvert$
$\frac{a}{2\sqrt{ax+b}}$	$\sqrt{ax+b}$	$\frac{2}{3a}(ax+b)^{\frac{3}{2}}$
e^x	e^x	e^x
$a^x\cdot\ln a$	a^x	$\frac{a^x}{\ln a}$
$\frac{1}{x}$	$\ln\lvert x\rvert$	$x\cdot\ln\lvert x\rvert - x$
$\frac{1}{x\cdot\ln a}$	$\log_a x$	$x\cdot\log_a x - \frac{x}{\ln a}$
$\cos x$	$\sin x$	$-\cos x$
$-\sin x$	$\cos x$	$\sin x$
$\frac{1}{\cos^2 x}$	$\tan x$	$-\ln\lvert\cos x\rvert$
$-\frac{1}{\sin^2 x}$	$\cot x$	$\ln\lvert\sin x\rvert$
$\frac{1}{\sqrt{1-x^2}}$	$\arcsin x$	$x\cdot\arcsin x + \sqrt{1-x^2}$
$-\frac{1}{\sqrt{1-x^2}}$	$\arccos x$	$x\cdot\arccos x - \sqrt{1-x^2}$
$\frac{1}{1+x^2}$	$\arctan x$	$x\cdot\arctan x - \frac{1}{2}\ln(x^2+1)$
	$\frac{f'(x)}{f(x)}$	$\ln\lvert f(x)\rvert$
	$f'(x)\cdot f(x)$	$\frac{1}{2}[f(x)]^2$

6.3 Integrationsregeln

$$\int_a^b u(x)\,dx = -\int_b^a u(x)\,dx$$

$$\int_a^b u(x)\,dx = \int_a^c u(x)\,dx + \int_c^b u(x)\,dx$$

$$\int_a^b c\cdot u(x)\,dx = c\cdot \int_a^b u(x)\,dx$$

$$\int_a^b u(x) \pm v(x)\,dx = \int_a^b u(x)\,dx \pm \int_a^b v(x)\,dx$$

partielle Integration

$$\int_a^b u\cdot v'\,dx = [u\cdot v]_a^b - \int_a^b u'\cdot v\,dx$$

BEISPIEL: $\int_a^b x e^x\,dx$

Wähle $u := x$ und $v' := e^x$

$\Rightarrow\ u' = 1$ und $v = e^x$

$$\Rightarrow\ \int_a^b x e^x\,dx = [x e^x]_a^b - \int_a^b e^x\,dx = [(x-1)\cdot e^x]_a^b$$

Substitutionsregeln

Seien u und v zueinander Umkehrfunktionen mit $x = u(t)$ und $t = v(x)$

$$\int_a^b f(x)\,dx = \int_{v(a)}^{v(b)} f(u(t))\cdot u'(t)\,dt = \int_{v(a)}^{v(b)} \frac{f(u(t))}{v'(u(t))}\,dt$$

BEISPIEL: $\int_a^b e^x\,dx$

Wähle $x = \ln t =: u(t) \Rightarrow t = e^x =: v(t)$ und

$$u'(t) = \frac{du(t)}{dt} = \frac{1}{t} \Rightarrow \int_a^b e^x\,dx = \int_{e^a}^{e^b} t\frac{1}{t}\,dt = e^b - e^a$$

BEISPIEL: $\int_a^b \frac{x}{1+x^2}\,dx$

Wähle $t = v(x) := 1 + x^2 \Rightarrow x = u(t) = \sqrt{t-1}$

und $v'(x) = 2x = 2u(t)$

$$\Rightarrow \int_a^b \frac{x}{1+x^2}\,dx = \int_{v(a)}^{v(b)} \frac{u(t)}{1+u^2(t)}\cdot\frac{1}{2u(t)}\,dt = \int_{1+a^2}^{1+b^2} \frac{1}{2t}\,dt$$
$$= [\ln t]_{1+a^2}^{1+b^2} = \ln(1+b^2) - \ln(1+a^2)$$

Integration der Umkehrfunktion

Seien u und v zueinander Umkehrfunktionen und u monoton steigend.

$$\int_a^b u(x)\,dx = b\cdot u(b) - a\cdot u(a) - \int_{u(a)}^{u(b)} v(y)\,dy$$

7 Kurven-, Oberflächen- und Volumenintegral

7.1 Reelle Kurvenintegrale

Ist $F(\vec{s})$ eine reelle Funktion und $K = \{\vec{s}(t) \mid a \le t \le b\}$ ein Kurvenstück, so ist $\int_K F(\vec{s})\,ds = \int_a^b F(\vec{s}(t))\cdot|\dot{\vec{s}}(t)|\,dt$

BEISPIEL: Kreisumfang

$$Kreis = \left\{\vec{s}(t) = \begin{pmatrix}\sin t\\ \cos t\end{pmatrix} \middle|\ 0 \le t \le 2\pi\right\}$$

$$F(\vec{s}) = 1 \text{ und } \dot{\vec{s}}(t) = \begin{pmatrix}\cos t\\ -\sin t\end{pmatrix} \Rightarrow$$

$$\int_{Kreis} ds = \int_0^{2\pi} \sqrt{\cos^2 t + \sin^2 t}\,dt = \int_0^{2\pi} dt = 2\pi$$

BEISPIEL: Kurvenlänge *f*(*x*)

$$K = \left\{\vec{s}(x) = \begin{pmatrix}x\\ f(x)\end{pmatrix} \middle|\ a \le x \le b\right\}$$

$$F(\vec{s}) = 1 \text{ und } \dot{\vec{s}}(x) = \begin{pmatrix}1\\ \frac{d}{dx}f(x)\end{pmatrix} = \begin{pmatrix}1\\ f'(x)\end{pmatrix} \Rightarrow$$

$$\int_K F(\vec{s})\,ds = \int_a^b \sqrt{1+f'(x)^2}\,dx$$

7.2 Vektorielle Kurvenintegrale

Ist $F(\vec{s})$ eine vektorielle Funktion und $K = \{\vec{s}(t) \mid a \le t \le b\}$ ein Kurvenstück, so ist

$$\int_K \vec{F}(\vec{s})\cdot d\vec{s} = \int_a^b \vec{F}(\vec{s}(t))\cdot\dot{\vec{s}}(t)\,dt$$

Der Integrand ist also das Skalarprodukt aus der Funktion $\vec{F}(\vec{s})$ und der Ableitung der Kurve $\dot{\vec{s}}(t)$.

BEISPIEL: Mechanische Arbeit

Mechanische Arbeit ist definiert als das Produkt aus dem Weg und der Kraft in Richtung des Weges: $W = \int_K \vec{F}(\vec{s})\cdot d\vec{s}$

Beschreibt $\vec{s}(t)$ die Bahnkurve als Funktion der Zeit t, dann entspricht die Ableitung $\dot{\vec{s}}(t)$ der Geschwindigkeit.

7.3 Reelles Oberflächenintegral

Ist $F(\vec{s})$ eine reelle Funktion und $O = \{\vec{s}(u,v) \mid a_1 \le u \le b_1 \text{ und } a_2 \le v \le b_2\}$ ein Stück einer Oberfläche, so ist

$$\iint_O F(\vec{s})\,\mathrm{d}A$$

$$= \int_{a_1}^{b_1}\int_{a_2}^{b_2} F(\vec{s}(u,v)) \cdot \left| \frac{\mathrm{d}}{\mathrm{d}u}\vec{s}(u,v) \times \frac{\mathrm{d}}{\mathrm{d}v}\vec{s}(u,v) \right| \mathrm{d}u\,\mathrm{d}v$$

BEISPIEL: Oberfläche einer Kugel

$$\vec{s}(u,v) = R\begin{pmatrix} \sin u \cdot \cos v \\ \sin u \cdot \sin v \\ \cos u \end{pmatrix}$$

mit $0 \le u \le \pi$ und $0 \le v \le 2\pi$

$$\frac{\mathrm{d}}{\mathrm{d}u}\vec{s}(u,v) = R\begin{pmatrix} \cos u \cdot \cos v \\ \cos u \cdot \sin v \\ -\sin u \end{pmatrix}$$

$$\frac{\mathrm{d}}{\mathrm{d}v}\vec{s}(u,v) = R\begin{pmatrix} -\sin u \cdot \sin v \\ \sin u \cdot \cos v \\ 0 \end{pmatrix}$$

$$\left| \frac{\mathrm{d}}{\mathrm{d}u}\vec{s}(u,v) \times \frac{\mathrm{d}}{\mathrm{d}v}\vec{s}(u,v) \right| = R^2\begin{vmatrix} \sin^2 u \cos v \\ \sin^2 u \sin v \\ \cos u \sin u \end{vmatrix}$$

$$= R^2\sqrt{\sin^4 u \cos^2 v + \sin^4 u \sin^2 v + \cos^2 u \sin^2 u}$$

$$= R^2\sqrt{\sin^2 u}$$

$$\int_0^{\pi}\int_0^{2\pi} R^2\sqrt{\sin^2 u}\,\mathrm{d}u\,\mathrm{d}v = 2\pi R^2 \int_0^{\pi} \sin u\,\mathrm{d}u$$

$$= 2\pi R^2[-\cos u]_0^{\pi} = 4\pi R^2$$

7.4 Vektorielles Oberflächenintegral

Ist $\vec{F}(\vec{s})$ eine vektorielle Funktion und $O = \{\vec{s}(u,v) \mid a_1 \le u \le b_1 \text{ und } a_2 \le v \le b_2\}$ ein Stück einer Oberfläche, so ist

$$\iint_O \vec{F}(\vec{s})\,\mathrm{d}\vec{A}$$

$$= \int_{a_1}^{b_1}\int_{a_2}^{b_2} \vec{F}(\vec{s}(u,v)) \cdot \left(\frac{\mathrm{d}}{\mathrm{d}u}\vec{s}(u,v) \times \frac{\mathrm{d}}{\mathrm{d}v}\vec{s}(u,v) \right) \mathrm{d}u\,\mathrm{d}v$$

BEISPIEL: Elektrische Ladung

Das geschlossene Oberflächenintegral über die elektrische Feldstärke entspricht der von der Oberfläche eingeschlossenen elektrischen Ladung:

$$\oiint \varepsilon_0 \varepsilon_r \vec{E} \cdot \mathrm{d}\vec{A} = Q$$

7.5 Volumenintegral

kartesische Koordinaten

$$\iiint_{\text{Quader}} F\,\mathrm{d}V = \iiint F\,\mathrm{d}x\,\mathrm{d}y\,\mathrm{d}z$$

Kugelkoordinaten

$$x = r\sin\theta \cdot \cos\varphi$$
$$y = r\sin\theta \cdot \sin\varphi \quad \text{mit } 0 \le \theta \le \pi \text{ und } 0 \le \varphi \le 2\pi$$
$$z = r\cos\theta$$

$$\iiint_{\text{Kugel}} F\,\mathrm{d}V = \int_0^r\int_0^{\pi}\int_0^{2\pi} F \cdot r^2 \sin\theta\,\mathrm{d}r\,\mathrm{d}\theta\,\mathrm{d}\varphi$$

Zylinderkoordinaten

$$x = r\cos\varphi$$
$$y = r\sin\varphi \quad \text{mit } 0 \le \varphi \le 2\pi$$
$$z = z$$

$$\iiint_{\text{Kugel}} F\,\mathrm{d}V = \int_0^r\int_0^{\pi}\int_0^{2\pi} F \cdot r\,\mathrm{d}r\,\mathrm{d}\varphi\,\mathrm{d}z$$

8 Produkte von Vektoren

8.1 Skalarprodukt

$$\vec{a} \cdot \vec{b} = \begin{pmatrix} a_x \\ a_y \\ a_z \end{pmatrix} \cdot \begin{pmatrix} b_x \\ b_y \\ b_z \end{pmatrix} = a_x b_x + a_y b_y + a_z b_z$$

Rechenregeln

$$\vec{a} \cdot \vec{b} = \vec{b} \cdot \vec{a}$$
$$(c\vec{a}) \cdot \vec{b} = \vec{a} \cdot (c\vec{b}) = c(\vec{a} \cdot \vec{b})$$
$$\vec{a} \cdot (\vec{b} + \vec{c}) = \vec{a} \cdot \vec{b} + \vec{a} \cdot \vec{c}$$

Länge von $\vec{a}$:

$$|\vec{a}| = \sqrt{\vec{a} \cdot \vec{a}} = \sqrt{\vec{a}^2}$$

Winkel φ zwischen $\vec{a}$ und $\vec{b}$:

$$\cos\varphi = \frac{\vec{a} \cdot \vec{b}}{|\vec{a}| \cdot |\vec{b}|}$$

8.2 Vektorprodukt (Kreuzprodukt)

$$\vec{a} \times \vec{b} = \begin{pmatrix} a_x \\ a_y \\ a_z \end{pmatrix} \times \begin{pmatrix} b_x \\ b_y \\ b_z \end{pmatrix} = \begin{pmatrix} a_y b_z - a_z b_y \\ a_z b_x - a_x b_z \\ a_x b_y - a_y b_x \end{pmatrix}$$

Rechenregeln

$$\vec{a} \times \vec{b} = -\vec{b} \times \vec{a}$$
$$(c\vec{a}) \times \vec{b} = \vec{a} \times (c\vec{b}) = c(\vec{a} \times \vec{b})$$
$$\vec{a} \times (\vec{b} + \vec{c}) = \vec{a} \times \vec{b} + \vec{a} \times \vec{c}$$

Entwicklungssatz

$$\vec{a} \times (\vec{b} \times \vec{c}) = (\vec{a} \cdot \vec{c})\vec{b} - (\vec{a} \cdot \vec{b})\vec{c}$$

LAGRANGE'sche Identität

$$(\vec{a}\times\vec{b})\cdot(\vec{c}\times\vec{d}) = (\vec{a}\cdot\vec{c})(\vec{b}\cdot\vec{d}) - (\vec{a}\cdot\vec{d})(\vec{b}\cdot\vec{c})$$

Fläche des von $\vec{a}$ und $\vec{b}$ aufgespannten Parallelogramms

$$A = |\vec{a}\times\vec{b}| = |\vec{a}|\cdot|\vec{b}|\cdot\sin\varphi$$

8.3 Spatprodukt

$$\vec{a}\cdot(\vec{b}\times\vec{c}) = \begin{vmatrix} a_x & b_x & c_x \\ a_y & b_y & c_y \\ a_z & b_z & c_z \end{vmatrix} = \det\begin{pmatrix} \vdots & \vdots & \vdots \\ a & b & c \\ \vdots & \vdots & \vdots \end{pmatrix}$$

$$= a_x\cdot b_y\cdot c_z + b_x\cdot c_y\cdot a_z + c_x\cdot a_y\cdot b_z - c_x\cdot b_y\cdot a_z - b_x\cdot a_y\cdot c_z - a_x\cdot c_y\cdot b_z$$

Volumen des von $\vec{a}$, $\vec{b}$ und $\vec{c}$ aufgespannten Spats

$$V = |\vec{a}\cdot(\vec{b}\times\vec{c})|$$

9 Grad, Div und Rot

Nabla-Operator

$$\nabla := \begin{pmatrix} \frac{d}{dx} \\ \frac{d}{dy} \\ \frac{d}{dz} \end{pmatrix}$$

Gradient

Der Gradient einer reellen räumlichen Funktion zeigt in Richtung der größten Steigung.

$$\operatorname{grad} F = \nabla\cdot F = \begin{pmatrix} \frac{dF}{dx} \\ \frac{dF}{dy} \\ \frac{dF}{dz} \end{pmatrix}$$

Divergenz

$$\operatorname{div}\vec{F} = \nabla\cdot\vec{F} = \begin{pmatrix} \frac{d}{dx} \\ \frac{d}{dy} \\ \frac{d}{dz} \end{pmatrix}\cdot\begin{pmatrix} F_x \\ F_y \\ F_z \end{pmatrix} = \frac{dF_x}{dx} + \frac{dF_y}{dy} + \frac{dF_z}{dz}$$

Rotation

$$\operatorname{rot}\vec{F} = \nabla\times\vec{F} = \begin{pmatrix} \frac{d}{dx} \\ \frac{d}{dy} \\ \frac{d}{dz} \end{pmatrix}\times\begin{pmatrix} F_x \\ F_y \\ F_z \end{pmatrix} = \begin{pmatrix} \frac{dF_z}{dy} - \frac{dF_y}{dz} \\ \frac{dF_x}{dz} - \frac{dF_z}{dx} \\ \frac{dF_y}{dx} - \frac{dF_x}{dy} \end{pmatrix}$$

Rechenregeln

$$\operatorname{div}(\vec{a}+\vec{b}) = \operatorname{div}\vec{a} + \operatorname{div}\vec{b}$$

$$\operatorname{div}(c\cdot\vec{a}) = c\cdot\operatorname{div}\vec{a} \quad \text{für } c\in\mathbb{R}$$

$$\operatorname{grad}(F\cdot G) = F\cdot\operatorname{grad}G + G\cdot\operatorname{grad}F$$

$$\operatorname{div}(F\cdot\vec{a}) = F\cdot\operatorname{div}\vec{a} + \operatorname{grad}F\cdot\vec{a}$$

$$\operatorname{rot}(F\cdot\vec{a}) = F\cdot\operatorname{rot}\vec{a} + \operatorname{grad}F\times\vec{a}$$

$$\operatorname{div}(\vec{a}\times\vec{b}) = -\vec{a}\cdot\operatorname{rot}\vec{b} + \vec{b}\cdot\operatorname{rot}\vec{a}$$

$$\operatorname{div}(\operatorname{grad}F) = \Delta F = \frac{d^2F_x}{dx^2} + \frac{d^2F_y}{dy^2} + \frac{d^2F_z}{dz^2}$$

$\operatorname{rot}(\operatorname{grad}F) = \vec{0}$ Potentialfelder sind wirbelfrei

$\operatorname{div}(\operatorname{rot}\vec{a}) = 0$ Wirbelfelder sind quellenfrei

$$\operatorname{rot}(\operatorname{rot}\vec{a}) = \operatorname{grad}(\operatorname{div}\vec{a}) - \begin{pmatrix} \Delta a_x \\ \Delta a_y \\ \Delta a_z \end{pmatrix}$$

10 Hauptachsentransformation

Zu jeder reellen symmetrischen Matrix H gibt es eine orthogonale Matrix D und eine Diagonalmatrix H' mit $H = D\cdot H'\cdot D^T$ und $H' = D^T\cdot H\cdot D$. Dabei sind die Diagonalelemente von H' die Eigenwerte von H und die Zeilen von D sind die dazugehörigen normierten Eigenvektoren.

Die Transformation der symmetrischen Matrix H in die Diagonalmatrix H' wird als **Hauptachsentransformation** bezeichnet. Physikalisch entspricht sie einer Drehung des Koordinatensystems:

$\vec{f}_1 = D\cdot\vec{x}$ und $\vec{f}_2 = D\cdot\vec{y}$ und $\vec{f}_3 = D\cdot\vec{z}$

$\vec{x}_1 = D^T\cdot\vec{f}$ und $\vec{y} = D^T\cdot\vec{f}_2$ und $\vec{z} = D^T\cdot\vec{f}_3$

Fahrplan zur Hauptachsentransformation:

Die Matrix muss symmetrisch sein: $H = H^T$

Löse $\operatorname{Det}(H - \lambda\cdot 1) = 0$ und sortiere die resultierenden λ_i aufsteigend nach ihrer Größe.

Spur-Probe: $\operatorname{Spur}(H) = \lambda_1 + \lambda_2 + \lambda_3$

Alternative Probe: $\operatorname{Det}(H) = \lambda_1\cdot\lambda_2\cdot\lambda_3$

Löse $(H - \lambda_i\cdot 1)\cdot\vec{f}_i = \vec{0}$ für jeden Eigenwert.

Die Länge der Vektoren $\vec{f}_i$ ist beliebig und wird erst später normiert.

Orthogonalitätsprobe: $\vec{f}_i\cdot\vec{f}_j = 0$ für alle $i \neq j$.

Bei Entartung ist durch $\vec{f}_k = \vec{f}_i \times \vec{f}_j$ für Orthogonalität zu sorgen.

Rechtssystem-Probe: $(\vec{f}_1\times\vec{f}_2)\cdot\vec{f}_3 > 0$

Ggf. ist das Vorzeichen eines $\vec{f}_i$ umzukehren.

Normierung der Vektoren $\vec{f}_i$ auf die Länge 1.

Resultat: $H' = \begin{pmatrix} \lambda_1 & 0 & 0 \\ 0 & \lambda_2 & 0 \\ 0 & 0 & \lambda_3 \end{pmatrix}$ und $D = \begin{pmatrix} \cdots & f_1 & \cdots \\ \cdots & f_2 & \cdots \\ \cdots & f_3 & \cdots \end{pmatrix}$

Stichwortverzeichnis

Alle blau gedruckten Seitenzahlen stehen für Einträge ins Glossar, **fett** gedruckte verweisen auf den mathematischen Anhang.

T

U

V

W

Y

Z